박문호 박사의
**뇌과학 공부**

박문호 박사의 뇌과학 공부

**1판 1쇄 발행** 2017. 11. 20.
**1판 9쇄 발행** 2024. 2. 1.

**지은이** 박문호

**발행인** 박강휘
**편집** 강영특 **디자인** 이경희 조명이 지은혜
**발행처** 김영사
**등록** 1979년 5월 17일(제406-2003-036호.)
**주소** 경기도 파주시 문발로 197(문발동) 우편번호 10881
**전화** 마케팅부 031)955-3100, 편집부 031)955-3200 | **팩스** 031)955-3111

값은 뒤표지에 있습니다.
ISBN 978-89-349-7951-7 03400

**홈페이지** www.gimmyoung.com          **블로그** blog.naver.com/gybook
**인스타그램** instagram.com/gimmyoung   **이메일** bestbook@gimmyoung.com

좋은 독자가 좋은 책을 만듭니다.
김영사는 독자 여러분의 의견에 항상 귀 기울이고 있습니다.

박문호 박사의

# 뇌

## 과학 공부

박
문
호

김영사

뇌과학 공부는 뇌 구조와 기능을 이해하고 익숙해지는 반복 과정이다. 뇌 작용을 전체적으로 이해하기는 어렵고, 많은 과학 지식이 필요하다. 이 책은 뇌 구조를 노트에 그려서 익숙해지는 방법과 과정을 설명한다. 이전에 저술한 《뇌, 생각의 출현》은 뇌과학에 대한 전반적인 설명을 담았고, 《그림으로 읽는 뇌과학의 모든 것》은 인간 뇌의 발생, 진화, 운동, 감정, 기억, 의식을 다루었다. 이 두 권의 책 이후 지난 4년간 '박문호의 자연과학 세상'에서 뇌과학을 강의한 내용을 바탕으로 이 책을 출판하게 되었다. 강의에 사용한 뇌 구조 그림을 제시하면서 뇌 작용을 감각, 지각, 기억, 꿈 중심으로 설명하였다.

뇌 작용은 인간 그 자체다. 뇌가 변화하면 자신이 바뀐다. 기억이 생겨나서 과거에서 현재로 이어지는 시간의식이 출현하고, 개인의 자아와 인간 문화가 시작된다. 경험된 기억을 바탕으로 사물과 사건을 분류하면서 언어와 의미가 출현한다. 뇌 공부는 인간과 인간이 생성한 모든 현상을 이해하는 출발점이다. 아이가 걸음을 배우고, 말을 배우는 과정은 학습이 아닌 훈련이다. 학습은 알았다는 느낌이 중요하지만 훈련은 동작을 할 수 있느냐가 핵심이다. 아이는 비틀거리는 걸음에서 수없이 주저앉지만 계속해서 일어나서 걷기를 시도한다. 뇌 구조에 익숙해지는 지름길은 걷기를 배우는 아이처럼 그냥 뇌 구조를 반복해서 노트에 그리는 것이다. 이 책은 뇌의 세부 구조와 부위별 이름을 반복해서 강조한다. 그래서 이 책은 읽고 이해하는 책이라기보다는 따라 그리기 훈련을 위한 그림책이다. 뇌 공부의 핵심은 노트에 '그리고 쓴다'이다. 인간의 뇌는 보거나 들은 내용을 머릿속으로 형상화하는 과정이 어렵다. 그래서 화가와 소설가는 뇌 속에서 형성된 이미지를 그림과 글로 표현하는 훈련을 10년 이상 해야 한다. 뇌 구조가 상상으로 구체화하도록 하려면 반복해서 그려보는 방법밖에 없다.

책에서 전달하려는 요점은 뇌의 핵심 구조와 용어를 기억하라는 것이다. 거듭 말하지만, 뇌 공부의 지름길은 읽고 이해하려 애쓰기보다는 '손으로 그려서 기억하는 습관 만들기'이다. 뇌 공부는 공부라기보다는 훈련이다. 훈련의 핵심은 반복이다. 그래서 이 책에서는 중요한 내용은 반복해서 강조했다. 뇌의 작용은 척수, 뇌간, 소뇌, 시상하부, 시상, 해마, 편도체, 대상회, 대뇌피질의 상호연결에서 생성된다. 대뇌피질과 신경핵의 작용과 상호연결에 익숙해져야 감각, 지각, 기억, 언어와 같은 인지작용을 공부할 수 있다. 인간 뇌의 작용에 대해 오랫동안 생각해도 뇌에 대한 과학적 지식은 거의 생기지 않는다. 뇌의 구조를 입체적으로 그릴 수 있다면 뇌 공부가 시작된다. 그래서 뇌 구조에 대한 정확한 그림이 뇌 공부의 필수 요소다.

대뇌피질, 해마, 시상, 뇌간의 상호작용으로 뇌는 수면과 각성 상태를 스스로 만들어낸다. 해마는 기억의 일시적 저장, 대뇌피질은 기억의 장기 저장, 시상은 감각 중계, 뇌파동조, 수면방추를 생성하며, 뇌간은 수면과 각성 상태를 전환하는 스위치 역할을 한다. 이처럼 우리가 알고 싶어 하는 감각, 지각, 기억, 꿈은 모두 뇌의 구체적 구조와 기능에 익숙해져야만 이해할 수 있는 과학 영역이다. 해마에서 기억이 만들어진다는 사실도 1953년 이전에는 아무도 알지 못했다. 뇌의 구조와 기능은 관찰과 생각으로 알 수 있는 현상이 아니며, 신경해부학과 신경과학에 익숙해야만 점차로 알게 된다. 이 책에서 공부하게 될 내용은 척수, 뇌간, 시상하부, 시상, 해마, 편도, 대상회, 소뇌의 상호작용을 통해서 대뇌피질의 영역별 기능이 생겨나는 과정이다. 신경핵과 신경로의 연결을 기억하려면 뇌 구조의 그림을 반복해서 노트에 그려서 익숙해져야 한다. 이처럼 뇌 구조와 용어에 대한 기억을 강조하는 이유는 기억된 내용은 생각의 대상이 되어 언제든지 다른 지식과 연결되지만 기억되지 않은 지식은 생각에서 사라지기 때문이다. 그래서 많은 시간 학습하더라도 기억하지 않으면 애매한 상태에서 조금 이해되는 듯 느껴지다가 다시 관심에서 사라지기를 반복하여, 결국 확실히 알 수 있는 과학적 지식이 거의 없게 된다.

뇌의 기능은 뇌 구조의 상호연결에서 생성되므로 뇌 구조 공부가 무엇보다 우선한다. 뇌 구조의 대칭성을 이용하면 뇌 단면구조를 쉽게 기억할 수 있다. 이 책에서는 학습의 확장을 위해 뇌 그림에서 한글과 영어를 함께 표기했다. 뇌 신경핵과 신경로의 명칭을 한글과 영어로 동시에 기억하는 것이다. 뇌과학 용어를 영어로 기억하면 논문과 참고자료를 검색할 수 있다. 뇌 구조 용어를 영어로 기억하지 않으면 뇌과학 논문을 읽기는 어렵다. 이 책에서 강조한 내용은 다음과 같다.

**첫째, 감각과 지각의 뇌 처리 과정이다.** 감각입력이 처리되어 지각을 형성하는 과정은 대뇌피질 작용의 핵심이다.

**둘째, 해마에서 일화기억이 만들어지는 과정으로,** 꿈과 기억을 신경학적으로 설명하는 내용이다.

**셋째, 뇌의 핵심구조를 10개를 그리고 숙달하는 공부 방법을 강조한다.**

뇌의 핵심구조 10개는 '박문호의 자연과학 세상' 회원 27명이 3개월의 훈련으로 모두 기억해서, 학습기억 발표 모임에서 5시간 동안 기억을 바탕으로 큰 종이에 그린 바 있다. 뇌의 핵심구조 10개는 그림에 번호를 붙여서 본문에서 자세히 설명하였다.

이 책을 효과적으로 학습하는 방법을 요약하면 다음과 같다.

**용어는 곧장 기억한다.** 그림을 반복해서 보고 본문을 읽는다. 알고 싶은 부분을 먼저 보고 점차로 모르는 부분을 공부한다. 책에 나오는 그림을 먼저 노트에 그려보고 본문을 읽으면 대부분 이해할 수 있다.

그림, 그림, 그림을 그려보는 훈련이 뇌 공부의 지름길이다.

이 책의 그림이 만들어진 과정을 밝혀둔다. 강의에 사용한 수첩의 뇌 구조를 복사한 그림과 노트에 그린 뇌 구조를 일러스트레이트와 포토샵 프로그램으로 그대로 옮겨 그렸다. 김전학 학생과 이준복 씨가 원본 그림을 컴퓨터로 옮겨 그렸으며, 그림의 수정 과정에서 방혜옥 씨가 많은 수고를 해주셨다. '박문호의 자연과학 세상'의 김현미 상임이사는 오랫동안 뇌과학을 공부한 것을 바탕으로 원고 교정에 도움을 주었고, 박윤희 선생님이 인용 출처를, 배재근 선생님께서 색인 항목을 살펴주셨다. 그리고 원고를 매만져주신 정일웅 선생님, 김영사 편집부의 세심한 작업에 감사드린다. 여러모로 도움을 준 아내 황해숙에게도 고마움을 전한다.

지난 10년간의 뇌 공부가 이 책으로 정리되어 마음이 편하다. 이제 앞으로 더 깊은 뇌과학 공부를 계속할 힘이 생긴다.

2017년 가을

박문호

# 차례

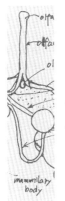

## 3 뇌의 핵심 구조

## 4 척수-뇌간의 구조

## 5 변연-대뇌의 구조

# 6 기억과 해마

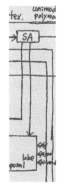

# 7 의미기억과 일화기억

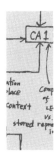

# 8 해마의 기억 회로

# 9 기억과 꿈

# 10 뇌와 언어

# 11 뇌와 목적 지향성

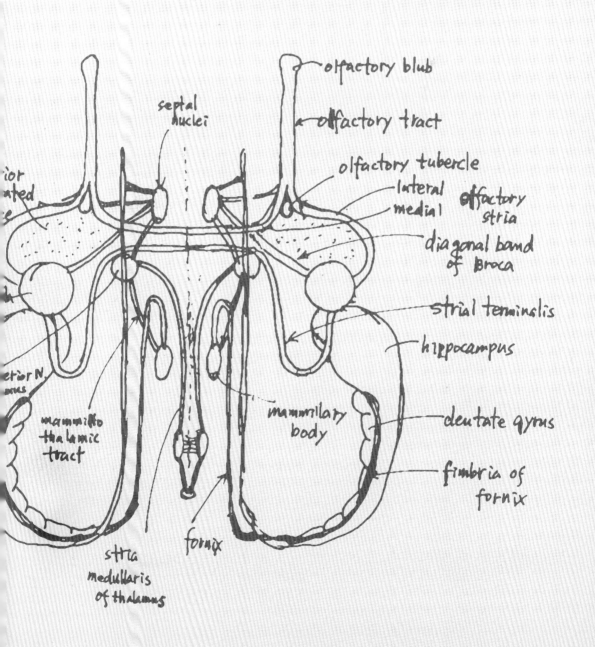

septal
nuclei

ior
ated
e

erior N.
us

mammillo
thalamic
tract

stria
medullaris
of thalamus

fornix

mammillary
body

olfactory blub

olfactory tract

olfactory tubercle
lateral
medial
} olfactory
stria

diagonal band
of Broca

strial terminalis

hippocampus

dentate gyrus

fimbria of
fornix

# 뇌의
# 대칭 구조

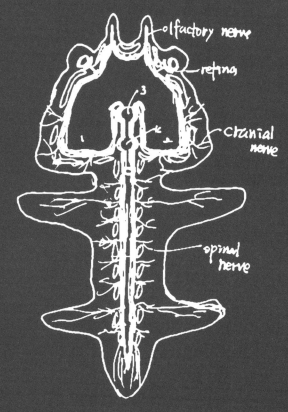

generalized vertebrate

## 대칭성을 찾으면
## 자연은 본래 모습을 드러낸다

기억의 첫째 법칙은 대칭화다. 구름과 바위 같은 자연에서 대칭성을 찾아내기는 어렵다. 바람에 흩어지는 구름처럼 자연 현상은 변화의 형태를 예측하기 어렵다. 지식의 내용이 구름과 바람처럼 일정한 형태나 방향 없이 스쳐지나가기만 한다면 지식은 기억되지 않는다. 애매한 정보를 기억 가능한 형태로 만드는 방식이 바로 대칭화다. 인간 크기의 규모에서는 식물, 구름, 바위가 전혀 대칭 구조가 아니다. 그러나 세포 안의 생체 분자나 바위의 결정 구조는 대칭이다. 물, 공기, 동식물 모두 분자 수준에서는 대칭성이 확실하게 보인다. 단백질, 포도당, 지방산도 거대 분자이며 일정한 구조를 가진다. 세포의 작용을 생화학적으로 설명하는 세포생물학에서는 세포의 구조가 핵심인데, 세포의 구조는 유동성 있는 막으로 되어 있어 계속 변화할 수 있다. 특히 신경세포의 원형질막은 무수한 돌기와 가지를 만들어낸다. 그래서 일정한 형태의 신경세포를 그려볼 시도를 하지 않는다.

다양한 형태로 변화하는 구조를 하나의 대칭 구조로 정리하면, 그 분야의 애매했던 지식이 명확해진다. 분산적으로 전개되는 사건에서 핵심 사건의 줄거리를 인과 순서에 따라 나열해보면 사건의 전모가 드러나듯이, 세포의 생화학 작용 역시 단백질 상호작용을 대칭 구조의 도표로 정리하면 그 전체 과정이 드러난다. 입자물리학은 대칭성을 찾는 학문인데, 그에 따르면 빅뱅 우주론과 우주의 네 가지 힘의 출현은 대칭과 대칭 붕괴의 이야기다. 생물학과 역사학에서 배운 내용 혹은 그 상호 관계 도표를 대칭 구조의 그림으로 그려보자. 대칭 구조는 대칭축을 중심으로 반쪽만 보아도 전체를 정확히 알 수 있다. 그래서 대칭화는 정보를 줄이지 않고 쉽고 빠르게 기억하는 방법이며, 나아가 단순히 기억을 돕는 임시방편이 아니라 자연법칙을 밝혀내는 공부 방법이다.

대칭 구조를 가지는 문장은 오래 기억된다. 그래서 하나의 단어를 기억하기는 어렵지만 대칭적 의미를 가지는 두 단어는 기억하기 쉽다. 곡선으로 된 부정형의 도형은 정확히 기억해내기 어렵지만 대칭적인 직사각형은 쉽게 기억된다. 다

박문호 박사의 뇌과학 공부

양한 형태의 벽돌로는 높은 건물을 짓기 어렵지만 일정한 대칭 구조의 벽돌로는 고층 빌딩도 지을 수 있다. 마찬가지로 대칭성이 부족한 지식은 서로 연결되어 고차적인 지식 구조를 형성하기 어렵다. 아름다운 얼굴은 대칭적인 얼굴이며, 인간이 느끼는 아름다움의 바탕에는 대칭성이 존재한다. 사물의 형태가 대칭이면 머릿속으로 그 사물을 쌓아서 다양한 입체 구조를 쉽게 만들어낼 수 있다. 석회암은 쉽게 원기둥과 직육면체로 만들 수 있다. 그래서 원기둥과 직육면체 판들로 건물과 도로를 만들어낸 그리스와 로마에서 과학과 서양 문명이 시작된 것은 우연이 아니다. 대칭 구조로 된 생활 환경에서 자란 사람들은 자연히 건물 구조의 대칭성에 따라 기하학적 논리를 내면화하게 된다. 기하학에서 시작된 논리와 논증의 엄밀성은 대칭 구조가 가져다준 선물이다.

반면에 동아시아는 화강암 기반 문화다. 약산성인 빗물에 화강암의 구성 성분인 장석이 용해된다. 석영, 장석, 운모로 구성된 화강암은 장석이 녹아 빠져나오면 석영과 운모는 흩어지고, 석영은 빗물에 운반되어 강변과 바닷가의 모래가 된다. 빗물에 녹아 흘러나온 장석은 유기물과 합쳐지고 공기가 통하면서 흙이 된다. 유기물로 비옥해진 흙은 논밭의 토양이 되어 비옥한 농경지를 만든다. 중국의 정주 농경문화는 화강암 기반의 문화로, 비옥한 토양 덕분에 잉여 농산물이 생기고, 그렇게 발생한 사유재산을 바탕으로 중앙집권화된 고대 국가가 출현한 것이다.

화강암은 원기둥과 직육면체를 만들기가 대리석보다 더 어렵다. 그래서 화강암으로 된 기하학적 구조가 등장하기 어려웠다. 다양한 학문에서 유독 과학만 서양이 주도권을 갖게 된 이유는 석회암 건축물의 대칭성 구조에서 찾을 수 있다. 사물의 단위성, 조작성, 교환 가능성은 모두 대칭성 구조를 갖는 사물의 모듈성에서 출발한다. 대칭적 구조는 단순 명료하기 때문에 기억하기 쉽다. 그래서 기억의 지름길은 형태와 의미에서 대칭성을 찾아내는 훈련에 있다. 대칭성이 숨겨져 보이지 않으면 대칭성을 찾아내자. 그러면 자연은 본래 모습을 드러낸다.

대칭화에 이어서 기억의 둘째 법칙은 모듈화다. 공부한 내용을 하나의 단일한 지식으로 저장하는 방식이 모듈화다. 모듈화된 기억은 물병에 든 물처럼, 흩어져 증발하지 않는다. 그래서 망각되지 않는다. 망각은 자연스러운 현상이고, 기억은 인간이 획득한 놀라운 능력이다. 동물은 거의 기억하지 않는다. 인간도 입력되는 정보의 대부분을 곧장 잊는다. 그러나 기억이 모듈화되면 병에 담긴 물처럼 저장하고 전달하고 조작할 수 있게 된다. 즉 기억이 망각되지 않고 오랫동안 유지되어 회상될 수 있다. 기억의 모듈화는 학습한 내용을 잘 결합하여 단단한 의미의 덩어리로 전환하는 과정이며, 의미로 분류되어 모듈화된 기억은 레고 블록처럼 다양하게 결합할 수 있다. 인간의 집단적 기억이 역사와 문화를 만들고 자동차와 비행기를 만든 바탕에는 모듈화된 기억이 존재한다. 기억할 만한 정보를 대칭 구조로 바꾸고 모듈화하여 일정한 형태를 갖게 하면 기억하기가 쉬워지고 오래 유지된다.

작업기억working memory은 일시적으로 처리할 수 있는 정보의 덩어리가 대략 일곱 개 미만으로, 용량에 제한이 있다. 정보의 개수는 일곱 개로 제한되지만 개별 정보의 크기는 제한되지 않는다. 작업기억을 장기기억long term memory의 인출 단서로 사용하면 정보의 개수는 제한적이지만 개별 정보의 크기를 크게 증가시킬 수 있다. 즉 장기기억을 작업기억처럼 사용할 수 있다. 지갑에 든 현금이 작업기억이라면 은행에 저축된 큰돈은 장기기억이 된다. 은행에 저축해둔 수억 원의 돈을 현금처럼 사용할 수 있는 사람이 바로 전문가다. 전문가는 대규모의 장기기억을 즉시 작동되는 작업기억으로 활용할 수 있다. 그래서 전문가는 어떤 현상을 다양한 측면에서 입체적으로 분석할 수 있다. 이러한 기억 활용의 확장성을 장기작업기억long term working memory이라 하는데, 이는 장기기억과 작업기억의 즉각적 연결에서 나온다. 즉 작업기억 구성 요소의 개수는 제한적이지만 각각의 기억 단위인 기억 모듈의 크기는 제한이 없다. 그래서 기억 모듈의 크기는 인출되는 장기기억의 크기이며, 그 크기는 개인마다 다르다.

## 척추동물 뇌의 기본 패턴은
## 좌우 대칭이다

새로운 공부를 할 때 그 분야의 핵심 패턴을 발견하면 속도가 빨라진다. 척추동물의 진화라는 관점에서 어류, 파충류, 포유류를 관통하는 신경계의 공동 패턴을 찾아보면, 인간 뇌 구조의 기본 패턴이 보인다. 모든 척추동물에게 적용되는 일반화된 척추동물 뇌의 기본 형태는 좌우 대칭 구조다. 척수와 대뇌 구조로 동물 몸의 형태를 어느 정도 예측할 수 있는 것은 척수신경이 근육 속으로 신경 가지를 내며, 근육은 몸의 구조를 결정하는 팔, 다리, 척추뼈에 부착되어 있기 때문이다. 일반적인 척추동물의 구조를 세 부분으로 나누어 척수spinal cord와 뇌간brain stem 그리고 대뇌피질cerebral cortex 순서로 그려보면, 어류에서 인간에 이르는 5억 년의 진화 과정이 몸 형태 변화에 새겨져 있음을 알 수 있다. 어류 바로 이전 단계의 생물인 창고기는 두삭동물로 머리가 없으며, 신경계는 척삭이 먼저 출현하고 척삭에 의해 유도된 척수가 척삭 등쪽에 척삭과 평행한 구조로 뻗어 있다. 척추동물에서는 유생 단계부터 척삭이 사라지고 척수 주위에 척추가 쌓여 기둥 형태가 된다.

척추동물의 몸 형태에는 대칭성, 모듈성, 극성의 세 가지 특징이 있다. 좌우 대칭은 척추동물 몸 형태의 기본 패턴이다. 모듈성은 척추 마디에 따라 연속된 형태로 몸의 형태가 구성된 것을 말한다. 몸의 체절은 성인의 경우 경추, 흉추, 요추, 천추, 미추의 26개 척추뼈로 구분되어 동전을 포갠 것처럼 구성된다. 각각의 모듈에서는 피부와 신경, 근육 조직이 하나의 단위를 이루어 구분된다. 환형동물인 지렁이는 체절마다 독립적으로 움직임을 생성한다. 척추동물 몸 설계의 극성은 팔과 다리의 구성에서 분명히 드러난다. 팔의 경우 위팔, 아래팔, 손가락 순서로 근육 운동이 전달되는 방향이 정해지는데, 이것이 바로 극성이다. 척추동물의 전형적인 몸 구성이 그림 1-1에 나타나 있다. 이 그림을 세 영역으로 구분해서 그리면 척추동물의 진화적 특징을 느껴볼 수 있다. 이 그림을 세 단계로 나누어 그리면 다음과 같다.

첫째, 척수중심관과 척수를 독립된 하나의 그림으로 먼저 그린다.

그림 1-1 척추동물의 전형적인 몸 구성

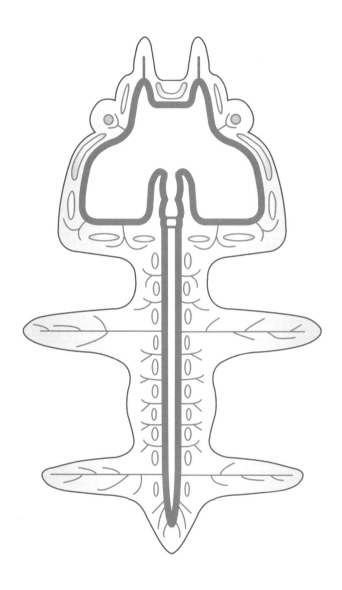

둘째, 외측뇌실, 제3뇌실, 제4뇌실 중심으로 대뇌피질을 그린다. 대뇌피질에서 돌출된 후각망울, 망막, 뇌신경가지를 차례로 그린다.

셋째, 척수와 대뇌의 두 그림을 연결하여 전체 중추신경을 완성하고 머리뼈와 척추뼈로 중추신경을 둘러싼다.

중추신경계를 그린 다음 말초신경인 뇌신경과 척수신경 가지가 뼈 사이로 빠져 나오게 하며, 피부로 머리뼈와 척추뼈를 둘러싸서 몸 전체 윤곽을 그린다. 이 그림의 묘미는 척수와 대뇌가 융합되면서 척추동물의 전형적인 몸 형태가 완성되는 과정에 있다. 왜냐하면 척추동물 이전 단계인 두삭동물 창고기는 뼈로 보호된 신경세포의 집합체인 머리가 출현하지 않았으며, 척추동물부터 '머리'가 출현하기 때문이다. 척추동물은 척삭동물에서 진화했다. 척삭동물인 창고기는 성체가 되어도 척삭이 존재하지만, 인간은 태아 발생기에 척삭이 존재했다가 태어나서 사라지며, 척삭에 의해 유도된 척수가 중추신경계를 형성한다. 척삭의 일부는 척추뼈 사이에 남아서 추간판이 된다. 척추동물인 인간은 척삭동물의 흔적을 척추뼈 사이에 지니고 있다. 척삭동물에는 두삭동물인 창고기, 미삭동물인 멍게가 있으며, 모두 두개골이 진화되기 전 단계이다.

척추동물은 신경, 혈관, 근육이 척수 마디마다 독립적으로 구성되어 체절을 형성한다. 체절은 환형동물에서 출현했는데, 환형동물인 지렁이는 체절을 수축하여 아코디언처럼 움직인다. 고생대 석탄기에 양서류는 어류의 지느러미에서 변형된 사지로 물가의 육지를 어기적거리면서 먹이를 찾아다녔고, 페름기의 파충류는 강한 아래턱과 좀더 직립한 사지로 체형이 변형되었다. 신생대에서 번성한 포유류는 사지의 교번 운동과 척수의 굴곡 운동으로 빠른 속도로 이동하며, 항온성과 청각의 발달로 밤에도 먹이를 찾아다닐 수 있게 된다. 일반화된 척수동물의 중추신경계 그림을 보면 앞다리와 뒷다리를 제어하는 신경이 척수에서 길게 뻗어나와 있고, 척수 말단에는 신경섬유가 말총처럼 밀집해 있다. 포유류의 가장 중요한 특징은 확장된 대뇌신피질cerebral neocortex이며, 대뇌피질의 돌출된 영역인 망막과 후각망울의 돌기 형태는 모든 척추동물의 공통된 특징이다. 척추동물의 두개골은 척수 뼈의 변형으로, 대뇌피질을 물리적 충격에서 보호하며, 두개골에 난 구멍을 통해 뇌신경 가지가 뻗어나와 머리와 얼굴의 피부와 근육, 눈과 귀, 혀와 턱의 근육 운동을 만든다. 그림 1-1에서 파란색은 두개골과 척추뼈이며, 두개골 사이로 뇌신경과 척추뼈 사이로 척수신경이 뻗어나온다. 일반화된 척추동물 신경계의 그림은 척추동물의 진화 과정을 순서대로 보여준다. 이 그림은 척수신경, 뇌신경, 대뇌피질의 변화 과정을 유추해볼 수 있는 뇌 공부의 핵심 그림이다.

## 자연의 표현 속에는
## 대칭성, 모듈성, 순서성이 있다

태초에 완벽한 대칭이 있었다. 그래서 태초 이전부터 태초까지는 아무것도 일어나지 않았다. '신은 부르면 응하는 자'라는 말이 있다. 태초는 아무도 부르지 않아서 아무것도 일어나지 않고, 무어라고 표명할 그 무엇도 가능하지 않은 상태였다. '태초에서 모든 것이 시작되었다'는 표현은 물리학에서 태초에 '자발적으로 대칭이 붕괴되었다'는 표현과 같은 의미이다. 우주는 '대칭'과 '대칭의 붕괴' 두 가지뿐이다. '대칭 붕괴'의 결과로 '모든 존재'가 출현한다. 태초로 되돌아가면 대칭을 만나서 아무것도 없는 상태가 된다. 방향성을 가진 자발적 현상이 모두 와해되어 무엇이라는 표현이 원초적으로 불가능한 상태가 된다.

자연과학은 상대성이론과 입자물리학을 바탕으로 한다. '대칭과 대칭의 자발적 붕괴'는 입자물리학의 주된 연구 대상이다. 그래서 자연과학 공부의 밑바탕은 '대칭성'이라는 개념의 체화가 있다. 태초에서 137억 년이 지난 현재의 우주에서는 겉으로 드러난 대칭의 모습을 쉽게 찾을 수 없다. 그래서 주의 깊게 자연에 숨겨진 대칭을 찾아내야 한다. 물리학에서는 시간 대칭과 공간 대칭이 보존 법칙으로 단단히 자리 잡고 있다. 시간 대칭을 보장하는 불변량이 에너지이며, 공간 대칭에서 불변량은 운동량이다. 그래서 시간 대칭의 요청으로 에너지보존 법칙이 존재하게 되었으며, 공간 대칭의 요청으로 운동량이 보존된다.

생물학에서 대칭은 겉으로 드러나지 않고 숨겨져 있다. 인간에게 심장은 왼쪽으로 편향되어 있다. 그러나 태아에서 심장은 몸의 중앙 축에 존재한다. 동물의 발생 과정은 대칭이 깨지는 과정이다. 자연은 대칭적 구조를 갖는 원자로 구성되며, 하나의 원자는 그 자체가 분자를 구성하는 모듈이 된다. 같은 종류의 아미노산도 다른 순서로 결합하면 다른 종류의 단백질이 된다. 자연이 세계를 만든 방식의 바탕에는 대칭성, 모듈성, 순서성이 존재한다.

어떤 분야에서 능숙해지는 과정은 대략 두 가지로 구별된다. 축구형과 골프형 기술 습득 과정이다. 축구형은 특별한 폼 없이 그냥 공차기가 좋아서 어려서부터 날마다 공을 가지고 놀면서 실력이 늘어난다. 반면에 골프는 혼자 자기 방식으로 훈련한다고 전문가가 되지 않는다. 태권도나 골프처럼 특별한 자세가 중요한 운동은 집중적이고 체계적인 훈련이 필요하다. 반면에 축구나 소설을 잘 쓰는 능력은 특별한 훈련 방식보다는 많은 연습량이 더 중요하다. 그러면 뇌 과학의 공부 방식은 어느 유형에 더 가까울까? 뇌의 기능과 구조를 공부하는 과정은 골프형에 더 가깝다. 왜냐하면 인간의 뇌는 구조가 특별하기 때문이다. 즉 인간의 뇌는 어느 단면 구조든 놀라울 정도로 대칭이다. 뇌는 원이나 직사각형 같은 단순한 기하학적 대칭은 거의 없고 무수히 많은 짧은 곡선으로 된 대칭 구조를 보인다.

직선으로 구성된 구조는 뇌에서 거의 없다. 뇌의 기하학은 방향과 곡률을 예측하기 힘든 무수한 곡선이 엉킨 실타래 같은 곡선의 세계다. 그래서 신경해부학은 의대생조차도 힘들어 하는 과목이다. 처음 공부하는 사람은 뇌의 구조를 그리기가 쉽지 않다. 특히 대뇌의 표면은 많은 언덕과 골짜기가 있어서 따라 그리기조차 어렵다. 뇌의 단면 구조도 온통 곡선 구조이며, 절단면의 위치마다 크기와 형태가 많이 바뀐다. 그러나 뇌 단면 구조를 익히는 방법이 있다. 바로 뇌 구조의 대칭성을 찾으면 된다. 어떤 뇌 단면이든 축을 중심으로 완벽한 대칭 구조를 이루고 있다. 뇌의 전반적 구조는 대칭이 아니지만, 단면 구조는 아름다운 대칭 형태를 띤다. 뇌는 단면 구조를 반복해서 자세히 보면 머리가 시원해진다.

왜냐하면 대칭 구조는 정보량이 축약되어 뇌가 편안해지기 때문이다.

어떤 형태가 대칭 구조이면 모듈을 구성하기가 쉽다. 모듈은 레고 블록 같은 것을 말하는데, 레고 블록으로 풍차나 비행기를 조립하여 만들듯이 모듈 형태의 구조물은 조립하여 더 크고 복잡한 구조물을 만들 수 있다. 인간의 뇌나 척추처럼 복합적인 구조는 단위 모듈의 연결로 생성된다. 단위 모듈로 분해할 수 있는 구조는 모두가 태권도처럼 일정한 폼이 있다. 모듈성이 확립된 대표적인 예가 화폐다. 돈의 단위가 백 원, 천 원, 만 원처럼 십진수 단위로 되어 있어 단위성, 즉 모듈성을 갖게 되면 동일 화폐를 사용하는 국가 내에서 교환 가능해진다. 모듈성은 교환 가능성과 조작 가능성을 가진다. 모듈적 속성은 단위성과 조작성 그

그림 1-2 포도당, 아미노산, 핵산의 기본 모듈

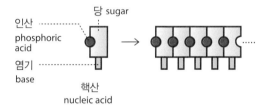

포도당
glucose

아미노산　　　　단백질
amino acid　　　protein

당 sugar

인산
phosphoric
acid

염기
base

핵산
nucleic acid

아데노신 3인산
adenosine triphosphate (ATP)

리고 교환성을 동반하게 된다. 돈을 저축하거나 이자를 발생하는 현상은 화폐의 모듈성에 따른 부가적 이득이다. 그래서 어떤 구조나 형태가 대칭성과 모듈성을 가지면 모듈끼리 교환과 조작이 가능해진다.

대칭성을 가지는 큰 단일 구조가 구성 모듈로 분해되면, 그 구성 요소들을 시간과 공간에서 순서대로 배열할 수 있다. 모듈성 구성 요소가 시간 순서로 배열된 현상이 사건과 사물의 전개 과정이 된다. 생물학에서 구체적 모듈은 바로 포도당과 아미노산이다. 단당류인 포도당의 중합으로 다당류인 녹말이 되며, 아미노산의 연결이 단백질이다. 생명 현상은 단백질의 구성 블록과 에너지 분자인 다당류의 상호작용이다. 생물학에서는 분자 형태가 주로 모듈의 구성 단위이고 화학에서 모듈은 주기율표의 원자 그 자체다.

그리고 생체 정보를 담당하는 DNA도 전형적인 모듈식 구성이다. DNA는 아데닌, 구아닌, 시토신, 티민의 염기와 리보스당, 그리고 인산기의 구성 모듈이 중합되어 생성된 대칭 구조를 갖는 모듈형 거대 분자다. 단백질, 지방, 탄수화물 그리고 유전 정보인 DNA의 대하드라마인 생명 현상은 모두가 모듈과 모듈의 순차적 연결의 무한한 반복일 뿐이다. 입자물리학에서는 모듈의 단위성과 교환성이 더욱 자명하다. 그래서 우주의 네 가지 힘에 대해 중력, 강한 상호작용, 약한 상호작용, 전자기 상호작용처럼, '상호작용'이라는 표현을 더 많이 쓴다. 그것은 입자물리학에서 힘이란 본질적으로 힘을 매개하는 입자인 보존<sup>boson</sup>을 교환하기 때문에 생긴 현상이므로 '힘'보다 '상호작용'이 더 의미가 깊기 때문이다. 즉 힘은 교환 가능성에서 나온다. 생물 진화와 인간 진화의 이야기 그리고 사회를 구성하는 인간 문화와 역사도 이런 관점에서 바라볼 수 있다.

화폐와 언어의 교환 가능성에서 경제와 문화 현상이 출현했듯이, 화폐 단위와 언어 단위의 모듈성에서 출현한 교환 가능성에서 경제력과 문화의 힘이 출현한다. 결국 대칭의 아름다움이 바로 힘의 근원이다. 아름다움은 대칭에서 나온다. 자연의 대칭에서 모듈성이 나오며, 모듈의 시간과 공간상의 배열로 자연은 본연의 모습을 드러낸다. 뇌과학 공부도 뇌 구조의 대칭성에 주목하면서 시작해야 한다. 뇌 구조가 대칭이므로 모듈식 구조의 연결에 익숙해지자. 신경해부학에 등

장하는 수많은 신경핵들이 바로 뇌의 구성 모듈이다. 그리고 그 신경핵들의 상
호연결을 살펴보면 시각과 청각 그리고 체감각의 일차, 이차, 삼차의 순서화된
신경 정보 흐름을 발견할 수 있다. 즉 대칭과 모듈과 모듈의 연결 순서에 뇌의 진
화가 담겨 있다. 그래서 뇌 공부는 뇌 구조에서 대칭의 아름다움을 발견하는 과
정이다. 생물이 자연에 적응하면서 5억 년 동안 무수한 반복을 실행한 생존 과정
의 결정체가 바로 인간의 뇌다. 자연의 표현 방식은 인간 뇌의 구조 속에 아름다
운 대칭 구조로 새겨져 있다.

## 뇌과학 공부의 지름길은
## 대칭 구조의 발견이다

모든 성취는 명확한 목표 설정에서 시작한다. '인간 뇌 구조와 작용을 학습한다.' 이렇게 목표를 정하면 어느 정도 느낌은 있지만 구체적 행동으로 이어지기에는 자세하지 않다. 학습으로 달성해야 할 정확한 목표가 없기 때문이다. 목적지 없는 탐험은 불가능하며, 우리를 어디로도 안내하지 않는다. 이 책이 제시하는 뇌 공부의 목표는 '뇌 구조 그림 10장을 그리고, 뇌 용어 100개를 기억한다'이다. 대략적인 목표는 구체적인 행동으로 실행하기 어렵기 때문에 목표는 반드시 숫자로 제시되어야 한다. 목표는 언젠가는 도달하게 될 높은 산 정상과 같아서 눈에 보여야 한다. 목표가 눈앞에 선명히 보이지 않으면 방황하게 되어 한 곳으로 나아가지 못한다. 목표에 도달하기 어려운 이유는 더 잘 보이는 옆길에 관심을 주거나 목표가 희미해지거나 보상이 지연되기 때문이다. 그래서 목표를 잃지 않으려면, '뇌 구조 그림 10장을 그리고, 뇌 용어 100개를 기억한다'라는 명확한 목표를 정하고 뇌 구조를 공부해야 한다. 매일 반복하면 습관이 되고, 습관이 되면 쉬워지고, 쉬워지면 즐길 수 있다.

목표는 계약 문서처럼 달리 해석될 여지가 없어야 한다. 그래서 '기억한다'는 것도 애매하다. 그림은 즉시로 종이에 순서에 맞게 그릴 수 있어야 하고, 뇌 용어 100개는 영어로 정확한 철자와 발음을 기억해야 한다. 순서에 맞게 그려야 하는 이유는 항상 같은 순서로 그려야만 그 구조를 기억하는 데 도움이 되기 때문이다. 화가는 꼭 같은 그림을 그리지 않지만 뇌 구조 공부의 그림 그리기는 항상 동일해야 한다. 그래야 뇌의 구조가 기억된다. 뇌 공부의 목표인 뇌 구조 그리기와 용어 기억에서 용어는 영어 단어 암기처럼 하면 되지만, 뇌 구조 그리기에는 세 가지 방법이 있다.

첫째, 뇌 구조에서 대칭 형태를 찾아서 좌우 대칭으로 그리자. 뇌의 절단면 구조는 대부분 좌우 대칭이므로, 먼저 대칭축을 그리면 그림의 복잡도가 반으로 줄어들고 어려운 곡선의 그림도 반쪽만 잘 그리면 쉽게 그릴 수 있는 경우가 많다. 대칭 구조가 없는 도표나 설명선도 가능한 한 대칭으로 변형하여 그리면 된다. 대칭화된 그림의 장점은 그리기 쉽기도 하지만 기억도 잘 된다는 것이다. 좌우 대칭은 항상 반 이상의 정보를 생략할 수 있어 기억에 부담이 줄어든다.

둘째, 뇌 구조 그림을 모듈화해야 한다. 뇌의 구조는 척수-연수-교뇌-소뇌-중뇌-간뇌-대뇌피질로 아래에서 위로 구역별 주요 영역으로 나뉘며, 이러한 영역별로 세부적인 구조를 모듈화하여 그리면, 뇌 작용의 상호관계를 이해하기 쉽다. 예를 들어, 소뇌 모듈의 구조는 소뇌피질cerebellar cortex, 소뇌심부핵deep cerebellar nuclei, 세 개의 소뇌각cerebellar peduncle으로 이루어져 있으며, 세포 수준에서는 퓨키네세포, 과립세포, 이끼섬유, 등상섬유, 평행섬유가 있다. 따라서 소뇌 관련 구조와 신경회로들의 상호 관계를 순서화된 모듈로 통합하여 기억해야 한다. 뇌 공부의 요점은 무엇보다도 뇌 구조를 실제로 그려보는 반복 훈련에 있다. 교과서나 논문에서 뇌 구조 자료의 대부분은 단면 그림으로 되어 있어 입체 그림이 드물다. 특히 편도체와 시상의 입체 모양을 정확히 이해하면 다양한 단면 모양을 쉽게 상상할 수 있다. 뇌 구조 그림은 자르는 단면마다 다르며, 그리다 보면 '뇌를 공부할 때 꼭 뇌 구조를 그려야만 하는가?'라는 의문이 생긴다. 뇌 구조를 그릴 수 없다면, 뇌 기능을 알기 어렵다. 뇌는 구조에서 기능이 나오기 때문이다. 뇌 기능은 신경회로에서 생성되는데 신경회로는 뇌의 신경세포 사이의 연결이다.

뇌를 그리지 않고 뇌를 공부한다면, 할 수는 있지만 시간이 지나면 곧 잊힌다. 그리고 무엇보다 그림을 그리지 않으면, 조금 아는 것 같다가 애매해지고, 뇌 공부에 대한 관심도 사라진다. '굳이 자동차 엔진의 구조를 몰라도 운전하는 데 아무 문제도 없다'는 것은 자동차에는 맞는 말이지만, 인간이라는 자동차는 정비공과 운전사가 동일한 나 자신이다. 뇌 구조가 변화하면 자신이 바뀌는, 분리되지 않는 한 덩어리이기 때문에 뇌 구조를 알면 생각과 행동이 바뀐다. 뇌 작용을 알면 감정을 이해하게 되어 자유로워지고, 자신과 타인을 이해하는 데 도움이 된다. 뇌를 그리는 이유는 뇌 작용을 이해하는 데 가장 효율적인 공부 방식이기 때문이다. 뇌 구조를 기억하는 동안 이미 뇌의 연결이 바뀌고 그래서 자신이 변화한다.

앙코르와트 유적은 라오스 정글 속에 가상현실처럼 존재하는 힌두교 건축의 정수다. 몇 년 전 앙코르와트 사원을 서너 시간 둘러본 적이 있다. 잠깐 보아도 그 아름답고 웅장한 건축물은 평생 잊히지 않을 것이다. 왜냐하면 온통 모듈식 대칭 구조로 건축되었기 때문이다. 한 번 보면 레고 블록으로 다시 만들 수 있을 것만 같은 기하학적 대칭 구조로 된 건축이다. 사원의 배치와 조각상과 탑의 구성이 모두 단위 모듈의 대칭적 배열로 되어 있어 세월이 지나도 기억에서 잊히지 않는다. 우리의 지식도 모듈식으로 저장되어 있다면 세월의 망각에 분산되지 않고 원래 모습을 오래 간직할 수 있다. 고등학교, 대학교에서 우리는 많은 지식을 배운다. 그리고 어른이 되면 모두 잊어버린다. 모든 지식은 성적을 올리기 위한 일회용이었고, 종이컵처럼 사용한 뒤 버려졌다. 일주일마다 아파트 단지에서 버려지는 교과서, 전집, 책들과 같다. 우리의 지식이 버려지는 것이다. 쏟아버린 물처럼 버려진 지식은 곧 사방으로 흩어지며 햇살에 증발한다. 반면에 '앙코르와트의 레고 블록'은 기억에서 사라지지 않는다. 형태가 부정형이 아닌 모듈로 일정하기 때문이다. 오래가는 지식은 물병 속의 물처럼 일정한 형태의 모듈성을 띤다. 환형동물에서부터 생물의 몸 구성은 모듈식 건축 방식이었다. 지렁이에서 물려받은 모듈식 체절은 우리 척추동물의 척추 마디에 남아 있다. 모듈식은 독립 운영 방식이다. 잘못된 부분만 제거하고 새로운 모듈을 삽입하면 된다. 그래서 척추 마디의 모듈은 생물의 생존 가능성을 높였다. 병 속의 물은 시간과 공간이라는 물리적 제한을 넘어서 누구에게나 전달될 수 있다. 이처럼 지식이 모듈식으로 구체화되면 언제 어디서나 활용 가능하고 조작 가능해진다. 모듈은 경계가 명확하다. 경계선의 윤곽은 배경에서 대상을 모듈화한다.

지식을 모듈화하는 방법의 핵심은 내용의 한계를 정하면 그 내용이 덩어리로 구획된다는 것이다. 모듈을 형성하면 지식의 범위가 명확해진다. 이해하고 아는 부분과 모르는 영역의 경계가 구분되어 모르는 부분이 확연해지면 다음에 무엇을 공부해야 하는지 저절로 선택할 수 있다. 내용을 담을 수 있는 개념의 그릇을 마련하자. 별의 일생을 공부한다면 윤곽은 무엇일까? 항성을 구성하는 초기 성간물질의 질량은 한정되어 있다. 태양 질량의 8퍼센트 이하의 질량은 핵융합을 할 수 없다. 그래서 별이 되는 최소 질량은 태양 질량의 0.08배다. 그리고 태양 질량의 100배가 넘는 성간 물질은 중력 수축을 계속할 수 없다. 왜냐하면 초기 질량이 크면 중력 수축 과정에서 밀도가 급격히 높아지고 그 결과 복사에너지가 중력 수축의 힘보다 크게 되어 질량이 모이지 않고 흩어지기 때문이다. 이처럼 물리 현상에는 상한과 하한이라는 한계량이 존재한다. 허용된 한계량 내에서 물리 현상이 조건에 따라 진행된다. 이 원리를 학습에 적용할 수 있다. 그래서 물리와 생물 현상을 공부할 때는, 그 현상의 한계를 먼저 이해하면 대상의 경계가 분명해져 내용의 윤곽이 드러난다. 그렇게 구획된 정보에 이름을 부여하면 지식이 모듈화된다. 지식의 경계가 명확한 모듈식 학습은 동기가 확실해서 자연히 자기 주도적 공부가 된다.

셋째, 뇌 구조의 모듈을 순서에 따라 연결하자. 뇌 구조의 모듈을 기억할 때는 뇌의 진화 순서와 작용 순서대로 기억하면 의미가 스스로 드러나고 기억하기 쉬워진다. 대칭화, 모듈화, 순서화는 기억의 법칙이며, 어떤 분야의 공부에도 효과적인 방법이므로 뇌 구조 그리기에 적용하자. 기억은 이렇게 개념화된 방법을 반복해서 적용하면 된다. 그래서 이 책의 여러 곳에서 뇌 공부의 방법을 반복해서 강조한다. 반복을 강조하는 이유는 반복하면 기억되고, 기억되면 뇌가 바뀌고, 뇌가 바뀌면 자신이 바뀌기 때문이다. 반복은 힘이 세다. 반복하면 애매함이 사라진다.

10개의 뇌 구조 그림을 그리고 100개의 뇌 용어를 기억하는 공부법은 용어의 기억에서 시작된다.

## 모든 학문은
## 언어학이다

자연과학을 공부한다면 생물학, 물리학, 천문학, 뇌과학을 전문가 수준으로 이해하는 것을 목표로 삼는 것이 좋다. 공부를 계속 했는데도 실력이 향상되지 않았다면 새로운 학습법을 찾아야 한다. 대학 수준의 과학은 어렵고, 이해하려면 상당한 집중도와 무엇보다 기초 지식이 필요하다. 기초 지식이 있다 해도 공부에 몰입하기 위해서는 알고 싶은 욕구가 있어야 한다. 그런데 자연과학 분야에 쉽게 접근할 수 있는 방법이 있다. 그것은 모든 학문을 언어학이라고 가정하고 시작하는 것이다. 그렇게 하면 개별 학문을 접근하는 방식이 달라진다. 물리학과 생물학 공부를 영어나 중국어처럼 외국어를 익히는 과정과 같다고 가정하면 분명한 실용적 효과가 생긴다. 모든 학문을 언어학이라 가정하면, 알파벳과 기본단어 공부를 시작할 수 있게 되고, 공부 방법과 효과가 분명해진다.

첫째, 알파벳만 익히면 된다. 자연과학의 모든 분야에 통용될 수 있는 언어학은 바로 '유니버설 랭귀지universal language'가 되며, 자연이라는 책을 읽기 위해서는 자연의 알파벳에 익숙해지면 된다. 수학에서는 각종 기호를 익히고, 화학에서는 주기율표, 생물학에서는 세포의 구조와 아미노산의 분자식에 익숙해지면 된다. 새로운 학문을 공부한다는 것은 한 꾸러미의 새로운 용어를 숙달하는 과정이다. 알파벳을 기억하지 못하면 영어를 공부할 수 없다. 마찬가지로 원소기호, 포도당, 아미노산의 분자 구조를 모르면 정확한 생화학 공부는 애매하고 어려울 뿐이다. 그러나 알파벳에 해당하는 기본 용어에 익숙해지면, 그 분야 공부를 계속할 수 있게 된다. 자연과학은 어렵다고 느껴 중간에 포기하는 경우가 많다. 그러나 용어에 친숙해지면 스스로 공부를 계속할 수 있고 자신감이 생긴다.

둘째, 지식이 핵심 용어로 모듈화된다. 문자가 단어를 구성하고 단어의 연결로 문장이 만들어진다. 원자의 결합이 분자를 만들고 다양한 고분자의 상호작용이 생명 현상을 만든다. 아미노산 서열이 단백질을 구성하며 단백질의 입체 구조가 생화학 작용을 만든다. 원자가 물질세계를 만들듯이 단어가 상징 세계를 만든다.

그래서 모든 학문은 용어를 바탕으로 이루어진 언어학이다. 지식의 모듈화는 학습의 지름길이다. 뇌 구조 공부의 모듈화는 수많은 뇌의 구조를 10개의 핵심 구조로 나타내는 방식이다. 뇌의 전체 구조는 모듈화된 10개의 구조를 합하면 재구성된다. 우리는 초등학교에서 대학까지 많은 지식을 학습했다. 학교에서 배운 지식은 모두 어떻게 되었나? 거의 모두 사라졌다. 학습한 내용이 엎어진 물처럼 흩어졌고, 졸업과 동시에 순식간에 사라졌다. 왜냐하면 지식이 모듈화되지 않았기 때문이다. 지식이란 기억된 뒤부터는 시간이 지남에 따라 잊힌다. 그러나 학습한 내용을 모듈화하면 레고 블록처럼 단단한 지식의 프레임이 생긴다. 새로운 분야를 공부한다는 것은 1,000개의 조각을 맞춰 그림을 완성하는 과정과 비슷하다. 레고 블록처럼 구성 요소가 단단해야 견고한 지식의 탑을 쌓을 수 있다. 모듈화된 지식은 용기에 든 물처럼 일정한 형태를 유지하여, 오랫동안 보관할 수 있고, 타인에게 전달할 수도 있다. 즉 지식이 모듈화되어야 병 속의 물처럼 증발하지 않고 저장하거나 오래 사용할 수 있다.

셋째, 이해해야 한다는 부담에서 자유로워진다. 외국어는 이해가 목적이 아니고 사용이 목적이다. 외국 서적을 읽을 수 있거나 외국인과 대화할 수 있으면 충분하다. 단어는 스스로 의미를 지니기 때문에 단어를 적절하게 사용할 수 있다면, 단어의 이해는 단어의 사용 그 자체로 달성된다. 어려운 내용은 반복해서 익숙해지면 의미가 자명해진다. 어렵다는 것은 이해하기 어렵다는 말이다. 항상 사용하는 일상 언어는 어렵지 않다. 철학책과 과학 서적이 어려운 이유는 용어가 어렵기 때문이다. 용어가 어렵다는 것은 용어가 생소하다는 것이고, 이는 익숙하지 않아서다. 그래서 어렵다는 표현 대신에 익숙하지 않다고 말해야 한다. 물리학의 기본 원리와 생물학의 생화학 반응을 이해하기 위해서는 먼저 용어에 숙달되고 기본 구조에 익숙해져야 한다. 과학 용어가 일상 용어처럼 익숙해져야 과학적으로 사고할 수 있게 된다.

모든 학문을 언어학이라고 개념화하면 새로운 분야에 용감히 들어설 수 있다. 그 분야가 어려운 이유의 대부분은 단지 용어가 생소하기 때문이며, 외국어를 공부할 때처럼 그 분야의 용어를 착실히 암기하여 익숙해지면 어느 분야든 공부를 본격적으로 시작할 수 있다. 세포생물학의 핵심 용어인 ATP를 예로 들어 보자. 아데노신트리포스파이트adenosinetriphosphate(ATP)에 익숙해지면 아데노신이 무엇인지 알고 싶어지고, 결국 아데노신은 오탄당에 아데닌이란 염기가 결합된 구조임을 알게 된다. 그리고 염기에는 아데닌, 구아닌, 시토신, 티민(RNA의 경우 우라실)이 있고, 이 염기가 바로 DNA와 RNA의 핵심 요소임을 알게 된다. 이처럼 과학 용어는 함축적이어서 그 세부 내용을 추적하는 과정에서 공부의 묘미를 느끼게 된다. ATP라는 과학 용어 하나로 미토콘드리아와 세포 내 생화학 과정의 전체적인 에너지 흐름을 이해할 수 있다. 모든 학문 분야에는 핵심 용어가 있고 그 핵심 용어를 집중적으로 체득하면 그 분야가 친숙해진다. 모든 학문을 언어학이라고 개념화하면 새로운 분야에 진입할 수 있다. 새로운 분야에 익숙하지 않은 이유는 용어가 생소하기 때문이다. 어렵다고 하지 말고 익숙하지 않다고 표현하자. 뇌 구조의 명칭을 기억하자.

## 축삭의 다발에 대한 용어에 익숙해지면
## 뇌 연결이 구체적으로 보인다

생물학에 관한 모든 내용은 세포와 관련된다. 생물학은 하나의 세포 또는 여러 세포에 관한 이야기다. 뇌과학도 생물학의 한 분야일 뿐이며, 전기를 만들 수 있는 세포인 신경세포를 연구하는 학문이다. 하나의 세포는 세포생물학, 분자세포생물학 과목이 되고, 많은 세포가 모여 동물과 식물이 되면 유전학, 생리학, 조직학, 해부학이 된다. 신경해부학도 뉴런neuron이라는 신경세포의 집단적 작용에 관

그림 1-3 신경세포 축삭다발의 다른 명칭들

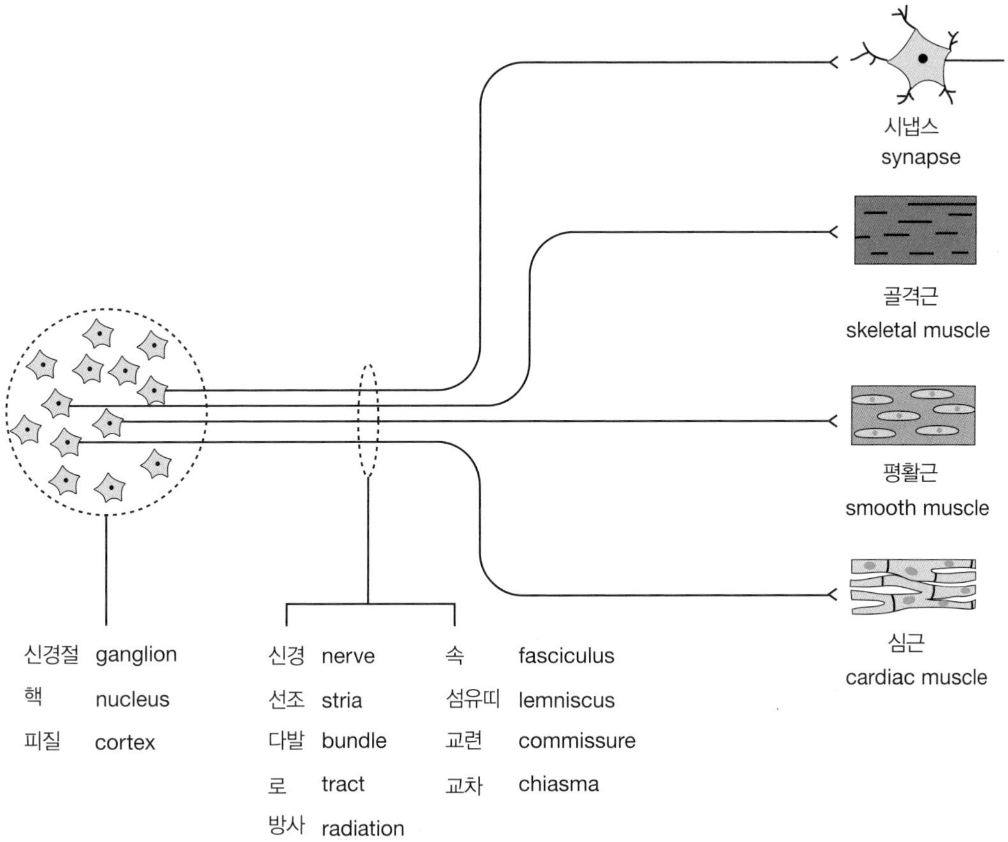

| 신경절 | ganglion | 신경 | nerve | 속 | fasciculus |
| 핵 | nucleus | 선조 | stria | 섬유띠 | lemniscus |
| 피질 | cortex | 다발 | bundle | 교련 | commissure |
| | | 로 | tract | 교차 | chiasma |
| | | 방사 | radiation | | |

시냅스
synapse

골격근
skeletal muscle

평활근
smooth muscle

심근
cardiac muscle

한 학문으로, 실체는 신경세포뿐이다. 신경해부학이 어렵게 느껴지는 이유는 신경세포 집단과 신경세포 축삭다발에 대한 용어가 다양하기 때문이다.

그래서 핵심적 실체는 신경세포가 모여서 된 '신경핵'과 신경세포의 원형질막이 매우 길게 뻗어나간 축삭$_{axon}$이 모여서 형성된 신경 자극 전달 통로인 '축삭다발'이다. 축삭다발은 전압펄스를 전달하는 통신로다. 신경세포가 모여서 이루어진 신경핵이 도시라면, 축삭다발은 도시와 도시를 잇는 고속도로에 해당한다. 대뇌와 척수로 구성된 중추신경계에서 수천에서 수천만 개의 신경세포체가 밀집한 밀리미터에서 수 센티미터 크기의 집합체가 신경핵이다. 12개 뇌신경과 척수 신경으로 구성된 말초신경계에서 뉴런의 집합을 신경절$_{ganglia}$이라 한다. 1세제곱 밀리미터의 부피에 신경세포가 10만 개 밀집할 수 있으며, 한 개의 신경세포 축삭이 수십 센티미터까지 뻗어나갈 수 있다. 신경세포체의 크기는 대략 20마이크로미터지만, 신경세포체 크기의 1,000배보다 긴 축삭이 세포체에서 가지를 낸다.

신경세포의 축삭다발을 부르는 명칭은 일곱 개나 된다. 축삭다발을 부르는 명칭을 모두 나열해보겠다. 신경해부학 공부는 축삭다발 이름에 얼마나 익숙해지는가에 달려 있다. 결국 뇌는 신경세포의 연결이며, 신경세포의 연결이 감정, 기억, 생각을 만든다. 축삭다발은 신경세포를 연결하는 고속도로다. 축삭다발의 다양한 이름을 나열해보자.

1. **신경**$_{nerve}$: 뇌과학에서 신경이란 용어는 척수신경, 뇌신경, 교감신경, 부교감신경 등에서 사용된다. 척수전각$_{spinal\ anterior\ horn}$ 운동뉴런의 축삭이 전근$_{anterior\ root}$을 이루며, 척수의 등쪽에 있는 신경절인 등쪽뿌리신경절$_{dorsal\ root\ ganglion}$의 감각뉴런 축삭이 척수후각$_{posterior\ horn}$을 이룬다. 여기에 입력되는 축삭다발이 후근$_{posterior\ root}$을 구성한다. 피부, 근육, 내장에서 척수로 출력되는 감각뉴런의 축삭과 전근의 축삭이 합쳐져서 척수신경$_{spinal\ nerve}$이 된다. 뇌신경$_{cranial\ nerve}$은 얼굴의 피부와 근육, 눈근육, 달팽이관, 세반고리관, 혀, 인두, 후두, 목빗근, 승모근을 조절하는 감각 및 운동 신경으로, 두개골의 구멍을 통해 축삭이 뻗어나오며, 신경세포체들로 구성되는 신경핵은 대부분 뇌간에 분포한다. 교감신경$_{sympathetic\ nerve}$은 교감신경기둥에서 출력되는 교감신경절 절후신경세포$_{postganglionic\ neuron}$이며, 척

수 중간회색질에 존재하는 교감신경절 절전신경preganglionic nerve 축삭이 교감신경 기둥에서 교감신경절 신경세포와 시냅스한다. 부교감신경parasympathetic nerve은 부동안신경accessory oculomotor nerve, 삼차신경trigeminal nerve, 안면신경facial nerve, 설하신경hypoglossal nerve, 미주신경vagus nerve 등 운동신경세포의 축삭다발이 섬모체근, 침샘, 내장 혈관벽, 내장벽 분비샘을 자극하는 운동성 신경이다.

2. **선조**stria: 선조는 신경세포 축삭다발이 작은 끈 모양으로 모여서 일정한 방향으로 뻗어나간 축삭다발이다. 선조는 후각의 내측과 외측 선조, 시상수질선조stria medullaris of thalamus, 제4뇌실 바닥의 청각선조acoustic stria, 편도체 출력 축삭다발인 분계선조stria terminalis가 있다.

3. **다발**fasciculus: 한자어로 '속'이라고도 하며, 원기둥 모양으로 많게는 수백만 개 축삭다발이 국수 다발처럼 모여서 기둥 형태를 이루어 신경핵들을 연결한다. 얇은다발gracilis fasciculus, 쐐기다발cuneatus fasciculus, 궁상다발arcuate fasciculus, 위세로다발superior longitudinal fasciculus, 아래세로다발inferior longitudinal fasciculus, 갈고리다발uncus fasciculus이 있다. 궁상다발은 활 모양의 신경축삭다발로, 해마 출력 다발을 뇌궁fornix, 베르니케영역Wernicke's area과 브로카영역Broca's area으로 연결한다.

4. **다발**bundle: 축삭다발이 모인 것을 말하며 내측전뇌다발medial forebrain bundle은 시상하부 외측핵lateral nucleus을 통과하여 뇌간의 여러 그물핵과 연결된 신경다발이다.

5. **기둥**column: 신경다발이 수직 기둥 모양으로 있는 것으로, 척수 단면 뒤쪽 얇은다발과 쐐기다발이 후섬유단posterior column이 된다. 얇은다발과 쐐기다발은 다리와 팔에서 올라오는 고유감각proprioception과 분별촉각, 진동, 압력에 관한 피부 기계감각로이다.

6. **신경로**tract: 신경로는 상행감각로와 하행운동로를 구성하며, 여기에는 거친촉각rough touch, 압력을 척수에서 시상으로 전달하는 전척수시상로anterior spinothalamic tract, 통각과 온도감각을 전달하는 외측척수시상로lateral spinothalamic tract, 다리에서 올라오는 고유감각을 소뇌로 전달하는 후척수소뇌로posterior spinocerebellar tract, 팔의 고유감각을 전달하는 쐐기소뇌로cuneocerebellar tract, 척수중개뉴런의 조절 작용을

소뇌로 전달하는 전척수소뇌로anterior spinocerebellar tract가 있다. 운동로는 피질척수

로corticospinal tract, 피질교뇌로corticopontine tract, 적핵척수로rubrospinal tract, 전정척수로

vestibulospinal tract, 교뇌그물척수로pontine reticulospinal tract, 연수그물척수로medulla oblongata

reticulospinal tract, 시개척수로tectospinal tract, 올리브척수로olivospinal tract가 있다.

---

그림 1-4 축삭다발의 다양한 명칭

| 명칭 | 예 | 명칭 | 예 |
|---|---|---|---|
| 다발<br>FASCICULUS | 내측세로다발medial logitudinal fasciculus<br>등쪽세로다발dorsal longitudinal fasciculus<br>렌즈핵다발lenticular fasciculus<br>시상밑다발subthalamic fasciculus<br>굴곡후다발fasciculus retroflexus<br>유두시상다발mammillothalamic fasciculus<br>쐐기다발fasciculus cuneatus<br>얇은다발fasciculus gracilis | 섬유띠<br>LEMNISCUS | 내측섬유띠<br>medial lemniscus<br>외측섬유띠<br>lateral lemniscus<br>척수섬유띠<br>spinal lemniscus<br>삼차섬유띠<br>trigeminal lemniscus |
| | | 선조STRIA | 분계선조stria terminalis<br>시상수질선조stria medullaris |
| 다발BUNDLE | 내측전뇌다발<br>medial forebrain bundle | 집게FORCEPS | 큰집게forceps major<br>작은집게forceps minor |
| 완BRACHIUM | 상구완brachium of superior colliculus<br>하구완brachium of inferior colliculus<br>교뇌완brachium pontis | 내낭CAPSULE | 내섬유막internal capsule<br>외섬유막external capsule |
| 각PEDUNCLE | 대뇌각cerebral peduncle<br>상소뇌각superior cerebellar peduncle<br>중소뇌각middle cerebellar peduncle<br>하소뇌각inferior cerebellar peduncle | 교련<br>commissure | 전교련anterior commissure<br>후교련posterior commissure |
| | | 체<br>CORPUS, BODY | 밧줄모양체corpus restiform, restiform body<br>곁밧줄모양체juxtarestiform body<br>능형섬유체trapezoid body<br>뇌량corpus callosum |

**7. 섬유띠**lemniscus: '속fasciculus과 로tract'가 기둥 모양의 신경축삭다발이라면, 섬유띠는 얇은 띠 모양으로 신경축삭이 모여서 신경핵들 사이를 연결한다. 섬유띠에는 내측섬유띠medial lemniscus, 삼차신경섬유띠trigerminal lemniscus, 척수섬유띠spinal lemniscus, 외측섬유띠lateral lemniscus가 있으며, 내측섬유띠는 후섬유단이 연수에서 교차한 후 띠 모양으로 배열되어 시상으로 입력된다.

## 중추신경계와 말초신경계에서
## 수초화 세포가 다르다

동물의 신경계는 중추신경계central nervous system와 말초신경계peripheral nervous system 로 구분된다. 중추신경계는 두개골과 척수뼈로 보호된 뇌와 척수신경세포 집단 이며, 말초신경계는 뇌와 척수 이외에 피부, 근육, 신체 장기에 분포하는 신경세 포 집단이다.

그림 1-5 중추신경계의 구성

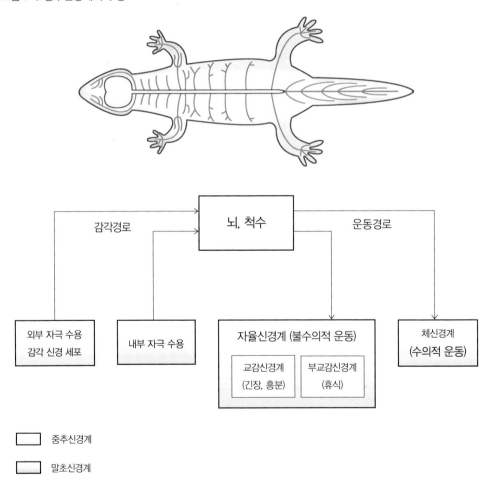

그림 1-6 중추신경계와 말초신경계

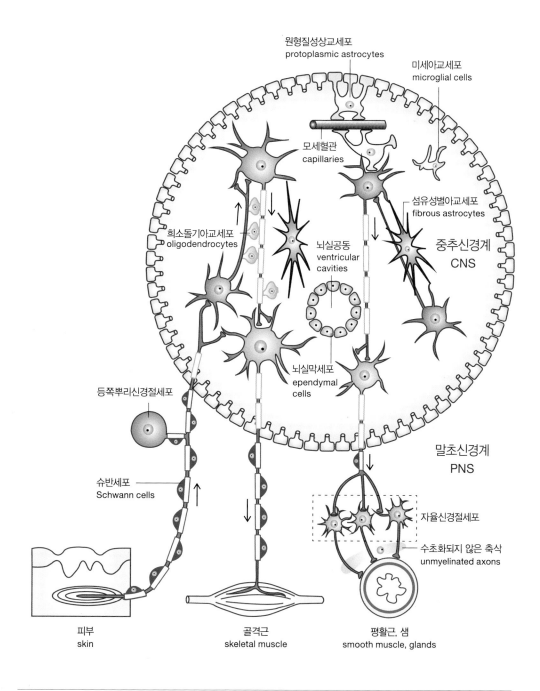

중추신경과 말초신경의 차이는 신경축삭을 전기적으로 절연하는 세포 종류의 차이에서 생긴다. 중추신경계의 절연세포는 희소돌기세포oligodendrocyte이며, 하나의 희소돌기세포는 수십 개의 중추신경세포를 감을 수 있지만, 슈반세포Schwann cell는 하나의 말초신경세포만 감는다. 그래서 중추신경계의 희소돌기세포가 활성을 잃으면 여러 개의 신경세포에 영향을 주지만, 말초신경계는 절단되어도 하나의 신경세포만 영향을 받으며, 그 세포의 축삭은 재생되고, 새로운 슈반세포가 재생된 축삭을 감아서 절연한다.

중추신경계는 연막, 지주막, 경막이라는 세 개의 막으로 둘러싸어 있으며, 뇌와 척수의 신경세포는 연막과 인접해 있다. 말초신경계는 감각신경세포 집단인 척수 등쪽의 등쪽뿌리신경절dorsal root ganglion과 운동신경세포 집단인 자율신경절autonomic ganglion로 구분되며, 자율신경계는 교감신경과 부교감신경으로 나뉜다. 중추신경계에 존재하는 신경세포 집단이 신경핵nucleus이며, 말초신경계에 존재하는 신경세포 집단을 신경절ganglion이라 한다. 척수후각 부근의 말초신경절인 등쪽뿌리신경절의 감각신경세포는 피부의 기계적 감각을 중추신경계로 전달하며, 중추신경세포는 축삭을 뻗어내어 근육세포에서 시냅스하여 신경-근연접neuromuscula junction을 형성하며 신경전달물질인 아세틸콜린을 분비하여 골격근을 수축시킨다.

# 뇌 발생 과정은
# 대칭 구조의 시작이다

척수는 외배엽에서 형성된다. 외배엽과 내배엽 사이 공간으로 외배엽에서 분리된 세포가 이동하여 중배엽을 만든다. 척삭notochord이 외배엽 분화를 유도하여 외배엽의 신경판이 구부러져 신경구가 되며, 신경구의 양쪽 가장자리가 봉합되어 외배엽과 분리되면서 신경관이 된다. 신경구는 신경판이 휘어져 고랑을 형성하는 구조다. 신경관의 앞쪽은 대뇌 반구가 되며, 뒤쪽은 척수가 되는데, 외배엽에서 신경판이 형성되는 과정에 신경판의 영역별 기능 분화가 시작되어 나중에 대뇌와 척수가 될 영역의 예정 지도가 형성된다.

그림 1-8의 신경 발생 예정 지도는 축삭돌기가 구강 인두막oropharyngeal membrane으로 향하여 뻗어나가면서 형성된 축을 중심으로 앞쪽에서부터 대뇌핵-대뇌피질, 시상하부-시상, 피개-시개, 뇌교, 연수, 척수의 날개판-기저판의 구분이 생기는 모습을 보여준다. 척수의 경계고랑sulcus limitans이 대뇌까지 연장되며, 척삭과 경계고랑 사이 피질이 배쪽의 운동 관련 세포가 되며, 경계고랑 외측의 피질 영역은 등쪽의 감각 관련 신경세포가 된다. 신경능neural crest에서 이동한 세포들은 뇌신경과 자율신경autonomic nerve 세포로 분화한다.

척수 발생 과정에서 나타나는 대칭 구조를 공부하면 뇌와 척수의 구조에 대해 시작 단계부터 익숙해진다. 그림 1-9의 첫째 그림은 외배엽 세포의 일부가 외배엽 아래로 확산되어 외배엽과 내배엽 사이 공간에 중배엽을 형성하는 과정이며, 둘째 그림은 외배엽의 신경판이 척삭의 유도 작용에 의해 굴곡이 생겨 신경구가 형성되는 단계이다. 셋째 그림은 신경구에서 신경관이 형성되어 척수관이 척삭 위로 평행하게 만들어지는 과정이다. 마지막 그림은 중배엽이 뼈, 근육, 피부 분절로 분화되는 과정이다. 척추동물의 발생 과정은 자연이 보여주는 대칭의 아름다움을 담고 있다.

그림 1-12의 발생 과정의 척수 단면은 경계고랑 구조 위와 아래로 날개판alar plate과 기저판basal plate이 형성되며 뇌실막층에서 생성되는 신경세포들이 이동하

그림 1-7 신경판, 신경구, 신경관의 발생 과정

신경판
neural plate

신경구
neural groove

신경관
neural tube

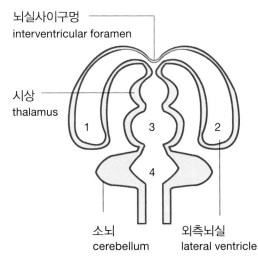

뇌실사이구멍
interventricular foramen

시상
thalamus

소뇌
cerebellum

외측뇌실
lateral ventricle

박문호 박사의 뇌과학 공부

그림 1-8 신경 발생 예정 지도

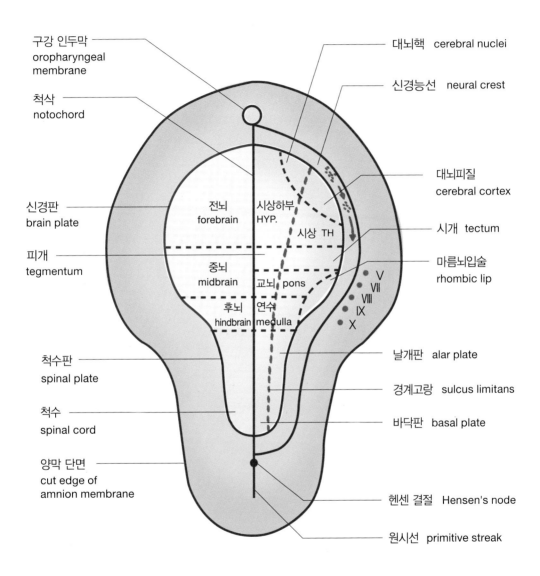

구강 인두막
oropharyngeal
membrane

척삭
notochord

신경판
brain plate

피개
tegmentum

척수판
spinal plate

척수
spinal cord

양막 단면
cut edge of
amnion membrane

대뇌핵  cerebral nuclei

신경능선  neural crest

대뇌피질
cerebral cortex

시개  tectum

마름뇌입술
rhombic lip

날개판  alar plate

경계고랑  sulcus limitans

바닥판  basal plate

헨센 결절  Hensen's node

원시선  primitive streak

전뇌
forebrain

시상하부
HYP.

시상  TH

중뇌
midbrain

교뇌  pons

후뇌    연수
hindbrain  medulla

V
VII
VIII
IX
X

그림 1-9 척수 발생 단계와 척수신경의 수초화 과정

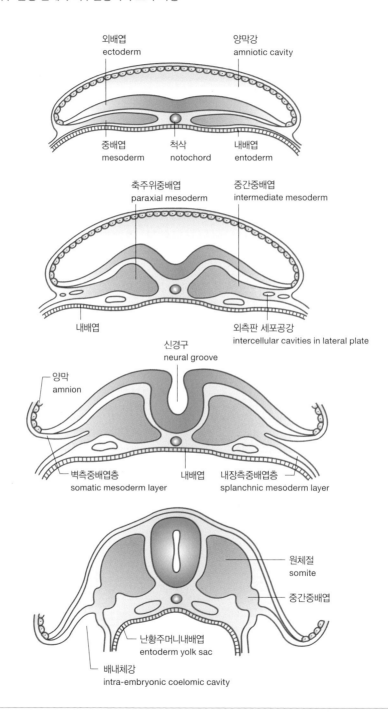

외배엽
ectoderm

양막강
amniotic cavity

중배엽
mesoderm

척삭
notochord

내배엽
entoderm

축주위중배엽
paraxial mesoderm

중간중배엽
intermediate mesoderm

내배엽

외측판 세포공강
intercellular cavities in lateral plate

신경구
neural groove

양막
amnion

벽측중배엽층
somatic mesoderm layer

내배엽

내장측중배엽층
splanchnic mesoderm layer

원체절
somite

중간중배엽

난황주머니내배엽
entoderm yolk sac

배내체강
intra-embryonic coelomic cavity

여 외투층mantle layer을 만드는 모습을 보여준다.

신경관을 구성하는 세포는 뇌실을 접하는 세포층인 뇌실막층ependymal layer의 세포들이 분열하고 이동하여 외투층을 형성하고, 외투층 신경세포의 축삭돌기가 자라면서, 축삭돌기로 구성된 변연층marginal layer이 생긴다. 신경관의 위쪽 영역은 대뇌 구조로 분화되고, 아래쪽은 척수가 되며, 척수전각 운동뉴런 축삭이 뻗어나

그림 1-10 대뇌 발생 과정의 단면

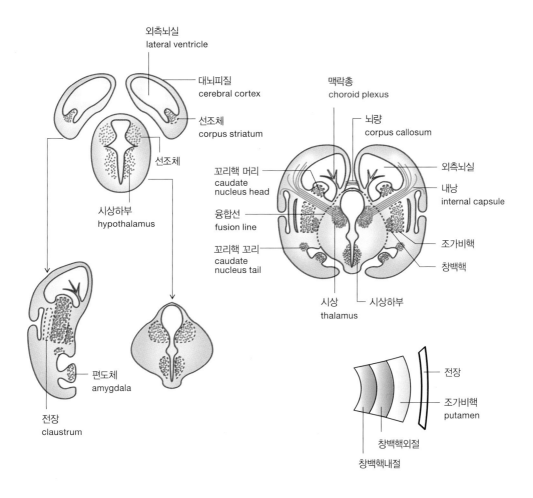

가는 과정에 축삭이 슈반세포로 감기는 현상인 말초신경 수초화 과정이 진행되어 유수신경myelinated nerve이 된다. 태아의 뇌 발생 과정에서 간뇌와 대뇌피질의 융합이 일어나며, 어류에서부터 발달해온 척수-뇌간-간뇌신경 시스템이 파충류에서부터 출현하는 대뇌신피질과 융합하여 생긴 융합선이 확인된다.

뇌 발생 시기에는 외배엽의 신경판이 원통형 구조인 신경관이 되고, 신경관의 앞쪽 끝부분이 크게 팽창하면서 대뇌 양 반구 피질을 형성한다. 이 과정에서 척수의 앞쪽 단면에서 시상과 시상하부 구조가 발달하고, 좌우의 외측뇌실이 확정되면서 제3뇌실 주위의 시상과 외측뇌실의 대뇌피질이 일부 분리된 구조가 된다. 발생이 진행되면서 대뇌피질과 시상 영역이 융합되며, 시상 신경세포의 축삭이 대뇌피질로 뻗어나가며, 반대로 대뇌피질 신경세포의 축삭은 시상핵의 신경세포와 시냅스하게 된다.

제럴드 에델만Gerald Edelman의 신경다윈주의neural Darwinism 이론에서는 뇌간-변연계의 본능 시스템과 나중에 진화한 시상-피질 시스템이 연결되면서 동물의 일차의식이 출현했을 것으로 추정한다. 뇌간 위쪽 간뇌 영역의 시상과 대뇌피질이 뇌 발생 과정에서 융합되는 과정을 이런 유추에 대한 해부학적 근거로 생각해볼만하다. 인간 뇌의 발생 과정은 태 속에서 짧은 기간 동안 매우 다양한 구조적 변화를 겪게 되고, 이러한 발생적 구조 변화 과정을 정확히 이해하면 탄생 이후 뇌의 입체 구조를 익히는 데 도움이 된다. 그림 1-10의 오른쪽 그림에서 제3뇌실 주위에 시상과 시상하부가 등쪽과 배쪽으로 배열된다. 척수의 발생 과정에 경계 고랑을 중심으로 배쪽의 신경세포들은 운동신경세포로 분화되고 등쪽의 세포들은 감각신경세포로 분화된다. 발생 과정의 뇌세포가 '배쪽은 운동'으로, '등쪽은 감각'으로 분화되는 현상은 신경세포 기능 분화의 기본 패턴이다.

그림 1-10에서 뇌실 안의 맥락총choroid plexus은 모세혈관 덩어리로 뇌척수액을 생성한다. 시상전핵thalamic anterior nucleus과 대뇌피질을 연결하는 신경섬유다발은 내낭 앞쪽 가지를 형성하면서 선조체의 꼬리핵caudate nucleus과 조가비핵putamen nucleus을 분리하여 선조체 특유의 구조를 만든다. 꼬리핵과 조가비핵은 습관적 운동과 절차기억을 처리하는 대뇌피질 아래의 거대한 신경핵들이다. 조

박문호 박사의 뇌과학 공부

그림 1-11 발생 단계에서 뇌실과 해마의 성장

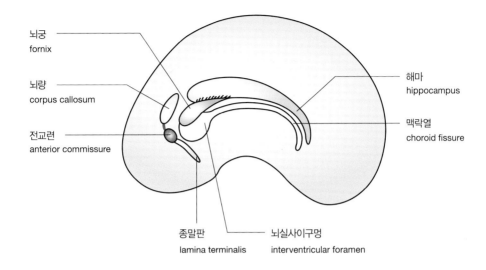

뇌궁
fornix

뇌량
corpus callosum

전교련
anterior commissure

해마
hippocampus

맥락열
choroid fissure

종말판
lamina terminalis

뇌실사이구멍
interventricular foramen

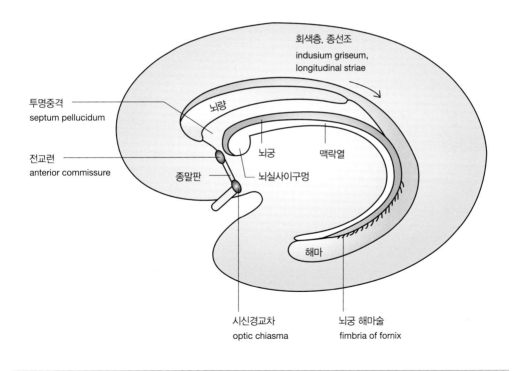

회색층, 종선조
indusium griseum,
longitudinal striae

투명중격
septum pellucidum

뇌량

전교련
anterior commissure

종말판

뇌궁

맥락열

뇌실사이구멍

해마

시신경교차
optic chiasma

뇌궁 해마술
fimbria of fornix

가비핵의 내측으로 창백핵globus pallidus이 위치하며 창백핵은 창백핵외절external globus pallidus과 창백핵내절internal globus pallidus로 구분된다. 조가비핵과 창백핵을 합친 구조가 돋보기 렌즈처럼 생겨서 이 두 신경핵을 합쳐서 렌즈핵lentiform nucleus이라 한다. 꼬리핵은 머리와 몸체 그리고 꼬리 영역으로 구분할 수 있으며, 머리 부위가 가장 크다. 꼬리핵은 좌우 반구에 각각 하나씩 대칭으로 존재하며 뇌실의 투명중격septum pellucidum에 의해 분리되어 있다. 발생 과정에서 외측뇌실lateral ventricle이 뇌의 앞쪽에서 뒤쪽으로 확장되어가는 형태를 따라서 꼬리핵과 해마도 자라나기 때문에 외측뇌실의 곡면 구조를 따라 꼬리핵과 해마의 구조가 위치하게 된다. 발생 과정에서 일어나는 뇌 구조의 변화를 추적하는 것이 뇌 구조 공부의 지름길이다.

## 뇌 발생은
## 다양한 대칭 구조의 생성 과정이다

뇌 발생 과정에 익숙해지면 뇌 구조 공부가 가속된다. 발생 과정은 단순한 형태에서 시작해 단계별로 분화되기 때문에 뇌 부위별 단면 구조가 생겨나는 과정을 살펴보면, 뇌의 구조 변화를 짐작할 수 있다. 척수, 뇌간, 대뇌의 발생 단계별 단면 구조 변화는 감각신경세포와 운동신경세포의 이동 과정이며, 신경세포 분화와 이동 과정으로 척수중심관, 제4뇌실, 제3뇌실, 외측뇌실의 구조가 바뀐다. 척수의 발생 과정에서는 외배엽의 일부 영역에서 신경판neural plate이 형성되고, 신경판이 고랑 형태의 신경구neural groove가 되며, 신경구가 신경관neural tube을 형성한다. 신경관이 형성될 때 외배엽에서 분리된 신경능세포neural crest cell가 이동하여, 척수신경절세포spinal ganglion cell, 교감신경절세포sympathetic ganglionic neuron, 부신수질세포adrenal medulla cell, 슈반세포, 내장자율신경세포가 된다.

신경관 안쪽의 뇌실막층에서 분화된 신경세포들은 외투층을 형성하고 신경세포축삭들로 구성되는 변연층이 외투층을 둘러싼 구조가 된다. 신경관을 구성하는 신경세포는 척삭의 유도 작용으로 경계고랑을 경계로 아래 영역은 운동뉴런인 기저판, 위 영역은 날개판, 경계고랑 부근은 내장 자율신경세포로 분화된다. 신경관 주위의 신경능세포들은 이동하여 척수신경절을 형성하며, 척수신경절 감각신경세포들은 척수 날개판과 신체 조직 양 방향으로 축삭을 뻗어낸다. 교감신경절을 구성한 신경능세포들은 축삭을 출력하여 척수 기저판 운동뉴런의 축삭돌기와 함께 척수 전근을 형성한다. 척수신경절은 등쪽뿌리신경절이 되며, 신경절 속의 감각뉴런들은 피부의 기계감각, 근육의 고유감각을 척수후각으로 전달하며, 전근의 운동뉴런 축삭과 합쳐져 척수신경을 형성한다. 뇌실막층으로 구성된 신경관의 크기는 줄어들어 척수중심관이 되며, 교감신경세포들은 교감신경절을 형성하며, 교감신경절이 상하로 연결되어 교감신경줄기sympathetic trunk를 형성하여 척수의 좌우로 배열된다.

그림 1-12 척수와 대뇌의 발생 과정

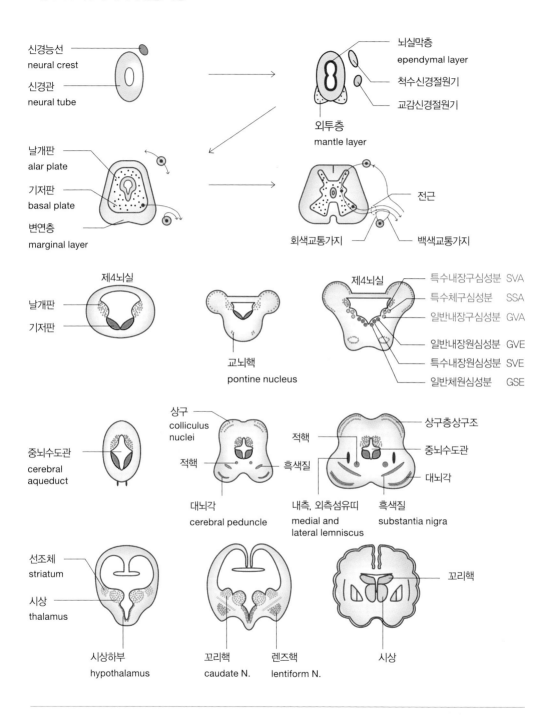

신경능선
neural crest

신경관
neural tube

뇌실막층
ependymal layer

척수신경절원기

교감신경절원기

외투층
mantle layer

날개판
alar plate

기저판
basal plate

변연층
marginal layer

전근

회색교통가지

백색교통가지

제4뇌실

날개판

기저판

교뇌핵
pontine nucleus

제4뇌실

특수내장구심성분  SVA

특수체구심성분  SSA

일반내장구심성분  GVA

일반내장원심성분  GVE

특수내장원심성분  SVE

일반체원심성분  GSE

중뇌수도관
cerebral
aqueduct

상구
colliculus
nuclei

적핵

대뇌각
cerebral peduncle

적핵

흑색질

내측, 외측섬유띠
medial and
lateral lemniscus

상구층상구조

중뇌수도관

대뇌각

흑색질
substantia nigra

선조체
striatum

시상
thalamus

시상하부
hypothalamus

꼬리핵
caudate N.

렌즈핵
lentiform N.

꼬리핵

시상

그림 1-13 척수와 교감신경기둥

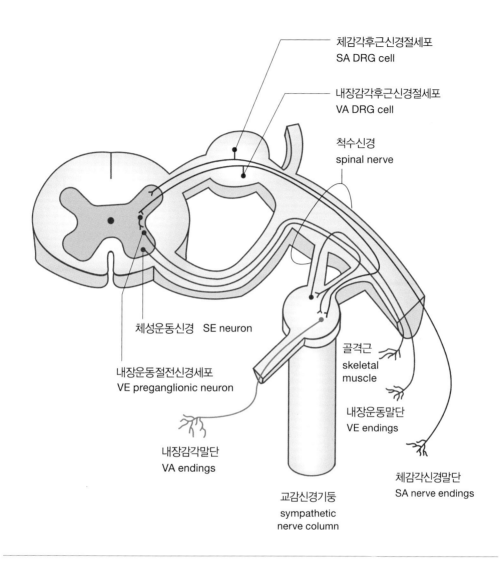

체감각후근신경절세포
SA DRG cell

내장감각후근신경절세포
VA DRG cell

척수신경
spinal nerve

체성운동신경  SE neuron

내장운동절전신경세포
VE preganglionic neuron

골격근
skeletal
muscle

내장감각말단
VA endings

내장운동말단
VE endings

체감각신경말단
SA nerve endings

교감신경기둥
sympathetic
nerve column

교뇌의 발생 단계에서는 척수중심관이 뇌간으로 연장되어 제4뇌실이 되며, 기저판과 날개판이 분화되고, 날개판의 세포들은 일반내장구심성분general visceral afferent(GVA), 특수내장구심성분special visceral afferent(SVA), 특수체구심성분special somatic afferent(SSA) 성분으로 신경세포가 배열하며, 아래쪽으로 이동하여 교뇌핵pontine nuclei

을 형성한다. 신경세포는 일반감각과 특수감각, 입력과 출력, 내장과 신체의 여섯 가지 용어의 조합으로 첫째 문자를 모아서 구분한다.

경계고랑을 대칭축으로 위쪽으로는 일반내장원심성분general visceral efferent(GVE), 특수내장원심성분special visceral efferent(SVE), 일반체원심성분general somatic efferent(GSE)으로 신경세포들이 배열한다. 중뇌상구영역이 발생하면서 제4뇌실과 제3뇌실이 연결되는 좁은 통로인 중뇌수도관이 형성되며, 이 영역도 경계고랑을 경계로 감각과 운동뉴런들이 상하로 배열한다. 배쪽으로 동안신경이 뻗어나오며 신경세포들이 이동하여 흑색질substantia nigra과 적핵을 형성하고, 흑색질은 흑색질치밀부substantia nigra compacta와 흑색질그물부substantia nigra pars reticulata로 구분되며, 흑색질그물부 앞 영역으로 대뇌피질에서 운동신경이 뇌간으로 내려가면서 대뇌각cerebral peduncle 형성한다.

등쪽 상구 단면 구조에는 피질 영역의 층판 구조가 분화되는데, 상구의 위쪽 피질은 무의식적 시각반사와 관련되며 아래쪽 피질은 시각과 운동신경이 시냅스한다. 중뇌수도관 주위의 회색질 세포들의 축삭은 거대 솔기핵의 세포들과 시냅스하여 세로토닌을 분비하며, 거대 솔기핵의 축삭은 척수후각 세포들과 시냅스하여 통증을 완화하는 역할을 한다. 대뇌는 발생 과정에서 제3뇌실과 외측뇌실의 크기 변화에 따라 해마, 꼬리핵, 시상, 시상하부 영역들로 분화된다. 외측뇌실과 제3뇌실이 만나는 영역에서 시상이 형성되며, 아래쪽으로 시상하부가 형성된다.

## 동물은 감각에서 운동이 출력되며,
## 인간은 기억에서 행동이 나온다

동물은 감각에서 운동이 출력되며, 인간은 기억에서 행동이 나온다. 감각 자극
으로 촉발된 지각 과정은 행동을 유발하고, 생존에 중요한 지각 결과는 기억으로
저장되어, 나중에 유사한 상황에서 행동 선택의 근거가 된다. 환경 자극의 일부
가 감각기관을 통해 신체로 입력되고, 신체 표면, 근육, 관절, 내부 장기에서 감각
입력에 대한 운동 반응이 생성되고, 중추신경계에서 감각입력이 기억으로 전환
되어 꿈과 생각에 지속적으로 반영된다. 뇌과학자 로돌포 R. 이나스 Rodolfo R. Llinas

그림 1-14 운동계의 과잉 완성 체계

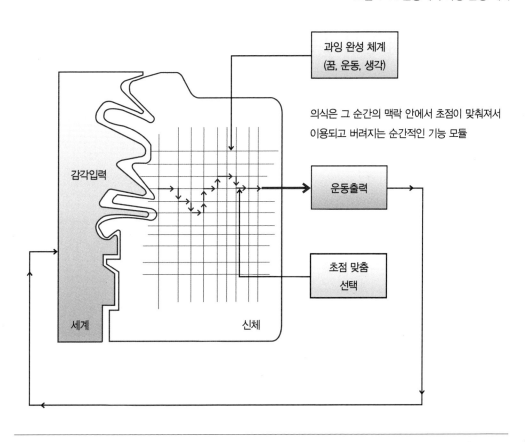

과잉 완성 체계
(꿈, 운동, 생각)

의식은 그 순간의 맥락 안에서 초점이 맞춰져서
이용되고 버려지는 순간적인 기능 모듈

감각입력

운동출력

초점 맞춤
선택

세계

신체

에 따르면, 물리적 세계에 대한 제한된 에너지 입력으로 뇌와 신체가 생성하는 반응인 운동과 꿈 그리고 생각은 사전에 형성된 '과잉 생산 체계'다. 꿈, 생각, 운동은 대뇌연합피질에 저장된 기억들 간의 활성화된 상호연결의 결과물이며, 기억에 의해 미리 과잉 생성되며, 감각입력의 촉발로 한 동작, 한 생각으로 선택된다. 기억의 연결 회로는 관련된 신경세포 집단들 사이의 동시 흥분 상태의 회로망을 생성하는 활발한 작용이 항상 요동치고 있고, 이러한 신경회로의 활성 패턴과 감각입력 처리 과정이 결합하여 감각에 대한 지각 반응이 생성된다.

감각입력과 운동출력 사이의 연결은 각자의 생존 과정에 축적된 기억이 다르기 때문에 개인마다 고유한 많은 연결 방식이 존재하며, 기억은 개인마다 다른 개성과 자아의 바탕이 된다. 감각과 운동의 연결에서 의식은 운동 선택 과정을 비추는 순간적인 조명 같은 역할을 한다. 의식의 조명 아래 환경 입력의 맥락에 따라 행동이 선택되고 출력된다. 따라서 의식이 작동하는 상태에서 환경에 대한 이미지가 생성되고 하나의 운동출력이 만들어지면, 의식은 또 다른 감각입력에 주목하게 하여 지각 처리 과정으로 진행되고 또 하나의 운동출력을 낳게 된다. 이와 같은 운동 선택의 연쇄는 우리의 행동이 된다. 시각, 청각, 촉각의 감각정보는 해마에서 맥락적 기억으로 전환되고, 대뇌피질에 전달되어 장기기억으로 저장된다. 대뇌 전전두엽이 현재 입력되는 감각 정보를 처리하는 과정인 운동 계획 과정에 연합감각 피질에 저장된 장기기억이 회상되어 행동 선택에 반영된다. 전전두엽은 전두엽의 앞쪽 피질로, 여기에서 충동 억제, 작업기억, 목적 지향성이 생성되는데, 이것이 인지 기능의 핵심이다.

구체적 감각입력을 범주화된 사물로 전환하는 뇌의 정보 처리가 바로 지각 과정이며, 범주화는 지각의 산물이다. 에델만에 따르면 대뇌 감각연합피질에 의한 '지각의 범주화' 과정이 형성되면, 개별적으로 범주화된 지각 장면들 사이의 관계인 개념이 출현하는 '개념의 범주화'가 대뇌 전두엽, 두정엽, 측두엽에서 진행된다. 즉 개념은 지각 범주화의 '재범주화 과정'이다.

그림 1-15 감각입력과 운동출력의 신경시스템

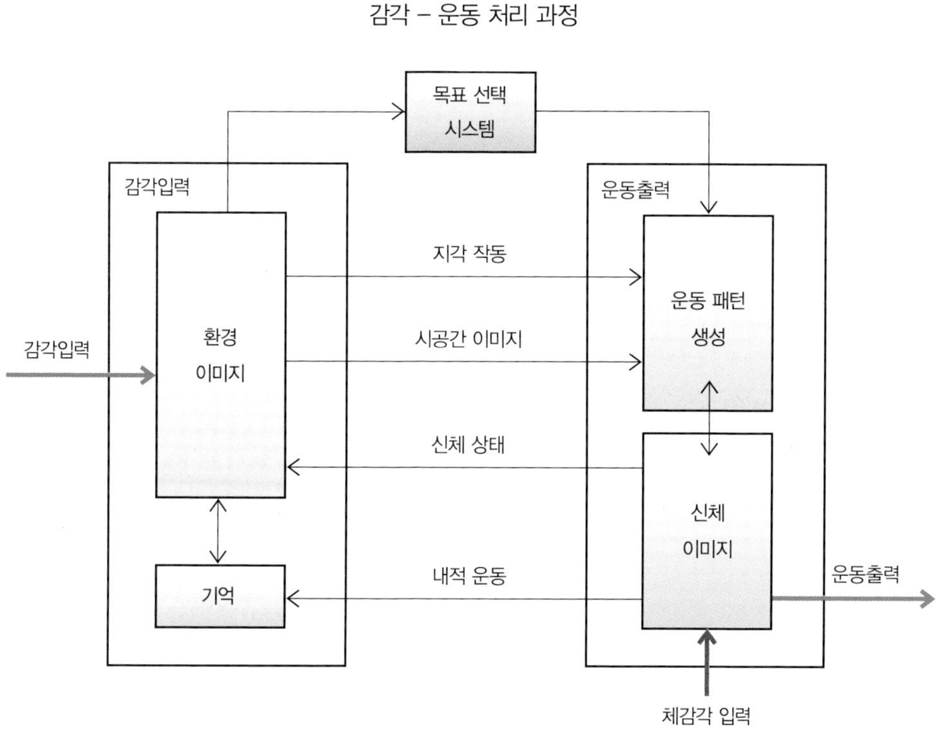

감각 – 운동 처리 과정

뇌는 감각입력을 받아서 운동출력을 생성하는 역할을 한다. 감각입력에서 중요한 정보는 기억으로 저장하고, 저장된 장기기억을 반영하여 감각입력을 평가하며 운동출력을 선택한다. 운동 선택이 바로 목표 선택이 되며, 그에 따라 신체 이미지 정보를 바탕으로 생성된 운동 패턴이 출력된다. 감각 자극이 촉발한 지각의 한 형태가 기억이며, 지각의 결과는 행동으로 출력된다. 감각, 지각, 생각은 상호 연관된 일련의 뇌 정보 처리 과정을 단계별로 구분한 것으로, 출발점은 감각이다. 감각이 지각을 촉발하고, 지각된 정보에 주목하게 되면 기억이 회상된다. 그리고 운동출력을 하기 전에 기억을 바탕으로 운동을 계획하는 과정이 바로 우리의 생각이다. 결국 감각에서 운동으로 연결되는 과정이 뇌 정보 처리의 전체 내용이며, 이때 인간 대뇌 세포의 대부분은 감각뉴런과 운동뉴런을 연결하는 중개뉴런 역할을 한다.

생각이 기억의 맥락적 연결 현상이라면, 상상, 꿈, 환각은 기억의 비맥락적 돌출 과정이다. 그래서 생각은 현실적 문제에 대한 뇌의 반응이고, 상상, 꿈, 환각은 뇌가 현실에서 벗어나 스스로 활성화되는 현상이다. 현실이 꿈과 상상이 아니라 '현실적'이 되는 이유는 꿈과 상상은 그 내용이 매번 바뀌지만, 현실은 반복되는 현상이기 때문이다. 현실은 시간과 공간에서 매일 반복되는 사건이며, 우리의 일상이다. 꿈의 내용처럼 반복되지 않는 사건을 '비현실적'이라 하는데, 반복되지 않기에 예측하기 어렵다. 반면에 일상처럼 매일 '반복되는 현실'은 예측 가능하다. 어떤 장소에서 어떤 행동이 적절한지 알 수 있는 환경이 자연과 구분되는 인간의 생활 공간이다. 감각과 운동이란 핵심적인 개념을 바탕으로 생각을 전개하면, 감각 자극의 처리 과정에서 지각과 기억 그리고 행동이라는 뇌 작용의 핵심 과정들이 자연스럽게 드러나고, 꿈과 현실을 바라보는 새로운 관점이 생겨날 수 있다. 이처럼 핵심 내용에 전념하는 학습은 대규모의 정보를 분류하고 저장하는 효율적인 방법으로, 핵심 개념을 오랫동안 집중적으로 생각하면 스스로 새로운 시선을 가질 수 있는 창의적 공부법이 된다. 핵심 개념은 다양한 의미와 관점을 모두 포함하고 있기 때문이다. 과학의 역사는 핵심 개념이 생겨나고 자라고 성숙해간 역사다.

## 핵심 개념 중심의
## 뇌 기반 학습법

새로운 공부 내용을 기억으로 저장하는 효과적인 학습 순서가 있다. 공부법은 항아리에 모래와 자갈과 큰 돌을 가능한 한 많이 넣는 방법과 같다. 모래부터 먼저 담기 시작하면 자갈과 큰 돌을 넣을 공간이 부족해지지만 반대로 큰 돌부터 먼저 넣으면, 큰 돌 사이에 자갈이 잘 들어가고, 모래는 자갈 사이의 조그마한 공간을 빈틈없이 채울 수 있다. 바로 이런 방식이 지식을 저장하는 좋은 방식이다. 지식의 큰 돌은 각 학문 분야의 기본 개념이며, 자갈과 모래는 핵심 내용과 세부 지식이 된다. 뇌 기능과 구조를 공부할 때도 이 방식을 적용할 수 있다. 신경세포, 수상돌기, 수초화, 스파인, 시냅스가 핵심 개념이며, 이 핵심 개념을 철저히 학습해야만 뇌과학 지식을 깊고 넓게 확장할 수 있다. 수초화를 공부하면 무수신경과 유수신경의 차이를 이해하게 되고, 스파인과 시냅스 구조에 대한 공부는 단백질과 유전자에 대한 이해로 확장된다.

물리, 생물, 지구과학의 핵심 개념들에는 공통의 특징들이 있다. 첫째, 핵심 개념은 그 분야의 모든 정보와 연결된다. 그래서 핵심 정보만으로도 그 분야를 재구성해낼 수 있으며, 그 분야의 구조를 명확히 그릴 수 있다. 둘째, 핵심 개념은 하나의 문장으로 축약되며 심지어 핵심 단어로 표현될 수 있어 생각의 바탕이 된다. 셋째, 핵심 개념의 반복은 어느 순간 다른 분야로 확장될 수 있다. 과학의 역사에서 지동설, 관성의 법칙, 팽창하는 우주, 불확정성원리, 광속불변원칙, 대륙이동, 진화론, 세포공생설처럼 기본 핵심 개념들은 새로운 과학 분야의 문을 열었을 뿐 아니라 그 분야 발전의 원동력이 된다. 핵심 개념은 처음 생겨났을 때는 생소하고 확실한 모습이 아니지만 그 개념이 자연 현상 전반에 적용되는 보편성과 핵심적 적용 과정은 서서히 자라나게 된다. 핵심 개념은 보편성과 구체성을 띠기 때문에 그 분야의 다양한 지식을 체계적으로 생산해낼 수 있다. 뇌과학에서도 수상돌기, 축삭, 시냅스 같은 핵심 개념은 활동전위, 신경전달물질, 이온채널과 같은 지식으로 체계적으로 확장되므로 상호 연관성을 쉽게 이해할 수 있게 된다. 전체를 관통하는 핵심을 먼저 공부하는 톱다운식 공부법은 핵심 개념을 바탕으로 전체 그림에 대한 윤곽을 파악한 후 세부 사항을 공부하는 방식이다.

반면에 세부 사항을 먼저 만나고, 세부 내용에서 전체 의미로 나아가는 바텀업 방식은 분산적이기 쉽고 특이한 세부 사항을 처리하다 지칠 수 있다. 말단을 따라가지 말고 확장성이 큰 핵심 개념에 전념하면, 세부 사항은 핵심 개념을 응용함으로써 쉽게 공부할 수 있다. 뇌과학 공부에서 세부 정보는 개별 감각 처리 과정, 지각에서 기억이 생성되는 과정, 운동출력 생성이며, 세부 정보도 순서 없이 대략적으로 공부하면 기억하기 어렵지만 핵심 개념을 적용하여 범주화된 지식으로 기억하면 쉽게 기억할 수 있다. 새로운 분야를 공부할 때도 그 분야의 핵심 개념을 찾아내 철저히 체득하면, 파생되는 많은 새로운 응용들을 발견할 수 있다. 큰 돌을 항아리에 넣으면 자갈과 모래가 스스로 제자리를 찾는 것처럼, 핵심 개념은 그 주변에 많은 여유 공간을 만들어 세부 지식들이 주변에 달라붙게 된다. 핵심 개념의 확장성과 응집력은 우리가 얼마나 오랫동안 집요하게 핵심 개념을 키워왔는가에 비례하게 된다. 핵심 개념이 우리의 생각이 되고 행동이 되고 몸이 되어, 우리가 바로 핵심 개념 그 자체가 된다면 공부와 내가 한 몸이 된다. 뇌과학 공부의 지름길도 이와 같다. 핵심 개념인 감각과 운동을 통해 뇌의 구조와 작용을 공부하면 스스로 체계적인 지식을 얻게 된다.

뇌과학 공부에서 핵심 개념인 감각과 운동은 동물의 발생 과정에서부터 세포 수준에서 시작된다. 동물은 감각입력에 반사적으로 반응하지만, 인간은 감각입력에 기억을 반영하여 행동을 선택한다.

## 변연계 신경핵 연결은
## 아름다운 대칭 구조다

대칭은 자연의 본래 모습이다. 기원으로 돌아가면 완벽한 대칭을 만난다. 물리학에서 대칭은 에너지보존법칙과 관련되며, 생물학에서 대칭은 생물의 구조에 나타난다. 뇌 구조는 좌우 대칭이며, 신경핵들도 좌우 두 개씩 같은 위치에서 대칭으로 존재한다. 뇌의 대칭 구조를 이용하여 피질 아래 신경핵들의 연결 상태를 반복해서 그려보면 뇌 공부가 몸에 익숙해진다. 기억은 해마, 편도, 중격핵, 대뇌

그림 1-16 변연계 신경핵의 입체 구조

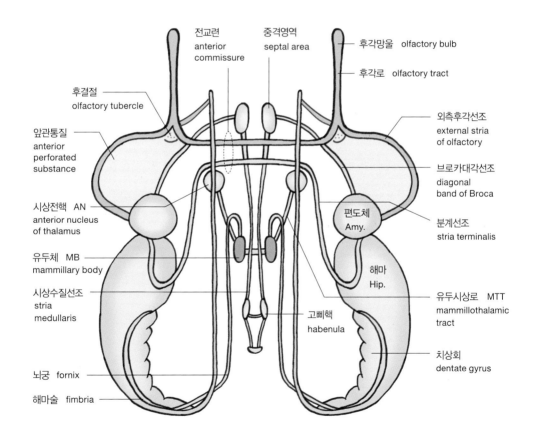

의 감각연합피질, 전전두엽이 관련되는 뇌의 복합적이고 다층적인 기능이다. 기억 관련 신경연결인 파페츠회로Papez circuit는 기억이 생성되는 해마에서 출력되는 신경축삭다발로 구성된 신경로이며, 중격핵에서 해마로 입력되는 신경로는 중격해마로septohippocampal pathway다. 해마, 편도체, 중격핵의 상호연결은 완전한 대칭 구조이며, 순서대로 그려보면 쉽게 기억된다.

신경해부학은 노트에 그려보면 묘미를 알 수 있다. 뇌의 세부적 구조는 입체적이고 복잡해 보인다. 자연에서 볼 수 있는 가장 미묘한 구조가 뇌다. 그런데 뇌 구조의 특징을 살펴보면 의외로 어렵지 않다. 왜냐하면 뇌의 구조는 대부분 대칭이기 때문이다. 구조에서 대칭성을 발견하면 공간지각 정보가 반으로 줄어들고, 그림 그리기 관점에서는 정보가 반으로 줄어드는 것 이상으로 전체 구조의 이해가 확실해진다. 이 복합적인 변연계의 구조는 대칭의 아름다움을 드러낸다. 중심면의 좌우 공간에 정확히 대칭적 구조로 신경핵들이 배열해 있다. 위에서부터 중격핵septal nuclei, 시상전핵, 유두체mammillary body, 고삐핵habenula nucleus이 나란히 좌우 대칭으로 배열해 있다. 그리고 시상전핵 양 옆으로 편도체가 위치하고, 편도체에 거의 접촉하면서 거대한 해마 복합체가 좌우로 대칭 구조를 이룬다. 후각망울에서 시작하는 후각신경은 좌우로 나뉘어 내측후각선조와 외측후각선조가 되어 편도체와 중격핵으로 입력된다. 편도체 부근에서 큰 영역을 차지하는 해마피질은 점차 줄어들어 대상이랑cingulate gyrus 아래에서는 가느다란 회색층indusium griseum이 된다. 해마 출력다발은 뇌궁이 되어 유두체로 입력되며, 유두체에서 시상전핵으로 입력된다. 중격핵은 고삐핵과 시상수질선조stria medullaris로 연결된다. 이 변연계 구조에는 파페츠회로가 포함되어 있다. 변연계 신경핵 연결 그림을 다음 순서대로 그려보자.

첫째, 대칭축에 해당하는 수직선을 점선으로 그린다. 손으로 수직과 수평선을 그리는 것은 서예와 미술의 기본 훈련이다. 볼펜보다는 만년필이 곡선을 그릴 때 잘 그려진다. 노트에 가능한 한 크게 그림의 구도를 설정한다.

둘째, 그림 구성 요소들의 상호 위치 관계를 구체적으로 기억하자. 뇌의 구조는 대뇌피질과 피질 아래 신경핵들의 상호연결이므로, 핵들의 상대적 위치를 기억하면 언제든 그림을 그릴 수 있다. 좌우 반구의 중격핵은 대칭축에서 가능한 한 서로 가깝게 작은 타원형으로 그리고, 그 아래로 시상전핵을 중격핵보다 조금 넓은 간격으로 그린다. 시상전핵 아래에 두 개의 유두체를 그리고 유두체 아래에 두 개의 고삐핵을 대칭축 좌우로 중격핵 간격 정도로 그리며, 그 아래에 하나의 고삐핵삼각을 대칭축에 그린다. 대칭축 좌우로 중격, 시상전핵, 유두체, 고삐핵, 고삐핵삼각을 그린 후, 시상전핵의 높이에서 시상전핵의 다섯 배 정도 크기로 편도체를 그린다. 편도체를 그린 후 편도체와 시상전핵 사이의 중간 위치에 후각로를 그리고, 후각로에서 갈라져 편도체로 입력되는 외측후각선조와 반대쪽 피질로 입력되는 내측후각선조를 그린다. 편도체에서 브로카대각선조 diagonal band of Broca를 통해 중격핵과 연결하고, 후각의 외측선조, 내측선조, 브로카대각선조가 형성하는 마름모꼴 영역이 앞관통질anterior perforated substance이다. 대뇌피질에 집단적으로 구멍이 난 구조를 관통질이라 한다.

셋째, 해마 구조를 편도체와 접촉하는 형태로 그린다. 해마에서 고유해마 hippocampal proper를 먼저 그리고 고유해마에서 가느다란 회색질이 뇌량corpus callosum 바로 위에서 뇌량을 따라 뻗어나와서 전교련anterior commissure 앞쪽 피질로 입력된다. 그림 1-16을 보면 가느다란 긴 수직 회색질이 후각로와 나란히 뻗어나온 형태로 나타나 있다. 해마의 출력 신경다발인 뇌궁은 해마치상회와 고유해마 사이에 위치하는 띠 형태의 섬유다발이 긴 활 모양으로 휘어져 유두체로 입력되며, 유두체에서 유두시상로를 형성하여 시상전핵으로 입력된다. 시상전핵에서 내낭전지를 통하여 해마의 출력 정보는 전대상회anterior cingulate cortex로 전달되지만 이 그림에서 전대상회는 생략되었다. 중격핵에서 고삐핵으로 연결되는 축삭다발은 시상수질선조를 형성하는데, 두 개의 고삐핵에서 출력되는 축삭은 중심축에 있는 하나의 신경핵에 연결되어 좌우의 말고삐처럼 보인다. 고삐핵의 이름도 이 말고삐에서 생겨났다.

기억 관련 신경핵들의 배치는 다음과 같다. 신경핵들을 대칭축으로 배열하면 각각의 신경핵 위치가 정해짐에 따라 자동적으로 다른 핵의 위치가 정해진다. 결국 기억해야 하는 내용은 상대적 위치 관계와 신경연결 순서다. 대칭축을 수직 점선으로 그린 다음 중격핵의 위치만 결정하면 나머지 모든 구조들은 자동적으로 그려진다. 해마와 편도체 그리고 파페츠회로와 관련된 신경핵에 대한 상대적 위치 관계만 기억하면 그 구조를 기억할 수 있다. 기억이란 관계의 기억이다.

그림에서 구체적인 크기보다 상대적인 비례 관계가 핵심이며, 원하는 크기로 구조가 그려지면, 신경연결은 신경핵들을 순서대로 연결하면 된다. 그래서 우리가 기억하는 실체는 '시간과 공간에서 변화하지 않는 관계'다. 책상에서 어디서든 언제나 변화하지 않은 실체는 수평 평판과 수직 다리의 관계다. 책상을 책상으로 인식하게 하는 데 나머지 구성 요소는 무엇이든 상관없다. 변화하는 관계는 기억할 필요가 없다. 결국 인간 기억의 실체는 '관계'다. 상징은 관계의 표상이다. 그림과 언어는 상징의 구체적인 예이며, 그림에서 핵심은 구성요소들 사이의 '공간 위치 관계'와 상호연결의 '순서 관계'다. 위치와 순서의 관계는 대칭축을 그리면서 구체화된다. 그래서 대칭이 모든 관계를 설정한다. 물리학의 관계는 시간과 공간의 대칭에서 출현한다. 시간 대칭의 요청으로 에너지가 출현하며, 공간 대칭의 요청으로 운동량이 우주에 출현하게 된다. 대칭은 변하지 않은 불변이므로 보존되며, 대칭에 의해 생성된 에너지와 운동량은 보존된다. 이 불변의 보존이 자연과학의 법칙이 되어 에너지보존법칙과 운동량보존법칙이 출현하게 되며, 이 두 개의 보존법칙이 물리학의 바탕이 된다. 자연의 작품인 뇌의 구조도 대칭의 원리를 따른다.

## 감정보다
## 행동을 바꾸기가 쉽다

감정은 영향은 받지만 명령은 받지 않는다. 감정은 사물의 가치와 사건의 의미를 평가하는 뇌 작용으로, 오랜 시간 축적된 기억이 반영되기 때문에 사람마다 고유하다. 그래서 감정은 본인 스스로 서서히 조절하게 된다. 반면에 행동은 바꾸기가 쉽다. 조건반사회로를 뇌 속에 형성하면, 자동적으로 반복 행동이 실행된다. 특정 장소에서 경험한 행동은 시간이 지나 다시 그 장소에 갔을 때 자연스럽게 기억된다. 장소와 사물이 행동에 대한 기억 인출의 단서로 작동한다. 단서 제시와 반복 그리고 보상으로 형성된 조건반사로 행동 변화는 가능하다. 그래서 행동은 쉽게 습관화되지만 감정은 습관화되기 어렵다.

감정은 유전적 성향, 기억, 생존 환경에 복합적으로 영향을 받기 때문에 변화가 느리다. 그래서 사물과 사건에 대한 감정은 감정보다 행동을 먼저 바꾸었을 때 변화 가능하다. 행동을 먼저 바꾸는 예로서 뇌 구조 공부를 생각해보자. 대부분의 사람들이 뇌 구조와 기능을 공부하게 되면 '뭔가를 이해해야 된다'고 느낀다. 그러나 이해는 학습이 상당히 진행된 다음에야 가능하다. 이해를 해야 한다는 압박에서 벗어나서 공부하는 행동을 먼저하고, 이해는 나중에 도달하게 된다고 생각하면 공부를 부담 없이 효과적으로 할 수 있다.

생각과 질문보다 행동을 먼저 하는 공부 방법은 순서화된 조건반사로 습관화할 수 있다. 행동을 먼저 하는 공부법을 뇌 공부에 적용해보자.

첫째, 노트에 뇌 구조를 그린다.
둘째, 뇌 구조에 대한 명칭을 기억한다.
셋째, 숙달될 때까지 그린다.

이 방법의 핵심은 감정과 의문을 철저히 배제한 채 '그냥 그린다'를 반복하면 결국 이해에 도달한다는 것이다. 그러나 이해를 먼저 요구하는 일반적인 접근방법은 우리를 지치고 포기하게 할 뿐이다. 이해를 우선하는 공부는 이해에 도달하기조차 어렵다. 왜냐하면 이해는 결과이지 출발점이 아니기 때문이다. 출발하지 않으면 어디로도 갈 수 없다. 우선 출발해서 과정이 진행되면, 즉 행동이 먼저 시작되면 나머지 과정은 자동적으로 따라오게 되며, 어느 순간 이해라는 목적지에 도달한 자신을 발견하게 된다. 작가마다 글을 쓰는 특정한 장소가 있는 이유는 그 장소가 무의식적으로 글쓰기를 출발하게 하는 행동의 방아쇠로 작용하기 때문이다. 파킨슨병 환자는 행동을 시작하기 어렵고, 일단 시작된 행동은 중단하기 어렵다. 인간 행동은 출발이 중요하며 과정은 자동적으로 따라오는 경우가 많다. 그래서 시작이 반이다. 문제는 감정과 느낌이 행동 출발을 지연시키고, 과정의 자동 반응을 멈추게 하여 결국 감정에만 머물게 함으로써 우리를 행동하지 못하게 하는 것이다.

단서 제시가 행동을 촉발하고, 반복적으로 그 단서에 노출되면 행동이 반복되어 습관 반응이 생기며, 이 과정에 보상을 주면 그 행동을 좋아하고 몰두하게 된다. 공부를 습관화하는 과정에서 감정은 거의 도움이 되지 않거나 방해로 작용한다. 그래서 습관화하려면 감정이 개입하기 전에 자동반응 행동을 설계하여 무의식적으로 반복 노출하면 된다. 알고 싶다는 감정만 앞세우고 행동하지 않는 사람은 계속해서 제자리를 맴돌 확률이 높다. 반면에 느낌보다 행동을 앞세우면, 단계적으로 알게 되고 점차 익숙해져 공부가 편해진다. 공부가 편해지면 더 어려운 내용에 도전해볼 여유가 생겨나고, 미지의 세계로 항해할 수 있게 된다. 감정을 앞세우면 공부는 어렵게 느껴지거나 지루해지지만 감정을 배제하고 행동을 먼저 하면 점차 할 만한 상태로 몸이 바뀐다. 정주영 회장의 '해봤어?'는 인간 변화의 본질을 드러낸 표현이다. 세상을 변화시키는 사람 중에는 햄릿보다 돈키호테가 더 많다. 그런데 학습에서는 대부분 햄릿 타입이다. 양질의 정보가 없는 상태에서의 심사숙고는 우리를 헷갈리게 할 뿐이지만, 행동을 먼저 하면 점차 상황이 분명해지고 좀더 나은 이해에 도달하게 된다.

우리는 '~대해서'에 많은 시간을 보낸다. 즉 느끼고 생각하고 질문하는 데 너무 많은 시간을 투자하지만 정작 실행하는 데는 거의 시간을 쓰지 않는다. 아기

박문호 박사의 뇌과학 공부

가 일어서고 걷고 말하기를 배우는 과정은 감정이 배제된 채 그냥 행동하는 최적의 학습 행동이다. 뭔가에 대해서 하루 종일 느끼고 생각한다고 우리가 바뀌지 않는다. 인간은 구체적으로 기억하고 행동함에 따라 점차 변화된다. 질문은 학습의 동력이지만, 너무 많은 질문은 초점을 분산시킨다. 질문은 드러내기보다 품어야 한다. 공부는 해소되지 않는 질문의 답답함을 견디는 과정이다. 질문에 매몰되지 않고 질문을 잊지 않으면, 공부는 우리 곁을 떠나지 않는다. 창의성도 머릿속에서 만들어지는 것이 아니다. 머릿속의 정보를 끄집어내는 과정에서 생기는 것이다. 글을 쓰고, 그림을 그리고, 수식을 풀고, 피아노를 치고, 춤을 추는 것 모두 행동이다. 모든 창의성도 결국 생각이 아니라 창의적 행동일 뿐이다.

## 뇌의 일,
## 뇌의 운동

생각은 기억을 인출해서 연결하는 과정이지, 기억을 새롭게 만드는 과정이 아니다. 그래서 생각을 많이 하는 사람도 치매에 걸릴 수 있다. 뇌의 운동은 생각이 아니고 기억을 만드는 훈련이다. 농부와 운동선수는 모두 근육을 움직이지만, 농부는 일을 하고 운동선수는 운동을 한다. 운동과 일은 근본적으로 다르다. 뇌의 일은 생각이고, 뇌의 운동은 기억이다. 기억할 수 있다면 치매가 아니다.

## 문제를 풀지 말고
## 문제를 분류하라

문제를 푸는 과정은 패턴을 분류하는 과정이다. 미지의 대상을 만났을 때 '이게 뭐지?' 하고 질문이 생기는 현상은 지금 보고 있는 사물이 무엇과 유사한지를 찾는 과정이다. 즉 새로운 사물이 속하는 범주를 기억에서 찾는 과정이 바로 지각이다. 문제를 이해하려 애쓰지 말고, 문제를 분류해보라. 많은 피질 영역의 상호작용이 문제를 해결한다. 뇌는 대상을 지각하여 어느 범주에 속하는지 분류할 뿐이다. 사물과 사건은 이해되지 않고 분류될 뿐이다. 그것이 무엇인지 알았다는 뇌 작용은 사실 그것이 이전 기억과 유사한가를 확인하는 과정이다. 새로운 정보가 이전 기억과 비슷하면, 그 기억과 연결되어 신경세포들이 이전 기억의 흔적을 유지하는 신경세포들과 함께 발화하는데, 이 현상이 바로 기억의 저장 과정이다.

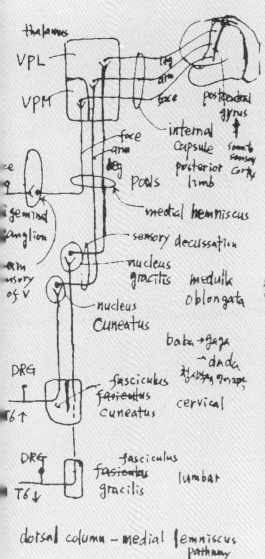

thalamus

VPL

VPM

leg
arm
face

posterior central
gyrus

internal
capsule
posterior
limb

somato
sensory
cortex

face
arm
leg

Pons

medial hemniscus

sensory decussation

nucleus
gracilis

medulla
oblongata

nucleus
cuneatus

baba → gaga
→ dada

fasciculus
fasciculus
cuneatus

cervical

DRG

T6 ↑

fasciculus
fasciculus
gracilis

lumbar

DRG

T6 ↓

ce
g

trigeminal
ganglion

arm
sensory
of V

dorsal column - medial lemniscus
pathway

posterior column - medial lemniscal pathway
⇒ 의식적 고유감각와 몸벽촉각
신체의 위치를 지속적으로 깨닫게 해 준다.

demyelinating disease
→ 감각성 운동 실조증 sensory ataxia
지팡이 없이 서기 힘든 보폭넓고

Romberg's sign

촉각. 통각. 눈로 전각 처리
but 몸벽촉각 감소

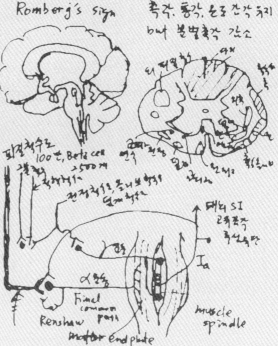

회적척수로
100즈, Beta cell
~500m

대늬 SI
고유감각
촉각감각

Ia

Ia

α운동

Final
common
path

Renshaw

motor end plate

muscle
spindle

# 2

# 감각과
# 지각

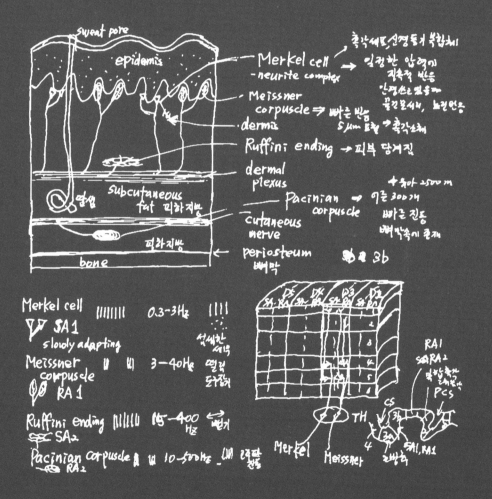

## 일반감각에는
## 온도, 통증, 내장감각, 촉각, 고유감각이 있다

감각은 일반감각과 특수감각으로 분류되며, 일반감각은 31쌍의 척수신경으로 입력된다. 일반감각에는 온도, 가려움, 통증, 내장감각, 촉각, 고유감각이 있다. 이

그림 2-1 감각신경로

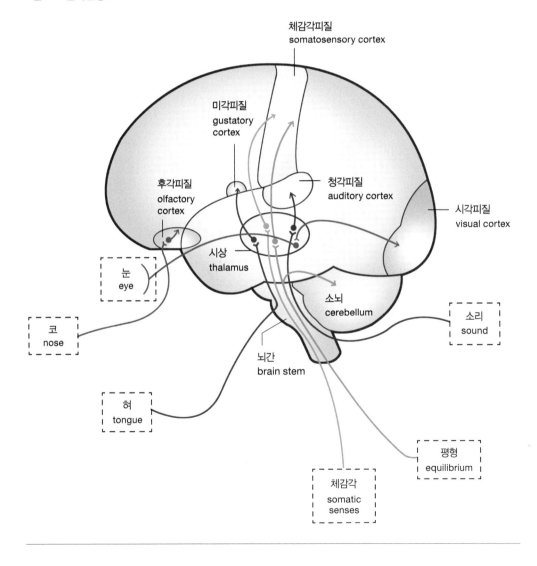

박문호 박사의 뇌과학 공부

중 고유감각은 근육의 긴장도와 길이 변화를 통해 내 몸의 위치와 자세를 자각하는 감각이다. 특수감각은 12쌍의 뇌신경이 관련되는데, 후각, 미각, 청각, 시각, 균형감각이 있다. 그리고 모든 감각에는 네 가지의 공통 특징이 있다.

첫째, 개별 감각은 각각의 형식인 고유한 에너지 양식이 존재한다. 시각은 빛 에너지, 청각은 공기 분자에 의한 압력 에너지, 후각은 공기 속 화학 분자, 미각은 액체에 용해된 화학 분자 에너지를 감지한다.

둘째, 모든 감각은 감각입력을 받아들이는 특별한 신체 영역이 있다. 시각은 망막, 청각은 달팽이관 속의 코르티기관corti organ, 미각은 혀의 표면에 배열된 맛봉우리세포, 체감각은 신체 표면에 배열된 통증, 온도, 촉각, 압력, 진동 수용기. 이처럼 평면상에 배열된 감각세포의 분포 영역을 '감각판'이라 한다.

셋째, 감각은 수용기의 밀도 변화에 따라서 강도 변화가 있다. 시각에서, 원추세포cone cell가 밀집된 망막 영역인 중심와에서는 강한 신경 발화가 일어나며, 체감각은 좁은 손바닥이 넓은 등 표면보다 감각수용체의 밀도가 높다.

넷째, 모든 감각은 지속 기간이 있다. 감각의 본질은 즉시성이다. 따라서 모든 감각은 현재진행형이며 즉각적 운동 반응을 촉발한다. 감각은 동물의 신경계가 자연의 에너지 변화를 신경세포의 전압펄스로 전환하는 과정이다.

## 수의운동에는
## 고유감각의 지속적인 정보가 필요하다

고유감각과 분별촉각의 신경로는 척수의 후섬유단에서 일차체감각피질primary somatosensory cortex(S1)까지 연결되며, 이것이 감각신경 정보의 전달 과정이다. 다리에서 올라오는 촉각과 고유감각은 등쪽뿌리신경절의 신경세포에서 척수후각으로 입력되며, 등쪽뿌리신경절은 감각신경세포들이 모여서 형성된 말초신경절이다. 등쪽뿌리신경절의 감각신경세포들은 양극성bipolar 세포이며, 입력 쪽 축삭은 피부와 골격근으로 뻗어 있으며 출력 쪽 축삭은 척수후각으로 입력된다. 척수후각으로 입력된 감각신경세포 축삭은 척수후각에서 시냅스하며, 또 그 곁가지가 척수의 후섬유단을 구성하여 연수 쪽으로 상행하는 구심성 신경섬유다발을 이루고, 이것이 후섬유단기둥이 된다. 등쪽뿌리신경절의 감각신경세포를 일차 감

그림 2-2 감각신경로

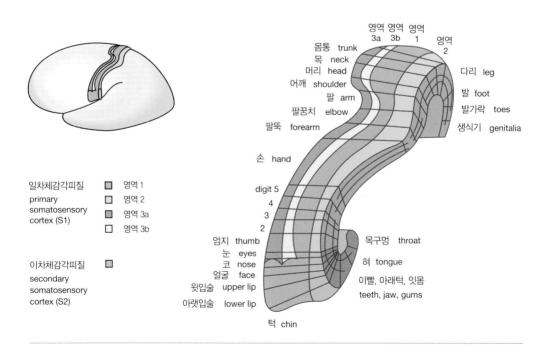

영역 영역 영역
3a  3b   1     영역
2

몸통  trunk
목  neck
머리  head              다리  leg
어깨  shoulder          발  foot
팔  arm                 발가락  toes
팔꿈치  elbow           생식기  genitalia
팔뚝  forearm

손  hand

digit 5
4
3
2

일차체감각피질     ■ 영역 1
primary           □ 영역 2
somatosensory     ■ 영역 3a
cortex (S1)       □ 영역 3b

엄지  thumb          목구멍  throat
눈  eyes            혀  tongue
코  nose            이빨, 아래턱, 잇몸
이차체감각피질     ■    얼굴  face        teeth, jaw, gums
secondary          윗입술  upper lip
somatosensory      아랫입술  lower lip
cortex (S2)

턱  chin

각신경세포라 하는데, 일차 감각신경세포의 축삭 집합체는 다리의 감각을 전달하는 얇은다발과 팔의 감각을 전달하는 쐐기다발이 함께 모여서 척수의 후섬유단을 구성한다. 척수 후섬유단에서 출발한 얇은다발과 쐐기다발은 연수의 얇은핵과 쐐기핵에서 각각 2차 감각신경세포와 시냅스하고, 2차 감각신경세포의 축삭다발은 개방연수open medulla에서 서로 교차한다. 감각신경교차 후 신경다발은 내측섬유띠를 구성하여 시상으로 입력된다. 얼굴에서 입력되는 삼차신경의 감각 성분은 삼차신경주감각핵과 삼차신경척수핵에서 시냅스하며, 시냅스 후 세포 축삭이 삼차섬유띠가 되어 시상으로 입력한다.

고유감각과 피부감각에서 오는 신경 정보의 경로는 다음과 같다. 얼굴에서 온 자극은 시상복후내측핵ventro-posterio-medial nucleus으로 입력되어 시상감각중개뉴런과 시냅스하고, 다리, 몸통, 팔에서 입력되는 감각 자극은 시상복후외측핵ventro-posterio-lateral nucleus으로 입력되어 시상감각중개뉴런과 시냅스한다. 시상에서 감각중개뉴런은 삼차 감각신경세포에 해당한다. 다리, 팔, 얼굴의 감각신경은 시상에서 세 번째로 시냅스한 후 축삭다발이 내낭후지internal capsule, posterior limb를 구성하여 대뇌피질 중심고랑central sulcus 바로 뒤 피질인 일차체감각영역의 뉴런과 시냅스한다. 일차체감각피질은 브로드만 대뇌피질 분류의 3a, 3b, 1, 2 영역에 해당하며, 다리, 몸통, 팔, 얼굴에서 올라온 피부감각인 촉각은 3b 영역에서 처리된다. 중심고랑에서 뒤쪽 방향으로 순서대로 배열된 일차체감각피질에서 3a는 근육방추muscle spindle에서 올라온 신경 정보가, 3b는 일차 촉각 신호인 SA1과 RA1 정보가, 1번 영역은 RA1, RA2 감각 정보가, 2번 영역은 복합촉각과 고유감각 정보가 각각 처리된다.

SA와 RA는 느린적응slowly adapting과 빠른적응rapidly adapting을 나타낸다. 느린적응은 피부가 압박되고 있는 동안 계속해서 신경 자극 정보가 발생하는데, SA1은 메르켈세포에서, SA2는 루피니종말Ruffini ending에서 신경 흥분으로 전환된다. 빠른적응은 떨림과 고주파 진동을 느끼는 감각 자극으로, RA1은 마이스너소체에서 RA2는 파치니소체Pacinian corpuscle에서 신경 흥분으로 전환된다. 메르켈세포는 섬세한 피부 감각으로, 점자를 손가락으로 읽을 때 활발히 작용한다. 마이스너소

그림 2-3 느린적응과 빠른적응 감각처리피질 지도

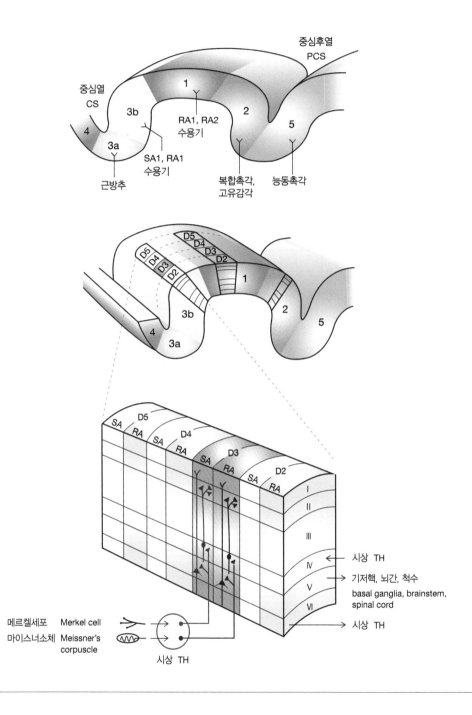

체는 손으로 도구를 잡을 때 느끼는 낮은 주파수의 요동을 감지하며, 루피니자 유종말은 피부의 당김에 반응한다. 그리고 파치니소체는 500헤르츠까지 고주파 진동을 느끼는데, 유아는 손바닥에 대략 2,500개, 어른은 300개가 있다. 일차체 감각영역은 검지에서 약지까지 D2-D5로 순서대로 배열되며 SA와 RA에서 입력되는 촉각 정보가 손가락 영역에 각각 분포한다.

그림 2-4 피부 촉각과 진동 감각 신경

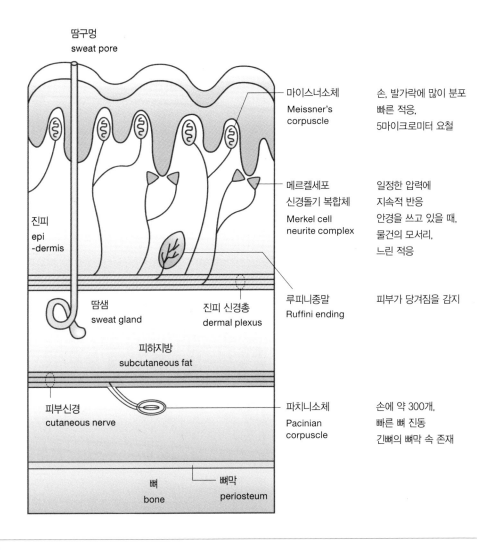

그림 2-3에서 SA1인 메르켈의 촉각 자극과 RA1인 마이스너소체의 촉각 자극은 시상의 중개로 3b 피질의 D2-D3 영역으로 전달된다. 고유감각은 골격근 속의 근육방추에서 출발하는 근육 길이 변화 정보가 Ia 신경섬유를 통해 최종적으로 일차체감각피질의 3a 영역에 전달된다. 방추외근에는 척수전각의 알파운동뉴런의 축삭이 신경근연접을 형성한다. 그리고 알파운동뉴런은 일차운동피질, 전운동피질, 보완운동피질에서 운동 명령 신호를 받아서 골격근을 수축시킨다.

골격근의 수축은 근육과 뼈의 연결 부위에 존재하는 골지건기관golgi tendon organ에 신경 자극을 일으킨다. 골지건기관은 골격근에 부착된 인대 속에 뻗은 감각

그림 2-5 근육방추와 골지건 기관의 신경회로

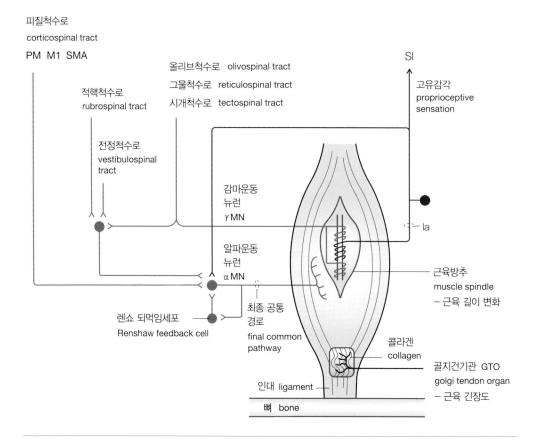

박문호 박사의 뇌과학 공부

신경을 통하여 근육의 긴장도 정보를 전달한다. 고유감각은 수의근인 골격근의 근육방추에서 근육 길이 변화 정보와 골지건기관에서 근육 긴장 정보가 일차체감각피질의 3a와 2번 피질에서 처리된다. 골격근의 움직임에 의한 몸의 자세와 신체 부위의 위치에 관한 감각이 바로 고유감각이다. 요약하면 다음과 같다.

**고유감각과 분별촉각:** 다리, 팔→척수 얇은핵, 쐐기핵→후섬유단→감각교차→내측섬유띠→시상복후외측핵→일차체감각피질

**얼굴에서 입력되는 삼차신경의 감각 성분:** 삼차신경 주감각핵과 삼차신경척수핵→삼차섬유띠→시상복후내측핵→일차체감각피질

**일차체감각피질:** 근육방추에서 올라온 신경 정보→3a

다리, 몸통, 팔, 얼굴 촉각→3b는 일차 촉각 신호

1번 영역→RA1, RA2 감각 정보

2번 영역→복합촉각과 고유감각 정보

## 대상의 범주화된 특징에 반응하여
## 행동의 일관성이 생긴다

감각sensation과 지각perception의 차이점을 이해해야 한다. 인간 뇌의 정보 처리 과정은 감각, 지각, 기억, 운동으로 구분할 수 있지만, 감각과 지각의 상호관계는 단순하지 않으며 이해하기가 쉽지 않다.

의식의 기원을 연구하는 니컬러스 험프리Nicholas Humprey에 의하면 감각과 지각은 진화적으로 기원이 다르다. 감각은 근거리 정보를 즉각적, 주관적으로 처리하는 과정에서 진화되었고, 지각은 원거리 정보를 객관적, 논리적으로 처리하는 과정에서 진화되었다.

게슈탈트gestalt 심리학은 지각이 감각과 다르다는 점에서 시작한다. '전체는 부분의 합과 다르다'라는 게슈탈트 심리학의 핵심은 지각이 감각을 근거로 출현하는 과정이 아니라, 감각이 제시한 단편적 자극이 '무엇'이며 '무엇을 의미하는지'를 밝혀내는 대뇌피질의 정보 처리 과정이라는 것이다. 망막에 맺힌 이미지가 무엇인지 확인하는 과정은 시각 처리의 고급 단계인 물체 재인 과정이다. 재인recognition은 대상을 다시 인식하는 과정으로, 이전의 기억을 무의식적으로 참고하는 과정이다. 후두엽occipital lobe의 일차시각피질에서 모인 시각 신경 자극 전압파는 하측두엽inferior temporal lobe에 도달하는 과정에서 많은 단계별 처리 결과로 형태와 색채의 항등성을 얻게 된다.

형태와 색채의 항등성이 확립된 후에야 다른 관점과 다른 조명 아래에서도 대상의 동일성이 유지될 수 있다. 즉 지각의 항등성은 사물이 '무엇'인지를 알 수 있게 해준다. 여러 가지 다른 조건 하에서 한 사물의 다양한 측면을 보게 되면 항상 반복되는 공통된 특징이 범주화된다. 이 과정이 바로 지각의 범주화. 우리는 일상 환경에서 수시로 변하는 대상에 반사적으로 행동하지 않고 대상의 범주화된 특징에 반응하므로, 행동에 일관성이 생긴다. 범주화된 지각이 일관된 행동, 즉 목적지향적 행동을 이끌어낸다. 결국 행동은 지각의 결과다. 지각은 지각에서 재인을 거쳐 행동의 단계로 진행된다.

박문호 박사의 뇌과학 공부

재인은 대뇌피질에 저장된 범주화된 기억을 인출하여 지금 감각된 대상과 비교하는 과정이다. 지각과 재인은 각각 다른 신경 처리 과정이다. 하측두엽의 V4 영역이 손상되면 사물을 따라 그리지 못하지만 그 물건이 무엇인지는 알 수 있다. 형태 지각에 문제가 있지만 그 사물이 무엇인지 아는 증상은 무지각적 실인증apperceptive agnosia이다. 그러나 하측두엽의 앞쪽 영역이 손상되면 사물을 따라 그릴 수 있되 그린 물건이 무엇인지 알 수 없는 연합시각 실인증associative agnosia이 된다. 시각은 초급, 중급, 고급 처리 과정으로 구분할 수 있다. 초급 시각 과정은 선분, 방향, 색깔, 명암 대비, 깊이의 시각 정보를 처리한다. 중급 과정은 시야 전체의 정보를 교환하여 배경에서 전경을 분리하고, 윤곽선 연결, 형태와 색채의 항등성이 형성된다. V1 영역에서는 색깔의 색채 항등성이 작동하지 않아서 조명 조건에 따라 색깔이 변한다. 그러나 V4에서는 색채 항등성으로 익은 과일의 색깔이 푸른 조명에서도 붉게 보인다. 시각 처리의 고급 과정은 사물의 지각과 재인이다. 하측두엽의 앞쪽피질은 수직 기둥으로 구획된 피질 영역에 사람과 사물의 형태가 범주화된 그룹으로 표상된다. 그리고 하측두엽의 연합시각피질에서 후각주위피질perirhinal cortex, 해마방회parahippocampal cortex를 거쳐 내후각뇌피질entorhinal cortex을 통해 해마 영역으로 시각 정보가 입력된다.

해마에서는 후대상회posterior cingulate cortex를 통해 유입된 연합청각과 연합체감각정보가 대상다발cingulum을 통하여 해마로 유입된다. 해마로 입력되는 시각은 색채, 모양, 움직임의 시각 정보가 결합된 연합시각이며, 청각과 체감각도 연합청각, 연합체감각이다. 따라서 해마에서는 시각, 청각, 체감각의 연합피질 감각이 모두 입력되어, 한 사물을 규정하는 감각 정보와 연합해 그 사물에 대한 기억이 만들어진다.

하측두엽에서 형성된 시각 정보는 전전두엽prefrontal lobe에 전달되어 잠시 자극이 유지되어 작업기억이 된다. 시각 처리의 고급 과정에서는 사물 지각이 핵심이다. 사물 지각은 색채와 형태의 항등성이 확립됨에 따라 다양한 각도와 조명에서도 동일한 물체로 지각한다. 지각의 항등성은 사물을 범주화할 수 있게 해주며, 개별 사물들을 범주별로 분류하여 단어로 지시할 수 있게 된다. 지각 항등

그림 2-6 하측두엽의 시각 범주화

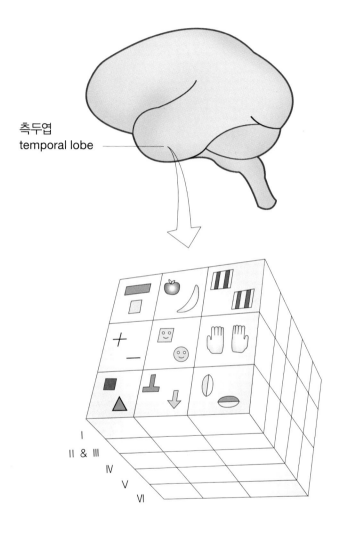

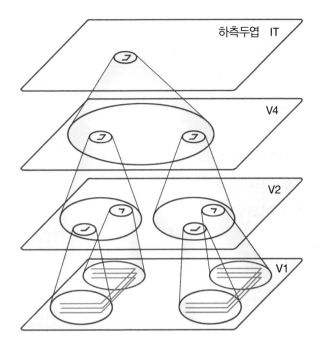

성 덕에 사물은 배경과 분리되어 일관된 독립된 대상으로 지각되고, 단어로 사물을 지시할 수 있다.

단어의 의미는 단어 그 자체다. 사과의 의미는 분류의 꼬리표에 해당하는 '사과'라는 단어 그 자체다. 바로 사물의 이름이 그 사물의 의미가 된다. 사과와 배를 분류할 수 있다면 사과와 배의 속성을 알고 있다는 의미다. 분류 그 자체가 의미다. 사물 지각은 사물을 구분할 수 있게 해주어 범주화된 표상을 만들어준다. 시각의 고급 처리 과정은 사물 지각의 범주화가 가능해지고, 범주화된 지각을 바탕으로 일관된 행동을 산출하는 일이다. 왜냐하면 범주화에 의해 생성된 분류가 만드는 의미는 의욕을 동반하며, 의욕은 목적 있는 행동을 만들기 때문이다. 의미는 기능과 의욕을 포함하며, 의미는 스스로 의욕을 일으킨다. 그래서 시지각의 최종 단계는 행동을 위한 지각 정보를 '만드는' 과정이다. 시지각은 망막에 입력되는 빛 자극이 제공하는 단서에서 고유한 사물을 창출해내는 과정이다. 형태 지각의 시각 흐름은 V1→V2→V4→후하측두엽→전하측두엽으로 이어지는데 V4에서 색채와 형태의 항등성이 이루어지며, 전측하측두엽에서 시지각의 범주화가 일어난다. 시각 흐름의 등쪽 경로는 V1→V3→V5 중측두이랑middle temporal gyrus에서 두정내엽 경로와 전두엽 경로가 있다. 시각의 등쪽 경로는 행동에 관한 시각 정보를 생성하는 경로이며, 행동을 '어떻게' 할지에 대한 지각 정보를 만드는 과정이다. 외측내두정엽lateral intraparietal lobe, 내측내두정엽, 배쪽내두정엽, 전측내두정엽, V3 영역, 중측두이랑 영역과 상호연결되어 팔, 손목, 손가락의 움직임을 안내하는 시각 정보 처리 과정이다.

시각의 등쪽 흐름은 의식적으로 지각되지 않지만 몸의 움직임을 시각적으로 유도하여 의식적 사고보다 몸이 먼저 알게 된다. 시각의 배쪽 흐름은 사물의 의식적 형태 지각을 형성하고 사물을 범주로 구분할 수 있게 한다. 범주화된 구별이 바로 그 사물의 의미가 되어 행동을 유발한다. 행동은 결국 지각의 결과이며, 일관된 행동은 범주화된 지각의 결과다. 요약하면 다음과 같다.


**시각의 초급 과정: 선분, 방향, 색채 분석, 깊이**

**시각의 중급 과정: 윤곽선 연결, 색깔과 형태의 항등성, 전경과 배경의 분리, 표면 분석**

**시각의 고급 과정: 사물 지각, 사물의 범주화, 행동을 위한 시각 정보 생성, 의미 부여, 의미에 의한 행동 유발**

**형태 지각의 시각 흐름: V1 →V2 →V4 →후측하측두엽→전측하측두엽으로, V4에서 색채와 형태의 항등성, 전측하측두엽에서 시지각의 범주화**

**시각 흐름의 등쪽 경로 : V1 →V3 →V5 →MT에서 두정내엽 경로와 전두엽 경로가 있다.**

**분류 그 자체가 의미다.**

**범주화된 지각을 바탕으로 일관된 행동이 나온다.**

**범주화→분류→의미→의욕→목적 지향 행동**

**의미는 스스로 의욕을 일으킨다.**

박문호 박사의 뇌과학 공부

## 시각의 초기 단계는
## 전용 채널로 진행하고 지도를 형성한다

마카크 원숭이의 시각피질은 대뇌피질 전체의 거의 반 정도를 차지한다. 영장류에게 시각은 생존에 가장 중요한 감각이며, 따라서 청각과 체감각을 합친 영역보다 더 큰 피질 면적을 차지한다. 감각피질의 면적이 클수록 더 많은 신경회로가 형성되어 감각 정보 처리가 정교해진다. 원숭이의 시각피질은 V1이 가장 크고, V1에 인접하여 등쪽과 배쪽으로 길게 V2 영역이 있다. V2 영역 이후부터 등쪽과 배쪽 영역이 달라지는데, 등쪽은 V3, V3A가 배열되고 배쪽은 뒤배쪽ventroposterior이 인접한다. 색채 시각 정보를 처리하는 V4 영역은 등쪽의 일부와 배쪽으로 길게 위치하고, V4와 인접한 영역으로는 두정내엽에 존재하는 후하측두엽, 중하측두엽, 전하측두엽 영역이 순서대로 배열한다. 원숭이의 대뇌피질에서 내후각뇌피질과 해마암몬각의 CA1, CA3 영역의 크기를 다른 피질 크기와 비교해볼 필요가 있다.

배쪽 영역의 아래 부위에는 해마복합체 피질이 존재하여 해마지각hippocampus subiculum과 해마암몬각hippocampus cornu ammonis의 CA1, CA3 피질이 펼친 상태로 표시되어 있다. 해마 지각의 앞쪽으로 내후각뇌피질이 위치한다. 대뇌피질을 평면으로 펼친 상태에서 기능별 영역을 표시해보면 시각, 청각, 촉각의 감각피질의 상호연결과 크기를 비교할 수 있고, 운동피질과 전두피질의 상호연결을 전체적으로 살펴볼 수 있다. 해마의 입출력 영역인 내후각뇌피질의 크기는 해마의 암몬각 크기 정도로 상당히 큰 면적을 차지하며, 청각피질의 크기와 비슷하다. 두정엽과 두정내엽의 시각피질은 손 운동과 관련된 시각 정보 처리 영역으로, 기능별로 여러 영역으로 세분되며, 등쪽으로는 일차체감각피질과 인접하여 위치한다. 영장류의 시각 처리 과정은 인간의 시각을 이해하는 데 중요하며, 시각 처리 과정에서 색채 항등성, 형태 항등성, 그리고 하측두엽에서 시지각의 항등성이 만들어진다.

그림 2-7 마카크 원숭이 대뇌피질의 기능 구획 모듈

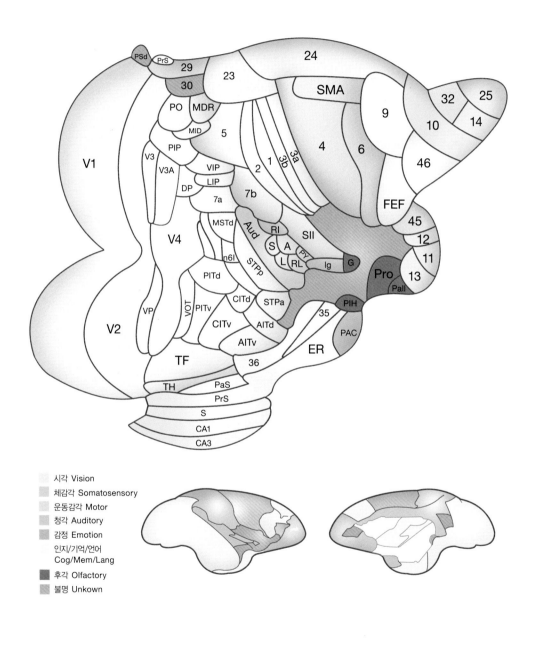

시각 Vision
체감각 Somatosensory
운동감각 Motor
청각 Auditory
감정 Emotion
인지/기억/언어
Cog/Mem/Lang
후각 Olfactory
불명 Unkown

박문호 박사의 뇌과학 공부

## 눈동자는 대상을 향해
## 지속적으로 안구도약운동을 한다

인간 시력은 중심와forvea에 밀집한 원추세포에 의해 대부분 결정되며, 명암을 구별하는 간상세포rod cell는 중심와를 제외한 망막 영역에 분포한다. 따라서 대상을 자세히 보려면 항상 시선을 중심와에 맞추어야 하므로 눈동자는 대상을 향해 지속적으로 안구도약운동을 한다.

시각의 정보 처리 경로는 측두엽으로 진행되는 사물 지각 회로인 'what' 경로와 두정엽으로 전달되는 동작을 유발하는 시각로인 'how' 경로로 구분된다. 측두엽 시각 회로는 V1, V2, V4, 후하측두엽posterior inferior temporal lobe, 전하측두엽anterior inferior temporal lobe을 따라 차례로 시각 정보를 전달한다. 시각 정보의 생성과 전달 과정은 다음과 같다. 빛 에너지가 망막의 중심와에 존재하는 원추세포에 흡수되어 신경절세포에서 활성전위가 축삭을 통해 외측슬상체lateral geniculate nucleus

그림 2-8 망막 원추세포와 간상세포의 분포와 시력

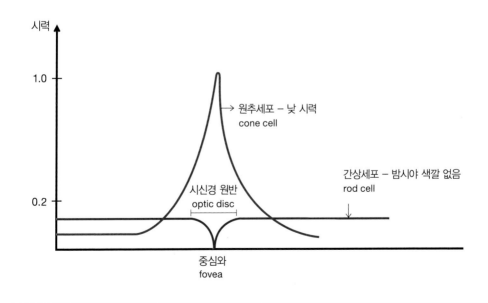

로 전달된다.

외측슬상체는 망막의 신경 흥분을 일차시각피질로 전달하는 시상의 시각중계핵visual relay nucleus으로, 큰세포magno cell, 작은세포parvo cell, 먼지세포koino cell로 구성된다. 외측슬상체는 큰 세포층 두 개와 작은 세포층 네 개가 층상으로 배열되며 각 층 사이에 먼지세포가 분포한다. 그리고 여섯 개의 세포층을 m1, m2, p1, p2, p3, p4, p5, p6로 구분하면 m1, p4, p6층의 큰세포와 작은세포는 일차시각피질의 안구우세기둥ocular dominance column의 반대측 피질로 시각 흥분을 전달한다.

안구우세기둥은 일차시각피질을 구성하는 신경세포를 염색하는 과정에서 밝혀진 피질 기능 영역으로, 일차시각피질이 오른쪽과 왼쪽 망막에서 신호를 처리하는 영역이 교대로 존재하기 때문에 생기며, 일차시각피질의 고유한 활성 패턴이다. 대뇌신피질은 맨 바깥에서부터 신경섬유다발로 구성된 백색질까지 I, II, III, IV, V, VI 층으로 구분한다. 일차시각피질은 대뇌신피질의 여섯 개 층 구성을 I, II/III, IVA, IVB, IVCα, IVCβ, VI 층으로 세분한다. 오른쪽 외측슬상체 m2 세포는 오른쪽 일차시각피질의 IVCα 층으로 전달되며, 왼쪽 외측슬상체 m1 세포는 반대쪽인 오른쪽 일차시각피질의 IVCα 층으로 전달된다. 움직임에 관한 시각 흥분은 일차시각피질의 IVCα에서 IVB으로 전달된다. 그리고 색깔에 관한 시각 정보는 다음과 같다. 오른쪽 외측슬상체의 작은 세포층인 p4와 p6의 신경 자극은 반대쪽 방향인 왼쪽 일차시각피질의 IVCβ 층으로 입력되고, 왼쪽 외측슬상체의 작은 세포층인 p3와 p5 층의 세포는 같은 방향인 왼쪽 일차시각피질의 IVCβ 층으로 시각 자극을 보낸다.

IVβ 층에서 색깔의 초기 감각 정보는 이차시각피질(V2)의 얇은줄무늬thin stripe 영역으로 전파되고, 계속해서 하측두엽의 V4 영역까지 진출한다. 일차시각피질의 IVCβ 층에서는 색채에 대한 초기 감각 작용이 생기며, 색채의 항등성이 형성되지 않지만 V4d 영역에서는 색채 항등성이 만들어진다. 즉 일차시각피질은 익은 과일의 색깔이 조명에 따라 다르게 보이지만 V4에서는 익은 과일의 색이 푸른색 조명 아래에서도 붉게 보이는 색채 항등성이 확립된다. 움직임에 관한 시각 정보는 일차시각 피질의 IVB 층에서 이차시각피질 V2의 두꺼운줄무늬thick stripe

그림 2-9 시각 정보 처리 과정

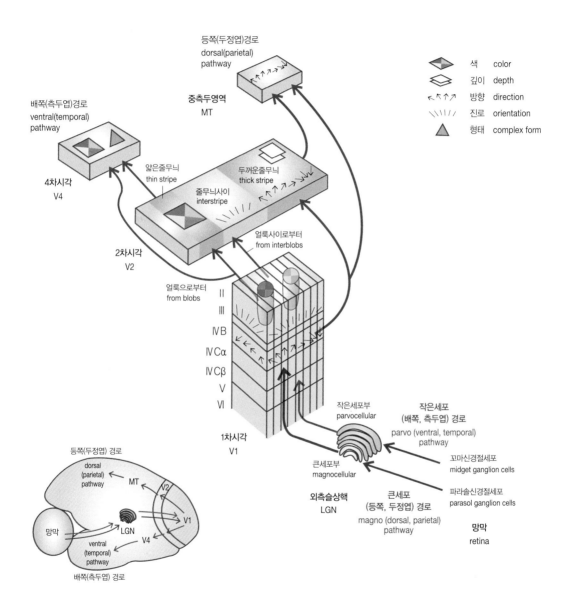

영역으로 전파되고, V5 영역인 MT 영역에서 움직임의 방향과 속도에 관한 정보가 생성된다. 색깔을 처리하는 일차시각피질의 영역은 시토크롬 단백질이 짙게 염색되어 주위의 세포 집단과 구별되면서 얼룩 같은 패턴이 생긴다. 이러한 색깔 처리 신경세포 집단의 염색으로 생긴 패턴을 얼룩blob이라 하며, 원형의 얼룩 패턴은 일차시각피질의 I, II/III, VI 층에 존재한다.

형태에 관한 시각 흥분은 일차피질의 색깔 처리 영역인 얼룩사이interblob의 피질 영역에서 처리되어 이차시각피질의 줄무늬사이interstripe 영역으로 전파되며, 계속해서 하측두엽의 V4 영역까지 진행된다. V4 영역에서는 선분들이 일정한 각도로 만나는 사물의 모서리 구조에 민감하다. 여러 형태의 모서리 구조와 V4에서 가능해진 색채 항등성 정보가 계속 전달되어 전측하측두엽 피질에서 지각의 항등성이 생겨나서 다양한 각도와 조명에서도 사물의 동일성이 유지된다. 전측하측두엽에서 생성된 지각의 항등성 정보는 두 갈래로 나뉘어 내측두엽medial temporal lobe의 해마와 전전두엽으로 전달된다. 시각 자극에서 형성된 사물 지각에서 생존에 중요한 자극은 해마와 전전두엽과 연계해서 사건기억의 부호화 과정을 진행한다. 요약하면 다음과 같다.

**시각 형태와 색: 망막 중심와 원추세포→시각신경절세포→외측슬상체→일차시각피질**

**외측슬상체: 큰세포층 두 개와 작은 세포층 네 개가 층상으로 배열되며 각 층 사이에 먼지세포가 분포한다.**

**안구우세기둥: 오른쪽과 왼쪽 망막에서 신호를 처리하는 영역이 일차시각피질에서 교대로 존재하기 때문에 생기며, 일차시각피질의 고유한 활성화 패턴이다.**

**얼룩: 색채 처리 신경세포 집단의 염색으로 생긴 패턴**

**V4→색채 항등성**

**V5→움직임의 방향과 속도에 관한 정보가 생성**

**시각 정보 처리 과정: 시감각→시지각→사물의 범주화→시각적 기억**

## 고유감각이 생성하는 손의 위치 정보가
## 사물 지각과 결합하여 손으로 물건을 잡는다

감각입력은 외부 세계에 대한 단서만 제시한다. 한순간에 입력되는 시각과 청각은 전체 세계상에서 일부분만 전달할 뿐이다. 대뇌피질은 단편적 시각 정보에서 사물의 형태와 색깔을 지각하고, 입체감과 움직임을 만들어낸다. 청각의 정보처리 과정은 공기 압력의 변화 과정을 소리와 단어 그리고 멜로디로 구성해낸다. 몸과 얼굴의 피부는 기계적 촉각 정보를 시상을 통해 대뇌피질로 보내며, 체감각피질somatosensory cortex은 의식적 분별촉각 지도를 형성한다. 대뇌피질 체감각 영역에서 손과 발, 몸통과 머리의 위치 정보를 생성하여 신체 표상을 만들어낸다. 우리는 자신의 신체 표상을 시각 정보 처리 결과로 생성된 사물 지각과 결합하며, 고유감각이 생성하는 손의 위치 정보는 사물 지각과 결합하여 손으로 사물을 잡을 수 있게 된다.

시각 정보 처리 과정은 하측두엽, 해마방회, 비주위피질perirhinal cortex, 해마, 전전두엽으로 계속 진행되며, 이렇게 사물의 형태에 대한 범주화된 지각이 생성된다. 하측두엽에서 해마복합체hippocampal formation와 편도체가 존재하는 내측두엽으로 시각 지각의 정보가 전전두엽과 상호작용을 통해 조절되고 통합된다. V1, V2, V3A 시각 정보 처리는 움직임을 지각하는 중측두엽middle temporal lobe 영역으로 연결되고 중측두엽 영역은 전전두피질로 신속히 자극을 전달한다. 하측두엽에서 사물을 의식적으로 지각하는 순간 전두엽은 시각의 두정엽 경로를 통해 무의식적으로 그것을 감지한다. 즉 시각은 형태와 색깔에 대한 의식적 지각과 운동과 위치에 대한 무의식적 지각을 생성하는 두 갈래의 정보 처리 과정이다.

하측두엽에서 시각 정보는 내측두엽으로 계속 입력되며, 입력되는 시각 정보에서 들어오는 새로운 정보는 해마에서 일시적으로 저장된다. 입력되는 정보를 이전에 형성된 기억과 결합하는 과정이 바로 일화기억의 저장 과정이다. 기억이 저장되는 영역은 대뇌연합피질cerebral association cortex로, 범주화된 형태 기억은 주로 하측두엽에 저장되며, 시각 정보를 확인하는 재인recognition 작용이 일어나는 사물 재인은 외측후두엽lateral occipital cortex, 장소 재인은 해마방회옆장소영역parahippocampal place area, 얼굴 재인은 방추얼굴영역fusiform face area에서 일어난다. 시각은 형태, 색깔, 움직임의 감각 모듈이 결합하여 연합된 시각을 형성하며, 시각, 청각, 촉각의 연합감각들이 결합한 다중감각모드multimodal가 하측두엽에서 해마로 입력된다. 청각과 체감각연합피질에서 통합된 감각은 후대상회를 통해 해마로 입력된다. 해마방회와 후각주위피질은 내후각뇌피질을 통해 다중감각 정보를 해마로 입력한다.

해마에서는 시각, 청각, 체감각이 연합하여 사물과 장소에 대한 정보를 임시로 저장하는 부호화 과정이 일어난다. 이전 기억이 저장된 감각연합피질과 해마는 서로 결합된 흥분 상태가 지속되는 과정인 장기전압강화long term potentiation 현상으로 새로운 단백질을 만들고, 그 결과 시냅스 막에 새로운 이온채널이 삽입되는 기억의 공고화consolidation 작용이 일어난다. 해마로 유입된 지각 정보가 '기억'이라는 새로운 신경 과정으로 전환되는 핵심은 일화기억의 공고화 과정이다. 기억을 공고화하여 지각을 새로운 기억으로 만들려면 지각된 표상을 대뇌연합피질에서 이전 기억과 연결시켜야 한다. 지금 형성되는 지각 표상이 유사한 이전 기억과 결합하는 공고화 과정은 해마와 전전두엽의 상호작용으로 일어난다. 기억에서 기억의 부호화와 해마에서 대뇌피질로 기억의 이동과 장기 저장 과정은 뇌과학의 중요한 연구 분야다. 기억이 형성되는 과정은 계속 연구되며, 단계별로 서서히 밝혀지고 있다. 일화기억과 절차기억에서 수면의 역할은 특히 중요하다.

지금까지 논문에서 언급하는 내용을 정리해보면, 전전두엽의 핵심 역할은 기억 피질들의 활성을 조절하는 작용이다. 전전두엽은 기억 피질들에 저장된 기억 내용에 접근하여 그것들을 현재 해마에서 진행되는 지각 정보와 결합시켜 지각 정보를 새로운 사건기억에 결합시킬 수 있다. 이 과정 덕에 의식 수준에 도달한 지각이 새로운 감각 경험인 경우 즉각적이고 자동적으로 기억으로 편입된다. 낮 동안에는 해마의 CA3 영역에 지각된 정보가 잠시 저장되며, 서파수면slow wave sleep에서 CA3에 저장된 기억이 다시 활성화되어 CA1을 통해 대뇌신피질로 옮겨진다. 신피질로 이동한 기억이 일정 기간 해마와 서로 연결된 상태로 유지되

박문호 박사의 뇌과학 공부

다가 공고화 과정을 통해 장기기억으로 정착되면 해마와 신피질의 연결은 단절되고, 기억은 신피질에 장기적으로 저장된다. 서파수면에서 일화기억은 대뇌피질로 이동하여 장기기억으로 저장되며, 장기기억은 전전두엽과 해마의 상호작용으로 인출되는데, 이는 해마가 이전의 기억 흔적들을 조합할 수 있기 때문이다. 요약하면 다음과 같다.

**범주화된 형태 기억→하측두엽에 저장**

**사물 재인→외측후두엽**

**장소 재인→해마방회옆장소영역**

**얼굴 재인→방추얼굴영역**

**시각은 형태, 색깔, 움직임의 감각 모듈이 결합→연합시각**

**시각, 청각, 촉각의 연합감각들이 결합→다중감각모드가 입력→하측두엽에서 해마로 통합된 감각입력**

**해마방회와 후각주위피질은 내후각뇌피질을 통해 다중감각 정보를 해마로 입력한다.**

## 청각의
## 주파수별 지도

감각과 지각이 구분되는 특성으로, 감각에는 고유한 전달 통로가 있다는 것을 들 수 있다. 감각신호의 전파 경로인 전용 채널이 중계핵으로 연결되며, 채널을 구성하는 감각신경섬유다발은 중계핵에서 분화된 감각 지도를 구성한다. 시각의 감각지도 형성은 일차시각피질에서 만들어진다. 망막의 감광세포photo receptor cell의 이차원 막에 형성된 망막지도retinotopic map의 흥분 패턴은 시신경을 통해 외측슬상체lateral geniculate body와 일차시각피질까지 채널화된 시각 신경로를 통해 일차시각피질로 전파된다.

청각의 지도 형성은 일차청각피질에서 주파수별로 구성된다. 귀에서 소리를

그림 2-10 내이와 중이 구조

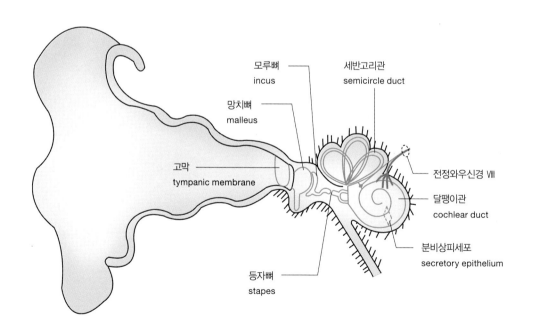

박문호 박사의 뇌과학 공부

들게 되는 과정을 살펴보면 감각의 고유한 신경 흥분 전파 방식인 채널화된 청각 신호 전달과 순서화된 음향자극지도onotopic map를 알 수 있다. 공기 압력의 변화가 고막을 진동시키면 고막에 연결된 망치뼈malleus, 모루뼈incus, 등자뼈stapes가 차례로 진동하게 된다. 파충류는 아래턱뼈가 세 개인데, 중생대에 이르러 포유류로 진화하는 과정에서 아래턱뼈 세 개에서 두 개의 조각이 크기가 줄어들고 위치를 이동하여 포유류 속귀의 두 개 뼈로 진화한다. 중생대에 밤에 활동한 포유류는 주로 곤충을 먹이로 삼았는데, 예민한 청각이 생존에 중요한 감각이 되었다. 포유류의 아래턱뼈에서 속귀뼈가 진화하는 과정은 포유류 진화의 주요한 연구 주제다. 귀의 해부적 구역은 외이outer ear, 중이middle ear, 내이inner ear로 구분된다. 고막에서부터 세 개의 속귀뼈가 존재하는 중이 영역은 기체 상태인데, 등자뼈가

그림 2-11 달팽이관

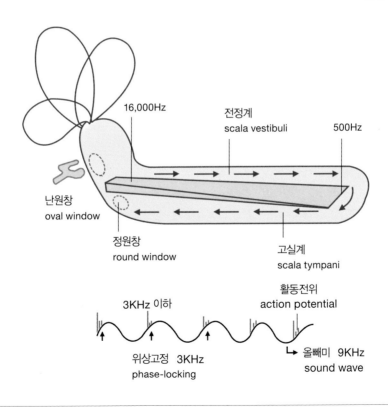

그림 2-12 코르티기관

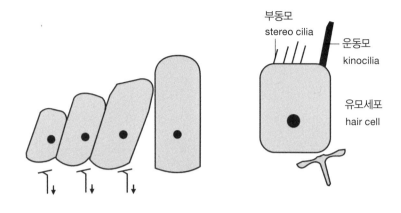

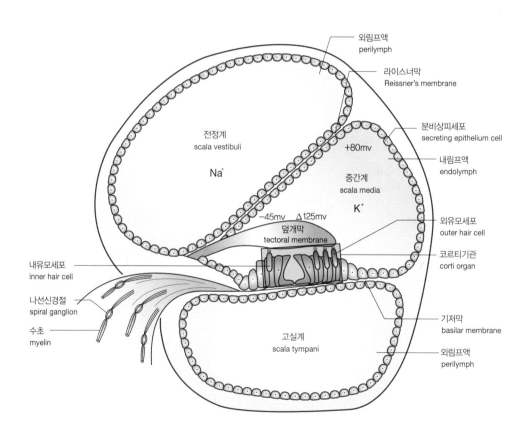

속귀 달팽이관cochlear의 난원창oval window에 공기 진동을 전달한다. 기체 상태의 중이 영역에서 소리 진동이 액체 상태인 내이로 전달되는 과정에서, 기체와 액체의 경계면에서 90퍼센트 이상의 공기 압력파가 반사된다. 따라서 중이 속귀뼈에서는 반사로 인한 감쇄를 상쇄하고도 남을 정도로 크게 공기 압력을 증폭한다.

매우 좁은 등자뼈의 말단에 망치뼈의 큰 타격이 모루뼈를 통하여 전달되기 때문에 등자뼈는 고막의 진동을 크게 증폭하여 난원창을 진동시킨다. 속귀는 전정기관인 세반고리관semicircle duct과 청각기관인 달팽이관이 뼈로 둘러싸인 구조이다. 달팽이관은 펼치면 길이가 3센티미터, 지름이 1센티미터이며, 단면은 전정막vestibular membrane과 기저막basilar membrane으로 구획된 전정계scala vestibuli, 중간계 scala media, 고실계scala tympani의 세 구역으로 나뉜다. Scala는 계단이란 뜻의 라틴어다. 정전계와 고실계는 외림프액perilymph이라는 액체로 채워져 있고, 중간계는 분비상피세포secreting epithelium cell가 만드는 내림프액endolymph으로 채워져 있다. 중간계에는 소리 진동을 신경전기 흥분으로 전환하는 유모세포가 존재한다. 인간은 3,500개의 내유모세포inner hair cell와 1만 2,000개의 외유모세포outer hair cell가 소리를 감지하는 기관인 코르티기관을 구성한다. 감각판의 종류는 달팽이관 중간계에 존재하는 청각의 코르티기관, 시각의 망막, 체감각의 척수후각회색질dorsal gray horn의 렉시드층판Rexed's laminae이 있다.

코르티기관은 내유모세포의 1열과 외유모세포의 세 개 열이 지지세포에 둘러싸여 기저막 위에 배열된 형태다. 난원창을 진동시키는 소리 압력파는 전정계의 외림프액에 압력을 전달하고, 외림프액 진동 물결은 달팽이관 끝부분의 연결통로를 통하여 고실계로 전달된다. 고실계 외림프액의 진동은 고실계와 중간계를 구분하는 기저막을 진동하여 기저막 위의 유모세포들을 진동시킨다. 상하로 진동하는 유모세포 표면의 털인 부동모stereo cilia와 운동모kino cilia가 위쪽의 덮개막tectorial membrane에 접촉하게 되고, 그 결과 털이 휘어지게 된다. 부동모가 운동모 쪽으로 기울어지면 부동모에 연결된 미세섬유가 당겨지고, 그 결과 미세섬유와 연결된 칼륨이온채널이 열리게 되어 칼륨이 내유모세포 내부로 유입된다. 칼륨 양이온의 전하량이 유모세포 내에 축적되면 유모세포는 활성 전압파를 생성할 수 있게 되는 '탈분극 상태depolarization'가 된다. 중간계의 분비상피세포가 분비하여 만드는 내림프액에는 칼륨 양이온이 고농도로 존재하여 중간계는 그 자체로 60밀리볼트의 양 전압 상태가 된다. 유모세포의 내부는 -65밀리볼트여서 칼륨이온채널이 열리면 유모세포는 125밀리볼트의 급격한 전압 변화를 겪게 되어 신속한 활동전위가 생성된다. 요약하면 다음과 같다.

**달팽이관: 전정계, 중간계, 고실계의 세 개 구역으로 나뉜다.**

**난원창→소리 압력파→전정계의 외림프액→외림프액 진동 물결→고실계 외림프액의 진동→기저막 위의 유모세포들을 진동→유모세포가 활동전위 생성**

# 척수 회색질에
# 일반감각지도가 있다

시각과 청각의 감각신경로가 전용선로 채널을 따라 감각 흥분 패턴을 전달하면, 일차시각피질과 일차청각피질의 시각 지도와 청각 지도 영역에서 시각과 청각의 감각 정보를 처리하기 시작한다. 통각, 체감각, 내장감각도 척수후각으로 입력되어 척수 회색질의 체감각지도에서 감각 정보 처리가 시작된다. 척수 회색질에는 I-X까지 로마자 숫자로 영역을 구분한 렉시드층판이 있는데, 층판의 각 영

그림 2-13 척수 회색질 구조

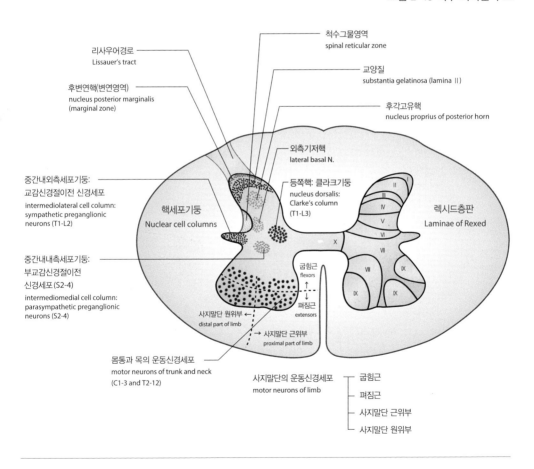

역은 다음과 같다.

**척수 회색질의 렉시드층판**

**변연영역→I**

**교양질→II, III**

**고유핵→IV, V**

**흉핵→VII**

**내장핵→VII, T1-L2, S2-S4**

**체성운동핵→IX**

**척수→숨뇌**

**고유핵→척수삼차신경핵**

**흉핵→외측쐐기핵**

## 지각은
## 사람마다 고유한 창조적 과정이다

살아간다는 것은 느끼고 분별하는 뇌 작용의 연속이다. 감각과 지각 그리고 행동은 서로 엮이면서 우리를 의식적 존재로 만든다. 뇌는 감각과 지각을 통해 주변 환경을 재구성하는데, 이러한 세계상의 구성은 감각입력에서 시작한다. 감각의 중요한 특징은 전송 채널과 감각지도다. 소리 자극은 달팽이관의 청신경에서 출발하여 전용 청각신경 전달 경로를 따라서 대뇌 일차청각피질로 전달된다. 일차청각피질은 신호 처리 영역이 주파수별로 배열되는 청각피질지도를 형성한다. 촉각도 마찬가지다. 일차체감각피질에는 신체 피부의 촉각 정보가 감각의 중요도에 비례하는 면적으로 지도화되어 있다. 지각은 감각과 연결되어 계속 감각 정보를 처리한다. 즉 지각은 감각입력의 단편 자극이 '무엇'인지 그리고 '무엇을 의미하는지'를 밝혀내는 구성적 과정이다. 감각 자극의 전달 초기 단계에는 감각이 의식되지 않는다.

시각의 경우 망막에서 일차시각피질에 도달하는 0.05초까지는 무엇을 보았는지 의식할 수 없다. 후두엽 일차시각피질에서 시각의 흐름은 두정엽과 측두엽의 두 갈래로 갈라진다. 측두엽으로 전달되는 시각 처리 과정이 진행되어 0.1초가 지나면 색깔과 형태를 의식적으로 알 수 있다. 앞쪽 측두엽에 시각 정보가 전달되면서부터 감각이 의식되어 지각이 된다. '시각 정보가 전달된다'는 표현은 엄밀히 말하면 맞지 않다. '사과를 본다'는 현상은 사과에서 반사된 빛 알갱이의 자극으로 생성된 전압파가 신경세포의 연결을 통해 측두엽까지 전달되면서 전압파열의 흐름이 '색깔'과 '형태'라는 놀라운 인식 작용을 창출해내는 현상이다. 그래서 모든 지각 과정은 창조적 과정이다. 감각 정보가 지각으로 전환되는 과정은 결코 수동적 과정이 아니며, 사람마다 고유한 창조적 과정이다. 단편적 감각 자극이 '무엇'인지 알아가는 과정은 수억 개 이상의 신경세포가 서로 연결되어 상호작용하는 과정에서 생겨나는 확률적 과정이다. 신경세포는 서로 연결하려는 '열정'을 갖고 있다. 이는 '연결되어 함께 신경 펄스를 방출하는 신경세포는 함께 묶인다'는 신경과학의 기본 원리인 헤브의 법칙Hebb's law이다.

신경세포가 서로 결합하여 작용한 결과로 나타나는 것은 기적 같은 인지 능력
이다. 우리의 청각은 시간적으로 바뀌는 공기 압력의 변화를 엮어서 소리를, 소
리를 엮어서 단어를, 단어를 엮어서 문장과 노래를 창조한다. 뇌 운동신경세포
의 무수한 연결을 이용해 단순한 동작을 적절한 순서로 연결하면 건축, 배 짜기
같은 인간 문화를 이룬 고도의 적응적 능력이 출현한다. 감각 단서가 '무엇'인지

그림 2-14 중추신경계와 말초신경계

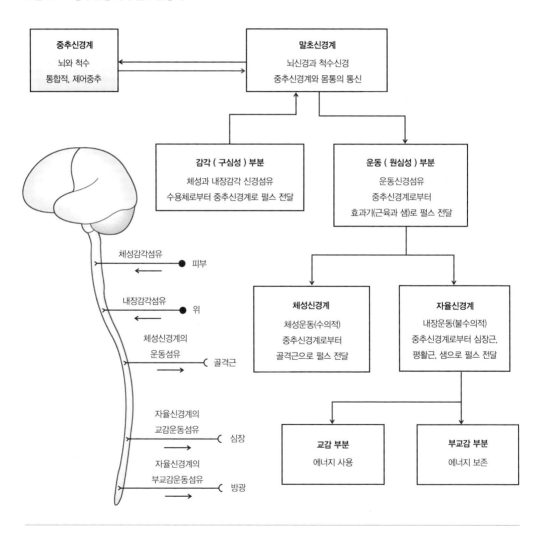

박문호 박사의 뇌과학 공부

를 알아내는 과정이 더 진행되면 그 단서가 '무엇을 의미하는지' 추론할 수 있게 된다. 무엇인지를 안다는 과정의 전제 조건은 이전의 기억이 인출되어야 한다는 것이다. 어떤 과일이 사과인지 배인지 안다는 것은 구별할 수 있다는 것과 동일한 정신 작용이다. 지각이 알아차린 대상이란 그 속성을 구별하는 한 묶음의 관계들의 집합이다. 구별은 관계의 집합으로 바로 의미가 된다. 대상들은 속성에 따라 구별되고 범주화된다. 감각적 인상은 의식적 지각 과정이고, 의미가 창출되는 뇌 작용이다. 그래서 우리는 하루 종일 보거나 듣는 내용을 평가하고 분류하여 의미를 생성해낸다. 그래서 주변 환경은 더 이상 가치중립적일 수 없다. 우리의 주변은 지각으로 생성된 가치로 물든 환경이 된다. 좋거나 싫은 감정은 우리

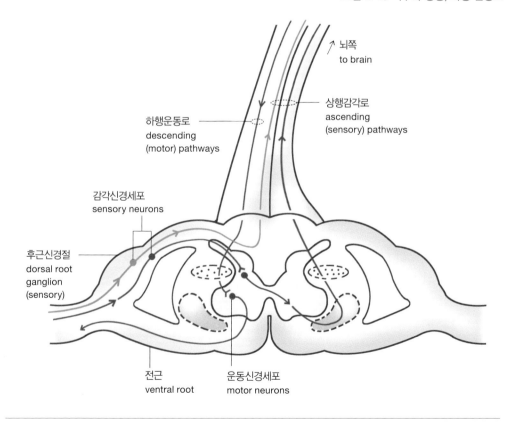

그림 2-15 척수와 상행, 하행 신경로

의 행동을 선택하게 만든다. 그래서 행동은 지각의 결과다. 지각의 일부는 기억되기도 한다. 기억이란 지각의 갱신 과정이며, 우리는 지각되는 과정을 기억하기도 하고 기억의 인출을 지각하기도 한다.

뇌의 기본 작용은 감각과 운동의 생성이다. 감각은 지각과 기억으로 진행되며, 운동은 골격근을 움직이는 수의운동과 무의식적 자율운동으로 구분된다. 자율운동에는 신체를 활동하게 하는 교감신경과 신체의 에너지를 축적하는 부교감신경 작용이 있다. 감각은 피부, 내부 장기, 골격근에서 대뇌로 입력되는 일반감각과 시각, 청각, 미각, 균형감각의 특수감각으로 구분된다. 일반감각에는 온도, 통증, 촉각, 고유감각이 있으며, 척수후각으로 입력되어 시상 감각핵의 중계로 대뇌피질로 신경 흥분이 전달된다.

등쪽신경절 세포의 양방향 축삭의 한쪽 가지는 피부의 감각 감지 세포와 골격근에서 시냅스하며, 다른 쪽 가지는 피부감각과 고유감각을 척수 후근을 통해 척수 중간 신경세포와 시냅스한다.

그림 2-16에서 통증은 등쪽신경절을 구성하는 감각신경세포 축삭말단이 피

그림 2-16 척수로 입력되는 압력, 진동, 촉각, 고유감각

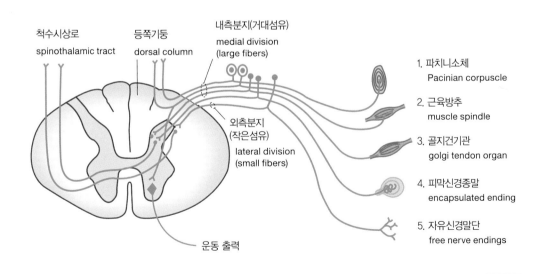

박문호 박사의 뇌과학 공부

부 속에 노출된 자유말단종말의 흥분 자극에서 시작되며, 막구조에 쌓여 있는 축삭말단에서 진동과 압력감각이 전달된다.

척수중간뉴런은 척수전각의 알파와 감마운동뉴런으로 자극을 전달하여 방추내근과 방추외근을 수축한다. 알파운동뉴런은 렌쇼세포에 의한 억제성 피드백으로 더 정밀하게 운동출력을 조절한다.

등쪽신경절 감각세포의 축삭이 척수후각으로 입력되어 중간뉴런과 시냅스하고, 중간뉴런은 척수전각의 운동뉴런과 시냅스한다. 운동뉴런의 출력이 교감신경절에서 시냅스하고, 교감신경절의 신경세포 출력이 심장과 위장의 운동을 조

그림 2-17 척수반사궁

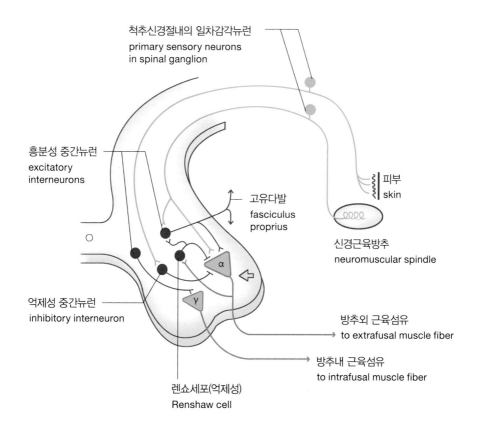

그림 2-18 척수 등쪽뿌리신경절의 감각입력과 척수 운동출력

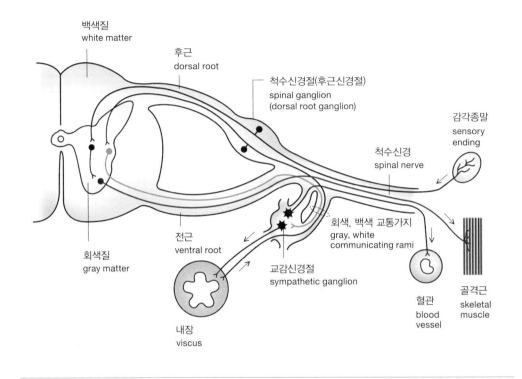

절한다. 교감신경절은 척수 양 옆에 상하로 두 줄의 기둥 형태를 이루기 때문에 교감신경기둥이라 한다.

피부의 통증은 등쪽신경절 감각세포 축삭의 자유말단에서 입력되는 통각 신경 흥분이 척수 중간뉴런을 통해 척수전각 알파운동뉴런으로 전달되고, 알파운동뉴런에서 골격근으로 신경 흥분이 신속히 전달되어 자극원에서 회피하는 반사운동을 일으킨다. 척수의 마디마다 피부, 내장, 골격근으로 신경이 연결되며, 척수 마디 단위로 신경 처리가 구분되어 신체 분절을 조절한다. 경수, 흉수, 요수, 천수의 척추신경과 교감신경기둥의 상호연결이 그림 2-19에 나타나 있다.

창자에는 세로 방향의 종주근과 원형으로 수축하는 돌림근이 존재한다. 창자

104                                                                          박문호 박사의 뇌과학 공부

그림 2-19 척수 교감신경기둥의 신경연결

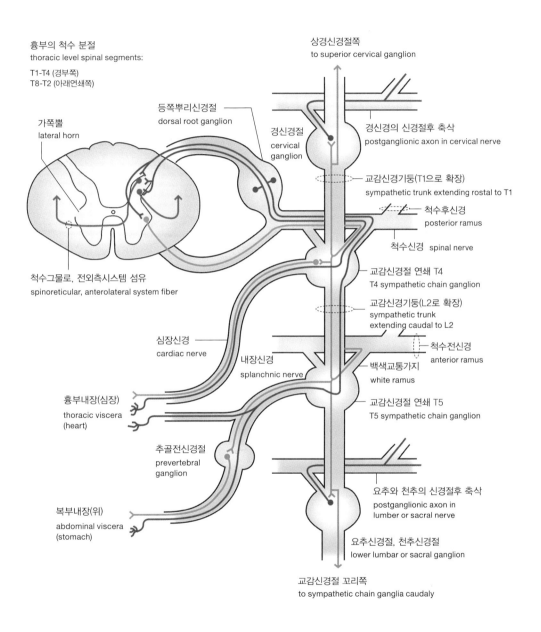

흉부의 척수 분절
thoracic level spinal segments:

T1-T4 (경부쪽)
T8-T2 (아래연쇄쪽)

상경신경절쪽
to superior cervical ganglion

등쪽뿌리신경절
dorsal root ganglion

가쪽뿔
lateral horn

경신경절
cervical
ganglion

경신경의 신경절후 축삭
postganglionic axon in cervical nerve

교감신경기둥(T1으로 확장)
sympathetic trunk extending rostal to T1

척수후신경
posterior ramus

척수신경 spinal nerve

교감신경절 연쇄 T4
T4 sympathetic chain ganglion

교감신경기둥(L2로 확장)
sympathetic trunk
extending caudal to L2

척수그물로, 전외측시스템 섬유
spinoreticular, anterolateral system fiber

심장신경
cardiac nerve

내장신경
splanchnic nerve

척수전신경
anterior ramus

백색교통가지
white ramus

흉부내장(심장)
thoracic viscera
(heart)

교감신경절 연쇄 T5
T5 sympathetic chain ganglion

추골전신경절
prevertebral
ganglion

요추와 천추의 신경절후 축삭
postganglionic axon in
lumber or sacral nerve

복부내장(위)
abdominal viscera
(stomach)

요추신경절, 천추신경절
lower lumbar or sacral ganglion

교감신경절 꼬리쪽
to sympathetic chain ganglia caudaly

그림 2-20 내장신경총

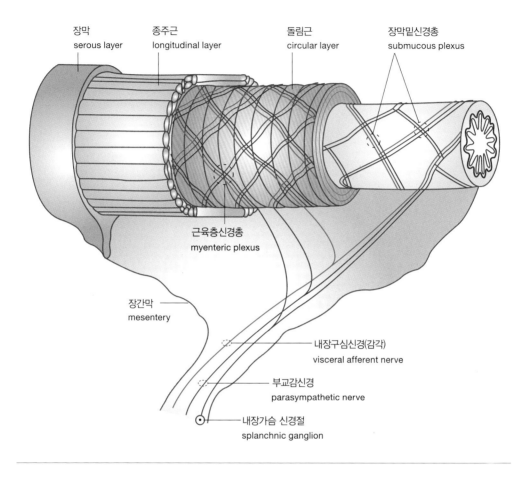

장막
serous layer

종주근
longitudinal layer

돌림근
circular layer

장막밑신경총
submucous plexus

근육층신경총
myenteric plexus

장간막
mesentery

내장구심신경(감각)
visceral afferent nerve

부교감신경
parasympathetic nerve

내장가슴 신경절
splanchnic ganglion

에 분포하는 신경으로는 내장감각신경과 부교감신경, 내장신경절의 내장신경이
돌림근에 근육층신경총과 장막밑신경총을 형성한다. 내장에 분포하는 신경세포
는 척수신경세포만큼 많으며, 따라서 장내 신경총을 제2의 뇌라고 한다.

# 뇌의
# 핵심 구조

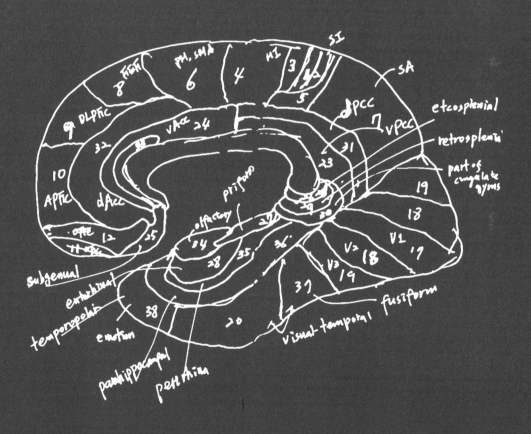

## 뇌 구조의
## 10가지 핵심 프레임

인간 뇌를 공부할 시간이 한 달만 주어진다면, 무엇에 집중해서 공부해야 할까? 인간의 감정과 기억 그리고 행동을 만드는 뇌에 단 한 달 만에 익숙해지는 학습 방법이 있을까? 뇌 구조와 작용을 배우는 방법은 어쩌면 한 가지 방법뿐일 수 있다. 뇌 구조를 반복해서 그려서 익숙해지고, 뇌 각 영역의 이름을 기억하는 것이다. 인간 뇌의 구조와 기능에 한 달 만에 익숙해지려면, 핵심 뇌 구조 그림 10개와 뇌 용어 100개를 기억하면 된다. 하루에 10개 단어씩 기억한다면 열흘이면 가능하다. 뇌 해부 용어는 대부분 라틴어이므로 단어는 생소하지만, 100개 용어가 그림마다 반복해서 나오기 때문에 한 번 기억해두면 공부에 자신이 생긴다.

핵심 뇌 구조 10개를 순서대로 적어보면 다음과 같다.

1. 뇌간과 뇌신경
2. 뇌간의 앞쪽과 뒤쪽 그림
3. 척수 단면
4. 변연계 기억 회로
5. 소뇌 연결
6. 시상 구조
7. 척수와 대뇌의 발생
8. 감각과 운동신경로
9. 브로드만 맵
10. 대뇌의 단면 구조

인간 뇌의 핵심 구조 그림 10개를 그리는 방법을 간략히 살펴보자.

**1번 뇌 프레임 그림**: 뇌간과 뇌신경 그림으로, 상구 단면에서 경수 단면까지 뇌간에 위치하는 뇌신경의 신경로와 신경핵을 그린다. 뇌간은 척수의 1번 경수 위로 뻗은 연수, 교뇌, 중뇌로 구성된다. 연수는 개방연수와 폐쇄연수로 나뉘고, 교뇌는 교뇌기저부와 피개tegmentum 영역, 그리고 제4뇌실로 나뉘며, 소뇌가 배쪽에서 등쪽으로 위치하고 있다. 뇌신경은 12개이며, 1번 후신경, 2번 시신경, 3번 동안신경, 4번 도르래신경, 5번 삼차신경, 6번 외전신경, 7번 안면신경, 8번 전정와우신경vestibulocochlear nerve, 9번 설인신경glossopharyngeal nerve, 10번 미주신경, 11번 부신경, 12번 설하신경이 있다.

　뇌신경 12개에서 감각 성분만으로 구성된 신경은 후신경, 시신경, 전정와우신경이며, 운동 성분만 존재하는 신경에는 동안신경, 도르래신경, 외전신경, 부신경, 설하신경이 있으며, 감각과 운동 성분 모두 존재하는 신경은 삼차신경, 안면신경, 설인신경, 미주신경이다. 부신경accessory nerve은 경수 1번에서 5번까지의 출력 신경인 척수부신경과 뇌부신경으로 구분된다. 첫째 그림의 핵심은 뇌신경을 감각신경과 운동신경으로 구분하여 뇌간에 배치하고, 상구 단면에 적핵, 흑색질, 중뇌수도관을 표시하고, 고립로핵solitary tract nucleus과 의문핵을 자세히 그리는 것이다.

　**2번 뇌 프레임 그림**: 뇌간 앞면 그림으로, 뇌간의 위쪽으로 대뇌각을 그리고 시신경과 시각교차, 그리고 시각로가 대뇌각의 신경섬유다발을 감싸는 구조를 그리고, 대뇌각 위에 시상을 크게 그린다. 뇌간의 앞면에는 4번 뇌신경인 도르래신경만이 보인다. 눈동자를 대각선 방향으로 움직이게 하는 상사근에 연접하는 도르래신경은 좌우의 중뇌 하구 부근에서 출발하여 신경다발이 서로 교차하면서 뇌간 앞쪽으로 뻗어나온다. 뇌간 뒷면 그림은 소뇌를 뇌간과 연결하는 상소뇌각superior cerebellar peduncle, 중소뇌각middle cerebellar peduncle, 하소뇌각inferior cerebellar peduncle의 절단면을 그리고, 하구, 상구, 유두체를 그린다. 유두체 위로 고삐핵과 시상을 그린다. 시상은 제3뇌실과 접하는 구조이며, 시상과 렌즈핵 사이에 내낭의 섬유다발이 통과한다. 이 그림을 반복해서 그리면, 시상과 뇌간의 뒷면 구조가 명확해지고, 제3뇌실, 제4뇌실, 척수중심관의 연결과 소뇌가 뇌간에 부착된 과정이 자명해진다.

　**3번 뇌 프레임 그림**: 척수 단면 그림으로, 경수, 흉수, 요수, 천수의 단면에 따라 조금씩 다르지만, 척수의 상행감각신경로와 하행운동신경로, 척수 회색질의 클라크기둥, 척수 중간뿔회색질인 교감, 부교감신경세포, 척수전각의 운동뉴런의 분포를 가능한 한 자세히 그린다.

**4번 뇌 프레임 그림**: 변연계 기억 회로 그림으로, 해마의 신경출력 다발이 뇌궁을 통해 유두체, 유두체에서 시상전핵, 대상다발, 해마방회, 내후각뇌피질을 통해 다시 해마로 입력되는 파페츠회로를 그린다. 이 그림은 세 개의 그림이 한 개의 핵심 프레임을 구성하는데, 파페츠회로가 중심이 된 그림, 내측전뇌다발의 입출력 관련 그림, 중격영역septal area, 시상전핵, 고삐핵, 편도체, 해마의 상호연결에 관한 그림으로 구성된다.

**5번 뇌 프레임 그림**: 소뇌의 입출력 그림으로, 소뇌는 기능에 따라 전정소뇌, 척수소뇌, 대뇌소뇌로 구분된다. 전정소뇌는 균형감각을 처리하는 타래결절엽과 소뇌심부핵인 꼭지핵이 관련되는 원시소뇌이며, 척수소뇌는 소뇌전엽과 중간위치핵이 관련되는 구소뇌이고, 대뇌소뇌는 소뇌 후엽과 치아핵이 관련되는 신소뇌다. 타래결절엽은 균형감각, 소뇌전엽은 고유감각이 주로 관련되며, 소뇌후엽은 대뇌운동피질과 함께 운동 계획에 관련되며, 대뇌운동피질의 운동 명령이 교뇌핵에 시냅스한 후 교뇌가로섬유pontine transverse fiber를 통해 소뇌피질로 전달된다.

**7번 뇌 프레임 그림**: 척수와 대뇌의 발생 그림이다. 외배엽에서 발생하는 신경판에 대뇌 영역과 척수 영역의 지도가 존재한다. 발생 과정의 뇌를 공부하면 대뇌피질, 대뇌기저핵basal ganglia, 시상, 시상하부, 중뇌, 교뇌, 소뇌, 연수, 척수의 구조가 변화해가는 과정을 상상할 수 있다.

**8번 뇌 프레임 그림**: 감각과 운동신경로 그림으로, 척수에서 상행하는 감각신경로와 대뇌운동피질에서 척수로 하행하는 운동신경로는 뇌 작용의 고속도로다.

**9번 뇌 프레임 그림**: 브로드만 맵 그림으로, 대뇌피질을 구성하는 신경세포의 차이에 따라 형성된 구역으로, 뇌의 영역별 기능을 공부할 수 있다.

**10번 뇌 프레임 그림**: 대뇌의 단면 구조 그림으로, 시상 단면 구조와 함께 대뇌기저핵의 입체 구조는 뇌 구조 공부의 핵심 내용이다.

그림 3-1은 뇌 핵심 구조의 하나인 6번 대뇌 시상 단면이다. 좌뇌와 우뇌를 연결하는 뇌량은 신경섬유다발이며, 절단된 섬유다발은 점으로 표시했다. 전교련

과 후교련은 대략 같은 높이에 위치한다.

좌우 대뇌 반구를 연결하는 뇌량의 절단면은 점으로 표시했으며, 뇌량팽대와 인접하여 송과체가 위치한다. 유두체에서 시상전핵 사이는 유두시상로로 연결되며, 유두체에서 뇌간으로 뻗어나온 신경축삭은 초록색으로 표시되어 있다. 시상하부에서 뇌간으로 등쪽세로다발dorsal longitudinal fasciculus은 청색, 내측전뇌다발은 붉은색으로 나타나 있다. 그림에서 점선 영역은 중뇌수도관주위회색질 영역을

그림 3-1 대뇌 시상 단면 구조

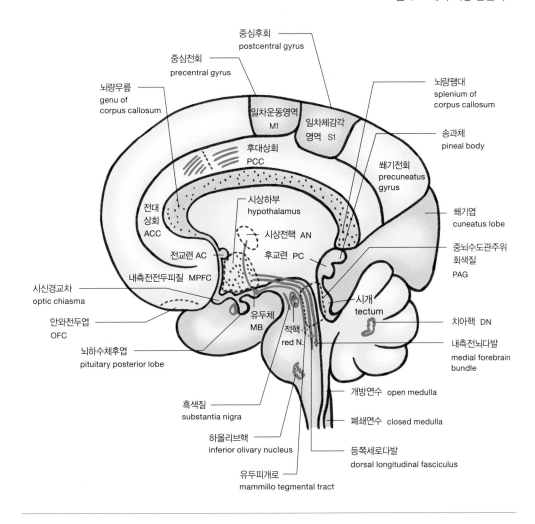

표시하는데, 중뇌수도관의 등쪽은 중뇌이며, 배쪽은 피개영역이다. 중뇌는 무의
식적 눈동자 운동과 관련된 상구와 청각을 중계하고 처리하는 하구로 구성된다.

대뇌기저핵은 그것을 구성하는 조가비핵, 꼬리핵, 창백핵의 입출력 관계를
중심으로 삼고, 대뇌기저핵과 시상 그리고 대뇌피질의 상호연결로 운동출력을
제어하는 회로를 공부하는 것이 핵심이다. 변연계의 구성 요소인 측좌핵nucleus
accumbens에서는 전전두엽과 뇌간의 배쪽피개영역과 연결되는 도파민성 중독 회
로가 중요하다. 측좌핵은 해마와 편도체와 상호연결되며, 운동 기능보다 정서적
정보 처리와 관련된다. 대뇌피질의 중심고랑 뒤쪽 피질인 후반구에는 체감각, 청

그림 3-2 시상 단면의 변연계 구조

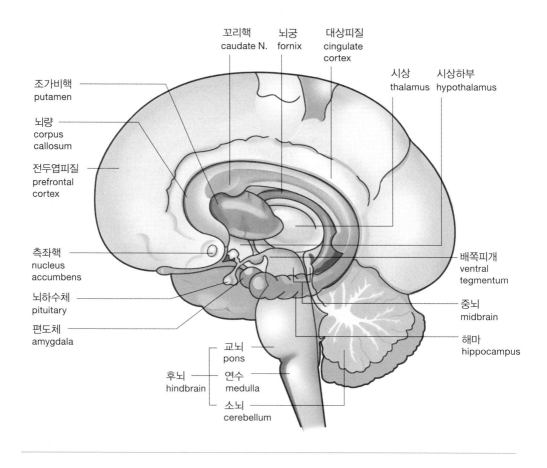

박문호 박사의 뇌과학 공부

각, 시각의 감각피질이 위치한다. 중심고랑 앞쪽에는 전전두피질, 보완운동영역, 전운동영역, 일차운동영역이 있으며, 의식적인 눈 운동 영역인 전두안구피질과 운동 언어 피질인 브로카영역이 중요하다. 일차운동피질은 골격근 제어, 보완운동영역은 언어와 내부 생성 운동, 전운동영역은 외부 자극에 대한 궤적 운동을 담당한다.

그림 3-3 대뇌피질-선조체-시상 연결

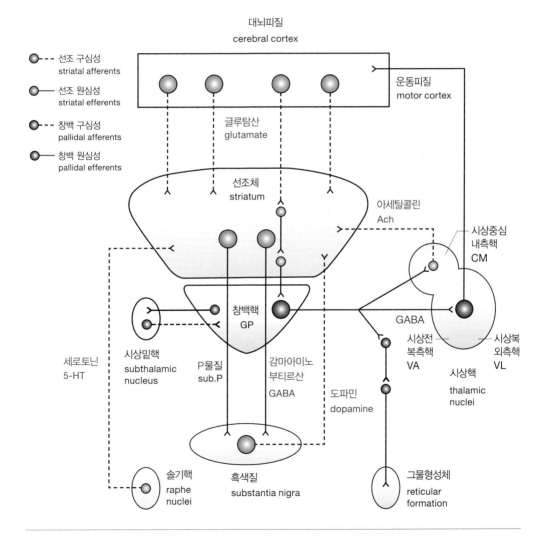

대뇌운동피질, 선조체, 창백핵, 흑색질그물부, 시상은 서로 연결되어 몸 동작과 운동 순서를 생성한다. 그림 3-3에서처럼, 대뇌운동피질에서 선조체로 글루탐산이 분비되고, 선조체의 출력은 창백핵과 흑색질그물부와 연결된다. 선조체는 조가비핵과 꼬리핵을 합친 이름이다. 시상은 창백핵에서 입력을 받아서 대뇌운동피질로 전달한다. 뇌간 솔기핵에서 선조체로 세로토닌을 분비하고 뇌간 흑색질에서 선조체로 도파민을 분비한다. 흑색질치밀부의 도파민 뉴런이 60퍼센트 이상 감소하면 흑색질에서 선조체로 도파민 분비가 줄어들어 파킨슨병이 생긴다.

그림 3-4 대뇌 관상 단면 구조 1

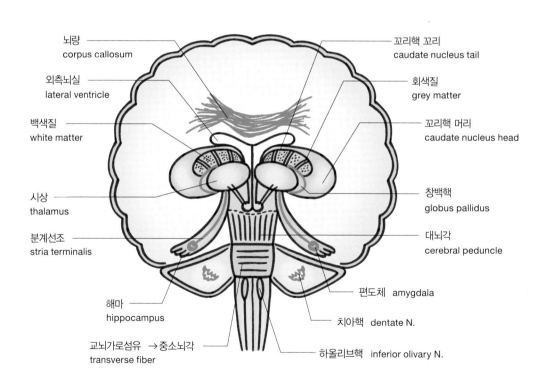

박문호 박사의 뇌과학 공부

그림 3-4에는 대뇌 관상단면 구조를 배경으로 대뇌 기저핵, 뇌간, 소뇌의 구조가 드러나 있다. 외측뇌실에 인접하여 꼬리핵이 위치하고, 꼬리핵 앞쪽으로 창백핵과 시상이 돌출해 있고, 해마와 편도체가 보인다. 편도체의 출력 축삭다발이 분계선조이며, 뇌실 위로 뇌량이 좌우 대뇌 반구를 연결한다. 대뇌각은 수직 방향의 축삭다발이 대뇌를 받치고 있는 형상이며, 교뇌의 수평 방향 섬유다발은 중소뇌각을 통해 소뇌피질에 입력되는 교뇌가로섬유에 수평 방향으로 줄무늬로 표시되어 있다.

그림 3-5 대뇌 관상 단면 구조 2

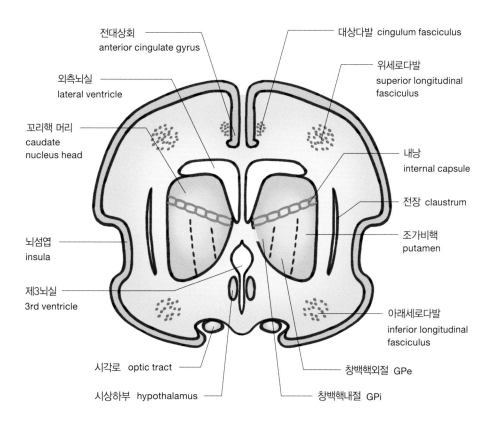

전대상회 anterior cingulate gyrus

대상다발 cingulum fasciculus

외측뇌실 lateral ventricle

위세로다발 superior longitudinal fasciculus

꼬리핵 머리 caudate nucleus head

내낭 internal capsule

전장 claustrum

뇌섬엽 insula

조가비핵 putamen

제3뇌실 3rd ventricle

아래세로다발 inferior longitudinal fasciculus

시각로 optic tract

창백핵외절 GPe

시상하부 hypothalamus

창백핵내절 GPi

3 뇌의 핵심 구조

115

대뇌 관상 단면 구조 둘째 그림(그림 3-5)에는 대뇌피질을 장거리로 연결하는 위세로다발과 아래세로다발의 단면을 점으로 표시하였고, 대상회와 인접하여 대상다발이 나타나 있다. 초록색으로 표시된 내낭이 선조체 구조를 관통하며, 제3뇌실에 인접하여 시상하부가 보인다. 조가비핵과 뇌섬엽 사이에 얇은 막 형태의 신경세포층이 전장이며, 관상면 구조의 아래에 시교차 이후의 시각로 단면이 보인다. 관상 단면에서 앞에서 뒤로 시신경, 시각교차, 시각로의 단면이 순차적으로 나타난다.

그림 3-6 뇌실과 선조체 구조

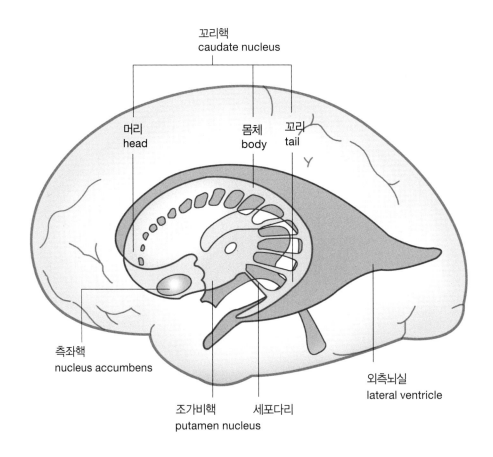

박문호 박사의 뇌과학 공부

그림 3-6은 뇌실에 인접하는 꼬리핵과 조가비핵을 대뇌피질 속에 보이는 방식으로 표현한 그림이다. 가운데의 작은 원은 좌우 두 개의 시상을 연결하는 시상간교가 통과하면서 생성된 구멍이다. 세포다리는 조가비핵과 꼬리핵 사이를 신경축삭다발이 통과하면서 형성된 바퀴살 모양의 구조로, 신경세포가 존재하는 회색질 영역이다. 측좌핵은 꼬리핵 머리와 인접해 있으며 전전두엽과 배쪽피개영역과 서로 연결되어 있다.

그림 3-7에서 보듯이 꼬리핵과 조가비핵이 합쳐져서 선조체가 되고, 조가비핵과 창백핵을 합쳐서 렌즈핵이라 하며, 창백핵은 외절과 내절로 나뉜다. 꼬리핵

그림 3-7 대뇌 기저핵의  입체 구조

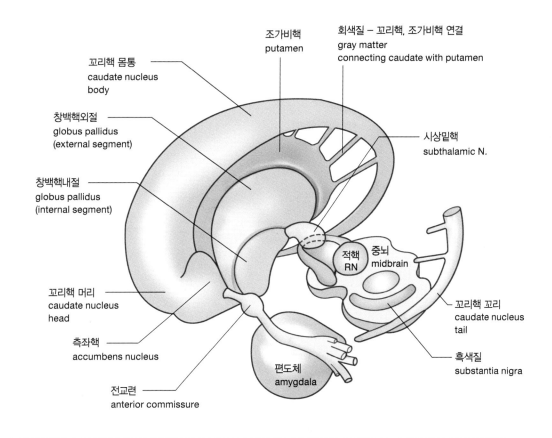

그림 3-8 조가비핵과 꼬리핵의 운동 지도

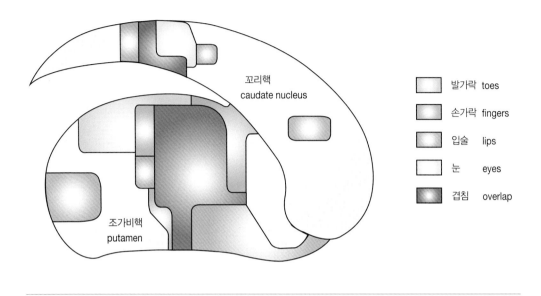

꼬리핵
caudate nucleus

조가비핵
putamen

발가락 toes

손가락 fingers

입술    lips

눈      eyes

겹침    overlap

은 머리, 몸체, 꼬리 부위로 세분되고 꼬리핵 머리와 측좌핵이 인접하고 꼬리핵 꼬리 부근에 편도체가 위치한다. 꼬리핵과 조가비핵은 유사한 기능의 세포들이 내낭의 신경섬유다발로 분리되어 일부 연결된 회색질 영역이 만들어진다. 뇌간 상구 단면의 적핵과 부근의 흑색질이 입체 구조로 나타나 있다. 전교련 섬유다 발이 좌우 양쪽 편도체를 연결한다.

조가비핵과 꼬리핵에도 발가락, 손가락, 입술, 눈의 감각 지도가 존재한다(그림 3-8). 조가비핵은 초록색의 손가락 운동 영역과 파란색으로 표시된 입술 운동 영 역이 같은 영역에 중첩되어 있다. 종이에 그려진 정교한 도형을 가위로 오릴 때 우리는 무의식적으로 입술을 움직이는데, 이 현상은 입술과 손가락의 절차운동 순서를 처리하는 영역이 조가비핵에서 중첩되는 현상과 관련이 있다.

## 대뇌피질은
## 장거리 신경섬유로 상호연결된다

대뇌신경세포 사이의 연결에는 인접한 피질끼리 짧은 거리의 연결은 단연합섬유, 피질 간 긴 거리의 연결섬유다발은 위세로다발, 아래후두전두다발, 대상다발, 궁상다발이 있다. 대상다발은 대상회를 따라 파페츠회로의 일부가 되는 신경섬유다발이고 구상다발은 갈고리다발의 한자어이며, 하전두엽과 측두엽을 연결하는 신경로다. 궁상다발은 측두엽 베르니케영역과 하전두엽의 브로카영역을 연결하여 단어를 생각하고 발음하게 하는 언어 처리 신경로다. 대뇌를 수평으로 가로지르는 신경로의 축삭다발은 관상단면에서는 점으로 표시되며, 뇌량과 전교련은 관상단면에서 좌우 반구를 연결하는 신경축삭다발이 전체로 나타난다.

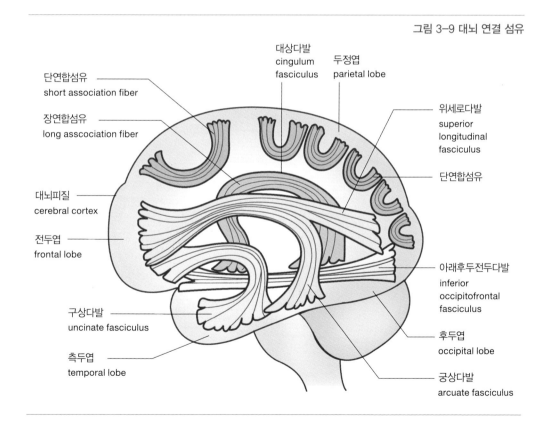

그림 3-9 대뇌 연결 섬유

대상다발
cingulum
fasciculus

두정엽
parietal lobe

단연합섬유
short association fiber

장연합섬유
long asscociation fiber

대뇌피질
cerebral cortex

전두엽
frontal lobe

구상다발
uncinate fasciculus

측두엽
temporal lobe

위세로다발
superior
longitudinal
fasciculus

단연합섬유

아래후두전두다발
inferior
occipitofrontal
fasciculus

후두엽
occipital lobe

궁상다발
arcuate fasciculus

그림 3-10 시각의 등쪽신경로와 배쪽신경로

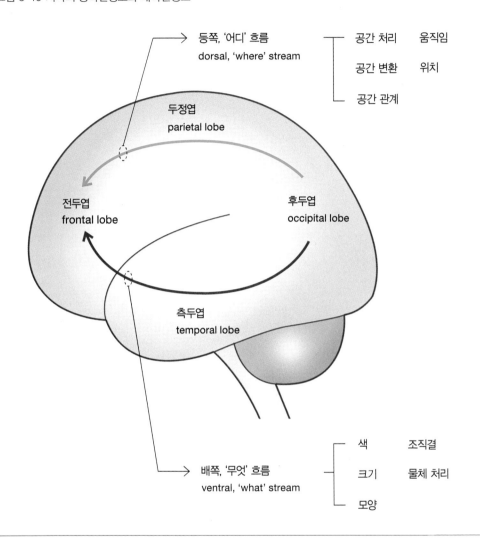

등쪽, '어디' 흐름
dorsal, 'where' stream

공간 처리　　움직임

공간 변환　　위치

공간 관계

두정엽
parietal lobe

전두엽
frontal lobe

후두엽
occipital lobe

측두엽
temporal lobe

배쪽, '무엇' 흐름
ventral, 'what' stream

색　　　조직결

크기　　물체 처리

모양

　　두정엽을 통해서 전두엽으로 시각을 연결하는 장거리 신경로는 후두엽에서
전두엽으로 공간 정보와 움직임과 위치 정보를 전달한다. 측두엽을 통해서는 색,
형태, 표면 패턴, 세부 그림의 정보를 전두엽으로 전달한다. 대뇌연합피질에서
전전두엽으로 전달되는 정보는 언어로 표상되며, 배외측전전두엽은 구성적 사
고의 핵심 영역이다. 배외측전전두엽의 중요 기능은 충동 억제, 작업기억, 목표

지향 행동을 생성하는 것이며, 대뇌연합피질에 저장된 장기기억을 조절하는 역할도 한다. 지금 입력되는 중요한 정보를 기억을 바탕으로 처리하는 과정이 바로 작업기억이다. 즉각적 보상을 바라는 충동적 행동을 억제하여 목표 지향적 행동을 위한 의지력을 생성하는 것이 전전두엽의 핵심 기능이다.

그림 3-11에서 점의 집합으로 표시된 영역은 위세로다발, 아래세로다발, 궁상다발, 대상다발이다. 위세로다발은 두정엽과 전전두엽 사이의 신경축삭다발로, 대뇌의 위쪽에 세로 방향으로 길게 뻗어나간 신경섬유다발을 의미한다. 궁상다발은 측두엽의 베르니케 감각언어영역에서 전두엽의 브로카 운동언어영역을 연결하는 신경섬유다발이며, 대상다발은 대상회와 해마방회를 연결하는 섬유다발

그림 3-11 대뇌 장거리 신경섬유

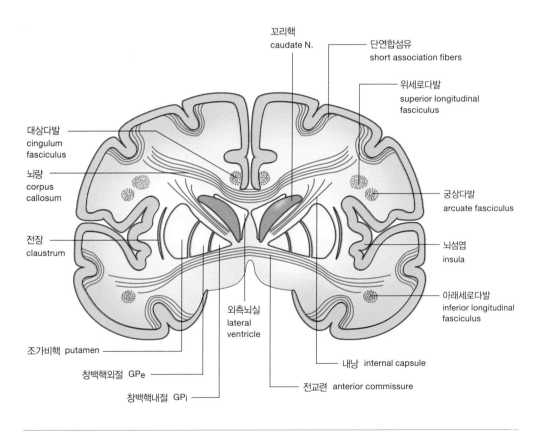

로 파페츠회로의 일부 영역이다. 좌뇌와 우뇌를 연결하는 신경축삭다발은 교련
이라 하며, 궁상다발 아래에 좌우 반구를 연결하는 교련인 뇌량이 있으며, 좌우
편도체를 연결하는 전교련이 나타나 있다.

좌우 대뇌 반구를 연결하는 교련섬유다발에는 전교련, 해마교련, 뇌량, 고삐교
련, 후교련이 있으며, 해마교련은 좌우 해마를 연결하고, 고삐교련은 두 개의 고
삐핵을 연결한다. 그림 3-12에서 몬로구멍foramen of Monro은 제3뇌실과 외측뇌실
을 연결하는 뇌척수액이 흐르는 통로다. 시상간교는 양 반구의 시상을 연결하는

그림 3-12 발생하는 뇌 시상 단면에 드러난 신경연결 단면

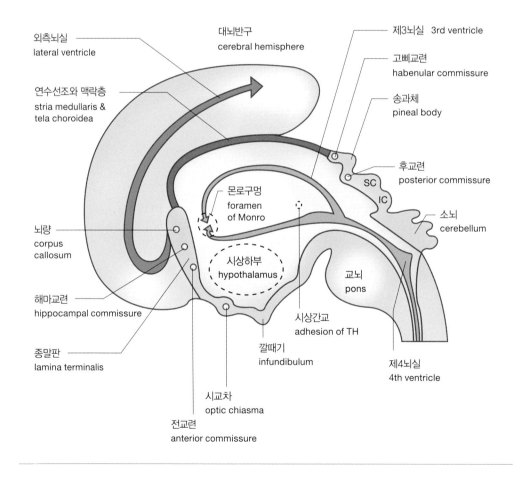

신경섬유다발이고, 시교차는 시신경이 교차하는 지점이다.

　좌우 대뇌 반구를 연결하는 가장 큰 신경섬유다발인 뇌량은 뇌량무릎, 뇌량몸체, 뇌량팽대로 세분되는 신경세포 사이의 연결 신경섬유다. 여자는 남자보다 뇌량 팽대부가 더 크다. 뇌량 단면을 10개의 구역으로 세분하여 좌우 반구의 피질

그림 3-13 뇌량의 섬유다발

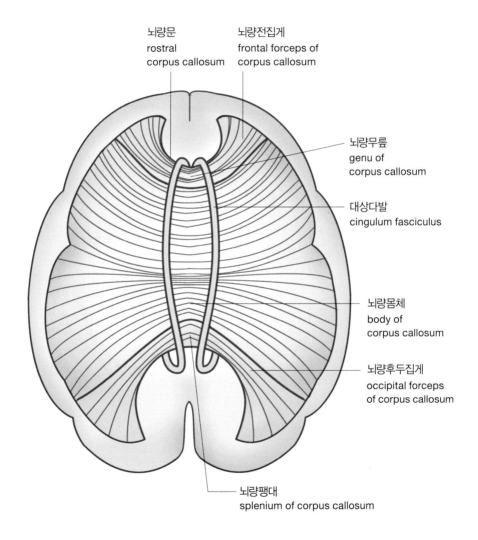

뇌량문
rostral
corpus callosum

뇌량전집게
frontal forceps of
corpus callosum

뇌량무릎
genu of
corpus callosum

대상다발
cingulum fasciculus

뇌량몸체
body of
corpus callosum

뇌량후두집게
occipital forceps
of corpus callosum

뇌량팽대
splenium of corpus callosum

그림 3-14 뇌량 단면 영역별 연결 피질

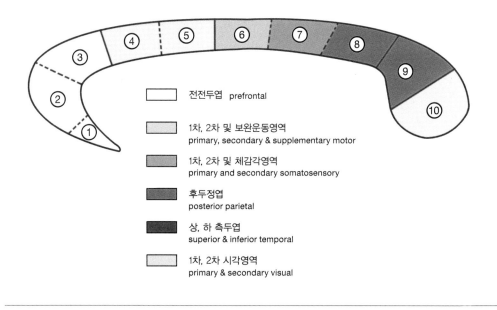

전전두엽 prefrontal

1차, 2차 및 보완운동영역
primary, secondary & supplementary motor

1차, 2차 및 체감각영역
primary and secondary somatosensory

후두정엽
posterior parietal

상, 하 측두엽
superior & inferior temporal

1차, 2차 시각영역
primary & secondary visual

연결을 상세히 나타내면(그림 3-14), 노란색의 첫 세 영역은 대뇌 양 반구 전전두엽 사이의 연결이며, 20퍼센트 이상의 축삭이 수초화되지 않은 무수신경이며, 수초화된 축삭은 중간 굵기 이하의 신경축삭이다. 파란색의 두 영역은 양 반구의 일차와 이차운동피질과 보완운동피질을 서로 연결하며, 10퍼센트 이하만 무수신경이고 대부분은 수초화된 다양한 굵기의 유수신경으로 구성된다. 6번 영역은 양 반구의 일차와 이차체감각영역을 상호연결하며, 7번 뇌량 영역은 양 반구의 후두정엽을 연결하며, 붉은색으로 표시된 8번과 9번은 양 반구의 상하 측두엽을 서로 연결한다. 뇌량팽대 영역인 10번은 양 대뇌 반구의 일차와 이차시각피질을 서로 연결한다. 양 반구의 일차와 이차체감각을 연결하는 신경축삭은 무수신경이 10퍼센트 이하로 대부분 유수신경섬유다.

뇌의 각 영역을 공부하려면 척수 단면을 통과하는 상행감각신경로와 하행운동신경로의 위치와 척수전각과 척수후각, 척수중각 영역의 교감, 부교감 신경세포 집단의 분포에 익숙해져야 한다. 척수를 따라 양 측면에 배열한 교감신경기둥sympathetic trunk과 뇌간의 부교감신경핵을 확인하고 내장신경splanchnic nerve도 함께 알아본다. 뇌간 공부는 연수, 교뇌, 중뇌의 세 단면 구조에 드러나는 신경핵과 신경로를 학습하는 것이 핵심이다. 그리고 뇌간 그물형성체reticular formation, 소뇌-뇌간 신경핵의 연결, 12개 뇌신경핵의 위치를 기억해야 한다. 상구 단면에 드러나는 적핵, 흑색질핵, 중뇌수도관 그리고 하구의 단면에 나타나는 청신경핵cochlear nucleus, 부완핵parabrachial nucleus, 청반핵locus coeruleus의 위치가 중요하다. 간뇌는 시상하부의 핵들과 뇌하수체의 연결, 시상핵들과 대뇌피질의 상호연결이 핵심이며, 시상그물핵thalamic reticular nucleus에 의한 시상감각핵 억제 작용과 시상수질판내핵thalamic intralaminar nucleus에 의한 대뇌피질 활성화가 특히 중요하다.

시상의 외측슬상체는 시각을 시각방사를 통해 후두엽으로 중계하고, 내측슬상체는 청각방사를 통해 측두엽으로 중계한다. 시상에서 대뇌피질로 방사하는

그림 3-15 시상과 피질 연결 섬유다발

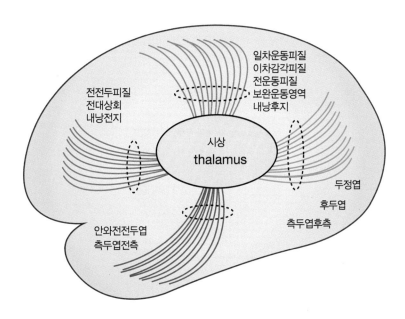

축삭다발은 내낭전지를 통하여 전전두엽, 전대상회로 방사하며, 내낭후지를 통하여 일차운동피질, 전운동피질, 보완운동피질, 이차체감각피질로 연결된다. 시상은 후두엽 후측, 두정엽과 연결되어 시각 정보와 공간 정보를 대뇌피질로 전달하며, 측두엽 앞쪽과 연결되어 사물의 형태기억에 접근할 수 있다. 시상 변연계 관련 중계핵은 안와전전두엽과 연결된다.

## 감각운동 신경통로

## 내낭

내낭internal capsule은 신경섬유를 둘러싼 주머니라는 의미로, 속주머니로도 번역한다. 내낭은 렌즈핵, 시상, 꼬리핵으로 둘러싸인 영역으로, 렌즈핵과 꼬리핵 머리 사이 영역이 내낭의 앞쪽 가지(내낭전지)를 형성하며, 렌즈핵과 시상 사이의 영역이 내낭의 뒤쪽 가지(내낭후지)를 만든다. 렌즈핵은 조가비핵과 창백핵으로 구성되며, 창백핵은 외절과 내절로 세분되고, 내낭전지와 내낭후지가 만나는 부위가 내낭무릎이 된다. 내낭전지는 전전두엽에서 교뇌로 내려오는 섬유다발인 전두교뇌로frontopontine tract와 시상전핵과 시상등쪽내측핵에서 대상회로 방사되는 전

그림 3-16 내낭 형성 섬유다발

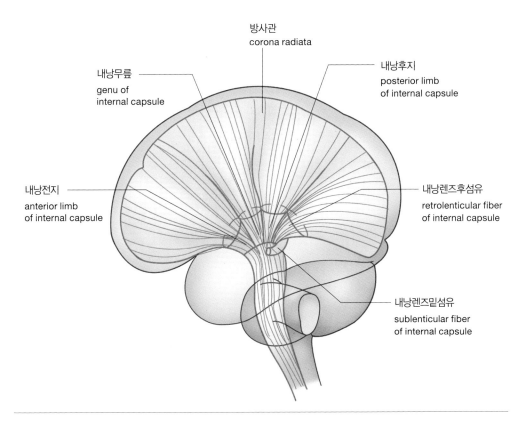

그림 3-17 내낭과 렌즈핵

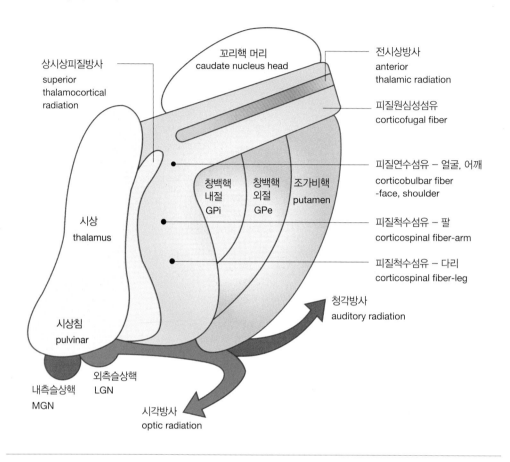

시상방사anterior thalamic radiation로 구성된다.

내낭후지는 피질연수로, 피질척수로, 상시상방사superior thalamic radiation, 후시상
방사posterior thalamic radiation, 두정교뇌로parietopontine tract로 구성되며, 상시상방사는 시
상전복측핵, 복외측핵, 복측후핵에서 대뇌피질로 부챗살 형태로 축삭다발이 뻗
어가며, 후시상방사는 시상침과 시상외측후핵에서 대뇌피질로 뻗어가는 부챗살
모양의 신경섬유다발이다. 후두교뇌로, 측두교뇌로는 렌즈핵 뒤 경로에 포함되
며, 시각방사는 외측슬상체, 청각방사는 내측슬상체에서 뻗어나오며, 렌즈핵밑
영역은 청각 방사를 포함한다.

## 대뇌피질
## ─브로드만영역

인간의 뇌 기능은 대뇌피질의 역할을 이해하면 쉽게 알 수 있다. 특히 브로드만 뇌 지도와 칼 클레이스트Karl Kleist 뇌 지도를 공부하면 인간 대뇌피질의 작용을 어느 정도 이해할 수 있다. 브로드만은 대뇌피질의 세계 지도다. 지구 표면이 200개가 넘는 국가로 구분되듯이, 인간 뇌의 대뇌피질은 브로드만이 지정한 52개의 영역으로 분할된다. 1900년대 초기에 뇌과학자 코르비니안 브로드만 Korbinian Brodmann은 대뇌피질 세포들을 현미경으로 관찰하여 세포 조직학적으로 유사한 대뇌피질 영역을 숫자로 구분하여 표시했다. 그는 좌우 반구의 표면과 뇌량을 절단하여 드러난 좌우 반구 내측피질에 영역 표시 지도를 만들었다. 좌우 반구는 거의 대칭이므로 한쪽 반구의 표면과 내측면의 브로드만영역brodmann area에만 익숙해지면 이 지도를 쉽게 이해할 수 있다. 대뇌피질의 브로드만영역을 정확히 기억하는 것은 인간의 인지 작용을 이해하는 데 핵심이다. 브로드만 영역을 기억하는 효과적인 방법은 반복 훈련으로 그리는 순서를 익히는 것이다. 그릴 때는 기억의 대칭화, 모듈화, 순서화 법칙을 적용하여 비슷한 기능 영역을 그룹화하고, 기능이 분화된 순서를 따르면 쉽게 기억된다.

좌반구 대뇌피질의 브로드만영역을 그리는 방법을 보자(그림 3-18). 먼저 대뇌 반구를 그린 후 중심고랑과 중심고랑 밑의 미각피질인 43번을 먼저 그린다. 43번의 왼쪽으로 브로카영역인 44번과 45번을 그리고, 45번 위로 배외측전전두엽인 46번을 그린다. 브로카영역과 배외측전전두엽의 위치를 먼저 그려야 브로드만영역의 구획이 전체적으로 잘 결합된다. 그다음으로 중심고랑을 기준으로 하여 일차체감각영역인 3번, 1번, 2번 영역을 차례로 그리고, 중심고랑 앞쪽의 일차운동피질인 4번을 그리고, 연합체감각피질인 5번을 그리고, 전운동영역, 보완운동영역인 6번, 다시 연합체감각피질인 후두정엽의 7번을 그린다. 전두안구영역 frontal eye field 8번을 쐐기 형태로 그리고, 이어서 또 다른 배외측전전두엽 9번, 전전두엽의 앞쪽 영역인 10번, 안와전전두엽 11번을 그리며, 11번 영역 안에 수평으로 가느다란 47번 영역을 그린다.

측두엽의 브로드만 구획은 일차청각피질인 41번과 연합청각피질인 42번을 43번 아래에 차례로 그린다. 하두정엽에 위치하는 40번 모서리위이랑supramarginal gyrus 영역과 각이랑angular gyrus 영역 39번, 방추이랑fusiform gyrus 37번을 그리고, 측두극temporal pole 영역인 38번을 그리면, 하측두엽inferior temporal lobe 20번, 중측두엽 21번, 상측두엽 22번이 자연스럽게 자리 잡게 된다. 마지막으로 시각영역인 삼차시각 19번, 이차시각 18번, 일차시각 17번을 후두엽에 차례로 그리면 대뇌 반구 표면의 브로드만 지도는 완성된다.

---

그림 3-18 대뇌피질의 브로드만 뇌 지도

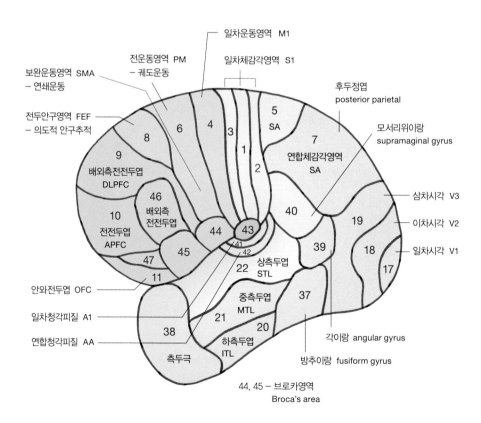

박문호 박사의 뇌과학 공부

그림 3-19 시상 단면의 브로드만 뇌 지도

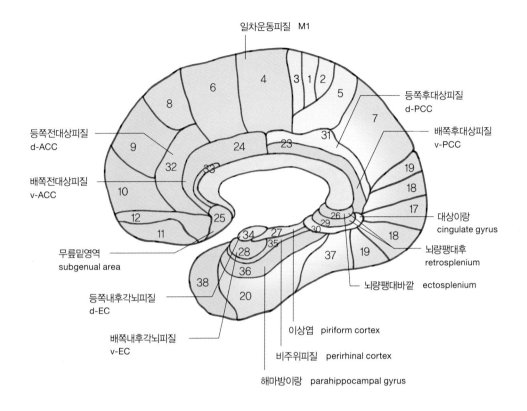

그림 3-19 시상 단면의 브로드만 뇌 지도

뇌량 절단으로 드러난 대뇌 반구 안쪽 피질의 브로드만 지도(그림 3-19)는 전체 그림을 한꺼번에 그리지 않고 전두엽, 두정엽만 우선 그린 다음, 브로드만영역을 세부적으로 그리면 측두엽과 후두엽 형태는 자연스럽게 형성된다. 그리는 순서는 뇌량팽대splenium 바로 아래 영역인 26번, 29번, 30번을 차례로 그리고, 30번에서 대각선 방향으로 가느다란 영역인 이상엽 피질 27번을 그린다. 이상엽 피질에 접하여 내후각뇌피질 34번과 28번을 그리고, 그 아래로 가느다란 비주위피질 35번, 해마방회 36번을 그린다. 측두엽의 앞쪽의 측두극 38번, 하측두엽 20번, 방추이랑 37번을 그린다. 다시 전두엽과 두정엽의 브로드만영역은 안와전전두엽 11번과 12번을 그리고, 뇌량과 12번 사이의 좁은 영역에 수직으로 뇌량무릎 아래 피질인 25번을 그리고, 25번을 기점으로 뇌량을 따라 좁은 띠 형태로 전대 상회의 일부인 33번과 배쪽전대상회 24번을 그린다. 배쪽전대상회 24번 영역과 이어진 구조로 등쪽후대상회 31번, 배쪽후대상회 23번을 그리고, 중심고랑을 31번 앞쪽에 설정하고, 일차체감각영역 3번, 2번, 1번을 차례로 그린 뒤, 일차운 동피질 4번, 연합체감각피질 5번을 그리고, 전운동영역, 보완운동영역 6번, 연합 체감각영역 7번을 차례로 그린다.

전전두엽은 보완운동영역과 전운동영역인 6번과 8번을 그린 후, 8번의 아래 쪽에서 안와전전두엽 12번까지 등쪽전대상회 32번을 그리며, 8번에 접하여 배 외측전전두엽 9번, 전두극 10번을 그린다. 마지막으로 상두정엽 7번과 방추이랑 37번 사이에 시각피질인 19번, 18번, 17번을 그려 넣으면 두 번째 브로드만 지 도는 완성된다. 두 개의 브로드만 지도 그리는 순서에서 빠진 영역은 뇌섬엽 13 번과 인간 이외의 영장류에만 발견되는 14번과 15번이 있다.

브로드만 지도를 기억해야만 하는 이유는 무엇인가? 첫째, 인간 뇌의 영역별 기능을 공부할 수 있는 효과적인 바탕이 된다. 둘째, 인간 뇌의 기능적 특징을 전 체적으로 알 수 있다. 전두엽, 두정엽, 측두엽, 후두엽의 큰 영역들이 세부 영역 으로 구획되면서, 전두엽의 운동 관련 피질과 측두엽의 기억, 두정엽의 체감각, 후두엽의 시각으로 대뇌피질의 기능을 종합적으로 이해하게 된다. 셋째, 지난 100년 이상 브로드만 지도를 바탕으로 대뇌피질의 영역별 기능에 대한 연구가 진행되었으며, 브로드만 지도에 익숙해지면 인간 뇌의 기능이 점차로 분명해진 다. 브로드만 지도는 대뇌피질의 여섯 개 층을 구성하는 세포들 간의 차이에 따 라 뇌 영역을 구분했다. 그리고 뇌 기능은 그 영역의 구성 세포와 관련되므로 브 로드만 지도의 각 영역은 다른 영역과 구별되는 기능을 한다. 인간 뇌 지도 연구 는 브로드만 지도를 바탕으로 진행된다. 브로드만 지도는 영역별 뇌 기능의 세 계지도다.

## 인간 대뇌피질의 기능은
## 칼 클레이스트 뇌 지도에 나타나 있다

칼 클레이스트 지도는 브로드만 지도를 더 발전시켜 개량한 대뇌피질의 뇌 작용 지도다. 대뇌피질 영역별 기능을 안다면 대뇌피질과 관련된 감각, 지각, 기억 처리 과정을 공부할 바탕이 된다. 시각피질을 살펴보면 17번 1차 시각피질은 색, 형태, 움직임, 밝기를 처리하며, 18번 2차 시각피질에서 시각 주의, 시선 이동, 장소 감각이 생성된다. 시선 이동은 안구 도약 운동으로, 2차시각 피질에서는 무의식적 안구 도약 운동, 전두안구영역에서는 의식적 안구 추적 운동을 처리한다. 장소 감각은 어떤 장소에 대한 익숙함과 관련이 있다. 19번 3차 시각 영역은 색체 지각, 시각 재인, 시각 사고, 글 읽기, 숫자 재인, 산수 계산, 장소에 대한 상세 기억이 생성된다. 재인recognition은 한 번 더 인식한다는 뜻이며, 대상을 알아차리는 뇌 작용이다. 20번 하측두엽에서는 소리와 음악에 대한 분류와 이해가 일어나며, 21번 중측두엽은 귀 기울이는 움직임과 청각 주의집중 작용을 만든다. 2차 시각영역에서 시각 주의처럼 중측두엽에서 청각 주의가 생긴다.

22번 상측두엽에서는 상측두엽의 앞쪽에서 뒤쪽으로 소리 크기의 서열, 음운 서열, 단어 서열이 처리되며, 소리 크기의 연속은 지각perception되며, 음운과 단어의 서열은 이해comprehension된다. 지각은 대뇌피질에서 일련의 감각 정보 처리 과정이 자각되는 현상으로, 중요한 지각은 기억되어 행동에 반영된다. 청각과 시각에서 연속되는 자극에서 반복되는 공통 부분을 구분하면서 지각이 범주화된다. 청각은 연속적 소리 서열을 시간 범위로 구별하면서 소리의 범주화가 생기며, 소리의 시간적 범주화가 청지각이 된다. 시각은 장소와 사물을 공간적으로 구분하여 시지각의 범주가 생긴다. 즉 연속적인 서열을 형성하는 청각과 시각 자극의 흐름을 시간 간격으로 구분하면서 소리에 대한 감각이 지각으로 전환되며, 빛 자극을 공간 간격으로 구분하면서 빛 에너지 흐름이 시지각으로 인식된다.

감각에서 지각으로 바뀌는 과정의 핵심은 자극의 서열이며, 뇌 속에서 발생하는 자극 서열의 실체는 신경세포가 만드는 전압펄스의 서열이다. 결국 감각과 지각의 바탕은 신경세포 작용이 분명하며, 구체적으로 신경세포가 생성하는 전압파의 연속적인 흐름을 청각, 시각, 촉각으로 구분하여 우리가 지각할 뿐이다. 핵심은 신경세포가 생성하는 전압파의 서열이며, 전압펄스 서열을 전달하고 저장하는 현상을 감각, 지각, 기억이라 한다. 22번 상측두엽에서 소리 크기의 서열을 지각하고, 음소 서열과 단어 서열을 이해하는데, 음소 서열이 바로 단어가 되고 단어 서열이 문장이 되므로 상측두엽의 맨 뒤쪽 피질은 문장을 이해하는 영역이 된다.

그림 3-20 칼 클레이스트 뇌 지도

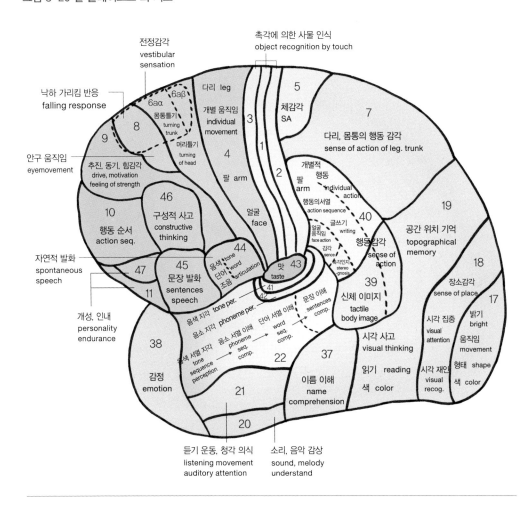

박문호 박사의 뇌과학 공부

서열, 서열, 서열! 그렇다. 뇌 작용의 핵심은 전압펄스의 서열이며, 뇌는 서열을 엮으려는 열정이 있다. 청각을 처리하는 피질은 측두극피질이다. 인간의 목소리는 대부분 감정적 리듬과 악센트가 있으며 측두극에서 감정과 정서를 처리한다.

브로드만 7번 후두정엽은 다리와 몸통의 운동과 감각을 처리한다. 시각과 청각을 처리하는 일차피질에서는 어느 정도 순수 감각 성분만 존재하지만 감각연합피질에서는 감각과 운동을 명확히 분리하기 어렵다. 특히 촉각은 감각과 운동처리가 함께 일어나는 감각-운동sensorimotor 피질로 통합적으로 보면 이해가 쉽다. 촉각, 통각, 온도감각의 체감각은 몸의 움직임이 곧 새로운 감각을 생성하므로, 운동과 감각이 분리되지 않고 서로 엮여 있다. 반면에 시각과 청각은 바깥 자극원에서 신체로 입력되는 감각으로 빛과 소리가 보이고 들리게 될 때까지 시간 간격이 있다. 빛과 소리가 날아오는 데는 수 밀리 초가 걸리지만, 이 짧은 시간 동안 대뇌신피질은 자극원까지 거리와 방향을 계산할 수 있으며 그러한 계산 결과 우리는 날아오는 돌을 피할 수 있게 된다.

체감각은 신체 움직임 그 자체로 새로운 감각을 생성한다. 체감각을 처리하는 신체 지도에서 7번 영역은 다리와 몸통, 40번 영역의 위쪽은 팔, 아래쪽 일부는 얼굴 체감각을 맡는다. 다리는 몸통 지지와 이동 기능에 구속되어 있지만, 팔의 움직임은 자유롭다. 그래서 40번 가운데 영역이 팔 운동의 연속 과정을 처리하며, 팔의 말단인 손가락의 능숙한 움직임 덕에 인간은 손으로 그림을 그리고 문자를 발명하게 된다. 글쓰기는 손과 손가락의 운동과 이에 동반한 감각의 변화가 운동으로 피드백되는 감각-운동의 놀라운 연속 동작이다.

앞쪽 뇌의 운동 정보 처리 방향에서, 전두극인 10번은 운동의 서열, 배외측전두엽 46번은 구성적 사고 작용을 만든다. 구성적 사고 작용은 언어로 표상된 운동 계획에서 언어의 순서 조작으로 의도적 생각을 만드는 과정이다. 영어에서 주어와 동사의 순서를 교환하여 의문문을 만들고, 단어를 구성하는 개별 음소에 악센트를 주어 언어에 감정을 싣고, 동사의 어미를 변화시켜 과거형과 현재형을 구별하는 과정이 바로 구성적 사고 작용이다. 구성적 사고를 통해 인간은 수동적 동작에서 능동적 행동을 계획하고 선택한다. 렘수면 동안 시각연합피질인 19번이 활성화되어 눈을 감고 자는 동안에도 시각 영상이 상영된다. 19번 영역은 시각적 사고와 장소에 대한 상세한 기억을 처리하며, 꿈에서는 장소와 행동의 시각적 장면을 연결하여 언어적 사고 대신에 시각적 사고가 가능하다.

우리는 단순히 물체만 지각하는 것이 아니라 물체의 용도까지도 지각한다. 지각은 행동을 촉발한다. 그리고 동작은 현재 진행 중인 지각의 흐름과 동기화되어 있으며, 동작이 만든 시각 자극에 의존한다. 선택적 주의집중이 신체에 대한 내부 표상을 두정엽의 외부 공간 지각과 통합하며, 신체 표상은 19번 영역의 기억된 시각 공간과 통합되고, 자전적 자아 의식은 이러한 통합된 표상 안에서 작동한다. 요약하면 다음과 같다.

**상측두엽의 작용:** 앞쪽에서 뒤쪽으로 소리 크기 서열→음운 서열→단어 서열을 처리하며, 소리 톤 연속은 지각되며, 음운과 단어의 서열은 이해된다.

**하측두엽:** 소리와 음악에 대한 분류와 이해

**중측두엽:** 귀 기울이는 움직임과 청각 주의집중

**배외측전전두엽:** 구성적 사고 작용→구성적 사고 작용은 언어로 표상된 운동 계획에서 언어의 순서 조작으로 의도적 생각을 만드는 과정이다.

물체만 지각하는 것이 아니라 물체의 용도까지도 지각하므로 지각은 행동을 촉발한다.

동작은 현재 진행 중인 지각의 흐름과 동기화되어 있으며, 동작이 만든 시각 자극에 의존한다.

## 상행감각과 하행운동신경로를
## 다이어그램으로 개념화하자

신경해부학의 핵심은 감각과 운동이며, 상행감각-하행운동으로 기억하면 된다. 척수중심관의 경계고랑와 대뇌피질의 중심고랑을 기준으로 배쪽은 감각, 등쪽은 운동이 되며, 인간이 직립하면서 배쪽은 앞쪽, 등쪽은 뒤쪽이 되므로 '앞 운동-뒤 감각'을 기억하면 뇌 기능 공부에 도움이 된다. 뇌의 두 영역을 연결하는 신경로에서 상행과 하행의 기준은 척수등쪽뿌리신경절인데, 여기서 대뇌피질로 입력되는 신호는 감각신호이므로 상행감각으로 표현된다. 그리고 운동피질에서 뇌간과 척수로 내려오는 신호는 운동신호이므로 하행운동이라 한다.

대뇌피질이 처리하는 감각에는 촉각, 통증, 온도감각, 균형감각, 청각, 미각, 후각, 시각이 있으며, 촉각은 세밀한 분별촉각과 거친촉각으로 구분된다. 흉수 6번 아래의 다리와 몸통에서 올라오는 분별촉각은 피부에 분포하는 등쪽신경뿌리신경절 감각세포가 1차 신경세포가 되어 신경 자극을 척수후각으로 전달한다. 척수후각으로 입력된 감각세포의 축삭은 시냅스하지 않고 척수 후섬유단의 백색질인 얇은다발을 형성한다. 팔에서 올라오는 분별촉각 정보는 쐐기다발을 구성하면서 상행한다. 얇은다발과 쐐기다발이 합쳐서 후섬유단이 되며, 후섬유단은 연수의 얇은핵과 쐐기핵에서 2차 신경세포와 시냅스한다. 분별촉각을 전달하는 2차 신경세포 축삭은 연수에서 감각신경교차sensory decussation를 하여 내측섬유띠가 되며 계속 상행하여 시상복후외측핵에서 3차 신경세포와 시냅스하여 대뇌 체감각피질로 신경 정보를 전달한다.

얼굴의 분별촉각은 삼차신경절trigeminal ganglion의 감각신경세포 신경축삭이 삼차신경주감각핵principal sensory nucleus의 신경세포에 시냅스하며, 주감각핵 신경세포 축삭은 삼차신경섬유띠를 형성하여 시상복후내측핵의 신경세포와 시냅스하고, 시상복후내측핵의 신경세포는 축삭을 따라 대뇌 체감각피질 얼굴 영역으로 신경 자극을 전달한다.

통각과 온도감각을 대뇌피질로 전달하는 삼차신경로는 삼차신경척수신경절

그림 3-21 후섬유단-내측 섬유띠 신경로

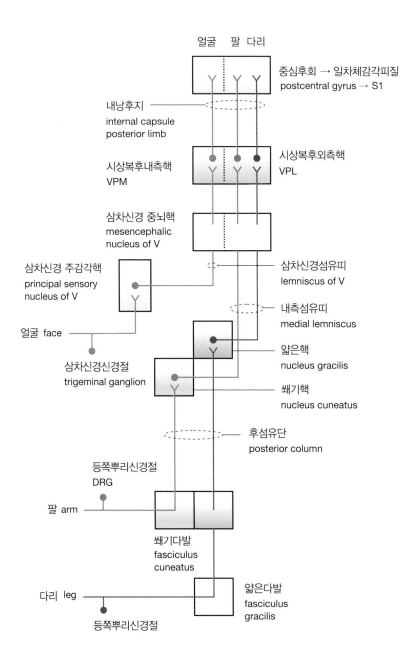

박문호 박사의 뇌과학 공부

그림 3-22 삼차신경로

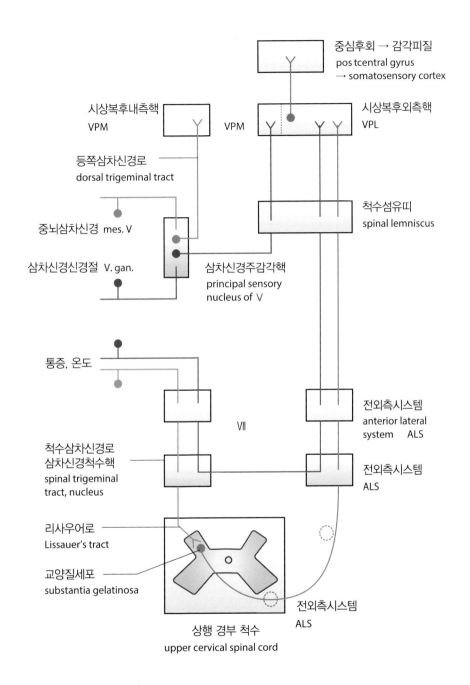

중심후회 → 감각피질
pos tcentral gyrus
→ somatosensory cortex

시상복후내측핵
VPM

VPM

시상복후외측핵
VPL

등쪽삼차신경로
dorsal trigeminal tract

척수섬유띠
spinal lemniscus

중뇌삼차신경 mes. V

삼차신경신경절 V. gan.

삼차신경주감각핵
principal sensory
nucleus of V

통증, 온도

VII

전외측시스템
anterior lateral
system ALS

척수삼차신경로
삼차신경척수핵
spinal trigeminal
tract, nucleus

전외측시스템
ALS

리사우어로
Lissauer's tract

교양질세포
substantia gelatinosa

전외측시스템
ALS

상행 경부 척수
upper cervical spinal cord

trigeminal spinal ganglion의 감각신경세포의 한쪽 축삭 가지가 피부에 자유신경말단free nerve ending으로 뻗어 나가 피부의 통증과 온도감각을 삼차신경척수핵으로 전달하며, 삼차신경척수핵 신경세포는 척수후각 입력부인 리사우어회로Lissaure's circuit로 신경 자극을 전달하여 척수후각교양질substantia gelatinosa 신경세포에 시냅스한다. 교양질의 신경세포는 척수 앞쪽 백색교련white commissure을 통과하여 외측척수시상로lateral spinothalamic tract를 형성하며, 상행하면서 척수섬유띠가 되어 시상복후외측핵으로 통증과 온도감각 정보를 전달한다.

얼굴에서 입력되는 통증과 온도감각은 삼차신경주감각핵 신경세포 축삭이 척수섬유띠와 나란히 상행하여 반대쪽 시상복후내측핵으로 입력된다. 삼차신경 주감각핵 신경세포 축삭의 일부는 등쪽 삼차신경 섬유다발을 형성하여 같은 쪽 시상복후내측핵으로 입력한다.

전정신경핵은 내측, 외측, 상부, 하부의 네 개 신경핵으로 구분되며, 전정안구로vestibulo-ocular tract, 전정소뇌로vestibulo cerebella tract, 전정척수로를 통해 균형감각 정보를 전달한다. 외측과 상부전정핵의 출력은 전정안구로를 통해 상행하여 동안신경핵, 도르래신경핵, 외전신경핵을 거쳐 동공 움직임 관련 신경핵으로 균형정보를 전달한다. 내측전정핵medial vestibular nucleus은 목과 몸통 운동 관련 척수신경핵으로, 내측전정척수로medial vestibulospinal tract를 통해 균형정보를 보낸다. 내측세로다발medial longitudinal fasciculus의 상행 가지는 전정안구로가 되며, 하행 가지는 전정척수로가 된다. 외측전정척수로lateral vestibulospinal tract를 통해 외측전정핵에서 신경출력이 다리 운동에 균형감각을 제공한다. 하전정핵inferior vestibular nucleus에서는 균형정보를 하소뇌각을 통해 소뇌로 전달한다.

균형감각의 신경전달 경로는 세반고리관의 전정 신경 자극이 소뇌의 결절nodulus과 타래flocculus로 하소뇌각을 통해 입력되며, 타래와 결절은 하전정핵, 외측전정핵과 연결된다. 전정신경절 신경세포 축삭이 내측전정신경핵에서 시냅스하고, 시냅스후막세포인 내측전정신경절 신경세포의 축삭은 척수로 내려가는 내측세로다발이 되며, 외측전정핵의 신경세포 축삭은 외측전정척수로를 형성한다.

하행의 내측세로다발은 목과 어깨 근육을 조절하여 신체가 균형을 잡게 한다.

내측전정핵 신경세포 축삭이 상전정핵에서 시냅스하고, 상전정신경핵 세포의
축삭이 안구 운동과 관련된 외전신경핵과 시냅스한다. 외전신경핵의 축삭은 내
측세로다발 상행 성분을 구성하여 동안신경핵에서 시냅스하여 시각과 균형감
각의 상호작용을 만든다.

청각의 감각신경로는 달팽이관과 연결된 나선신경절 신경세포 축삭이 청신경

그림 3-23 전정신경로

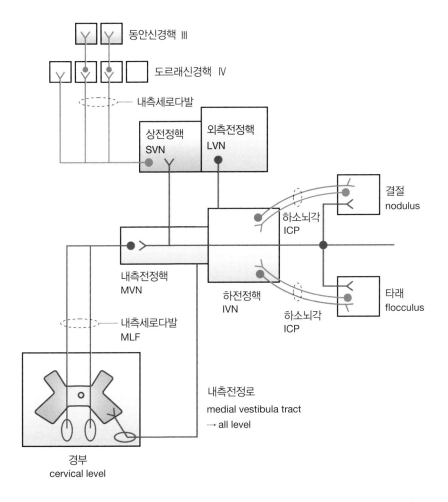

그림 3-24 청각신경로

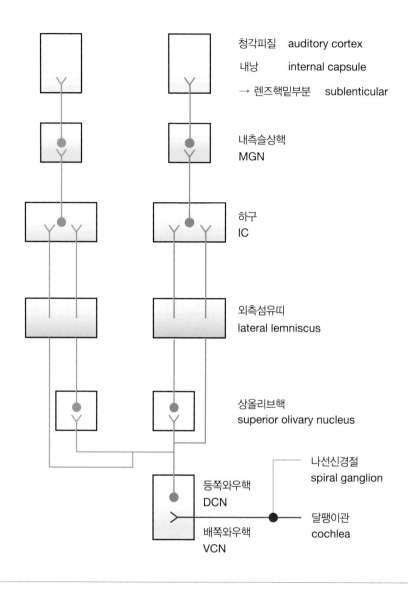

청각피질　auditory cortex

내낭　　　internal capsule

→ 렌즈핵밑부분　sublenticular

내측슬상핵
MGN

하구
IC

외측섬유띠
lateral lemniscus

상올리브핵
superior olivary nucleus

나선신경절
spiral ganglion

등쪽와우핵
DCN

배쪽와우핵
VCN

달팽이관
cochlea

핵에 시냅스하며, 청신경절 신경세포 축삭은 상올리브핵에서 시냅스한다. 좌우
상올리브핵 신경세포 축삭과 시냅스하지 않고 상행하는 축삭다발은 함께 외측
섬유띠를 형성하여 하구로 입력되어 하구신경세포와 시냅스한다. 시냅스, 시냅

스, 시냅스! 시냅스한다. '시냅스한다'는 것은 신경세포의 축삭이 다른 신경세포의 세포체, 축삭, 수상돌기에 20나노미터로 가까이 접근하여 신경전달물질을 분해하는 사이 공간, 즉 시냅스를 형성한다는 의미다.

그림 3-25 미각신경로

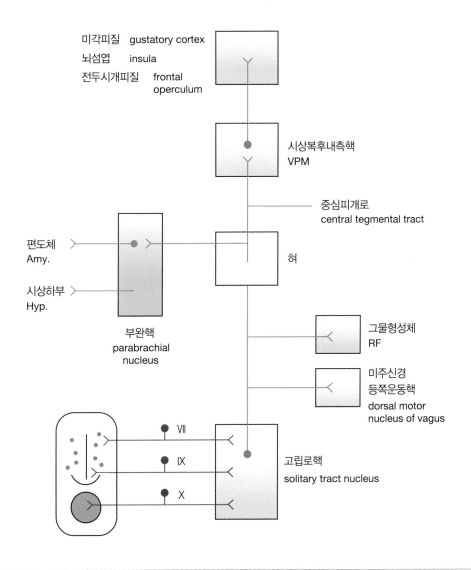

미각피질   gustatory cortex
뇌섬엽     insula
전두시개피질  frontal operculum

시상복후내측핵
VPM

중심피개로
central tegmental tract

편도체
Amy.

시상하부
Hyp.

허

부완핵
parabrachial nucleus

그물형성체
RF

미주신경
등쪽운동핵
dorsal motor nucleus of vagus

VII

IX

X

고립로핵
solitary tract nucleus

하구의 출력 신경축삭은 내측슬상체medial geniculate body에서 시냅스하며, 내측슬
상체의 출력은 렌즈핵밑 영역을 통과하는 청신경방사auditory radiation를 형성하여
대뇌 일차청각피질로 청각신호를 전달한다. 미각의 신경 경로는 혀의 앞쪽 대부
분은 안면신경, 혀 뒤쪽 미각은 설인신경, 인두부의 미각은 미주신경이 담당하
며, 안면신경, 설인신경, 미주신경의 미각 신경로는 고립로 신경다발을 형성하
는데, 고립로 신경다발은 고립핵에 둘러싸인 형태여서 고립로란 이름이 생겼다.

고립로핵 신경세포 축삭은 부완핵에서 시냅스하여 미각 정보를 편도체와 시
상하부로 전달한다. 부완핵으로 미각을 전달하는 신경로는 중심피개로central

그림 3-26 후각신경로

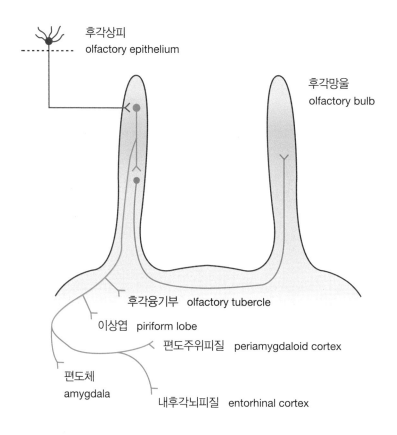

tegmental tract이며, 중심피개로의 축삭은 시상복후내측핵에서 시냅스하고, 복후내측의 중계를 받아 미각이 대뇌 미각피질인 뇌섬엽insula과 전두시개피질frontal operculum로 전달한다. 후각신경로는 비강후각상피olfactory epithelium의 후각세포가 후각망울로 축삭을 뻗어 후각망울 신경세포와 시냅스하며, 후각망울 세포의 축삭다발이 전교련의 일부를 형성하여 반대쪽 후각망울 속으로 뻗어낸다. 후각망울 신경세포와 시냅스한 다른 신경세포 축삭은 후각융기부olfactory tubercle, 이상엽 piriform lobe, 편도주위피질periamygdaloid cortex, 편도체, 내후각뇌피질로 뻗어나가 시냅스하여 냄새 정보를 전달한다. 후각 신경은 시상 중계 작용을 거치지 않고 후각처리피질로 곧장 전달된다.

통증의 하행 조절 신경로는 다음과 같다. 다리, 몸통, 팔의 통증은 척수등쪽신경뿌리신경절에서 척수후각으로 입력되며, 얼굴의 통증은 삼차신경절 신경세포 축삭이 외측척수시상로lateral spinothalamic tract와 나란히 상행하는데, 도중에 곁가지가 뇌간 그물핵에서 시냅스한다. 상행하는 통증 전달 신경다발은 전외측시스템anterior lateral system이라 하는데, 압력과 거친 촉각을 전달하는 전척수시상로와 통증과 온도감각을 전달하는 외측척수시상로 그리고 척수피개로, 척수그물로 spinoreticular tract를 합쳐서 전외측시스템을 형성한다. 척수시상로의 곁가지가 중뇌수도관주위회색질periaqueductal grey substance에 시냅스하며, 중뇌수도관주위회색질의 신경세포는 세로토닌 분비 축삭을 거대솔기핵의 세포와 시냅스한다. 거대솔기핵 신경세포는 척수후각으로 축삭을 뻗어 통증을 완화한다. 시상에서 느껴지는 통증인 시상통도 있지만, 통증은 대뇌 체감각피질에서 처리한다.

하행운동로는 추체로pyramidal tract와 추체외로extrapyramidal tract로 구분되는데, 추체로는 피질척수로의 다른 이름이다. 피질척수로의 출발 신경세포는 일차운동피질에서 30퍼센트, 전운동피질과 보완운동피질에서 30퍼센트, 체감각피질에서 40퍼센트가 되며, 피질척수로가 중뇌영역에서는 대뇌각cerebral pecuncle이 된다. 교뇌에서는 피질척수로가 분리된 몇 개의 축삭다발로 교뇌 바닥을 통과하며, 아래쪽 연수에서 90퍼센트의 섬유다발이 교차하여 외측피질척수로lateral corticospinal tract가 된다. 10퍼센트 정도의 축삭다발은 교차하지 않고 동측으로 진행하여 전측피

그림 3-27 전외측시스템

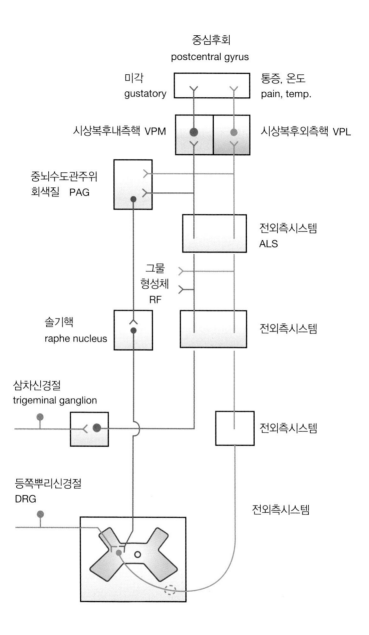

그림 3-28 피질척수로

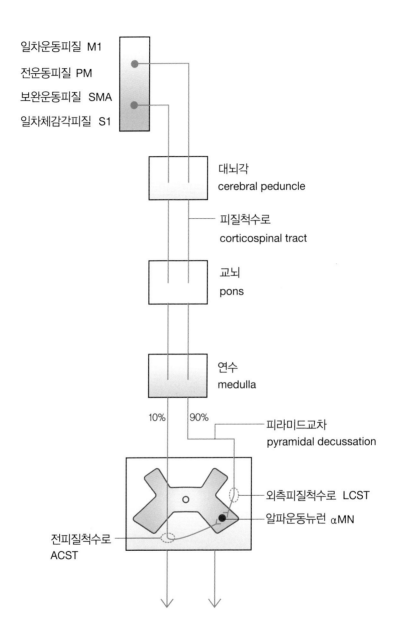

일차운동피질 M1
전운동피질 PM
보완운동피질 SMA
일차체감각피질 S1

대뇌각
cerebral peduncle

피질척수로
corticospinal tract

교뇌
pons

연수
medulla

10%   90%

피라미드교차
pyramidal decussation

외측피질척수로 LCST
알파운동뉴런 αMN

전피질척수로
ACST

질척수로anterior corticospinal tract가 된다. 외측과 전피질척수로의 곁가지가 척수전각 알파운동뉴런과 시냅스하며, 알파운동뉴런의 축삭은 골격근에 시냅스하여 수의 근을 수축시켜 의도적 움직임을 만든다.

## 전외측시스템은 통각과 온도감각을 전달하는 감각신경로의 집합이다

통증은 생존의 기본 감각이다. 모든 감각입력의 세기가 한계치를 초과하면 통각으로 바뀐다. 눈부신 조명과 고주파의 소리는 통증에 가깝다. 익숙하지 않은 자극을 받으면 불편하고 신경이 쓰이며, 뇌는 환경 변화에 민감해진다. 주변 상황에 집중하는 뇌 기능이 상행경보시스템ascending alerting system인데, 이때는 대뇌피질 각성이 일어난다. 전척수시상로와 외측척수시상로가 통증과 온도감각을 대뇌피질로 전달하여 자극에 민감해지는 피질각성cortical arousal이 일어난다. 전측피질척수로와 외측피질척수로를 합쳐서 전외측시스템이라 부르는데, 여기에 추가로 척수그물로, 척수시개로spinotectal tract가 포함되며 진화적으로 오래된 신경계통이다.

통각은 Aα, Aδ, C 신경섬유로 척수후각으로 전달되며 척수후각에서 척수 백색교련을 통해 상행하여 전외측시스템이 된다. 전외측시스템의 축삭다발이 뇌간그물핵으로 입력되면 척수그물로, 중뇌 상구영역인 시개tectum로 입력되면 척수시개로, 시상으로 입력되면 척수시상로가 된다. 전척수시상로는 구척수시상로라고 하며, 거친 촉각과 압력감각을 전달하는데, 외측척수시상로는 신척수시상로이며 통각과 온도감각을 전달한다. 등쪽뿌리신경절 감각신경세포의 피부 속 자유신경말단free nerve ending에서 통각과 온도감각이 척수후각으로 입력되어 척수고유핵nucleus proprius의 뉴런과 시냅스하여 세 개의 신경로 집합인 전외측시스템이 형성된다. 척수시상로 축삭다발은 통각과 온도감각을 시상의 중계 작용으로 대뇌피질로 전달하는데, 시상복후내측핵으로 입력되면 뇌섬엽으로 전달하고, 시상복후외측핵으로 입력되면 일차체감각피질로 전달하고, 등쪽내측핵으로 입력되면 전대상회로 전달한다. 통증과 온도감각을 전달하는 전외측시스템을 요약하면 다음과 같다.

**척수그물로: 등쪽뿌리신경절 신경세포→척수전각→중개뉴런→뇌간 그물핵**

**척수시개로: 등쪽뿌리신경절 신경세포→상구**

그림 3-29 통증 신경로

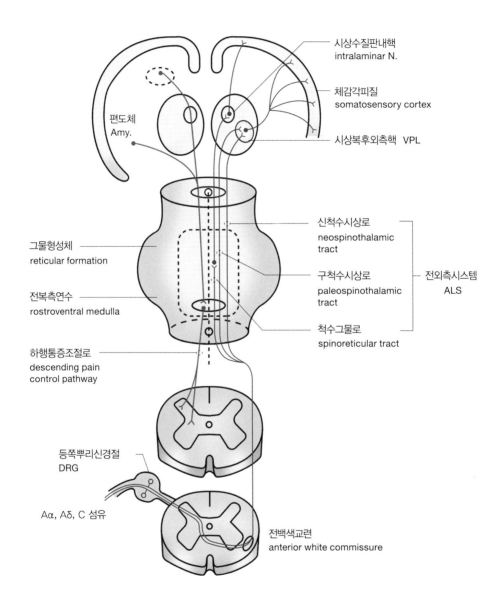

시상수질판내핵
intralaminar N.

체감각피질
somatosensory cortex

편도체
Amy.

시상복후외측핵  VPL

신척수시상로
neospinothalamic
tract

그물형성체
reticular formation

구척수시상로
paleospinothalamic
tract

전외측시스템
ALS

전복측연수
rostroventral medulla

척수그물로
spinoreticular tract

하행통증조절로
descending pain
control pathway

등쪽뿌리신경절
DRG

Aα, Aδ, C 섬유

전백색교련
anterior white commissure

그림 3-30 척수그물로와 시상수질판내핵

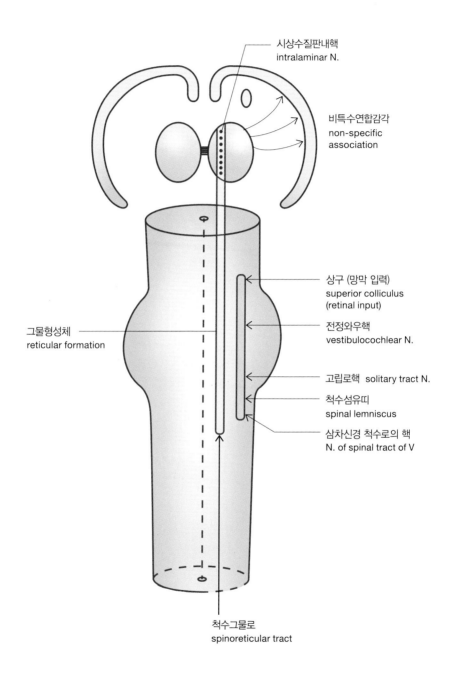

시상수질판내핵
intralaminar N.

비특수연합감각
non-specific
association

상구 (망막 입력)
superior colliculus
(retinal input)

전정와우핵
vestibulocochlear N.

고립로핵  solitary tract N.

척수섬유띠
spinal lemniscus

삼차신경 척수로의 핵
N. of spinal tract of V

그물형성체
reticular formation

척수그물로
spinoreticular tract

**척수시상로: 삼차신경신경절→시상복후내측핵→뇌섬엽**

**등쪽뿌리신경절 신경세포→척수전각→중개뉴런→시상복후외측핵→일차체감각피질**

**등쪽뿌리신경절 신경세포→척수전각→중개뉴런→시상등쪽내측핵→전대상회**

  척수그물로는 통증을 시상수질판내핵으로 전달한다. 시상수질판내핵은 뇌간 그물형성체가 간뇌 영역까지 연장된 구조다. 시상의 핵은 감각핵, 운동핵, 연합핵으로 구분되며 시상수질판내핵은 대뇌연합피질과 연결되어 대뇌피질에 통각을 전달하여 피질을 각성시킨다. 시상수질판내핵은 시상내부에 신경섬유가 판상으로 모이는데, 그 속에 존재하는 핵이다. 그리고 신경해부학에서 피질은 신경세포가 밀집한 영역이며 수질은 신경섬유 영역이어서 시상수질판내핵이라는 명칭 속에 많은 정보가 있다. 대뇌피질 대부분 영역이 시상수질판내핵으로부터 흥분 자극을 받아 대뇌피질이 각성 상태로 전환된다. 이러한 대뇌피질의 각성은 통증과 관련된다. 아픈 감각이 전적으로 의식이 되는 이유는 시상수질판내핵이 통각을 대뇌피질 대부분의 영역으로 전달하여 상행 경보 시스템을 작동시키기 때문이다. 피질이 활성화되어야 의식과 주의집중이 가능해지고 지각된 정보가 기억으로 공고해진다.

## 후섬유단-내측섬유띠와 피질척수로가
## 감각과 운동의 핵심 신경로다

인간의 감각에서는 후섬유단-내측섬유띠 운동과 피질척수로가 핵심이다. 후섬유단은 척수 뒤쪽에 있는 축삭다발이며, 내측섬유띠는 상행하는 후섬유단의 축삭다발이다. 후섬유단과 내측섬유띠는 분별촉각과 의식적 고유감각을 시상에 전달한다. 등쪽뿌리신경절 감각세포의 신경축삭이 다른 조직으로 둘러싸인 구조는 촉각, 진동, 압력의 피부기계감각을 척수후각으로 전달하고, 신경축삭이 자율신경종말이면 통각, 가려움, 온도감각을 전달한다.

다리에서 올라오는 촉각은 얇은다발을 구성하고 팔에서 입력되는 다발은 쐐기다발이 되는데, 이 두 다발이 함께 척수 후섬유단이 된다. 후섬유단의 얇은다발은 연수의 얇은핵, 쐐기다발은 연수의 쐐기핵으로 입력되며, 후섬유단 신경다발의 얇은핵과 쐐기핵에서 출력한 다발은 연수에서 교차하여 내측섬유띠가 된다.

내측섬유띠는 뇌간을 상행하는데, 연수, 교뇌, 중뇌로 올라가면서 섬유다발의 위치와 크기가 점차 변화하며, 연수단면에서는 척수 중심의 앞쪽 내측에 수직으로 배열되지만 상구단면에서는 적핵과 인접하여 활 모양으로 휜다. 중뇌 상구영역에서 내측섬유단은 시상복후외측핵으로 입력되어 시상감각신경세포와 시냅스하고, 대뇌 일차체감각피질 브로드만 3번 영역으로 입력된다. 브로드만 3번 영역은 세분되어 3a 영역은 고유감각, 3b 영역은 분별촉각을 처리한다. 다리에서 체감각피질 3번 영역까지 체감각 전달 신경세포는 척수등쪽뿌리신경절 신경세포가 1차 세포, 얇은핵과 쐐기핵의 신경세포가 2차 세포, 시상복후외측핵의 감각전달 신경세포가 3차 세포가 된다. 시상의 3차 세포와 시냅스하는 3번 영역 일차체감각피질 세포들이 촉각과 고유감각을 만든다. 통각, 가려움, 온도감각은 피부의 자유신경말단에서 생성된 신경 흥분이 척수후각으로 입력되어 척수 중간뉴런과 시냅스하고, 척수 앞쪽 백색교련white commissure을 통하여 외측척수시상로를 형성한다.

외측척수시상로는 뇌간을 상행하여 척수섬유띠가 되어 상구단면에서 시상복

그림 3-31 뇌 핵심 프레임 그림

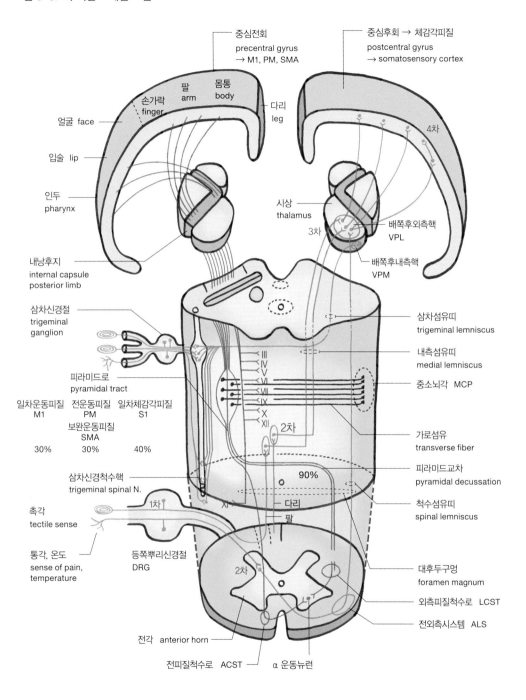

중심전회
precentral gyrus
→ M1, PM, SMA

중심후회 → 체감각피질
postcentral gyrus
→ somatosensory cortex

팔 arm
몸통 body
손가락 finger
다리 leg
얼굴 face
입술 lip
인두 pharynx
4차

시상 thalamus
3차
배쪽후외측핵 VPL
배쪽후내측핵 VPM

내낭후지
internal capsule
posterior limb

삼차신경절
trigeminal
ganglion

삼차섬유띠
trigeminal lemniscus

내측섬유띠
medial lemniscus

피라미드로
pyramidal tract

중소뇌각 MCP

일차운동피질 M1
전운동피질 PM
일차체감각피질 S1
보완운동피질 SMA
30%    30%    40%

2차

가로섬유
transverse fiber

삼차신경척수핵
trigeminal spinal N.

90%

피라미드교차
pyramidal decussation

척수섬유띠
spinal lemniscus

촉각
tectile sense

1차

다리
팔

통각, 온도
sense of pain,
temperature

등쪽뿌리신경절
DRG

2차

대후두구멍
foramen magnum

외측피질척수로 LCST

전외측시스템 ALS

전각 anterior horn

전피질척수로 ACST

α 운동뉴런

후내측핵으로 입력되며, 시상에서 일차체감각피질로 전달된다. 얼굴에서 입력되는 촉각과 통각은 삼차신경이 담당하는데, 삼차신경은 척수가 머리까지 진출한 현상으로 볼 수 있다. 그래서 삼차신경은 바로 얼굴의 일반감각이다. 사지와 몸통의 일반감각이 척수등쪽뿌리신경절의 역할을 한다면 얼굴에서 일반감각은 삼차신경절의 신경세포가 맡는다. 교뇌로 입력되는 삼차신경절의 신경세포는 삼차신경핵으로 입력하여 시냅스하는데, 삼차신경핵은 중뇌에서 척수까지 이어져 있어, 중뇌 삼차신경핵, 교뇌 삼차신경핵, 척수 삼차신경핵으로 구분된다. 중뇌 삼차신경핵은 고유감각, 교뇌 삼차신경핵은 분별촉각, 척수 삼차신경핵은 통각을 처리한다. 교뇌 삼차신경핵은 가장 큰 삼차신경핵으로 삼차신경 주감각핵이라 하고, 중뇌 삼차신경은 아래턱의 위치 감각을 알려주는 고유감각이다. 삼차신경의 운동 성분은 삼차신경 운동핵에서 신경출력이 나온다. 삼차신경 교뇌핵과 삼차신경 척수핵에서 신경축삭다발은 상행하면서 합쳐져 삼차섬유띠trigeminal lemniscus가 되어 상구 단면에서 내측섬유띠 부근을 통하여 시상으로 입력된다.

시상으로 입력되는 삼차신경은 시상복후내측핵에서 시냅스하여 일차체감각피질로 입력된다. 내측섬유띠, 삼차섬유띠, 척수섬유띠는 상구 단면에서 나란히 배열하며, 시상의 복후외측핵과 복후내측핵에서 시냅스하여, 시상핵에서 출력다발이 상시상방사superior thalamic radiation를 통해 일차체감각피질로 부챗살 형태를 띠며 축삭다발을 투사한다.

촉각과 고유감각의 상행감각과 비교되는 하행운동로는 피질척수로다. 대뇌운동피질에서 하행하는 운동섬유는 전두교뇌로, 피질핵로, 피질척수로, 두정-후두-측두교뇌로가 있다. 전두교뇌로는 전두엽에서 출발한 축삭다발이 내낭전지를 통과하여 상구 단면 앞쪽 내측을 지나 교뇌로 입력된다. 피질핵로는 피질연수로이며, 대뇌피질에서 내낭의 후지를 통해 상구 단면의 전두교뇌로 바로 외측을 하행하여 뇌간의 여러 신경핵으로 입력된다.

피질핵로corticonucleus tract는 뇌간에서 곁가지 출력을 내는데, 중뇌에서는 동안신경핵, 도르래신경핵, 교뇌에서는 삼차신경핵, 외전신경핵, 안면신경핵, 연수에서는 설인신경핵, 미주신경등쪽운동핵, 설하신경핵, 척수 경수에서는 척수부신경핵으로 신경축삭이 뻗어나가 시냅스한다. 피질척수로는 일차운동피질, 전운동영역, 보완운동영역, 체감각피질에서 신경축삭다발이 내낭후지를 통과하여 상구 단면에서 피질핵로 바로 외측을 통해 교뇌로 하행한다. 교뇌 앞쪽 기저부에서 피질척수로의 다발이 분기하여 여러 갈래로 갈라져 연수로 입력되며, 연수에서 다시 분리된 다발이 합쳐져 연수 아래쪽에서 교차하여 척수로 입력되어 외측피질척수로가 된다. 연수에서 교차하지 않은 10퍼센트의 피질척수로 다발은 전피질척수로가 된다. 외측피질척수로의 곁가지가 척수전각 알파운동뉴런과 연결되며, 전피질척수로의 곁가지가 교차하여 척수전각 운동뉴런과 연결된다. 척수전각의 알파운동뉴런은 축삭을 골격근으로 출력하여 근육을 수축한다.

## 하행운동신경로는
## 추체로와 추체외로로 구분된다

하행운동신경로는 추체로와 추체외로로 구분된다. 추체는 '피라미드 형태'를 의미하는 한자어이며, 추체로와 피라미드로pyramidal tract, 피질척수로는 모두 같은 신경로다. 대뇌운동피질의 신경세포 축삭이 한 방향으로 뻗어나가면서 형성되는 운동신경로는 척수로 내려가는 도중에 많은 곁가지를 낸다. 일차운동피질에는 관련 신체 부위가 영역별로 구획되어 있고 후두, 입술, 얼굴 표정근을 움직이는 일차운동피질영역은 아래쪽으로 브로카영역까지 연결되어 있다. 얼굴 운동 영역과 이어서 팔, 손가락, 몸통, 다리를 움직이는 운동피질이 순서대로 나열되어 운동피질 지도인 호문쿨루스를 형성한다. 하행운동로에서 핵심은 얼굴 영역과 팔-몸통-다리 영역의 두 개의 구별되는 영역으로 신경로를 구분하는 것이다. 동물의 진화에서는 몸통보다 머리가 나중에 출현하며, 창고기 이후 어류에서부터 머리가 척수 앞쪽 끝에서 생겨난다. 얼굴의 입술, 표정근, 후두근을 움직이는 운동신경은 내낭전지와 후지가 만나는 영역인 내낭무릎 부근을 통과하여 대뇌각의 일부가 되며, 교뇌와 연수로 내려가는 피질핵로가 된다.

피질핵로corticonucleus tract는 피질연수로를 대체하는 최신 용어이며, 운동피질에서 뇌간의 핵들로 하행하는 운동신경로다. 피질핵로에서 나온 곁가지 신경다발이 중뇌영역에서는 동안신경핵, 도르래신경핵으로 입력하며, 교뇌의 피질핵로는 삼차신경운동핵, 외전신경핵, 안면신경핵으로 입력되고, 연수에서 피질핵로는 설인신경핵, 미주신경등쪽운동핵, 설하신경핵으로 입력된다. 팔-몸통-다리를 움직이는 운동신경은 내낭후지를 통해 하행하여 피질척수로가 되어 중뇌에서 대뇌각의 한 영역을 구성하며, 교뇌 바닥 영역을 통과하면서 서너 개의 신경다발로 분리된다. 교뇌 바닥 영역에는 교뇌신경핵pontine nucleus이 분포하며, 하행하는 피질척수로의 곁가지는 교뇌핵 신경세포와 시냅스한다. 교뇌신경핵에서 신경축삭은 서로 반대 방향으로 가 교뇌 앞쪽 표면을 통과하는 교뇌가로섬유가 되며, 교뇌가로섬유는 중소뇌각을 통하여 소뇌로 입력된다. 중소뇌각을 통하여

그림 3-32 피개척수로, 그물척수로, 전정척수로, 적핵척수로

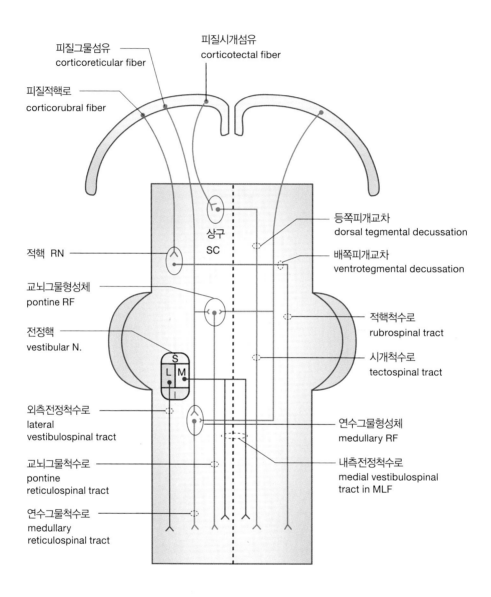

그림 3-33 하행운동신경로

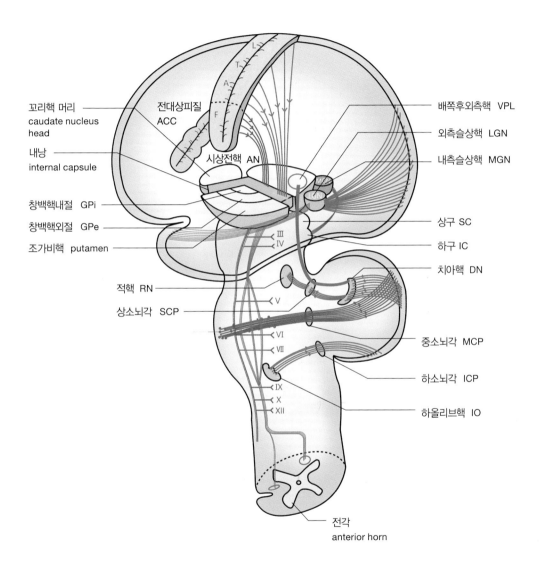

꼬리핵 머리
caudate nucleus
head

전대상피질
ACC

배쪽후외측핵 VPL

외측슬상핵 LGN

내측슬상핵 MGN

내낭
internal capsule

시상전핵 AN

창백핵내절 GPi

창백핵외절 GPe

조가비핵 putamen

상구 SC

하구 IC

치아핵 DN

적핵 RN

상소뇌각 SCP

중소뇌각 MCP

하소뇌각 ICP

하올리브핵 IO

전각
anterior horn

소뇌로 입력된 신경 자극은 최종적으로 소뇌피질의 퓨키네세포로 입력되며, 퓨키네세포는 소뇌 치아핵dentate nucleus으로 억제성 출력을 보낸다.

치아핵의 출력은 적핵과 시상복외측핵ventrolateral nucleus으로 입력되어, 소뇌피질의 고유감각 정보가 시상핵의 중계로 운동피질로 전달된다. 적핵red nucleus은 위쪽의 작은세포parvo cell 영역과 아래쪽의 큰세포magno cell 영역으로 구분되는데, 적핵의 작은세포 영역은 치아핵과 하올리브핵inferior olivary nucleus과 서로 연결되어 새로운 운동 능력을 획득하는 인간에서 특별히 발달된 신경회로다. 적핵의 큰세포 영역은 척수로 운동출력을 보내는 적핵척수로가 된다. 적핵척수로는 사지동물의 보행 운동과 관련되며, 인간에서는 축소된 운동신경로다. 피질척수로는 교뇌에서 하행하여 연수 상부에서 다시 모여서 피라미드로가 되며, 연수 아래 영역에서 반대쪽으로 교차하여 척수로 내려가는 외측피질척수로가 된다. 그중 10퍼센트는 교차하지 않고 같은 방향으로 하행하여 전측피질척수로가 된다.

대뇌운동피질에서 운동 관련 신경 흥분이 추체외로를 통하여 상구, 적핵, 교뇌 그물핵, 연수 그물핵, 전정핵과 연결되며 이러한 핵의 신경세포와 시냅스한 후 운동출력은 척수전각의 알파운동뉴런의 작용을 조절한다.

대뇌피질에서 상구로 입력되는 신경로는 피질시개로corticotectal tract, 적핵으로의 연결은 피질적핵로corticorubro tract, 그물핵과의 연결은 피질그물로corticoreticular tract가 된다. 상구에서 하행운동출력은 시개척수로tectospinal tract가 교차하여 척수로 내려가는데, 시개척수로의 교차를 등쪽피개교차dorsal tegmental decussation라 한다. 시개척수로는 몸을 시각적 자극원으로 향하게 하는 반사운동을 일으킨다. 적핵의 아래쪽 영역 큰세포에서 신경축삭이 하행하여 적핵척수로가 되며, 보행운동과 관련된다. 교뇌 그물핵과 연수 그물핵에서 척수로 내려가는 교뇌 그물척수로와 연수 그물척수로는 교차하지 않아서 대뇌와 신체가 같은 쪽으로 연결된다. 내측전정핵의 출력은 내측세로다발의 상행 성분과 하행 성분이 되며, 상행 신경축삭다발은 외전신경핵, 도르래신경핵, 동안신경핵으로 입력하며, 하행하는 내측세로다발은 척수 경수cervical 영역까지 내려가서 목과 어깨의 근육을 조절해 신체의 균형을 잡는 역할을 한다. 내측전정핵에서 출력한 내측세로다발은 내측전정

박문호 박사의 뇌과학 공부

척수로가 되며, 외측전정핵에서 출력한 신경다발은 외측전정척수로가 되어 척수로 내려가 신체 균형운동과 관련된다. 하행운동을 요약하면 다음과 같다.

**운동로: 얼굴과 팔–몸통–다리 영역 구분**

**얼굴: 내낭무릎→피질핵로**

**곁가지축삭다발: 중뇌영역→동안신경핵, 도르래신경핵**

　　　　　　　**교뇌영역→삼차신경운동핵, 외전신경핵, 안면신경운동핵**

　　　　　　　**연수 영역→설인신경핵, 미주신경운동핵, 설하신경핵**

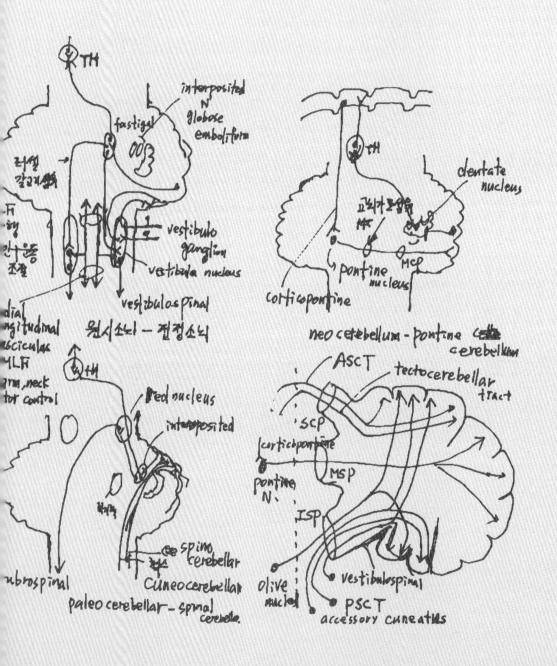

TH

interposited N
globose
emboliform

fastigial

러성
갈래섭

-FT
-BY
관유동
조절

vestibulo
ganglion

vestibula nucleus

dial
ngitudinal
asciculus
MLF

arm, neck
tor control

vestibulospinal

원시소뇌 - 결정소뇌

TH

dentate
nucleus

교뇌가로섬유

pontine
nucleus

MCP

corticopontine

neo cerebellum - pontine cell
cerebellum

TH

Red nucleus

interposited

spino
cerebellar

ubrospinal

Cuneocerebellar

paleo cerebellar - spinal
cerebella.

ASCT    tectocerebellar
tract

SCP

corticopontine

pontine
N.

MSP

ISP

olive
nuclei

vestibulospinal

PSCT

accessory cuneatus

# 척수 - 뇌간의 구조

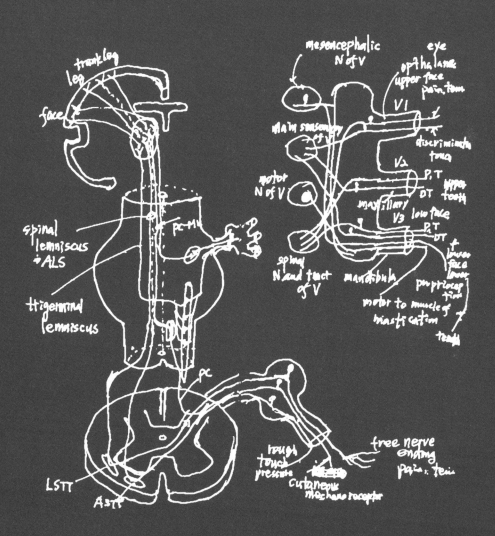

## 뇌 구조 공부
## 숙달하기

뇌 구조와 기능에 익숙해지는 방법은 무엇일까? 심리학이나 뇌과학에 관한 책을 많이 읽으면 대략적인 뇌 작용에 대한 느낌을 이해할 수 있지만, 실제 뇌 구조를 학습하려면 신경해부학 교과서를 보아야 한다. 뇌는 자르는 단면에 따라 다양한 신경핵 구조와 신경로가 나타나므로, 뇌 구조 공부는 계획적이고 체계적으로 해야 한다.

뇌 구조 학습에서 핵심은 세 가지로 요약할 수 있다.

첫째, 정확하고 상세한 뇌 구조 그림을 익숙해질 때까지 그려야 한다. 동일한 뇌 영역 그림이 자료마다 약간씩 다르고, 상세함에 차이가 있다. 그래서 가능한 한 같은 뇌 영역을 묘사한 다양한 자료를 참고하여 그림에서 애매한 부분을 보완해야 한다. 뇌 그림을 그리는 훈련은 상세한 그림을 원본으로 삼아 실제 뇌 사진의 단면 구조를 참고하면서 반복해서 그려야 한다.

둘째, 핵심 뇌 구조 그림 10장을 기억하자. 뇌의 절단면은 수평면, 시상면, 관상면이 기본이며, 수평 절단면은 척수, 뇌간, 시상을 통과하는 구조가 중요하다. 시상 단면은 양쪽 시상 연결을 절단하여 시상하부와 뇌간의 수직 절단면 구조를 살펴볼 수 있고, 관상 단면은 선조체와 뇌실의 구조를 살펴볼 수 있다. 뇌 단면의 핵심 구조를 중요도에 따라 체계적으로 공부해야 한다.

셋째, 뇌 구조 용어 100개를 기억하자. 뇌과학 공부는 용어에서 시작하여 용어로 끝난다. 뇌신경핵과 신경로의 이름을 영어로 기억하면, 공부가 빨라진다. 신경로의 작명 원칙은 출발지에서 목적지를 표시하는 방식으로 이루어진다. 예를 들면, 적핵척수로는 출발지인 적핵에서 목적지인 척수로 뻗어나가는 신경다발이며, 적핵에서 척수로 뻗어나간 신경축삭다발이므로 운동신경이다. 뇌신경핵 용어에 익숙해지면 뇌의 입체 구조를 상상할 수 있다. 뇌 구조의 명칭은 영어와 한글 모두 기억해야 한다. 영어로 된 명칭에 익숙해지면 인터넷을 통해 자세한 정보를 찾아볼 수 있다. 뇌에 관한 고급 자료는 논문과 대학 교과서이며, 대부분 영어로 되어 있다. 그래서 공부의 확장성을 위해 뇌 구조의 명칭은 영어로 기억해야 한다.

뇌의 핵심 구조 그림 10개와 용어 100개에 익숙해지면 뇌의 연결 회로와 기능을 공부하기가 쉬워진다. 뇌의 구조는 서로 연결되어 여러 기능에 반복되어 나타나므로, 핵심 구조 그림 10개에 추가로 개념 그림을 결합하면 뇌 기능을 이해하기가 쉬워진다. 그리고 뇌 구조와 기능 공부는 진화적 순서대로 학습해야 한다. 척수와 뇌간은 척추동물 중추신경계에서 가장 오래된 뇌 구조이므로 뇌 공부는 척수에서 시작하는 것이 좋다.

## 척수의 일반감각으로는
## 통각, 촉각, 온도, 고유감각이 있다

감각은 일반감각과 특수감각으로 구분된다. 일반감각은 주로 척수후각을 통해 입력되는 고유감각, 촉각, 통각, 온도감각이다. 특수감각은 얼굴에서 입력되며 후각, 미각, 균형감각, 청각, 시각이다. 일반감각은 피부와 근육처럼 몸 전체에 분포한 수용기에서 입력되며, 특수감각은 시각의 망막, 청각의 달팽이관처럼 국소 영역에 분포한 감각 신경판에서 입력된다. 얼굴에도 일반감각이 존재하는데, 삼차신경이 얼굴의 일반감각으로, 고유감각, 촉각, 통증, 온도감각을 처리한다.

고유감각은 근육과 인대에서 올라오는 몸의 위치와 운동에 관한 감각이다. 척수로를 통해 골격근과 대뇌가 연결된다. 근육방추에서 골격근의 길이 변화 정보가, 골지건기관에서 근육 긴장 정보가 고유감각이 되어, 척수를 통해 상행하여 뇌간, 소뇌, 시상으로 전달된다. 고유감각은 시상의 중계로를 통해 대뇌운동피질로 전달되며, 운동 명령은 운동피질에서 소뇌와 뇌간으로 전달되고, 다시 뇌간에서 척수전각 운동뉴런으로 전달되어 신경자극이 골격근을 수축함으로써 수의운동이 일어난다.

눈을 감고도 두 손가락 끝을 정확히 만나게 할 수 있는 능력이 바로 고유감각이다. 고유감각은 신체와 손가락과 발가락의 위치를 알 수 있게 해주는 감각으로, 이는 골격근 속의 근육방추와 인대 속에 존재하는 골지건기관의 작용으로 가능하다. 근육방추에 시냅스한 Ia 신경섬유가 근육의 길이 변화를 신경 흥분으로 바꾸고, 골지건기관은 근육 긴장도 변화를 신경 흥분으로 전달한다. 근육 길이와 근육 긴장도 정보가 바로 고유감각의 실체이며, 그 덕에 움직일 때마다 팔과 다리의 벌어진 각도를 알고, 신체의 자세와 위치를 인식한다.

시냅스는 신경세포 사이의 접촉이 아닌 두 세포 사이의 공간이다. 20나노미터의 극히 좁은 공간을 사이에 두고 두 신경세포의 원형질막이 마주하고 있는 현상을 '시냅스한다'라고 표현하는 것이다. 한 신경세포의 축삭말단은 다른 신경세포의 세포체, 수상돌기, 축삭 모두에 시냅스할 수 있다. 다른 신경세포에서 분비

그림 4-1 근육방추와 골지건기관의 고유감각신경로

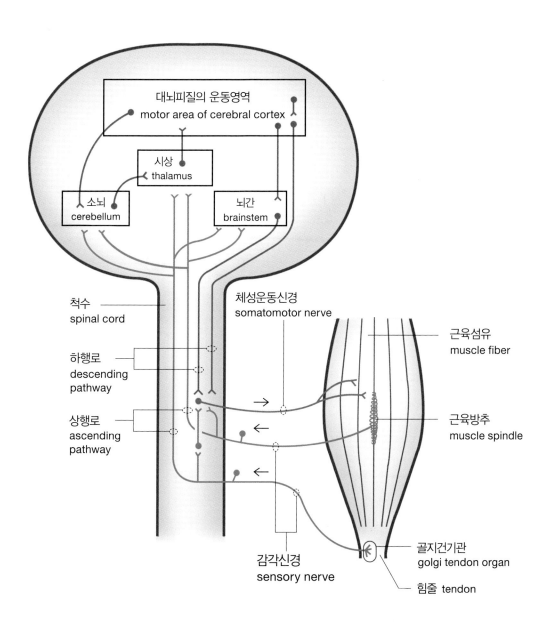

그림 4-2 근육방추와 척수신경연결 회로

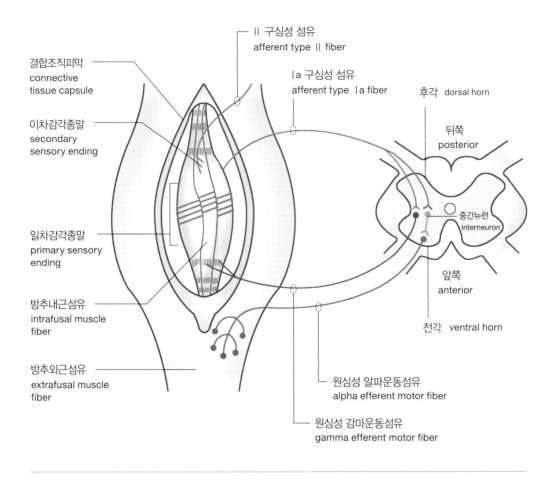

결합조직피막
connective
tissue capsule

이차감각종말
secondary
sensory ending

일차감각종말
primary sensory
ending

방추내근섬유
intrafusal muscle
fiber

방추외근섬유
extrafusal muscle
fiber

II 구심성 섬유
afferent type II fiber

Ia 구심성 섬유
afferent type Ia fiber

후각 dorsal horn

뒤쪽
posterior

중간뉴런
interneuron

앞쪽
anterior

전각 ventral horn

원심성 알파운동섬유
alpha efferent motor fiber

원심성 감마운동섬유
gamma efferent motor fiber

하는 신경전달물질의 작용으로 수많은 수상돌기에서 미약한 아날로그 전압파가
생성되며, 신경세포는 미약한 아날로그 전압파를 모두 합쳐서 축삭이 시작되는
영역인 축삭둔덕axon hillock에서 활성전위를 생성한다. 결국 신경세포는 아날로그
전압파를 디지털 전압파의 서열로 변환하는 아날로그-디지털 변환기인 셈이다.

근육방추는 골격근의 일부로 등쪽뿌리 신경절 감각신경세포의 축삭이 시냅스
하며, 핵주머니섬유nucleus bag fiber과 핵사슬섬유nucleus chain fiber로 구성된다. 핵주머
니섬유는 여러 개의 세포핵이 밀집한 팽대영역에 Ia 신경섬유가 감긴 구조이며,

그림 4-3 축삭과 시냅스

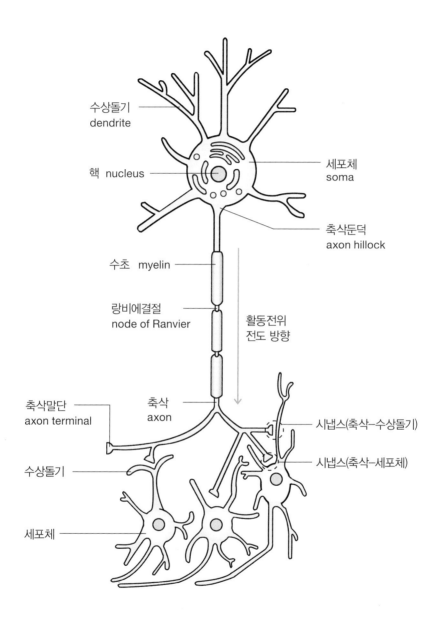

그림 4-4 근육방추의 감각신경

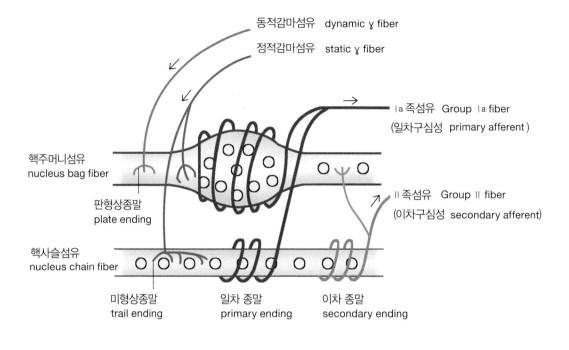

동적감마섬유　dynamic ɣ fiber

정적감마섬유　static ɣ fiber

Ⅰa 족섬유　Group Ⅰa fiber
(일차구심성　primary afferent)

핵주머니섬유
nucleus bag fiber

Ⅱ 족섬유　Group Ⅱ fiber
(이차구심성　secondary afferent)

판형상종말
plate ending

핵사슬섬유
nucleus chain fiber

미형상종말
trail ending

일차 종말
primary ending

이차 종말
secondary ending

핵사슬섬유는 팽대영역이 없는 구조다. 핵주머니섬유에는 동적감마섬유, 핵사슬
섬유에는 정적감마섬유가 시냅스한다.

## 척수의 신경로

척수의 역할은 고유감각, 촉각, 통각, 온도감각을 대뇌로 전달하고, 운동출력을 사지 말단과 내부 장기로 전달하는 것이다. 척수를 상행하는 감각신호인 고유감각은 골격근의 근육방추와 골지건기관에서 만들어지는 몸의 자세와 위치에 관한 신호인데, 무의식적 고유감각은 소뇌에서 처리하고 의식적 고유감각은 대뇌

그림 4-5 척수 백색질의 감각신경로와 운동신경로

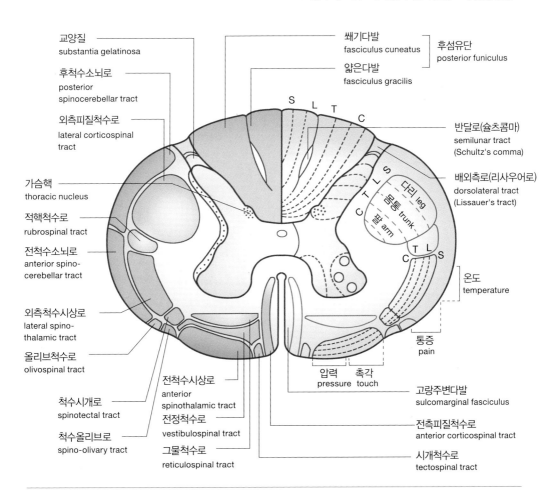

교양질
substantia gelatinosa

후척수소뇌로
posterior
spinocerebellar tract

외측피질척수로
lateral corticospinal
tract

가슴핵
thoracic nucleus

적핵척수로
rubrospinal tract

전척수소뇌로
anterior spino-
cerebellar tract

외측척수시상로
lateral spino-
thalamic tract

올리브척수로
olivospinal tract

척수시개로
spinotectal tract

척수올리브로
spino-olivary tract

전척수시상로
anterior
spinothalamic tract

전정척수로
vestibulospinal tract

그물척수로
reticulospinal tract

쐐기다발
fasciculus cuneatus

얇은다발
fasciculus gracilis

후섬유단
posterior funiculus

반달로(슐츠콤마)
semilunar tract
(Schultz's comma)

배외측로(리사우어로)
dorsolateral tract
(Lissauer's tract)

온도
temperature

통증
pain

압력    촉각
pressure  touch

고랑주변다발
sulcomarginal fasciculus

전측피질척수로
anterior corticospinal tract

시개척수로
tectospinal tract

피질의 일차체감각영역에서 처리한다. 척수의 촉각은 거친촉각과 미세한 분별 촉각으로 구분되며, 피부 당김을 통한 압력감각과 진동감각도 피부 촉각의 한 형태다. 척수의 신경은 경수 8쌍, 흉수 12쌍, 요수 5쌍, 천수 5쌍, 미수 1쌍으로 모두 31쌍으로 구성된다. 척수 단면의 구조는 신경세포가 밀집한 회색질이 척수후각과 척수전각 그리고 중간 뿔 구조로 돌출되며, 신경섬유다발이 통과하는 백색질은 회색질 외부에 존재한다. 척수의 백색질과 회색질의 영역은 대뇌의 회색질인 대뇌피질과 백색질인 섬유다발과 반대로 배열되어 있다.

척수 단면에는 상행감각신경로와 하행운동신경로가 배열되어 있다. 신경로의 명칭은 감각이 입력되는 출발지와 최종 신경 흥분 정보가 처리되는 목적지의 이름을 결합하여 만들기 때문에 신경로의 이름만 알면 대략적인 기능도 알 수 있다. 상행감각신경로에는 촉각을 전달하는 얇은다발과 쐐기다발, 척수에서 소뇌로 입력되는 후척수소뇌로, 전척수소뇌로와 척수올리브로, 외측척수시상로, 전척수시상로가 있다. 하행운동신경로에는 외측피질척수로, 적핵척수로, 올리브척수로, 그물척수로, 전정척수로, 시개척수로, 전피질척수로가 있다. 그림 4-5의 척수 단면 오른편에 감각로와 운동로에 관련된 신체 부위가 표시되어 있다. 얇은 다발은 다리에서, 쐐기다발은 팔에서 상행하는 일반감각을 전달하며, 피질척수로의 운동명령도 다리, 몸, 팔의 순서로 배열되어 있다. 이러한 신체 부위 순서대로 형성된 신경지도를 체지도somatotopic map라 한다. 온도, 통증, 촉각, 압력감각에도 신체 부위별 순서에 따라 상행감각신경로의 신경섬유가 배열된다.

## 척수의 감각과 운동 정보 처리 과정이
## 뇌 공부의 시작이다

척수의 백색질인 신경섬유다발은 상행감각 신경섬유다발과 하행운동 신경섬유다발로 구성되며, 상행감각 섬유는 척수에서 등쪽 정중선 바로 옆의 얇은다발과 쐐기다발이 합쳐서 후섬유단을 형성한다. 얇은다발은 다리와 하체에서, 쐐기다발은 팔과 상체에서 입력되는 고유감각, 분별촉각, 진동, 압력의 촉각 자극을 전달한다. 얇은다발과 쐐기다발의 신경섬유는 함께 척수 후섬유단을 형성하며, 상행하여 연수에서 얇은핵gracilis nucleus과 쐐기핵cuneatus nucleus에 입력된다. 후섬유단 신경축삭다발은 얇은핵과 쐐기핵에서 시냅스한 후 척수 정중선을 교차하여 반대쪽에서 상행하면서 내측섬유띠가 된다. 내측섬유띠는 시상의 복후외측핵으로 입력되고, 시상핵의 중계로 대뇌피질의 일차체감각피질로 입력된다. 척수 가운데 부분의 외측에는 후척수소뇌로와 전척수소뇌로가 있는데, 후척수소뇌로는 소뇌의 하소뇌각을 통하여 척수에서 소뇌피질로 무의식적 고유감각을 전달한다. 고유감각은 골격근skeletal muscle 속 근육방추에서 입력되는 골격근 길이 변화 정보와 뼈에 부착된 인대에서 오는 근육 긴장도 정보이며, 몸의 위치와 자세에 대한 정보를 소뇌에 알려준다. 쐐기소뇌로는 팔과 상체의 무의식적 고유감각을 소뇌로 전달하며, 전척수소뇌로는 척수 중개뉴런을 통하여 근육 긴장도 정보를 소뇌로 전달한다.

후척수소뇌로와 쐐기소뇌로를 통해 입력되는 무의식적 고유감각과 전정핵에서 하소뇌각을 통해 입력되는 균형감각은 동물의 사지운동에 필요한 자세와 균형에 필수적인 감각이다. 무의식적 고유감각은 매 순간 신속하게 소뇌로 전달되어야 하며, 후척수소뇌로는 척수의 클라크기둥Clarke's column을 통하여 고유감각을 소뇌로 전달하는데, 클라크기둥을 구성하는 뉴런의 축삭은 지름이 20마이크로미터로 중추신경계의 신경섬유 중에서 가장 굵다. 축삭이 굵을수록 활성전위의 전달 속도는 빠르다. 무의식적 고유감각은 소뇌와 대뇌운동피질이 상호연결되어 신속한 운동출력을 만들 때 사용되는 정보이며, 클라크기둥을 구성하는 신

그림 4-6 척수 감각신경

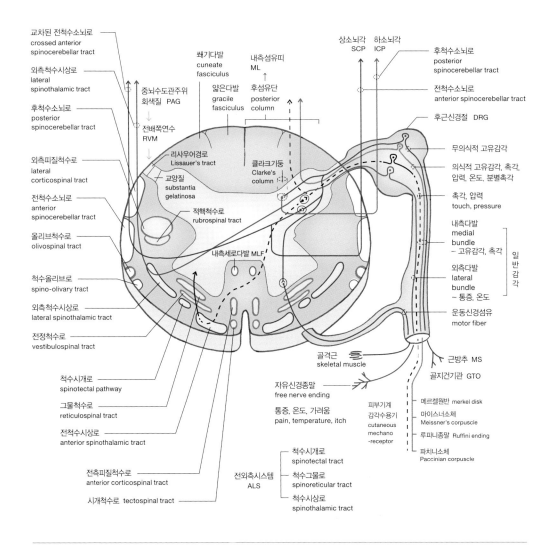

경세포의 축삭이 매우 굵기 때문에 빠르게 소뇌피질로 전달된다. 생존에 중요한

정보는 신경 흥분의 전달 속도가 빠르다.

    척수소뇌로 내측에는 외측척수시상로와 척수시개로가 있으며, 척수시개로 앞

쪽으로 전척수시상로가 위치한다. 외측척수시상로는 통각과 온도감각을 시상으

로 전달하며, 전척수시상로는 거친 촉각과 압력감각을 시상으로 전달한다. 외측 척수시상로와 전척수시상로를 합쳐서 전외측시스템이라 하는데, 통증과 온도감 각의 전달로다. 척수시상로는 상행하면서 척수띠spinal lemniscus를 형성하여 시상의 복측후핵으로 입력된다.

삼차신경핵은 중뇌핵, 교뇌핵, 척수핵으로 구분되며, 삼차신경 중뇌핵은 고유 감각, 교뇌핵은 촉각과 아래턱의 위치감각, 삼차신경 척수핵은 통증과 온도감각 을 시상핵으로 전달한다. 얼굴의 일반감각은 삼차신경이 전달하고, 다리, 몸통, 팔의 일반감각은 척수신경이 시상의 복측후핵을 통해 대뇌 일차체감각피질로 전달한다. 척수가 처리하는 일반감각에서 고유감각은 의식적 고유감각과 무의 식적 고유감각으로 구분되는데, 의식적 고유감각은 대뇌피질 체감각 영역에서 처리되며 다리와 하체의 무의식적 고유감각은 후척수소뇌로를 통하여 소뇌피질 로 입력된다. 팔과 상체의 무의식적 고유감각은 쐐기소뇌로를 통하여 소뇌로 입 력된다. 후척수소뇌로는 후척수소뇌로dorsal spinocerebellar tract와, 전척수소뇌로는 배 쪽척수소뇌로ventral spinocerebellar tract와 서로 통용되는 이름이다.

촉각도 의식적 분별촉각discriminative touch과 거친촉각crude touch으로 구별되며, 분 별촉각은 후섬유단-내측섬유띠를 통해 상행하여 시상복측후핵에서 시냅스한 후 일차체감각피질에서 처리된다. 무의식적 고유감각은 팔과 다리의 골격근 속 근육방추에서 출발하는 근육 길이 변화와 뼈 인대 속 골지건기관에서 생성되는 근육 긴장도 정보인데, 척수신경절 감각뉴런이 척수로 전달한다. 무의식적 고유 감각이 처리되는 과정에는 세 가지 경로가 있다. 첫째는 척수후각으로 입력되어 척수전각 운동뉴런에 시냅스하여 곧장 근육운동을 촉발하는 단일연접 반사궁 reflex arc 회로다. 둘째는 척수후각의 클라크신경핵에서 시냅스하여 같은 쪽 후척 수소뇌로를 형성하여 하소뇌각을 통해 소뇌피질로 무의식적 고유감각을 전달하 는 경로다. 셋째는 척수후각에서 시냅스한 축삭의 곁가지가 두 가닥으로 분리되 어 하나는 동측의 전척수소뇌로를, 다른 하나는 반대쪽 전척수소뇌로를 형성하 는 경로로, 척수중개뉴런이 근육 긴장도 값을 조절하는 정보를 상소뇌각을 통해 소뇌피질로 전달한다.

다리와 팔의 의식적 고유감각과 분별촉각을 전달하는 신경섬유다발은 얇은 다발과 쐐기다발을 형성하고, 척수 후섬유 영역의 이 두 신경다발은 후섬유단을 형성하고, 후섬유단은 상행하다가 연수에서 교차하여 내측섬유띠가 되며, 내측 섬유띠는 내낭을 통해 시상복후외측핵으로 전달되고, 시상복후외측핵은 대뇌피 질 일차체감각피질로 감각을 중개한다. 팔, 몸통, 다리의 거친 촉각과 압력감각 은 척수후각으로 입력되어 척수 앞쪽 백색교련white commissure을 통과한 뒤 전척수

그림 4-7 척수 상행감각신경

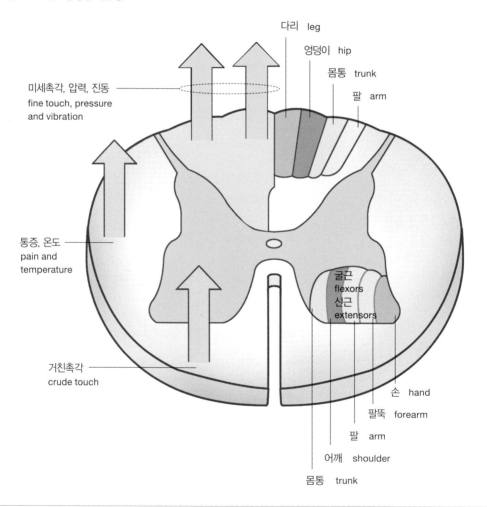

박문호 박사의 뇌과학 공부

시상로가 되어 상행하여 시상복후외측핵에 시냅스한다. 통각과 온도감각을 전달하는 신경축삭은 척수후각 렉시드Rexed II 영역인 교양질에서 시냅스한 후 신경축삭다발은 외측척수시상로를 형성하고 시상으로 감각을 전달한다. 거친촉각을 전달하는 전척수시상로와 통증과 온도를 전달하는 외측척수시상로를 합쳐서 전외측시스템이라 하는데, 전외측시스템은 상행하여 척수섬유띠가 된다. 척수의 일반감각을 요약하면 다음과 같다.

**감각: 일반감각, 특수감각**

  **일반감각: 고유감각, 촉각, 통증, 온도, 거친촉각, 분별촉각**

  **고유감각: 의식적 고유감각, 무의식적 고유감각**

  **특수감각: 후각, 미각, 균형감각, 청각, 시각**

**척수의 일반감각**

  **무의식적 고유감각 경로: 척수후각→클라크 신경세포핵→후척수소뇌로→하소뇌각→소뇌피질**

  **무의식적 고유감각의 단일반사경로: 척수후각→척수전각→알파운동뉴런→골격근**

  **무의식적 고유감각 경로: 척수후각 중개 뉴런→양쪽 전척수소뇌로→상소뇌각→소뇌피질**

  **의식적 고유감각, 분별촉각 경로: 척수후근→후섬유단(얇은다발, 쐐기다발)→내측섬유띠→시상복후외측핵→일차체감각피질**

  **거친촉각, 압력감각 경로: 척수후근→중개뉴런→척수 백색교련→전척수시상로→시상복후내측핵**

  **통증, 온도감각 경로: 척수후근→교양질→척수 회색교련→외측척수시상로→시상복후외측핵**

## 뇌간의
## 뇌신경핵 위치에 익숙해지자

인간 뇌의 기능은 감각과 기억 그리고 운동의 세 가지로 구분할 수 있다. 팔, 다리, 몸통에서 대뇌로 올라오는 감각신호는 척수후각으로 입력되어 척수를 통하여 뇌간과 대뇌피질로 전달된다. 반면에 손발을 움직이는 운동출력은 대뇌피질에서 뇌간을 거쳐 척수전각을 통해 골격근으로 신경이 뻗어나간다. 소뇌는 뇌간

그림 4-8 뇌신경핵의 위치

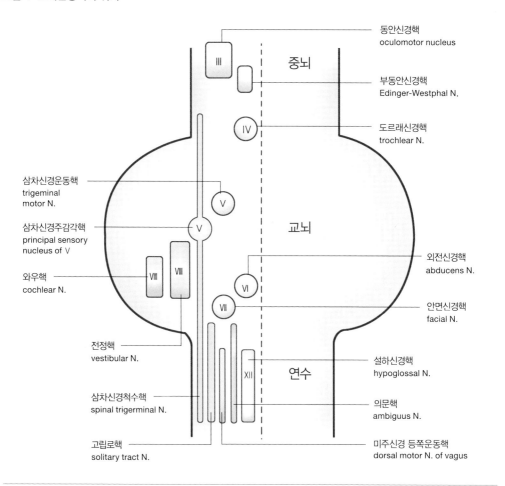

의 등쪽 피질이 크게 발달한 구조로 상소뇌각, 중소뇌각, 하소뇌각의 세 개 신경섬유다발로 교뇌와 연결되어 있다. 그래서 소뇌를 제거하면 제4뇌실 바닥에 위치하는 뇌간의 신경핵들이 드러난다. 뇌의 운동과 감각 기능을 학습하는 데는 뇌간의 구조를 익히는 것이 지름길이다. 뇌신경 12쌍 중에서 후각신경과 시신경을 제외한 10쌍이 뇌간에 있다. 뇌신경은 감각과 운동신경으로 구별하여 기억하면 된다.

감각신경: 후각신경, 시신경, 삼차신경, 안면신경, 전정와우신경, 설인신경, 미주신경

운동신경: 동안신경, 도르래신경, 외전신경, 삼차신경, 안면신경, 설인신경, 미주신경, 부신경, 설하신경

뇌간의 주요한 신경핵은 다음과 같다. 운동핵으로는 위에서부터 동안신경핵, 부동안신경핵, 도르래신경핵, 삼차신경운동핵, 외전신경핵, 안면신경핵, 설하신경핵, 의문핵, 미주신경등쪽핵이 배열되어 있다. 뇌간에 위치하는 감각신경핵으로는 고립로핵, 삼차신경주감각핵, 전정신경핵, 청신경핵이 있다. 운동핵과 감각핵은 중심선을 경계로 양측에 쌍으로 존재한다. 뇌의 감각과 운동 과정을 알려면 뇌간 신경핵들의 정확한 위치에 익숙해져야 하며, 감각과 운동 신경섬유가 신경핵으로 입력되고 출력되는 양상을 파악해야 한다.

## 뇌간 그물형성체는
## 의식과 운동을 조절한다

뇌간의 전 영역과 전뇌와 척수의 일부 영역에 걸쳐 존재하는 신경구조가 그물형 성체다. 그물형성체는 척수로 내려가는 운동신경을 조율하고 대뇌피질의 의식 상태를 조절한다. 뇌간의 그물형성체는 척수운동출력을 조절하며, 대뇌 기저핵 basal ganglia과 소뇌 그리고 대뇌피질의 경험 학습과 관련된다. 몸의 근육과 피부수 용체에서 출력되는 체감각somatic sensory이 척수 운동신경을 직접 자극하는 신경로

그림 4-9 뇌간 그물형성체와 신경핵들

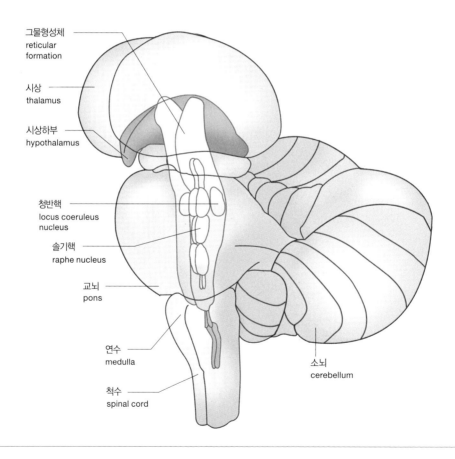

그물형성체
reticular
formation

시상
thalamus

시상하부
hypothalamus

청반핵
locus coeruleus
nucleus

솔기핵
raphe nucleus

교뇌
pons

연수
medulla

척수
spinal cord

소뇌
cerebellum

박문호 박사의 뇌과학 공부

가 척수반사신경회로다. 척수반사신경은 위험한 자극에 신속한 회피 반응을 일으킨다.

그물형성체는 시상수질판내핵에서 뇌간의 연수 영역까지 두 개의 기둥 형태로 배열된 신경세포들의 집합체다. 소뇌가 위치하는 제4뇌실 바닥에 있는 청반핵, 솔기핵이 그물형성체의 구성 요소이며, 중뇌의 상구영역과 하구영역에서는 피개영역이 그물형성체에 포함된다.

그림 4-10 뇌간의 단면 구조

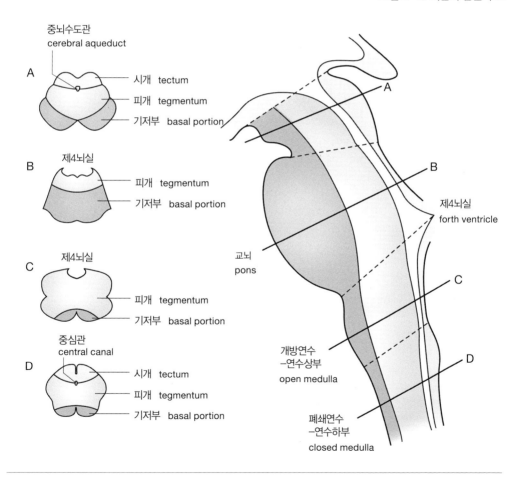

더 정교한 운동신경 처리 과정은 척수로 유입된 몸 감각신호를 그물형성체를 거쳐서 척수 운동뉴런으로 출력하는 신경로가 담당한다. 그리고 일부 몸 감각신 호와 얼굴의 피부와 근육에서 생성되는 신호는 소뇌와 대뇌 기저핵을 거쳐서 다 시 뇌간 그물핵으로 입력된다. 이처럼 뇌간 그물형성체에는 다양한 경로를 거쳐 몸과 얼굴의 감각신호와 운동신호가 모여든다. 뇌간 그물형성체의 역할은 상행 은 의식 조절, 하행은 운동 조절로 요약할 수 있다.

그림 4-11 뇌간의 신경핵

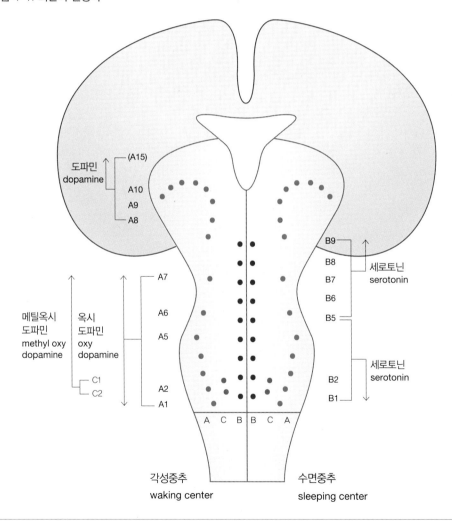

뇌간은 연수, 교뇌, 중뇌의 세 영역으로 구분되며, 연수는 폐쇄연수와 개방연수로 세분된다. 하부연수인 폐쇄연수의 단면은 기저부, 피개, 시개로 구성되며, 가운데 중심관이 위치한다. 개방연수의 단면에는 기저부와 피개영역이 있으며, 제4뇌실의 아래영역이 열린 상태여서 등쪽으로 개방된 상태다. 교뇌의 단면에는 두꺼운 기저부와 피개가 있으며, 제4뇌실은 소뇌로 덮인 상태다. 중뇌는 상구와 하구 영역이며, 중뇌 단면은 가운데가 얇아진 기저부, 피개, 시개로 구성되는데, 가운데 가느다란 중뇌수도관이 제3뇌실과 제4뇌실을 연결해준다. 교뇌의 배쪽 기저영역은 인간에서 크게 발달한 피질척수로가 통과하면서 두꺼워졌다. 시개(덮개)는 척수동물 진화에서 시각을 처리했던 피질과 관련이 있다.

뇌간의 그물형성체는 뇌간을 따라서 위에서 아래로 배열된 신경핵들의 집합체이며 A, B, C 계열로 구분한다. 그림 4-11에서 파란 점으로 표시된 A계열 신경핵은 옥시도파민인 노르에피네피린 분비핵이며 A1-A7은 하행, A8-A15은 상행하는 도파민 분비핵이다. 붉은 점으로 표시된 C계열 신경핵 C1-C2는 메틸옥시도파민인 아드레날린 분비핵으로, 상행하여 신체를 위급 상황에 신속히 반응하게 해준다. 검정색 점으로 표시된 B계열 신경핵은 세로토닌 분비핵으로, B1-B5은 하행, B6-B9은 상행 축삭이 뻗어나가는 신경핵이다.

척수, 소뇌, 전뇌 핵에서 뇌간 그물형성체로 모이는 감각신호를 바탕으로 운동신호가 척수전각의 운동신경세포로 전달된다. 이 과정이 바로 뇌간 그물핵의 운동 조절 작용이다. 전뇌는 종뇌와 간뇌로 구성되며 종뇌는 대뇌피질, 간뇌는 시상과 시상하부다. 척추동물이 진화하면서 시각과 청각의 신호 처리 과정이 정교해지면서 시상핵에서 시각과 청각을 처리하는 핵들이 분화 발전한다. 시상외측후핵lateral posterior nucleus과 시상침pulvinar은 시각과 주의력에 관련된 시상핵이며, 내측슬상핵medial geniculate nucleus은 청각중계핵이다. 새롭게 늘어난 감각신호를 중계하는 시상감각중계핵들이 발달하여 대뇌피질로 시각과 청각을 전달한다. 대뇌신피질의 출력 중 일부는 전뇌의 신경핵과 뇌간의 신경핵을 거쳐 다시 뇌간 그물핵으로 신경정보를 전달한다. 이러한 일련의 다중적인 신경연결 회로가 통과하는 뇌간 그물핵에는 감각경험 정보가 집적된다. 운동선수의 정확하고 빠른 근

그림 4-12 뇌간 그물형성체의 운동 조절 신경연결

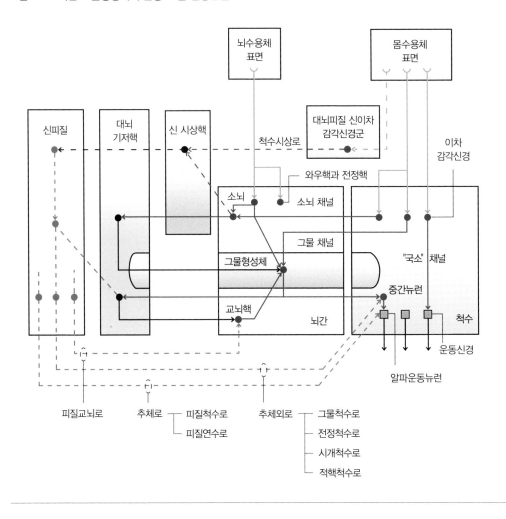

육 움직임은 오랜 기간의 뇌간 그물핵 감각 운동 학습 덕에 발달한 것이며, 교향곡을 연주하는 피아니스트의 신속한 손동작은 뇌간 그물핵의 운동 조절 작용에서 생겨난다. 대뇌신피질은 계획과 예행연습 과정을 거친 운동출력을 피질교뇌로와 피질연수로를 통해 출력한다. 최종적으로 정교한 손가락 움직임은 대뇌피질에서 피질척수로를 통해 직접 척수전각 알파운동뉴런으로 운동 명령을 출력함으로써 나타나는 것이다. 피질척수로는 전전두엽의 운동 계획과 보완운동영역의 운동 조절 과정을 거쳐 운동출력이 일차운동피질로 전달되기 전에 운동 목적에 맞게 운동 방향과 힘의 정도를 세부적으로 조절한다. 피질척수로를 구성하는 신피질 영역에는 일차운동피질 이외에 전운동영역, 보완운동영역, 일차체감각영역이 포함된다. 피질척수로는 이처럼 다양한 운동피질과 감각피질이 관련되어 정확하고 섬세한 손가락 운동을 가능하게 한다.

그림 4-13 뇌간의 구조와 뇌신경

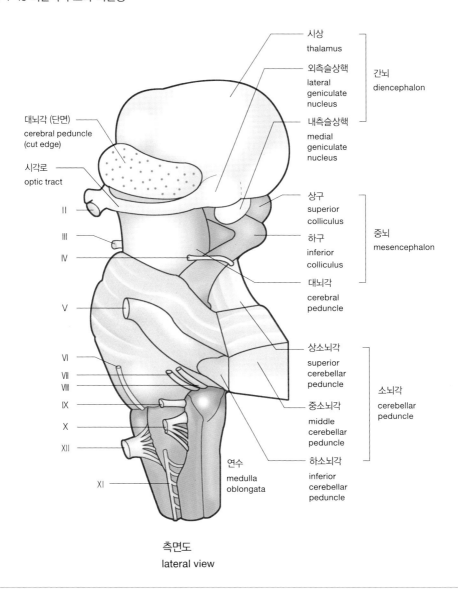

시상
thalamus

외측슬상핵
lateral
geniculate
nucleus

간뇌
diencephalon

내측슬상핵
medial
geniculate
nucleus

대뇌각 (단면)
cerebral peduncle
(cut edge)

시각로
optic tract

II

III

IV

V

VI

VII

VIII

IX

X

XII

XI

상구
superior
colliculus

하구
inferior
colliculus

대뇌각
cerebral
peduncle

중뇌
mesencephalon

상소뇌각
superior
cerebellar
peduncle

중소뇌각
middle
cerebellar
peduncle

하소뇌각
inferior
cerebellar
peduncle

소뇌각
cerebellar
peduncle

연수
medulla
oblongata

측면도
lateral view

뇌간에서는 후각신경과 시신경을 제외한 10쌍의 뇌신경 축삭이 뻗어나오며, 소뇌는 상소뇌각, 중소뇌각, 하소뇌각의 연결 축삭다발로 교뇌의 등쪽에 붙어 있다. 소뇌 위로 중뇌의 하구와 상구가 존재한다. 상구는 위쪽에 위치하는 언덕 형태의 융기된 반구로, 시각을 처리하는 영역이다. 상구 위에 시상이 존재하는데, 시상의 외측슬상체는 시각중계핵이며 내측슬상체는 청각중계핵이다. 시상의 배쪽으로 시각로가 대뇌각을 에워싸는 구조를 만드는데, 시각로는 양 눈에서 출발한 시신경이 교차한 후 외측슬상체로 입력되는 부분의 축삭다발이다. 대뇌각은 대뇌운동피질에서 뇌간과 척수로 내려가는 축삭다발로 구성되며, 대뇌를 받치는 다리라는 의미다.

그림 4-14는 소뇌를 제거한 뒤 제4뇌실 바닥에 존재하는 신경핵들과 뇌간 상구 단면에 드러나는 신경핵, 그리고 연수와 척수에 이어지는 신경로와 신경핵을 색깔로 구분하여 표시한 것이다. 파란색은 뇌신경의 감각 성분, 붉은색은 운동 성분이다.

뇌간의 신경핵은 소뇌를 제거한 뇌간 구조를 자세히 그려보면 이해하기가 쉽다. 뇌간은 연수, 교뇌, 중뇌의 세 영역으로 구성되며, 뇌간 그림은 중뇌의 윗부분인 상구 단면에서 시작하면 된다. 뇌간의 상구 단면에 드러나는 세포 집단인 신경핵으로는 동안신경핵, 부동안신경핵, 적핵, 흑색질, 배쪽피개영역이 있다. 흑색질은 흑색질치밀부와 흑색질그물부로 구분되며, 흑색질치밀부와 배쪽피개영역은 뇌간의 중요한 도파민 생성 뉴런 밀집 영역이다.

대뇌각은 한가운데 정중선에서부터 바깥쪽으로 차례로 전두교뇌로, 피질연수로, 피질척수로로 되어 있으며, 후두엽, 두정엽, 측두엽에서 교뇌로 내려오는 운동신경다발이 지나간다. 이처럼 상구 단면을 보면 뇌간의 핵심 신경 구조들을 파악할 수 있으며, 특히 배쪽피개영역과 흑색질은 상구 단면에서 그 구조가 잘 드러난다. 뇌간의 삼차신경핵은 매우 큰 구조로, 위로는 상구 부근까지 뻗어서 중뇌 삼차신경핵이 된다. 삼차신경 주 감각핵은 교뇌에 위치하고, 척수의 삼차신경핵은 흉수 영역까지 내려간다. 삼차신경은 안신경, 위턱신경, 아래턱신경의 세 가지로 구성되며 얼굴의 온도, 촉각, 통증을 전달한다.

그림 4-14 뇌간의 뇌신경과 뇌신경핵

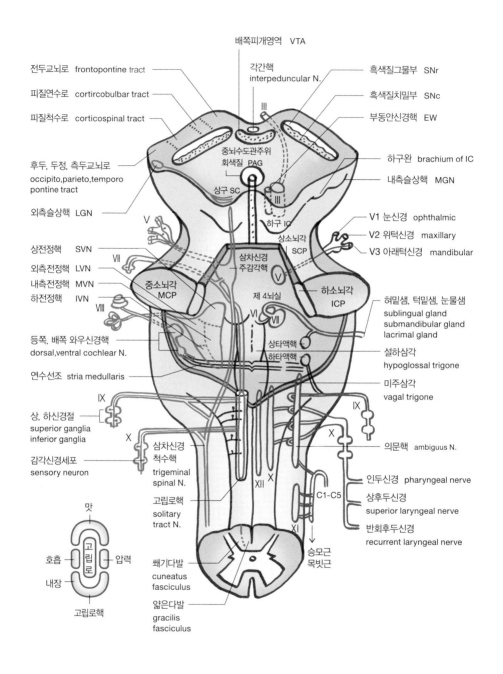

배쪽피개영역  VTA

각간핵
interpeduncular N.

흑색질그물부  SNr

흑색질치밀부  SNc

부동안신경핵  EW

전두교뇌로  frontopontine tract

피질연수로  cortircobulbar tract

피질척수로  corticospinal tract

III

중뇌수도관주위
회색질 PAG

상구 SC

하구완  brachium of IC

내측슬상핵  MGN

후두, 두정, 측두교뇌로
occipito,parieto,temporo
pontine tract

외측슬상핵  LGN

III

하구 IC

V1 눈신경  ophthalmic

V2 위턱신경  maxillary

V3 아래턱신경  mandibular

V

상소뇌각
SCP

삼차신경
주감각핵

V

상전정핵    SVN

외측전정핵   LVN

내측전정핵   MVN

하전정핵    IVN

VII

중소뇌각
MCP

제 4뇌실

하소뇌각
ICP

혀밑샘, 턱밑샘, 눈물샘
sublingual gland
submandibular gland
lacrimal gland

VIII

VI  VII

상타액핵

하타액핵

설하삼각
hypoglossal trigone

등쪽, 배쪽 와우신경핵
dorsal,ventral cochlear N.

연수선조  stria medullaris

미주삼각
vagal trigone

IX

IX

상, 하신경절
superior ganglia
inferior ganglia

X

X

의문핵  ambiguus N.

감각신경세포
sensory neuron

삼차신경
척수핵
trigeminal
spinal N.

XII

X

C1-C5

인두신경  pharyngeal nerve

상후두신경
superior laryngeal nerve

반회후두신경
recurrent laryngeal nerve

고립로핵
solitary
tract N.

승모근
목빗근

XI

맛

고
립
로

압력

호흡

내장

고립로핵

쐐기다발
cuneatus
fasciculus

얇은다발
gracilis
fasciculus

일곱 번째 뇌신경인 안면신경은 감각과 운동 모두에 관여하며, 감각은 혀 앞쪽 미각의 일부를 담당한다. 여덟 번째 뇌신경인 전정와우신경vestibulocochlear nerve은 감각신경뿐이며, 우리말로는 안뜰달팽이신경인데 여기서 안뜰vestibular은 로마 시대의 집 구조에서 나온 용어로 집의 현관에 해당하는 곳이다. 전정前庭은 '앞마당'이라는 뜻인데, 전정핵은 세반고리관에서 균형을 감지하는 신경핵이다. 달팽이는 한자어로 '와우'라 하는데 소리를 감지하는 청신경핵이다. 균형감각과 청각은 시각, 촉각, 미각과 더불어 특수감각으로 소뇌와 대뇌피질에서 생성되는 감각이다. 반면에 척수에서 처리하는 감각을 일반감각이라 하며, 피부와 내장감각의 온도, 통증감각이다.

아홉 번째 뇌신경은 설인신경으로, 우리말로는 혀인두신경이다. 설인신경의 감각 성분은 미각을 담당한다. 열 번째 뇌신경은 미주신경으로, 내부 장기 대부분으로 신경 가지가 뻗어나간다. 너무 복잡하게 얽혀 있어 '미주迷走 신경이라 하는데, 이는 '헷갈리게 달린다'는 뜻이다. 미주신경이 관여하는 내부 장기는 기관, 허파, 심장, 간, 신장, 식도, 위, 지라, 췌장, 직장 등이다. 설명할 때 가능한 한 '~등'이란 표현을 쓰지 않으려 하지만, 미주신경은 대단히 많은 곳에 신경이 뻗어 있다. 미주신경은 호흡, 심장박동, 소화에 관련되는 생명 현상 그 자체의 리듬과 같은 신경이다. 뇌신경의 운동 성분으로는 동공의 움직임을 조절하는 동안신경, 도르래신경, 외전신경이 있다. 부동안신경핵은 동안신경 바로 옆에 있는 부교감 신경핵으로 수정체의 두께와 홍채조임근을 조절한다. 도르래신경은 12개의 뇌신경 중 유일하게 뇌간 등쪽에서 출발하여 뇌간 배쪽으로 뻗은 신경이다. 삼차신경운동핵은 삼차신경의 아래턱을 움직이는 신경섬유가 출력하는 신경핵이며, 아래턱의 위치를 감지하는 고유감각 성분이 있다. 안면신경 운동핵에서 출력하는 신경다발은 외전신경핵을 감싸는 구조여서 이 부위가 언덕처럼 솟아올라 안면신경구라 한다. '구됴'는 한자어로 불거진 둔덕을 말하며, 상구와 하구가 대표적 둔덕 구조다.

뇌간 선조다발 부근에서 아래로 뻗은 세 개의 신경핵들은 정중선 바로 옆에서부터 설하신경, 미주신경등쪽운동핵, 의문핵이다. 의문핵은 설인신경과 미주신경 축삭다발이 시작하는 신경핵이며, 미주신경등쪽운동핵의 출력도 의문핵에서 나오는 신경다발과 합류하여 설인신경과 미주신경을 구성한다. 침 분비 신경핵인 상타액 신경핵의 출력은 안면신경다발과 합쳐지며, 하타액 신경핵의 출력은 설인신경다발과 합쳐서 출력한다. 의문핵에서 나오는 신경다발과 척수상단에서 나오는 신경출력이 모여 척수부신경을 구성한다. 12개 뇌신경의 감각신경핵과

그림 4-15 척삭의 수초화

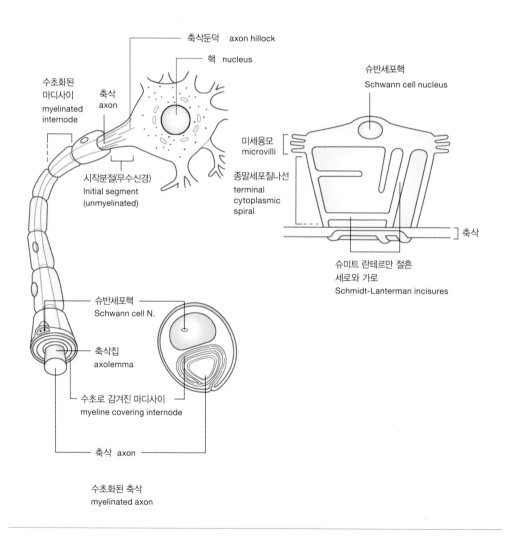

박문호 박사의 뇌과학 공부

운동신경핵의 위치와 구조에 익숙해지면 이번에는 뇌간의 단면 구조를 살펴보자. 인간 뇌 공부의 핵심 영역은 호흡, 심장박동, 혈당량, 이산화탄소 농도, 수면, 각성, 의식 상태를 조절하는 뇌간의 기능이다. 우선 뇌간 단면의 신경핵의 위치와 구조에 익숙해져야 한다.

대뇌피질은 감각, 지각, 기억, 생각, 운동을 생성한다. 대뇌피질 인지 작용의 핵심 기능은 피라미드신경세포가 맡고 있는데, 생존에 중요한 정보일수록 신속히 처리된다. 일차운동과 일차감각신경세포의 신경 흥분은 전달 속도가 빠르며, 신경펄스의 전달 속도는 축삭에 절연세포가 감긴 횟수가 많을수록 빨라진다. 신경세포의 축삭이 절연세포로 감기는 현상을 수초화라 하며, 신경세포는 미엘린수초myelin sheath가 없는 무수신경unmyelinated nerve과 수초화가 된 유수신경myelinated nerve으로 구분된다. 미엘린은 70퍼센트의 지질과 30퍼센트의 단백질로 구성되며 콜레스테롤이 필수 구성 요소다. 무수신경은 느린 통증을 전달하며, 신속한 정보처리가 필요한 뇌 피질에는 주로 유수신경세포가 많다. 축삭에서 전류 누설을 방지하는 절연세포는 중추신경계 신경세포에서 희소돌기세포oligodendrocyte이며, 말초신경의 축삭을 감는 세포는 슈반세포다. 그림 4-15에 슈반세포가 말초신경세포의 축삭을 감는 방식이 나타나 있다. 운동신경세포에서 활성전압이 생성되는 세포체에서 축삭이 시작되는 영역을 축삭둔덕axon hillock이라 하며, 이 영역에는 축삭이 수초화 세포로 감겨 있지 않다.

## 뇌간 단면 구조는
## 뇌 구조 공부의 핵심 영역이다

피질척수로의 신경다발은 연수에서 교차하는데, 그림 4-16에서 연수의 단면 구조를 볼 수 있다. 피질척수로의 신경다발은 손과 발의 정교한 움직임을 만드는 축삭다발이므로 다른 신경로에 비해 크다. 그리고 피질척수로의 신경섬유에서 90퍼센트의 신경이 교차하여 척수의 외측피질척수로를 구성한다. 반면에 교차하지 않고 같은 방향으로 내려가는 신경다발은 척수의 전측피질척수로anterior corticospinal tract를 형성한다. 이 단면 구조에서는 교차하는 신경다발이 좌우에서 만나는 형태가 나타난다.

그림 4-16 폐쇄연수의 단면 구조

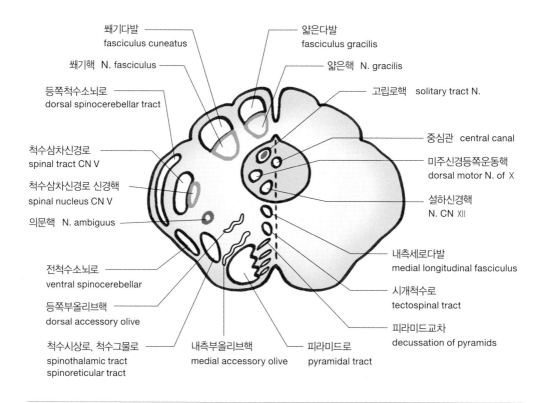

박문호 박사의 뇌과학 공부

개방연수 아래로 계속되는 뇌실 구조 주위로 고립로핵과 미주신경등쪽운동핵, 설하신경핵이 차례로 배열해 있다. 등쪽에는 얇은핵과 얇은다발, 쐐기핵과 쐐기다발이 큰 영역을 차지하며, 안쪽 외측으로는 후척수소뇌로가 위치한다. 후척수소뇌로의 내측으로 커다란 척수삼차신경로 신경핵이 있다. 복외측 영역에는 전척수소뇌로와 척수시상로 그리고 척수그물로가 위치한다. 그림 4-16은 하올리브핵 바로 아래 구조이며, 등쪽과 내측부올리브핵medial accessory olivary nucleus이 보인다. 정중선 바로 옆에는 내측세로다발과 시개척수로가 위치한다.

뇌간의 개방연수 단면 구조(그림 4-17)를 보면 하올리브핵과 피질척수로의 단면이 드러난다. 등쪽으로는 정중선에서 외측 방향으로 미주신경등쪽핵, 내측전

그림 4-17 개방연수의 단면 구조

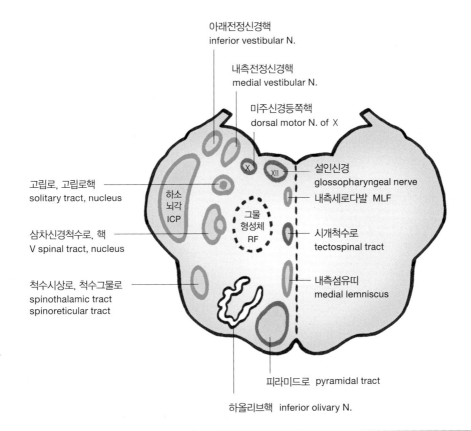

아래전정신경핵
inferior vestibular N.

내측전정신경핵
medial vestibular N.

미주신경등쪽핵
dorsal motor N. of X

고립로, 고립로핵
solitary tract, nucleus

하소뇌각
ICP

그물형성체
RF

X    XII

설인신경
glossopharyngeal nerve

내측세로다발  MLF

삼차신경척수로, 핵
V spinal tract, nucleus

시개척수로
tectospinal tract

척수시상로, 척수그물로
spinothalamic tract
spinoreticular tract

내측섬유띠
medial lemniscus

피라미드로  pyramidal tract

하올리브핵  inferior olivary N.

정신경핵, 아래전정신경핵이 배열되어 있으며, 정중선을 따라서 내측세로다발, 시개척수로, 그리고 내측섬유띠가 차례로 배열되어 있다. 등쪽 외측에서는 커다란 하소뇌각과 삼차신경척수로의 핵이 존재한다. 척수시상로와 척수그물로가 커다란 하올리브핵 부근에 있으며, 하올리브핵 내측 등쪽으로 피질척수로가 교차하지 않은 상태로 있다.

하구 바로 아래 영역의 뇌간 단면(그림 4-18)에서는 교뇌핵과 교뇌가로섬유의 구조가 핵심이다. 그리고 상소뇌각과 중소뇌각이 외측으로 배열되며 제4뇌실이 드러나 있다. 제4뇌실과 상소뇌각 사이의 좁은 영역에 내측부완핵medial parabrachial nucleus과 상소뇌각 등쪽에 얇은 외측부완핵lateral parabrachial nucleus이 존재하는데, 이

그림 4-18 하구 아래 뇌간 단면 구조

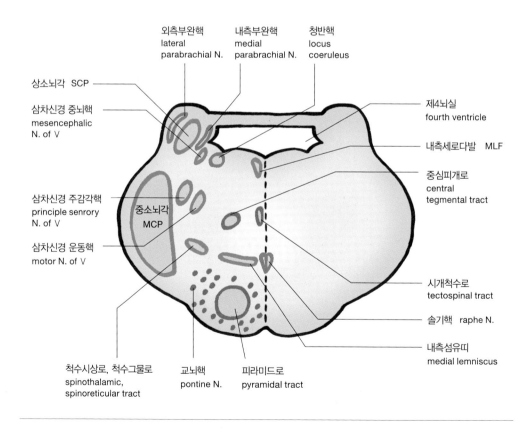

핵들은 중뇌의 주요한 아세틸콜린 생성 신경핵이다. 부완핵은 곁팔핵의 한자어이다. 상소뇌각과 하소뇌각 사이의 내측으로 삼차신경중뇌핵과 삼차신경주감각핵이 위치하고, 삼차신경주감각핵 내측으로 삼차신경운동핵이 있다. 제4뇌실 주위에는 청반핵과 그 내측으로 중심피개로가 지나간다. 중심고랑을 따라서 내측세로다발, 피개척수로, 솔기핵이 드러난다. 내측섬유다발은 내측으로 이동해 있으며, 피질척수로의 단면 구조 부분에는 많은 수의 교뇌핵과 교뇌핵 주위의 교뇌가로섬유다발을 볼 수 있다.

중뇌 상구 단면(그림 4-19)에서 드러나는 신경핵은 등쪽에서 배쪽 방향으로 시개전핵, 상구, 동안신경핵, 부교감신경핵이 있으며, 내측세로다발의 절단면이 보이고 동안신경과 부교감신경의 축삭이 배쪽 방향으로 출력된다.

중뇌 하구 단면(그림 4-20)에서는 등쪽의 하구와 중뇌수도관주위 회색질, 도르

그림 4-19 중뇌 상구 단면 구조

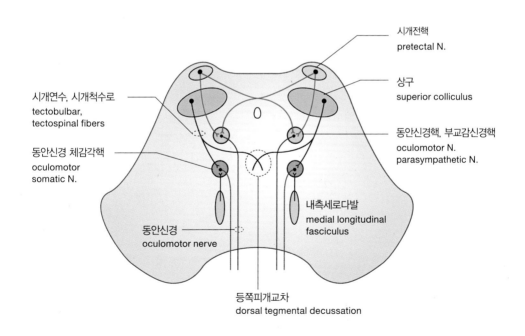

시개전핵
pretectal N.

상구
superior colliculus

동안신경핵, 부교감신경핵
oculomotor N.
parasympathetic N.

내측세로다발
medial longitudinal
fasciculus

시개연수, 시개척수로
tectobulbar,
tectospinal fibers

동안신경 체감각핵
oculomotor
somatic N.

동안신경
oculomotor nerve

등쪽피개교차
dorsal tegmental decussation

그림 4-20 중뇌 하구 단면 구조

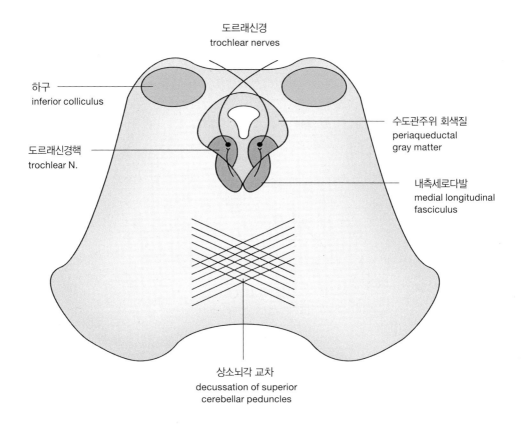

도르래신경
trochlear nerves

하구
inferior colliculus

수도관주위 회색질
periaqueductal
gray matter

도르래신경핵
trochlear N.

내측세로다발
medial longitudinal
fasciculus

상소뇌각 교차
decussation of superior
cerebellar peduncles

래신경핵, 내측세로다발의 단면 구조가 보인다. 내측세로다발의 상행 성분 축삭
이 도르래신경핵의 신경세포와 시냅스하고, 도르래신경핵의 신경세포 출력은
12개 뇌신경 중에서 유일하게 뇌간 등쪽에서 교차하면서 축삭을 뻗어낸다.

## 12개 뇌신경은
## 신체의 일반감각과 얼굴의 특수감각을 감지하고 반응한다

뇌신경은 얼굴의 감각기관을 제어하고, 얼굴과 내부 장기의 감각과 운동을 조절하는 신경섬유다발이다. 뇌신경핵은 뇌신경축삭다발이 입력되어 시냅스하는 신경세포 집단이며, 뇌신경과 뇌신경핵을 구별해야 한다.

뇌신경은 후각, 미각, 균형감각, 청각, 시각의 감각과 운동을 처리하는 12개의 신경축삭다발이고, 로마숫자로 번호가 부여되어 있다. 앞쪽에서부터 1번 후각신경은 코를 통한 후각 자극을 전달하는 신경로이며, 후각망울olfactory bulb에서 시작하여 후각로olfactory tract를 구성하는 후각신경다발은 내측후각선조medial olfactory stria와 외측후각선조lateral olfactory stria로 갈라진다. 2번 뇌신경인 시신경optic nerve은 망막에서 출발한 신경다발이 교차하기 전까지를 시신경이라 하고, 교차한 이후는 시각로optic tract라 한다. 시신경이 교차하는 영역은 시각교차optic chiasma이며, 시신경다발이 교차하는 지점 바로 위에 시신경교차상핵supraoptic chiasmatic nucleus이 위치한다. 인간의 경우 대략 1만 개 정도의 신경세포가 모인 핵으로 신체의 일주기 리듬을 생성한다. 3번 동안신경oculomotor nerve, 4번 도르래신경, 6번 외전신경abducens nerve은 모두 동공을 움직이는 동안근을 자극하는 운동신경이다. 동안근은 상직근, 하직근, 외직근, 내직근, 상사근, 하사근의 여섯 개 근육으로 이루어져 있는데, 상사근은 도르래신경, 외직근은 외전신경에 작용하고, 나머지 네 개의 동안근은 모두 3번 동안신경이 담당한다. 5번 뇌신경은 삼차신경trigeminal nerve으로 12개 뇌신경 중에서 신경다발이 가장 크다. 삼차신경은 안신경가지ophthalmic, 상악가지maxillary, 하악가지mandibular의 세 개 신경가지로 구성되며, 안신경가지는 코, 눈 둘레, 이마의 감각을 처리하고, 상악가지는 위턱의 치아신경, 하악가지는 아래턱의 치아신경이 된다. 그리고 3차신경 운동가지는 하악가지로 출력하며 음식을 씹는 저작근을 작동시킨다.

7번 뇌신경인 안면신경의 운동신경은 얼굴표정근을 움직이게 하며, 7번 신경 바로 옆에 중간신경intermediate nerve이 위치한다. 중간신경의 감각 성분은 혀의 앞

그림 4-21 뇌간의 앞면

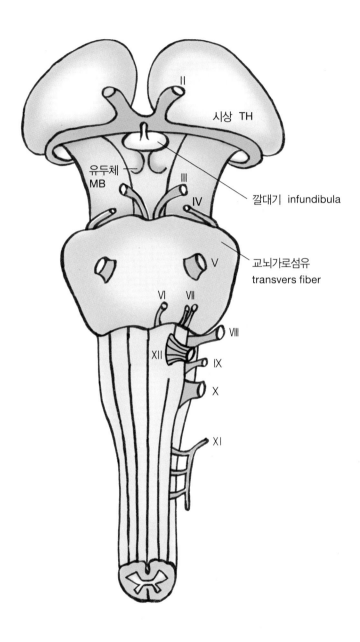

그림 4-22 뇌간의 뒷면

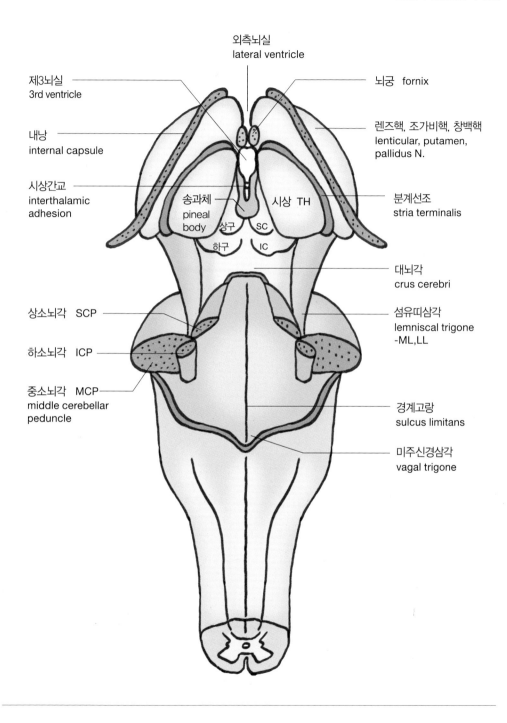

외측뇌실
lateral ventricle

제3뇌실
3rd ventricle

뇌궁  fornix

내낭
internal capsule

렌즈핵, 조가비핵, 창백핵
lenticular, putamen,
pallidus N.

시상간교
interthalamic
adhesion

송과체
pineal
body

상구

시상  TH

SC

하구

IC

분계선조
stria terminalis

대뇌각
crus cerebri

상소뇌각  SCP

하소뇌각  ICP

중소뇌각  MCP
middle cerebellar
peduncle

섬유띠삼각
lemniscal trigone
-ML,LL

경계고랑
sulcus limitans

미주신경삼각
vagal trigone

그림 4-23 뇌간과 12개 뇌신경

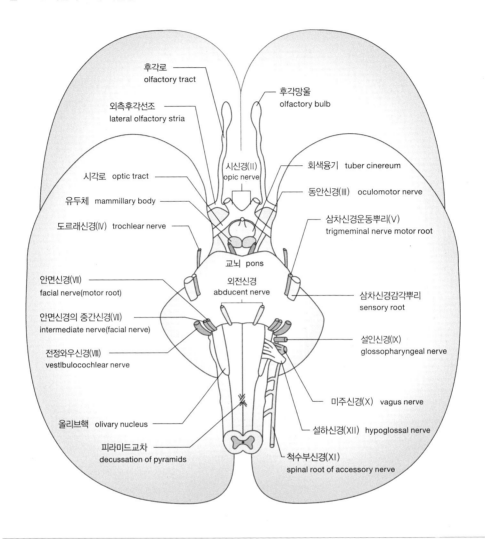

쪽 3분의 2의 미각과 연구개의 감각을 담당하고, 운동 성분은 혀밑 침샘, 턱밑 침샘, 눈물샘의 분비를 촉진하는 역할을 한다. 8번 뇌신경인 전정와우신경은 균형감각과 청각을 처리하는 감각 성분만 존재하는 뇌신경이다. 세반고리관에서 시작하는 전정신경은 제4뇌실 바닥의 전정핵으로 입력하여 균형감각을 처리하고, 달팽이관에서 시작하는 와우신경은 등쪽과 배쪽 청신경핵으로 입력하여 청각

그림 4-24 안면신경

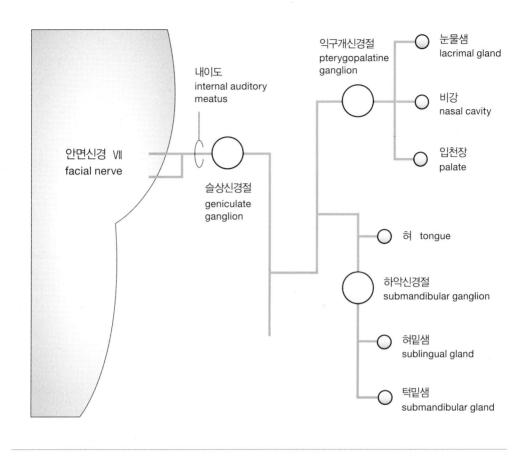

정보를 전달한다.

　9번 설인신경의 감각 성분은 혀의 3분의 1의 미각을 담당하고, 편도, 인두, 중이의 감각을 처리하며, 운동 성분은 인두의 근육을 작동한다. 10번 뇌신경인 미주신경은 인두, 후두, 허파, 심장, 내장에 감각과 운동 가지를 출력한다. 11번 뇌신경인 척수부신경은 목의 승모근을 조절하는 운동성 신경으로 척수신경인 경수 1번에서 5번까지 신경이 함께 출력하는 운동신경이다. 12번 설하신경은 혀운동을 조절하는 신경으로 운동 성분만 존재한다.

그림 4-25 설인신경

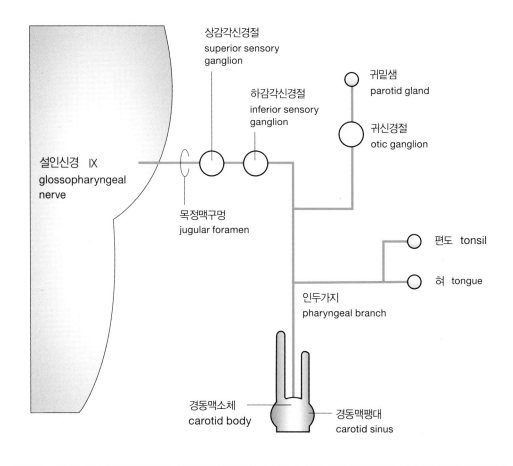

설인신경 IX
glossopharyngeal
nerve

상감각신경절
superior sensory
ganglion

하감각신경절
inferior sensory
ganglion

귀밑샘
parotid gland

귀신경절
otic ganglion

목정맥구멍
jugular foramen

편도  tonsil

혀  tongue

인두가지
pharyngeal branch

경동맥소체
carotid body

경동맥팽대
carotid sinus

## 뇌간의
## 신경핵과 신경로에 익숙해지자

대뇌 반구와 척수를 연결하는 구조인 뇌간은 대뇌로 상행하는 감각신경로와 대뇌에서 척수로 하행하는 운동신경로가 통과하는 영역이며, 중뇌, 교뇌, 연수로 구성된다. 뇌간 핵들은 호흡, 심장박동, 의식 조절, 운동 조절 등 생명 유지에 필요한 핵심 기능을 하며, 뇌간의 뇌신경이 시각, 청각, 미각, 후각, 균형감각을 만든다. 상구 단면에서부터 연수까지 이르는 뇌간의 구조는 신경로와 신경핵을 감각과 운동으로 구분해서 공부하면 그 영역별 기능을 명확히 이해할 수 있다. 상구 단면은 흑색질, 적핵, 중뇌수도관 회색질이 동일 평면에 존재하고, 뇌신경 3번인 동안신경과 부동안신경이 보이며, 등쪽으로 반구 형태를 띤다. 흑색질은 창백핵과 연결된 흑색질그물부와 도파민성 뉴런이 밀집한 흑색질치밀부가 나란히 붙은 구조인데, 양쪽 흑색질 사이에 배쪽피개영역ventral tegmental area이 위치하며, 그에 바로 인접하여 다리사이핵interpeduncular nucleus이 존재한다.

흑색질의 배쪽으로는 하행운동신경로가 통과하는데, 내측에서 외측으로 전두교뇌로, 피질연수로corticobulbar tract, 피질척수로corticospinal tract, 두정-후두-측두교뇌로parieto-occipto-temporo pontine tract가 나란히 배열되어 있다. 중뇌수도관주위 회색질periaqueductal grey은 중뇌, 즉 상구와 하구 영역을 지나는 제3뇌실과 제4뇌실을 연결하는 가느다란 뇌실 주변의 신경세포 집단이며, 이 관 주위에 세로토닌 생성 신경세포들이 밀집해 있다. 적핵은 소뇌와 연결되어 운동조절 역할을 하는 커다란 신경핵이다. 삼차신경에는 삼차신경 감각핵과 삼차신경운동핵이 모두 존재하는데, 삼차신경절에서 뻗어나온 세 개의 신경가지로 입력되는 삼차신경 감각신경에는 교뇌에 삼차신경 주감각핵이 위치하며, 위로는 상구에서 아래로 척수의 경수에 이르는 긴 신경로와 신경핵이 있다. 삼차신경 아래에 7번 안면신경 감각신경로가 연수 영역까지 내려가며, 안면신경의 일부 가지는 삼차신경 주감각핵main sensory nucleus으로 입력된다. 안면신경은 미각의 3분의 2를 처리한다. 청각과 균형감각 신경다발은 8번 전정와우신경을 구성한다. 청각은 달팽이관에서 출력한 신경다발이 등쪽과 배쪽의 청신경핵cochlear nucleus으로 입력되며, 균형감각은 세반고리관에서 출력한 신경다발이 전정신경핵vestibular nucleus으로 입력된다.

전정신경핵은 제4뇌실 바닥에 위치하며, 내측·외측·상·하 영역으로 구분되는 커다란 신경핵이다. 9번 설인신경glossopharyngeal nerve은 혀와 인두pharynx 영역에서 맛을 처리하는 신경으로, 감각 성분 신경다발은 안면신경로와 연결되며, 곁가지를 삼차신경 척수로로 입력한다. 10번 미주신경의 감각 성분인 미각성분은 설인신경과 함께 안면 신경핵과 삼차신경척수핵trigeminal spinal nucleus으로 입력한다. 안면신경은 연수 영역에서 신경로와 신경핵이 고립로와 고립로핵의 구성 성분이며 미각을 생성한다.

뇌간의 뇌신경에서 운동 성분을 살펴보면, 눈동자 움직임과 관련된 뇌신경은 3번 동안신경, 4번 도르래신경, 6번 외전신경인데, 여기에는 모두 운동 성분만 존재한다. 동안신경 부교감신경핵은 동안신경핵에 가까이 위치하며, 신경다발을 중뇌 배쪽으로 출력한다. 뇌신경 가지는 모두 뇌간의 배쪽으로 출력되지만 도르래신경만은 하구 부근에서 등쪽으로 출력해 교차하고 배쪽으로 향한다. 삼차신경운동핵은 삼차신경 주감각핵 부근의 교뇌에 위치하며, 삼차신경 세 가지에서 아래 가지로 신경이 출력된다. 안면신경핵에서 신경다발이 출력하여 외전신경핵 위를 통과하면서 그 영역이 두꺼워져 낮은 반구 형태의 구조가 제4뇌실 바닥에 생기며, 이를 안면신경구facial colliculus라 한다. 연수 영역의 정중선 바로 옆에 12번 설하신경핵이 위치하는데, 설하신경은 혀의 운동에 관여하는 운동성 뇌신경이다. 설하신경 바로 옆에 미주신경등쪽운동핵dorsal motor nucleus of vagus nerve이 위치하며, 미주신경의 운동성 신경다발은 외측의 의문핵ambiguus nucleus의 출력 신경로로 입력된다.

의문핵의 운동성 신경다발이 모여 미주신경이 된다. 의문핵의 위쪽 신경출력은 설인신경의 운동 성분 가지가 되며, 척수부신경spinal accessory nerve에서 일부가 의문핵으로 입력된다. 11번 부신경은 운동성 신경으로 척수의 경수cervical 영역에서 입력된다. 뇌간에는 1번 후신경과 2번 시신경을 제외한 10개의 뇌신경핵과 신경로가 존재하는데, 감각과 운동 성분으로 분리하여 신경핵과 신경로의 위치

를 공부하면, 척수에서 계속되는 신경 구조를 쉽게 공부할 수 있다. 10개의 뇌신
경핵 외에도 고립로핵과 의문핵이 존재하고, 설인신경과 미주신경의 기능을 이
해하기 위해 고립로핵과 의문핵의 기능과 구조를 공부해야 한다.

## 고립로핵과 의문핵은
## 물고기 아가미를 조절하는 감각과 운동에서 기원한다

고립로핵과 의문핵은 뇌신경과 관련된 중요한 감각과 운동 신경핵이다. 고립로
핵과 의문핵은 진화적으로 물고기의 아가미에서 기원하는데, 고립로핵은 아가

그림 4-26 고립로 신경핵

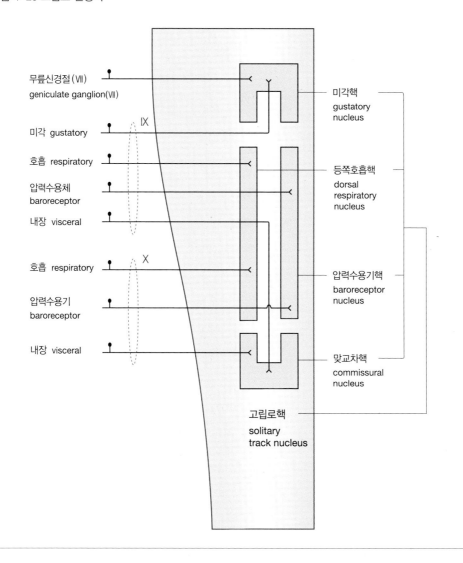

미 감각과 관련된 신경핵이며, 의문핵은 아가미의 운동과 관련된 신경핵이다. 척수 단면에서 회색질 신경핵을 구성하는 신경세포집단은 경계고랑을 경계로 하여 등쪽의 감각 성분인 천정판roof plate과 배쪽의 운동 성분인 기저부basal portion로 나뉜다. 연수에서도 발생 중에 감각뉴런이 이동하여 고립로핵, 전정핵, 삼차신경 척수핵으로 분화되며, 경계고랑에서 배쪽으로 운동뉴런이 이동하여 운동성 신경핵인 설하신경, 미주신경등쪽운동핵, 의문핵으로 분화된다.

그림 4-27 삼차신경과 고립로신경핵

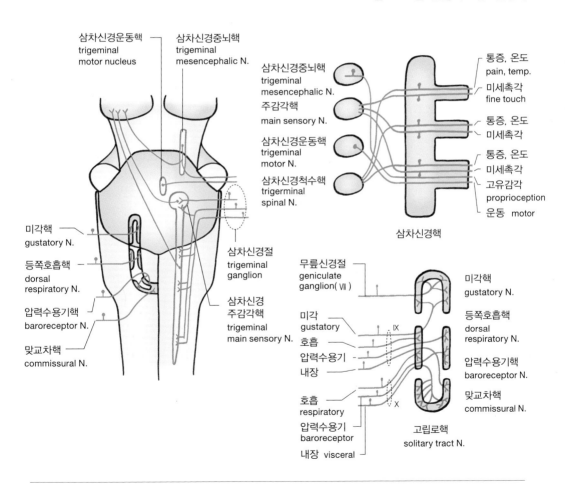

고립로핵은 미각핵, 등쪽호흡핵, 압력수용기핵baroreceptor nucleus, 맞교차핵 commissural nucleus으로 구성된 신경핵 복합체다. 설인신경은 미각, 호흡, 압력 감각 성분이 고립로핵에 입력되며, 미주신경은 호흡, 압력, 내장 성분이 고립로핵으로 입력된다. 설인신경과 안면신경 무릎 신경절에서 미각신경 정보가 고립로핵의 미각핵으로 입력된다. 의문핵에서 설인신경과 미주신경 운동신경가지가 뻗어나 가며, 의문핵의 미주신경 운동출력은 인두가지pharyngeal branch, 상후두가지superior laryngeal branch, 회귀후두가지recurrent laryngeal branch로 분지된다. 척수부신경은 승모근 과 목빗근으로 신경출력을 보내며, 의문핵에서 나오는 모든 신경 가지는 목정맥 구멍jugular foramen을 통해 출력된다. 요약하면 다음과 같다.

아가미 분절 근육→얼굴, 턱, 인두, 후두의 근육

의문핵→인두근과 후두근으로 가는 미주 운동신경

미주신경→대동맥활의 압력 수용기, 화학수용기, 내장감각신경

부신경→목빗근, 등세모근→목과 어깨 근육신경 지배

뇌간에서 나오는 모든 신경들은 그들이 지배하는 쪽과 같은 쪽에 있다.

## 삼차신경은 얼굴까지 올라온
## 일반감각신경이다

삼차신경은 얼굴까지 올라온 일반감각신경이다. 일반감각에는 고유감각, 피부기계감각, 통각, 온도감각이 있으며, 고유감각에는 소뇌에서 처리하는 무의식적 고유감각과 대뇌 체감각피질에서 처리하는 의식적 고유감각이 있다. 피부기계감각은 등쪽뿌리신경절 감각신경세포의 축삭말단인 메르켈판Merkel's plate, 마이스너소체Meissner corpuscle, 루피니소체Ruffini corpuscle, 파치니소체Pacinian corpuscle에서 입력되는 촉각, 진동, 압력의 피부감각으로, 후섬유단-내측섬유띠를 통해 상행하여 시상복후외측핵에서 대뇌 일차체감각피질의 3b 영역으로 입력된다. 다리에서 올라오는 피부기계감각은 척수의 얇은다발을 형성하고, 팔에서 입력되는 피부기계감각은 쐐기다발을 구성하며, 얇은다발과 쐐기다발이 합쳐서 후섬유단이 된다. 후섬유단은 상행하여 좌우 다발이 연수에서 서로 교차하여 내측섬유띠가 된다. 통각과 온도감각은 등쪽뿌리신경절dorsal root ganglion 감각신경세포의 축삭말단이 노출된 상태로 피부 속으로 뻗어나가서 형성된 자유신경종말free nerve ending 에서 입력된다.

통각과 온도감각은 척수후각에서 시냅스하고, 반대쪽 외측척수시상로를 형성하여 시상복후외측핵으로 입력된다. 거친촉각과 압력감각은 척수후각에서 시냅스한 후 척수 앞쪽 백색교련을 통해 반대쪽 전척수시상로를 통해 시상복후외측핵으로 입력된다. 얼굴의 일반감각인 삼차신경의 통각은 삼차 신경절trigeminal ganglion에서 척수 삼차신경핵으로 입력되어 시냅스한 후 교차하여 반대쪽 시상복후내측핵으로 입력된다. 그리고 삼차신경의 촉각은 삼차신경 주감각핵으로 입력되어 시냅스한 후 교차하여 반대쪽 시상복후내측핵으로 입력된다. 삼차신경 중뇌핵의 신경세포는 척수 등쪽뿌리신경절 신경세포가 중뇌 영역으로 확장된 현상으로, 중추신경계에 존재하는 예외적인 말초신경세포이며, 아래턱의 움직임과 관련된 고유감각을 전달한다.

그림 4-28 삼차신경

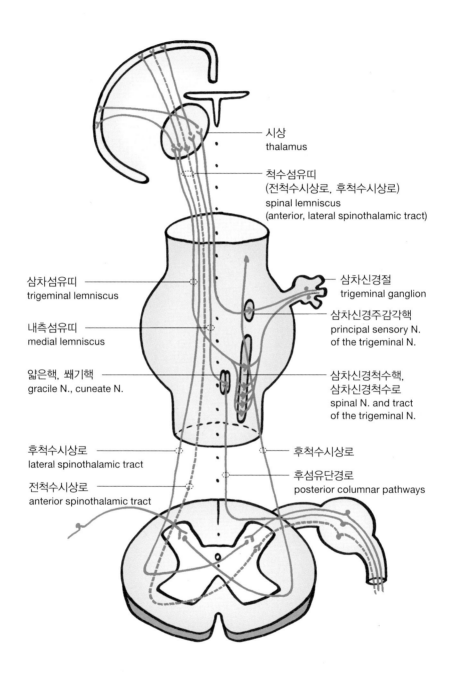

시상
thalamus

척수섬유띠
(전척수시상로, 후척수시상로)
spinal lemniscus
(anterior, lateral spinothalamic tract)

삼차섬유띠
trigeminal lemniscus

내측섬유띠
medial lemniscus

얇은핵, 쐐기핵
gracile N., cuneate N.

삼차신경절
trigeminal ganglion

삼차신경주감각핵
principal sensory N.
of the trigeminal N.

삼차신경척수핵,
삼차신경척수로
spinal N. and tract
of the trigeminal N.

후척수시상로
lateral spinothalamic tract

전척수시상로
anterior spinothalamic tract

후척수시상로

후섬유단경로
posterior columnar pathways

척수를 통해 대뇌로 전달되는 감각은 일반감각으로 통각, 촉각, 온도감각, 고유감각이 있다. 삼차신경에는 삼차신경 중뇌핵, 삼차신경 교뇌핵, 삼차신경척수핵이 있다. 삼차신경 중뇌핵에서는 아래턱이 고유감각, 삼차신경 교뇌핵은 촉각, 삼차신경척수핵은 통각이 주요 전달 감각이며, 삼차신경 교뇌핵을 삼차신경 주

그림 4-29 삼차신경

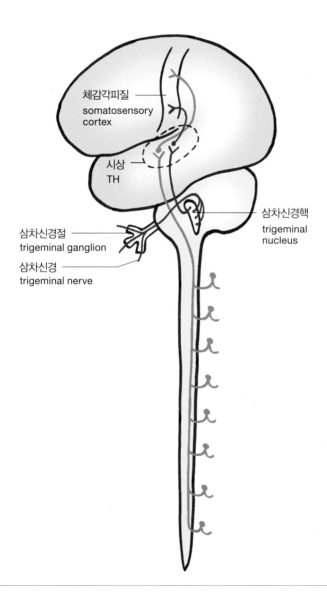

그림 4-30 통각신경로

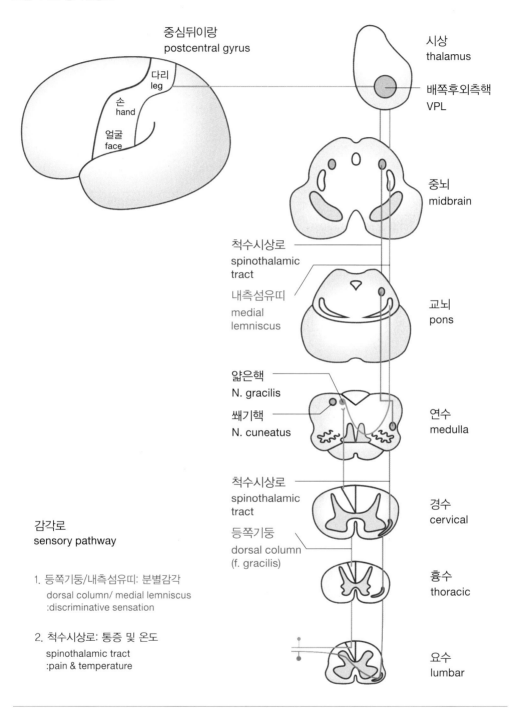

중심뒤이랑
postcentral gyrus

시상
thalamus

배쪽후외측핵
VPL

다리
leg

손
hand

얼굴
face

중뇌
midbrain

척수시상로
spinothalamic
tract

내측섬유띠
medial
lemniscus

교뇌
pons

얇은핵
N. gracilis

쐐기핵
N. cuneatus

연수
medulla

척수시상로
spinothalamic
tract

등쪽기둥
dorsal column
(f. gracilis)

경수
cervical

감각로
sensory pathway

1. 등쪽기둥/내측섬유띠: 분별감각
   dorsal column/ medial lemniscus
   :discriminative sensation

2. 척수시상로: 통증 및 온도
   spinothalamic tract
   :pain & temperature

흉수
thoracic

요수
lumbar

감각핵이라고 한다. 얼굴에서 입력되는 삼차신경은 삼차신경절에서 시냅스하고, 삼차시상로를 통하여 시상복후내측핵에서 시냅스하고 일차체감각피질로 신경 흥분이 전달된다. 분별촉각은 얇은다발과 쐐기다발을 합친 후섬유단이 뇌간의 얇은핵과 쐐기핵에서 시냅스한다. 시냅스 후 상행하는 축삭다발은 내측섬유띠 가 되는데 내측섬유띠를 구성하는 축삭들은 시상복후외측핵의 감각중계 신경세 포와 시냅스한다. 시상복후외측핵에서 일차체감각피질로 분별촉각 신경 흥분이 전달되어 세밀한 촉각이 생성된다.

척수를 통과하는 하행운동로에는 대뇌운동피질에서 출발하여 연수에서 교차 하는 외측피질척수로와 교차하지 않고 등쪽으로 내려오는 전피질척수로가 있 다. 피질척수로 섬유다발의 크기는 외측피질척수로가 90퍼센트, 전피질척수로 가 10퍼센트이며, 외측피질척수로는 신체의 원위부인 손가락을 정교하게 움직 이는 운동신경이다. 외측피질척수로 바로 아래에 위치하는 적핵척수로는 팔과 다리의 교번운동을 생성한다.

척수 앞쪽 백색질을 통과하는 운동로로는 그물척수로, 전정척수로, 시개척수 로가 차례로 배열되어 있다. 그물척수로는 수의운동의 조절 작용, 전정척수로는 운동에서 균형 유지, 시개척수로는 시각과 청각의 자극 쪽으로 몸을 반사적으로 기울이게 하는 역할을 한다. 척수의 회색질은 10개의 렉시드 층판으로 나뉘고, 교양질인 후각의 2번 층판에는 통각과 관련된 신경세포가 존재한다. 4-6번 층 판은 척수고유핵nucleus proprius으로 통각이 시냅스하는 핵이며, 7번 층판의 세포가 클라크세포로 무의식적 고유감각을 소뇌로 전달하는데, 축삭이 매우 굵어서 신 경전달 속도가 초속 120미터로 빠르다.

척수 회색질의 중간 뿔 영역에서는 교감신경과 부교감신경의 절전신경세포 preganglionic neuron가 존재하며, 교감신경 절전세포의 축삭은 척수교감기둥sympathetic trunk 신경절에 시냅스한다. 척수 회색질의 배쪽 영역은 척수전각이라 하며, 알파 운동뉴런과 감마운동뉴런이 있는데, 알파운동뉴런의 축삭은 골격근에 신경-근 연접하여 수의근을 수축시켜 운동을 일으킨다. 올리브척수로는 하올리브핵에서 하소뇌각을 통해 소뇌와 연결되는데, 새로운 운동 학습 과정에 관여한다.

그림 4-31 피질척수로

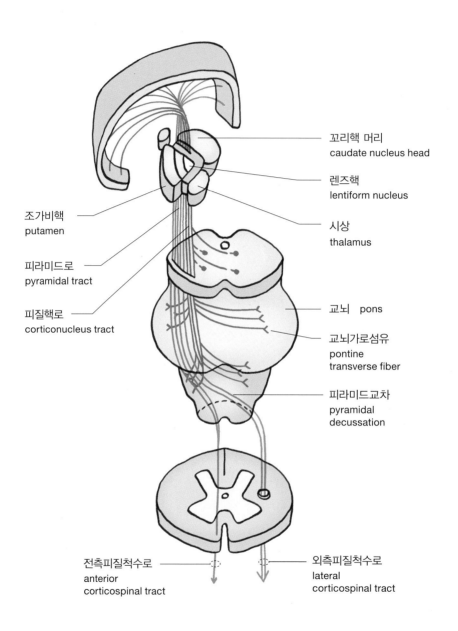

꼬리핵 머리
caudate nucleus head

렌즈핵
lentiform nucleus

시상
thalamus

교뇌   pons

교뇌가로섬유
pontine
transverse fiber

피라미드교차
pyramidal
decussation

조가비핵
putamen

피라미드로
pyramidal tract

피질핵로
corticonucleus tract

전측피질척수로
anterior
corticospinal tract

외측피질척수로
lateral
corticospinal tract

그림 4-32 피질교뇌로

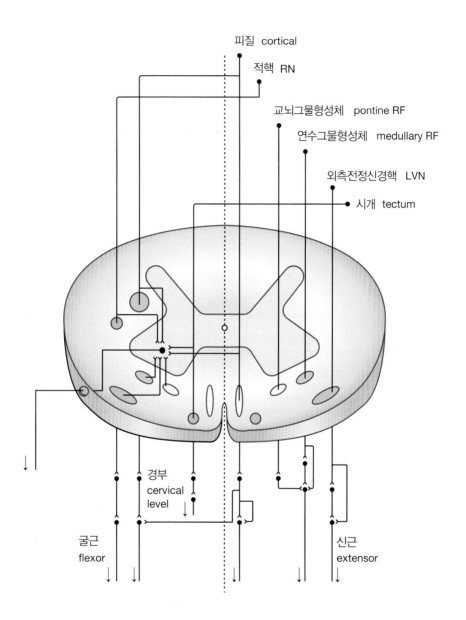

피질 cortical

적핵 RN

교뇌그물형성체 pontine RF

연수그물형성체 medullary RF

외측전정신경핵 LVN

시개 tectum

경부
cervical
level

굴근
flexor

신근
extensor

척수의 작용을 요약하면 다음과 같다.

**척수의 일반감각:** 고유감각, 촉각, 통각, 온도감각, 촉각

**상행감각로**

　　**후척수소뇌로:** 다리와 하체의 무의식적 고유감각,

　　**전척수소뇌로:** 척수중개뉴런의 근긴장도 정보,

　　**쐐기소뇌로:** 팔과 상체의 무의식적 고유감각,

　　**전척수시상로:** 거친 촉각, 압력,

　　**외측척수시상로:** 통각, 온도

　　**전외측시스템:** 전척수시상로, 외측척수시상로, 척수그물로, 척수시개로

**하행운동로**

　　**외측피질척수로, 전피질척수로, 적핵척수로:** 원위부 수의운동

　　**그물척수로:** 하행운동조절,

　　**전정척수로:** 자세와 균형,

　　**시개척수로:** 시각운동반사

## 소뇌는
## 전정소뇌, 척수소뇌, 신소뇌로 구분된다

소뇌는 상소뇌각, 중소뇌각, 하소뇌각의 섬유다발로 뇌간과 연결되어 있다. 소뇌 신경연결은 기능과 진화적 구분을 짝 지어 기억하면 편리하다. 소뇌를 기능별로 나누면 다음과 같다. 균형감각을 처리하는 소뇌는 원시소뇌-전정소뇌, 운동 실행을 하는 소뇌는 구소뇌-척수소뇌, 그리고 대뇌피질과 연계하여 운동 계획을 하는 소뇌는 신소뇌-교뇌소뇌다. 원시소뇌-전정소뇌 신경연결은 세반고리관에서 전정핵으로 입력되는 균형감각 정보가 하소뇌각을 통하여 원시소뇌인 소뇌 타래flocculus 피질로 입력된다. 소뇌피질에서 신경 정보가 소뇌심부핵인 꼭지핵fastigial nucleus으로 입력되며, 꼭지핵에서 시상복외측핵ventrolateral nucleus의 중계로 균형감각 정보가 대뇌피질로 전달된다.

그림 4-33 소뇌와 뇌간의 연결

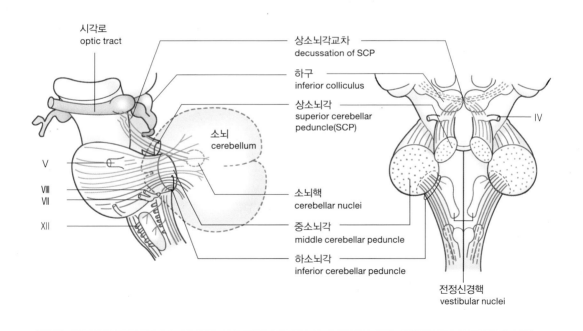

꼭지핵에서 좌우 양쪽 전정신경핵으로 신경출력을 보내며, 전정핵에서 출발한 전정척수로를 통해 균형감각 정보가 척수로 전달된다. 또한 전정핵에서 균형감각 정보는 내측세로다발 하행로를 통해 목과 팔의 운동 조절 작용을 하며, 내측종속 상행로를 통해 외전신경핵, 도르래신경핵, 동안신경핵으로 신경축삭을 출력하여 눈동자 운동과 균형감각을 결합한다. 내측세로다발 하행 성분이 목과 팔의 움직임을 조절하여 균형을 맞추므로 외줄타기 곡예사는 긴 장대를 잡고 줄에서 균형을 잡을 수 있다. 눈을 감고 한 발을 들고 서 있는 동작을 오래 유지하기 어려운 이유는 동공의 움직임과 균형감각이 내측세로다발 상행로를 통하여 서로 연결되어 있기 때문이다.

그림 4-34 소뇌의 단면 구조

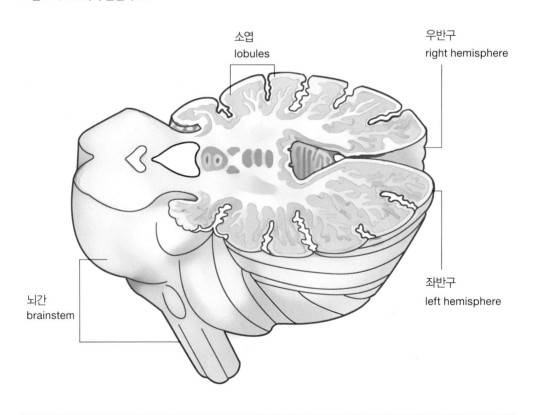

소뇌를 가로로 절단하면 그 절단면에 소뇌 타래와 소뇌 양 반구 그리고 소뇌 피질의 구조가 드러난다. 소뇌는 중뇌 하구 아래에서 뇌간의 천정판이 크게 팽창하여 생성되며, 소뇌피질은 소강분자층, 퓨키네세포층, 과립세포층의 세 개 층으로 구성된다. 소뇌 과립세포층에는 500억 개 이상의 과립세포가 밀집하는데, 이는 중추신경계에서 가장 많은 숫자의 세포 집단이다. 과립세포의 축삭은 소강분자층에서 두 가지가 양 방향으로 갈라져서 퓨키네신경세포의 수상돌기와 시냅스하고, 과립세포의 수상돌기는 이끼섬유와 시냅스하여 사구체glomerulus 구조를 형성한다. 하올리브핵의 신경세포축삭인 등상섬유가 퓨키네세포 수상돌기와 시냅스하여 새로운 운동 학습을 할 때 복합펄스를 생성한다.

## 중소뇌각과 하소뇌각의
## 교뇌 단면 구조

하구 부근의 중뇌 단면 구조를 보면 상소뇌각과 하소뇌각이 드러나며, 제4뇌실을 덮고 있는 얇은 막인 위수뇌덮개superior medullary velum 양쪽으로 상소뇌각superior cerebellar peduncle이 위치하고, 상소뇌각 아래에 삼차신경 주감각핵과 운동핵이 있으며, 중뇌 삼차신경 감각핵과 운동핵의 신경다발이 중소뇌각 아래로 출력한다. 피질교뇌로의 축삭다발이 교뇌의 기저부에서 교뇌신경핵과 시냅스하며, 시냅스 후 신경세포의 출력 가지가 교뇌가로섬유가 되어 중소뇌각을 통해 소뇌로 입력된다. 교뇌 기저부basal pons를 통과하여 척수로 하행하는 피질척수로와 피질핵로의 신경다발 절단면이 교뇌신경핵pontine nuclei과 함께 분포한다. 교뇌 기저부 바로 위쪽인 피개영역은 청신경핵cochlear nucleus에서 출력된 청각신경이 교차하여 사다리꼴 형태의 구조를 만들며, 그 위로 내측섬유띠가 수평 방향으로 위치한다.

뇌간의 단면에는 내측섬유띠와 나란히 삼차신경섬유띠trigeminal lemniscus, 척수신경섬유띠spinal lemniscus, 외측섬유띠lateral lemniscus가 배열하며, 내측섬유띠 위로 솔기핵raphe nucleus, 피개척수로, 내측세로다발이 차례로 위치한다. 내측섬유띠는 피부기계감각과 고유감각, 삼차신경섬유띠는 얼굴의 일반감각, 척수신경섬유띠는 몸의 통각과 온도감각, 외측섬유띠는 청각을 내측슬상체로 입력하고, 내측슬상체에서 대뇌피질로 전달한다. 거친촉각을 담당하는 전척수시상로 그리고 통각과 온도감각을 담당하는 외측척수시상로가 모여 척수섬유띠가 된다. 하소뇌각 절단면 위치에서 교뇌 기저부는 중소뇌각으로 입력되는 신경다발인 교뇌가로섬유pontine transverse fiber가 되며, 청각신경의 능형체가 기저 영역에 크게 자리 잡으며, 척수섬유띠가 내측섬유띠 옆에 위치한다. 하소뇌각 아래로 삼차신경척수핵과 삼차신경다발 단면이 보인다. 솔기핵, 시개척수로, 내측세로다발이 상하로 차례로 배열하며, 내측세로다발 옆의 외전신경핵을 안면신경축삭다발이 감싸면서 형성된 안면신경언덕facial colliculus 구조가 제4뇌실 바닥에 반구 형태로 융기한다.

구소뇌-척수소뇌의 신경연결은 다음과 같다. 고유감각이 후척수소뇌로와 쐐

박문호 박사의 뇌과학 공부

그림 4-35 뇌간의 단면 구조

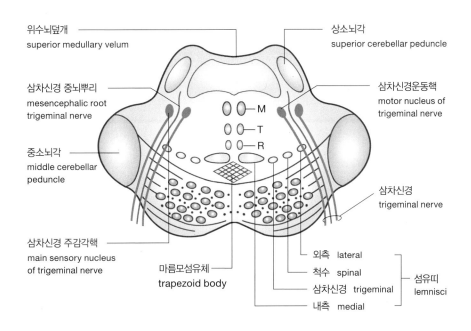

삼차신경운동핵과 감각핵의 단면 구조
cross section of at motor & sensory nucleus of trigeminal nerve

위수뇌덮개
superior medullary velum

상소뇌각
superior cerebellar peduncle

삼차신경 중뇌뿌리
mesencephalic root
trigeminal nerve

삼차신경운동핵
motor nucleus of
trigeminal nerve

중소뇌각
middle cerebellar
peduncle

삼차신경
trigeminal nerve

삼차신경 주감각핵
main sensory nucleus
of trigeminal nerve

마름모섬유체
trapezoid body

외측  lateral
척수  spinal
삼차신경  trigeminal
내측  medial

섬유띠
lemnisci

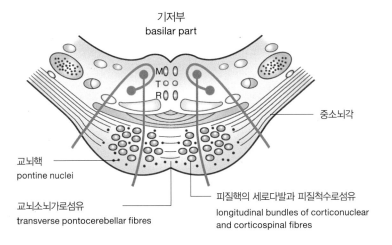

기저부
basilar part

중소뇌각

교뇌핵
pontine nuclei

교뇌소뇌가로섬유
transverse pontocerebellar fibres

피질핵의 세로다발과 피질척수로섬유
longitudinal bundles of corticonuclear
and corticospinal fibres

그림 4-36 소뇌피질의 신경회로

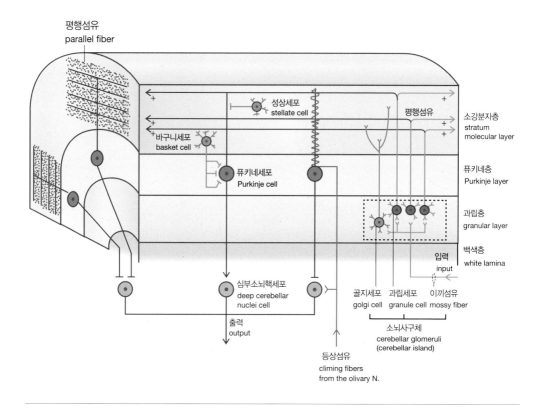

평행섬유
parallel fiber

성상세포
stellate cell

평행섬유

소강분자층
stratum
molecular layer

바구니세포
basket cell

뮤키네세포
Purkinje cell

뮤키네층
Purkinje layer

과립층
granular layer

백색층
white lamina

입력
input

심부소뇌핵세포
deep cerebellar
nuclei cell

골지세포
golgi cell

과립세포
granule cell

이끼섬유
mossy fiber

출력
output

소뇌사구체
cerebellar glomeruli
(cerebellar island)

등상섬유
climing fibers
from the olivary N.

기소뇌로cuneocerebellar tract의 하소뇌각을 통해 소뇌피질로 전달되며, 소뇌심부핵
인 중간위치핵interposed nucleus은 소뇌피질의 정보를 적핵과 시상으로 전달한다. 적
핵에서 사지 운동에 관한 정보가 적핵척수로를 통해 척수로 전달된다. 개나 고
양이는 적핵척수로가 중요하지만, 인간의 적핵척수로는 매우 축소되어 있다. 적
핵척수로는 팔다리의 교번운동과 관련되며, 적핵척수로가 평탄한 도로를 걷는
데 사용된다면 피질척수로는 굴곡이 많은 자갈길을 걸을 때 중요한 역할을 한
다. 신소뇌-교뇌소뇌는 대뇌운동피질에서 교뇌핵pontine nuclei으로 운동신호가 전
달되며, 교뇌핵에서 중소뇌각을 통해 대뇌피질 운동 명령이 소뇌피질 뮤키네세
포로 전달된다. 뮤키네세포는 억제성 신호를 소뇌 치아핵dentate nucleus으로 출력하

며, 치아핵에서 시상의 복외측핵에 시냅스하고, 시상핵은 대뇌운동피질로 소뇌
피질의 정보를 전달한다.

교뇌핵에서 치아핵으로 입력되는 신경섬유는 교뇌의 배쪽 표면에서 교뇌를

그림 4-37 소뇌의 신경연결

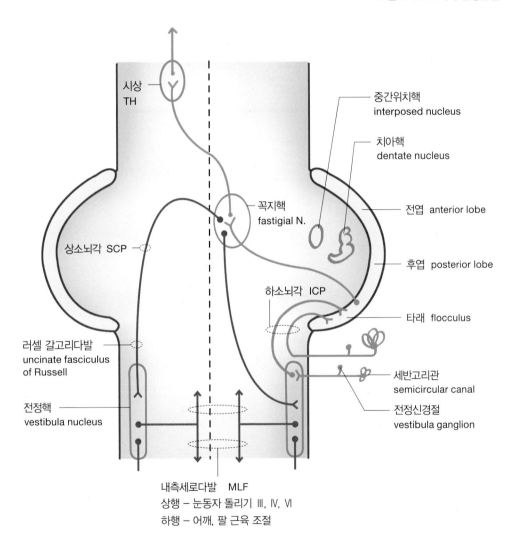

전정소뇌 – 균형

그림 4-38 소뇌의 신경연결

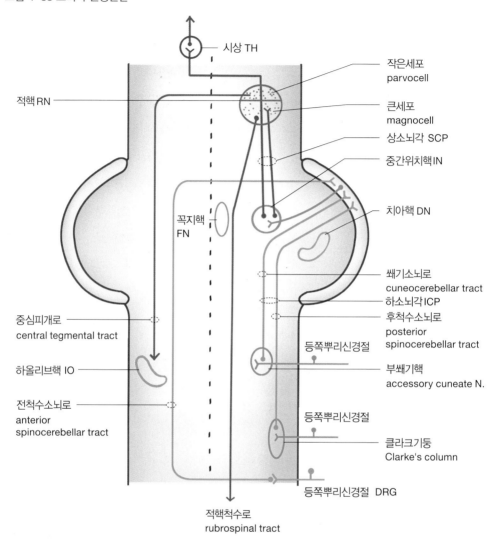

척수소뇌 - 고유감각

수평으로 가로지르는 교뇌가로섬유pontine transverse fiber가 된다. 소뇌의 역할에서
는 고유감각과 균형감각이 중요하며, 다리와 하체에서 입력되는 고유감각은 척
수 클라크세포Clarke's cell와 시냅스한 다음 후척수소뇌로를 통해 소뇌로 전달된다.

그림 4-39 소뇌의 신경연결

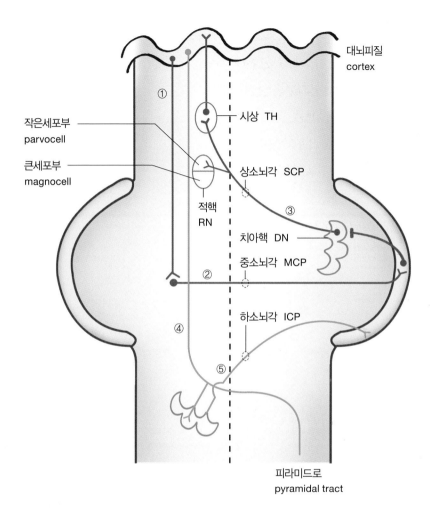

대뇌소뇌(교뇌소뇌) – 운동계획

팔과 상체에서 입력되는 고유감각은 쐐기소뇌로로 전달되어 상소뇌각을 통하여 소뇌로 입력된다. 균형감각은 외측전정핵에서 하소뇌각을 통해 소뇌 타래로 입력된다. 소뇌가 처리하는 고유감각은 몸의 위치와 자세에 관한 정보를 신속히

## 그림 4-40 소뇌의 신경연결 다이어그램

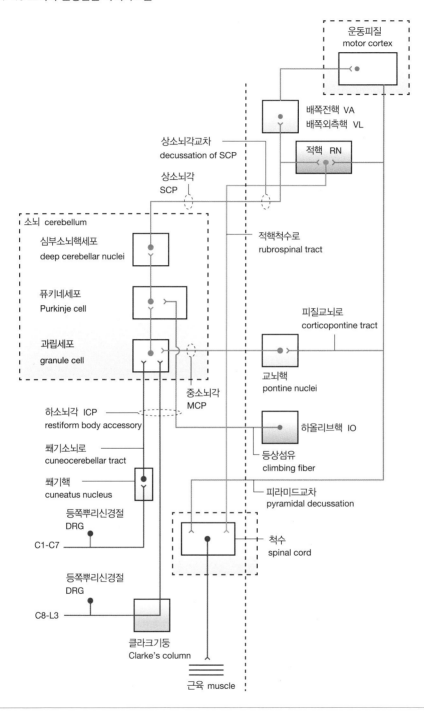

소뇌로 전달하고, 균형감각은 머리 방향과 몸 균형에 관한 정보를 전달하여 운동을 위한 필수 정보인 몸의 자세와 균형을 매 순간 유지시켜준다. 소뇌의 역할은 균형과 자세 제어 외에도 정교한 운동 순서의 타이밍 맞추기, 새로운 운동 기능 학습, 발음, 정서, 인지기능에까지 미친다. 소뇌의 신경연결과 기능을 요약하면 다음과 같다.

원시소뇌–전정소뇌 :

    균형감각: 전정핵→하소뇌각→소뇌 타래→꼭지핵→시상, 반대쪽 전정핵

    내측세로다발 하행로: 팔, 상체 운동 조절

    내측세로다발 상행로: 시각과 균형감각, 협동 작업

구소뇌–척수소뇌 :

    다리, 하체 고유감각→하소뇌각→후척수소뇌로

    팔, 상체 고유감각→상소뇌각→쐐기소뇌로

    중간위치핵→적핵→시상, 적핵척수로→척수

신소뇌–교뇌소뇌 :

    대뇌운동피질→교뇌핵→교뇌가로섬유→중소뇌각→소뇌피질 퓨키네세포

    소뇌피질→치아핵→시상→대뇌운동피질


뇌간→통로 기능, 통합 기능

상소뇌각을 형성하는 섬유다발은 하구에서 교차한다.

소뇌 평행섬유, 해마 이끼섬유→무수축삭

소뇌벌레→자세 조절, 뇌간과 척수에 이미 프로그래밍되어 있는 자세와 정해진 움직임을 조절

척수 소뇌→팔 다리 운동

대뇌 뇌→운동 계획

소뇌 중간위치핵 : 실제의 위치와 움직이는 부분의 속도를 비교하여 중간위치핵은 교정 신호를 보낸다.

타래의 퓨키네세포: 표적, 머리, 눈 움직임의 세 가지 정보를 모두 받아서, 평가하고 표적의 실

제 속도를 눈 운동에 제공한다.

소뇌 오른쪽 반구 손상→왼팔의 움직임은 무의식적으로 가능, 오른팔의 움직임은 하나하나 의식적으로 생각해야 한다.

# 변연-대뇌의 구조

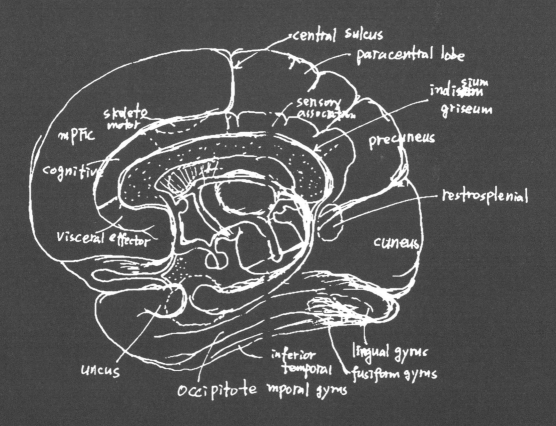

## 뇌의 입체 구조는
## 관상면, 시상면, 수평면의 단면 구조에 나타난다

뇌의 입체 구조는 관상면, 시상면, 수평면의 세 단면 구조를 조합하면 어느 정도 추측해볼 수 있다. 세 개의 단면 구조는 절단하는 위치에 따라 상당히 달라지는데, 대뇌기저핵은 관상면에서 잘 드러나고, 변연계 구조는 시상간교를 절단하는 시상면 구조가 유리하며, 뇌실과 뇌섬엽은 수평 절단면에서 구조가 잘 보인다.

그림 5-1 뇌의 관상면, 시상면, 수평면의 단면 구조

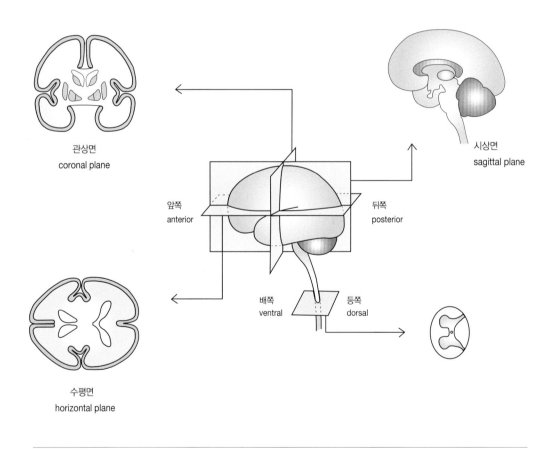

관상면
coronal plane

시상면
sagittal plane

앞쪽
anterior

뒤쪽
posterior

배쪽
ventral

등쪽
dorsal

수평면
horizontal plane

## 뇌의 구성

발생 중의 동물 외배엽에는 신경계 예정 지도가 존재한다. 대뇌는 대뇌피질과 대뇌피질 하부핵subcortical nuclei으로 구성되며, 대뇌피질에는 여섯 개의 층으로 구분되는 신피질neocortex과 내측두엽 안으로 말려들어간 원시피질archicortex인 해마가 있으며, 대뇌와 뇌간 사이의 간뇌는 시상과 시상하부로 구분된다. 간뇌 아래에는 뇌간의 맨 앞쪽 영역인 중뇌가 위치하는데, 중뇌의 등쪽은 상구와 하구, 배

그림 5-2

| 중추신경<br>central<br>nerve | 뇌포<br>cerebral<br>vesicle | 뇌 구분<br>brain division | 구조물<br>brain fabric | | 신경관<br>neural tube |
|---|---|---|---|---|---|
| 뇌<br>Encephalon<br>( brain ) | 전뇌<br>Prosencephalon<br>( forebrain ) | 종뇌<br>Telencephalon | 대뇌반구<br>선조체<br>후뇌 | Hemisphere<br>Corpus striatum<br>Rhinencephalon | 측뇌실<br>Lateral<br>ventricle |
| | | 간뇌<br>Diencephalon | 시상뇌<br>시상상부<br>시상후부<br>시상<br>시상하부 | Thalamencephalon<br>Epithalamus<br>Metathalamus<br>Thalamus<br>Hypothalamus | 제3뇌실<br>Third<br>ventricle |
| | 중뇌<br>Mesencephalon<br>( midbrain ) | 중뇌<br>Mesencephalon | 중뇌개<br>대뇌각<br>피개 | Tectum of<br>mesencephalon<br>Crus cerebri<br>Tegmentum | 중뇌수도<br>Cerebral<br>aqueduct |
| | 능뇌<br>Rhombencephalon<br>( hindbrain ) | 후뇌<br>Metencephalon | 소뇌<br>교뇌 | Cerebellum<br>Pons | 제4뇌실<br>Fourth<br>ventricle |
| | | 수뇌<br>Myelencephalon | 연수 | Medulla oblongata | |
| 척수<br>Spinal cord | | | | | 중심관<br>Central canal |

| 신경 전달 물질 | 함유 장소 |
|---|---|
| 아세틸콜린(Ach)<br>Acetylcholine | 신경근육 연접, 자율신경절, 부교감신경 신경세포,<br>뇌신경운동핵, 미상핵과 피각, 마이네르트 기저핵, 변연계 |
| 노르에피네프린(NE)<br>Norepinephrine | 자율신경 계통(교감신경절후섬유), 청반핵, 외측피개 |
| 도파민(DA)<br>Dopamine | 시상하부, 중뇌흑색질, 선조체 계통 |
| 세로토닌(5-HT)<br>Serotonin | 소화관에 있는 부교감신경 신경세포, 송과체, 교뇌의 거대솔기핵 |
| 감마아미노부티르산(GABA)<br>Gamma-amino-butyric acid | 소뇌, 해마, 대뇌피질, 선조흑색질 계통 |
| 글라이신<br>Glycine | 척수 |
| 글루탐산<br>Glutamic acid | 척수, 중추신경 계통 |

쪽은 피개영역이다. 교뇌의 천정판roof plate에서 소뇌가 만들어지고 소뇌와 교뇌
는 연수와 이어져 있다. 뇌 구조와 기능 공부는 척수, 뇌간, 간뇌, 대뇌 기저핵, 대
뇌피질의 다섯 개 큰 영역으로 나뉘고, 뇌간은 중뇌, 교뇌, 연수로 세분된다.

뇌는 전뇌, 중뇌, 능뇌라는 세 개의 영역으로 구분된다. 전뇌는 종뇌와 간뇌
로 구성되며, 종뇌는 주위 피질인 대뇌 반구, 선조체, 후각뇌로 세분된다. 제3뇌
실 주위피질인 간뇌는 시상, 시상상부, 시상하부로 구성된다. 중뇌는 중뇌수도관
주위피질로 등쪽으로 시각과 관련된 시개tectum와 배쪽으로 피개tegmentum 영역이
있다. 시개와 피개의 '개蓋'는 '무엇을 덮는다'는 한자어다. 시개는 시각처리 피질
이며, 피개는 중뇌수도관주위 회색질과 흑색질을 포함하고 있다. 배쪽피개영역
에서도 피개가 나타난다. 능뇌는 제4뇌실 주위 피질이며, 소뇌, 교뇌, 연수로 구
성된다. 척수와 대뇌피질을 연결하는 부위가 바로 뇌간인데, 뇌간은 연수, 교뇌,
중뇌로 구성되며, 교뇌와 소뇌 사이에 제4뇌실이 존재한다. 중뇌 영역의 등쪽에
는 시각을 중개하는 상구superior colliculus와 청각을 중개하는 하구inferior colliculus가
있다. 중뇌의 배쪽에는 적핵과 흑색질이 위치한다. 중뇌수도관은 제3뇌실과 제4

박문호 박사의 뇌과학 공부

뇌실을 연결하는 뇌실의 좁은 관이며, 중뇌수도관 주위에 세로토닌 생성 뉴런이 밀집한 중뇌수도관 주위회색질periaqueductal grey이 존재한다. 중뇌와 대뇌피질 사이 영역이 간뇌이며, 간뇌는 시상과 시상하부로 구성된다. 시상은 제3뇌실과 인접하고, 시상의 수질판내핵intralaminar nucleus은 뇌간의 그물형성체가 전뇌로 진출한 맨 앞쪽에 해당한다. 시상수질판내핵은 뇌간그물핵의 통증을 대뇌피질로 전달하여 대뇌피질을 각성 상태로 만든다. 뇌간그물핵의 하행 신경섬유는 척수신경세포와 시냅스하여 운동을 조절한다.

## 대뇌신피질의 뒤뇌는 감각,
## 앞뇌는 운동 신경 정보를 처리한다

여섯 개 층으로 구분되는 대뇌신피질은 두께 2~5밀리미터의 얇은 신경세포층
으로 감각, 지각, 기억, 언어를 생성한다. 대뇌신피질은 중심고랑을 기준으로 뒤
뇌는 시각, 청각, 촉각의 감각을 처리하며, 앞뇌는 운동출력을 생성한다. 러시아
의 뇌과학자 알렉산드르 루리아Alexandr Luria는 앞뇌-운동, 뒤뇌-감각으로 기능을
구분했는데, 이것이 대뇌신피질 역할의 핵심적 구분이라 주장했다. 측두엽은 색

그림 5-3 시각의 등쪽과 배쪽신경로

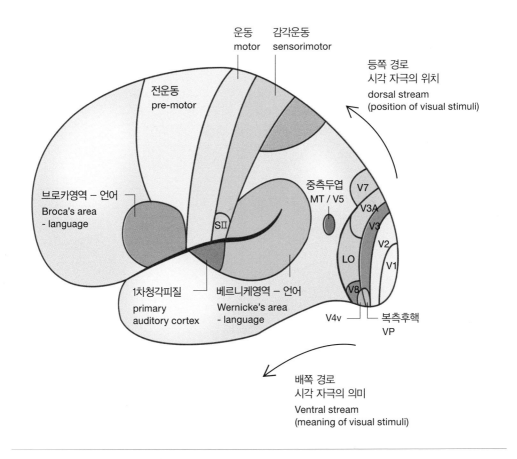

박문호 박사의 뇌과학 공부

깔과 형태 정보를 처리하며, 하측두엽에서 형태의 범주화가 기억된다. 두정엽의 시각 처리 영역에서는 시각과 신체의 움직임이 결합되며, 정보 처리 과정이 의식되지 않는다.

측두엽은 주로 청각 언어 정보를 처리하는데, 베르니케영역은 소리에 해당하는 단어의 형태와 의미를 연결하고, 하측 전두엽의 브로카영역은 발음의 운동 순서를 기억하여 발성을 위한 근육을 제어한다. 전운동영역과 일차운동피질은

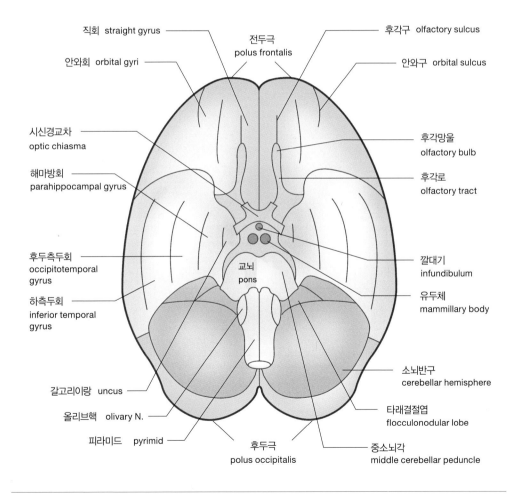

그림 5-4 대뇌 아래 피질 구조

직회  straight gyrus

전두극
polus frontalis

후각구  olfactory sulcus

안와회  orbital gyri

안와구  orbital sulcus

시신경교차
optic chiasma

후각망울
olfactory bulb

해마방회
parahippocampal gyrus

후각로
olfactory tract

교뇌
pons

깔대기
infundibulum

후두측두회
occipitotemporal
gyrus

유두체
mammillary body

하측두회
inferior temporal
gyrus

소뇌반구
cerebellar hemisphere

갈고리이랑  uncus

타래결절엽
flocculonodular lobe

올리브핵   olivary N.

피라미드   pyrimid

후두극
polus occipitalis

중소뇌각
middle cerebellar peduncle

외부 자극에 대한 신속한 반응을 처리하는 운동피질이며, 피질척수로로 운동 명령을 출력한다. 대뇌를 기울여서 아래 피질을 살펴보면 뇌간, 소뇌, 측두엽, 안와 전전두엽이 드러난다. 그림 5-5에는 뇌간의 올리브핵과 유두체가 두 쌍으로 보이는데, 유두체 위에 뇌하수체가 연결되는 줄기 형태의 구조가 작은 원으로 나

그림 5-5 뇌간 단면을 중심으로 본 대뇌 아래 피질영역

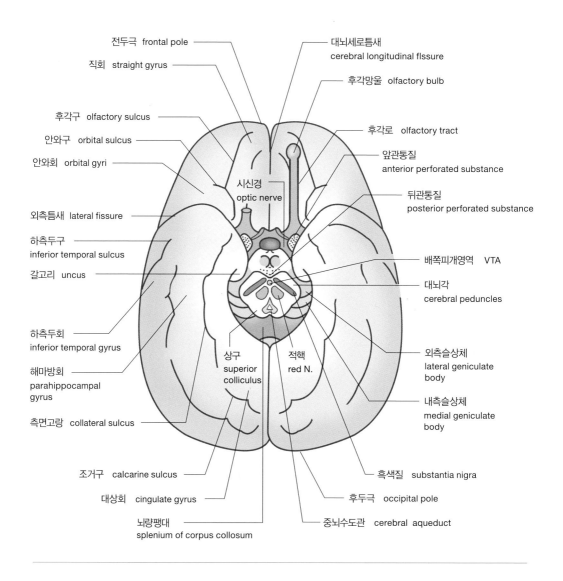

타나 있다. 그 위쪽에 시각로와 시각교차 그리고 절단된 형태의 시신경이 표시되어 있다. 안구에서 출력한 시신경축삭다발이 교차하기 전까지를 시신경optic nerve, 교차한 후 시신경축삭다발은 시각로optic tract로 구분한다.

뇌간의 상구 단면에서 대뇌의 구조를 살펴보면, 중뇌수도관, 중뇌수도관주위회색질, 적핵, 흑색질, 배쪽피개영역 구조가 상구 단면에 드러나 있다. 그림 5-5에서 점으로 표시된 앞관통질과 뒤관통질은 혈관이 대뇌피질을 통과하면서 생긴 구멍처럼 보이는 구조이며, 대뇌각은 하행운동섬유다발이 대뇌를 받치는 다

그림 5-6 뇌척수액의 순환

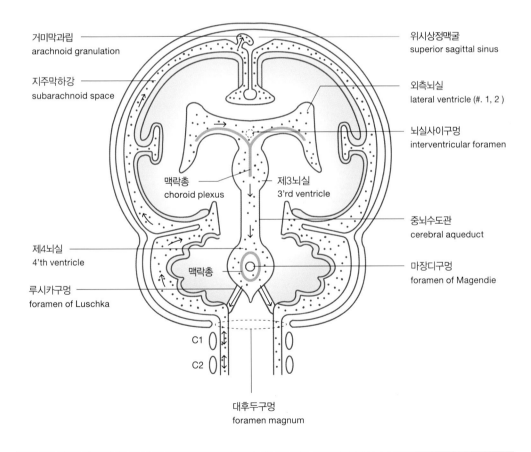

거미막과립
arachnoid granulation

지주막하강
subarachnoid space

맥락총
choroid plexus

제3뇌실
3'rd ventricle

제4뇌실
4'th ventricle

루시카구멍
foramen of Luschka

맥락총

위시상정맥굴
superior sagittal sinus

외측뇌실
lateral ventricle (#. 1, 2 )

뇌실사이구멍
interventricular foramen

중뇌수도관
cerebral aqueduct

마장디구멍
foramen of Magendie

C1

C2

대후두구멍
foramen magnum

리 기둥처럼 보여서 생긴 명칭이다. 갈고리 이랑과 해마방회 안쪽 피질 영역에 편도체와 해마가 위치한다. 조거구는 '새 발톱'을 가리키는 한자어이며 시각피질의 일부다. 시각중계핵인 외측슬상체와 청각중계핵인 내측슬상체가 뇌간과 대상회와 상구 사이에 보이며, 뇌량 팽대와 대상회가 드러나 있다.

그림 5-7 연막, 지주막, 경막

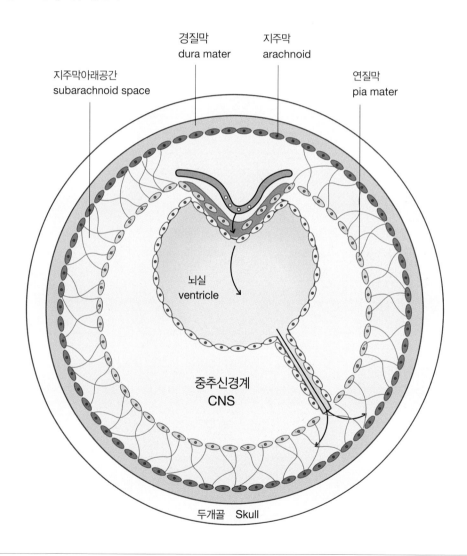

박문호 박사의 뇌과학 공부

인간의 대뇌는 1,400그램으로 코끼리와 고래 다음으로 크지만 뇌척수액 속에 떠 있는 구조여서 부력 덕에 무게가 가볍고, 뇌척수액이 충격에 대한 완충 작용을 한다. 뇌척수액은 맥락총에서 하루에 500밀리리터 정도 생성되며 외측뇌실, 제3뇌실, 중뇌수도관, 제4뇌실 순서로 순환한다. 맥락총은 뇌실에 얽혀 있는 형태의 모세혈관 덩어리다. 중추신경계는 연막, 지주막, 경막으로 덮여 있으며, 지주막아래공간으로 뇌척수액이 순환한다.

뇌의 중추신경계(그림 5-7)는 대뇌와 척수로 구성되며, 세 개의 막으로 보호되

그림 5-8 뇌실의 구조

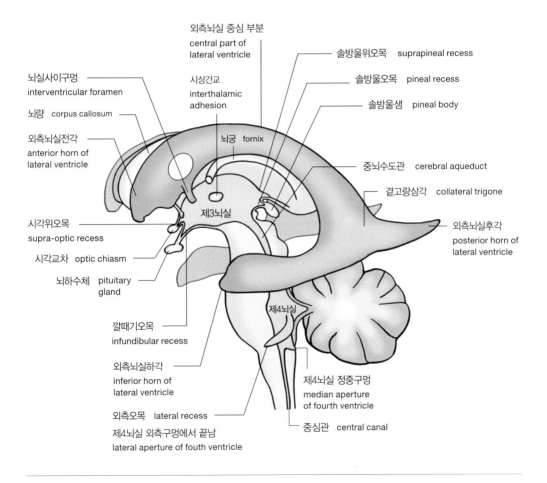

외측뇌실 중심 부분
central part of
lateral ventricle

솔방울위오목　suprapineal recess

솔방울오목　pineal recess

솔방울샘　pineal body

뇌실사이구멍
interventricular foramen

시상간교
interthalamic
adhesion

뇌량　corpus callosum

외측뇌실전각
anterior horn of
lateral ventricle

뇌궁　fornix

중뇌수도관　cerebral aqueduct

곁고랑삼각　collateral trigone

제3뇌실

시각위오목
supra-optic recess

외측뇌실후각
posterior horn of
lateral ventricle

시각교차　optic chiasm

뇌하수체　pituitary
gland

제4뇌실

깔때기오목
infundibular recess

외측뇌실하각
inferior horn of
lateral ventricle

제4뇌실 정중구멍
median aperture
of fourth ventricle

외측오목　lateral recess
제4뇌실 외측구멍에서 끝남
lateral aperture of fouth ventricle

중심관　central canal

어 있다. 대뇌의 가운데는 뇌실이 위치하며, 발생 시기에 뇌실막층의 세포가 분열하여 중추신경계를 형성하고, 형성된 뇌는 연질막으로 덮인다. 연질막 다음에 지주막이 존재하고 연질막과 지주막 사이에 지주막아래공간이 형성된다. 지주막 바깥에 경질막이 덮이는데, 경질막은 두개골 뼈로 보호된다. 대뇌의 뇌실은 발생하면서 외측뇌실, 제3뇌실, 중뇌수도관, 제4뇌실로 뇌 구역별로 구조가 다르다. 척수에서는 대뇌의 뇌실이 척수중심관이 되며, 연막, 지주막, 경막 그리고 척추뼈의 순서로 척추 신경계의 구조가 형성된다.

좌우 두 개의 외측뇌실(그림 5-8)은 제3뇌실과 연결되며, 제3뇌실 가운데에 있는 구멍은 좌우의 시상을 연결하는 시상간교가 지나가는 통로다. 해마와 인접하는 제3뇌실은 좁은 관 형태인 중뇌수도관을 통과하여 소뇌바닥의 제4뇌실과 연

그림 5-9 발생 단계의 시상 단면

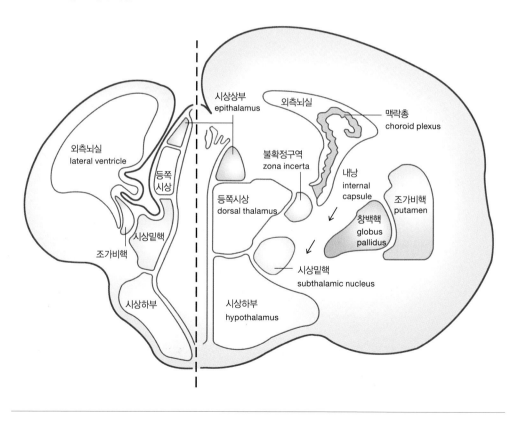

그림 5-10 뇌의 관상 단면 구조

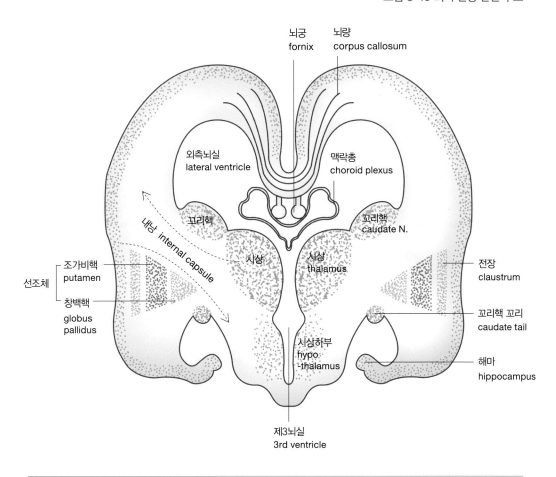

결된다. 제4뇌실은 척수중심관과 연결되며, 제4뇌실 바닥이 뇌간의 등쪽이 되며, 뇌신경핵들과 그물형성체 핵들이 위치한다.

발생 단계의 시상 단면 그림(그림 5-9)을 보면, 외측뇌실에 인접하여 시상상부, 등쪽시상, 시상밑핵, 시상하부가 발생이 진행됨에 따라 등쪽시상과 시상하부가 발달하고 시상밑핵은 외측으로 이동한다. 내섬유막 혹은 내낭 구조가 조가비핵과 창백핵의 시상 영역 사이를 통과하면서 창백핵과 조가비핵은 분리되어 렌즈 형태의 구조를 형성한다.

대뇌의 관상 단면 구조(그림 5-10)에서, 외측뇌실에 꼬리핵의 머리가 위치하고, 제3뇌실을 따라 시상과 시상하부가 보인다. 조가비핵과 창백핵을 합쳐서 선조체가 되며, 선조체와 꼬리핵 사이로 신경섬유다발이 통과하면서 내낭 구조가 형성된다. 내낭은 시상 감각중계핵에서 대뇌피질로 상행하는 축삭다발과 운동피질에서 하행하는 운동피질 신경세포의 축삭다발이 합쳐진 거대한 신경섬유다발 통과 영역이다.

## 그물 형성체는
## 하행 운동 조절, 상행 의식 조절을 한다

뇌 핵심 구조 그림 10개와 개념 단어에 익숙해지면, 뇌 구조와 기능 공부에 단단한 기반이 마련된다. 뇌 공부에서 큰 세 영역은 대뇌피질, 시상, 해마이며, 여기에 한 영역을 더 추가한다면 뇌간의 그물형성체다. 다리, 팔, 몸통, 얼굴로 입력되는 통증, 온도, 피부 촉각과 골격근 근육방추의 고유감각은 대뇌피질로 상행하여 처리되며, 상행 감각입력의 곁가지는 뇌간의 그물형성체로 감각 정보를 보낸다. 전두피질 운동출력은 운동피질에서 척수로 내려가며, 운동출력의 곁가지도 그물형성체로 운동 정보를 전달한다. 따라서 뇌간 그물형성체에서는 입력된 감각 정보와 운동 정보를 조절하여 척수와 시상으로 신호를 전달한다. 시상의 수질판 내핵은 뇌간 그물형성체가 간뇌 영역까지 진출한 구조이며, 시상에 올라온 감각 신호를 대뇌피질 감각영역으로 전달한다. 감각입력에 대한 운동출력은 전전두 피질과 전운동피질을 거쳐 일차운동피질에서 운동 명령이 척수로 내려간다. 대뇌피질의 구분은 간단히 '앞은 운동, 뒤는 감각'이며, 대뇌피질과 척수의 관계는 '상행감각, 하행운동'으로 요약할 수 있다.

뇌 구조 공부에서 톱다운 방식의 요약은 반복해서 익숙해질 필요가 있다. 특히 앞뇌는 주로 운동 정보 처리 피질이며, 뒤뇌는 감각 정보 처리 피질이란 구분은 태아의 뇌 발생에서부터 세포 수준에서 감각뉴런과 운동뉴런으로 분화되는 현상이다. 인간은 삼배엽 동물로, 발생 과정에 외배엽, 내배엽, 중배엽이 생기며, 평판으로 된 외배엽ectoderm에서 신경계가 생겨난다. 신경판neural plate의 도랑 구조인 신경구neural grove가 관 형태로 봉합되어 신경관neural tube이 생긴다. 봉합된 선을 따라서 세로토닌을 분비하는 솔기핵raphe nucleus이 뇌간 정중선을 따라서 형성된다. 태아의 신경판이 봉합되어 척수를 구성하는 원통형의 신경관이 될 때 원통을 아래와 위로 양분하여 아래쪽 신경세포는 운동뉴런이 되고, 위쪽 신경세포는 중개뉴런이 되어 등쪽뿌리신경절dorsal root ganglion의 감각신경세포와 시냅스한다. 따라서 척수의 등쪽 세포는 감각뉴런과 시냅스하며, 배쪽 세포는 척수전각의 운

그림 5-11 뇌 피질의 앞-운동

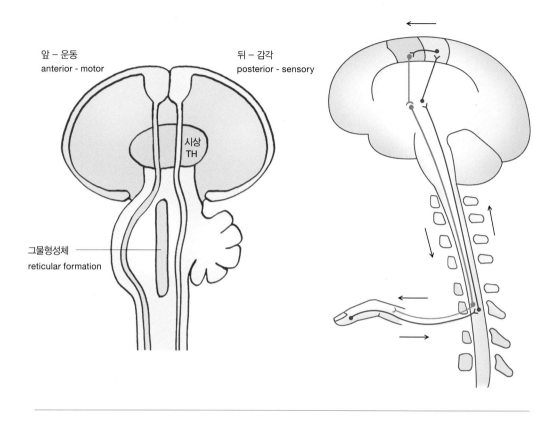

동뉴런이 된다.

수평 방향의 신경관이 척수가 되고, 발생이 진행되면서 신경관은 앞쪽 끝 피질이 크게 확장되어 대뇌피질이 된다. 대뇌피질도 척수의 연장으로 보면, 아래쪽인 배쪽 대뇌피질은 운동 영역, 위쪽인 등쪽 대뇌피질은 감각 영역으로 분화된다. 인간이 직립하면서 배쪽은 앞쪽으로 전두엽이 되어 운동을 담당하고, 등쪽은 뒤쪽으로 후두엽이 되어 감각을 처리한다. 이처럼 뇌 구조에서 '앞뇌는 운동, 뒤뇌는 감각'이라는 구분은 본질적이고 핵심적인 구분으로 척수뿐 아니라 대뇌피질에도 적용된다. 인간 대뇌피질은 중심고랑을 기준으로 앞쪽은 운동피질, 뒤쪽은 감각피질로 구분할 수 있다.

뒤 뇌의 감각 정보는 척수에서 대뇌피질로 상행하고, 앞 뇌의 운동 정보는 대뇌피질에서 척수로 하행하면서 감각 정보와 운동 정보가 뇌간 그물형성체로 입력된다. 그래서 그물형성체는 감각과 운동 정보를 조절하는 역할을 한다. 그물형성체의 역할을 간단히 '하행 운동 조절, 상행 의식 조절'이라 표현할 수 있다. 더 간단히 그물형성체의 역할은 '잘한다'이다. 말과 행동은 '잘하면 된다.' 이때 '잘'에 해당하는 융통성 있는 조절 작용이 바로 그물형성체의 핵심 역할이다. 그래서 동물은 '유전자가 정한 만큼'만 행동한다면, 인간은 '잘' 행동할 수 있다.

**변연계는**

**감정과 기억을 생성하는 정서적 뇌이다**

대뇌피질 아래 신경핵과 변연계 구조에 익숙해지는 방법은 신경핵들은 순서대로 붙여서 변연계 구조를 만들어보는 것이다. 제3뇌실을 사이에 두고 양 측면으로 시상을 붙이고, 꼬리핵이 시상을 에워싸는 구조를 만들고, 조가비핵을 시상과 꼬리핵 머리 부위에 붙이면 된다. 발생 과정에 뇌실이 자라는 형태를 따라서 꼬리핵과 해마의 구조가 형성되므로 뇌실과 비슷한 휘어진 구조가 된다. 대뇌피질

그림 5-12 뇌실과 시상, 꼬리핵, 조가비핵의 구조

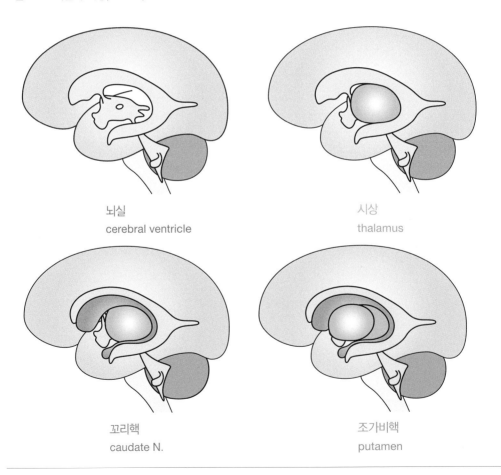

뇌실
cerebral ventricle

시상
thalamus

꼬리핵
caudate N.

조가비핵
putamen

박문호 박사의 뇌과학 공부

그림 5-13 대뇌 반구와 뇌간의 입체 구조

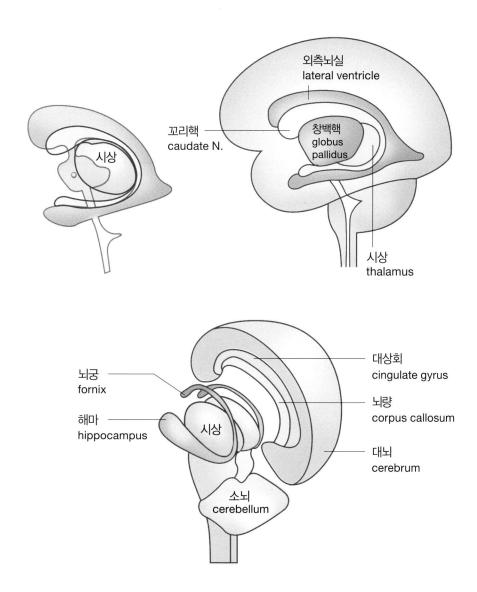

아래에 위치하는 신경세포의 거대한 집합체가 대뇌 기저핵인데, 이는 선조체와 창백핵으로 구성된다. 선조체는 꼬리핵과 조가비핵이 합쳐진 신경핵이다.

시상, 꼬리핵, 창백핵을 외측뇌실과 제3뇌실 영역에 넣고, 그 위에 대뇌 좌우 반구를 덮으면 대뇌 구조가 완성된다. 좌우 대뇌 반구를 연결하는 뇌량과 뇌량 위의 피질인 대상회가 대뇌 반구와 해마의 출력 축삭다발인 뇌궁 사이에 위치한다. 뇌의 부분별 구조를 뇌실을 중심으로 그려보면 뇌의 입체 구조가 분명해진다.

변연계는 대상회, 해마, 시상, 편도체, 시상하부의 신경세포 집단이 서로 대규모의 축삭다발로 연결되어 신경회로 구조를 형성한다. 감정과 기억을 생성하는 변연계의 구조적 특성 덕에 기억과 감정은 상호연결되어 감정적 자극은 기억에 오래 저장된다. 후각 자극은 후각망울을 통해 편도체로 입력되며 시각, 청각, 촉각과 달리 시상핵의 중계 없이 후각 관련 피질에서 처리된다. 시상하부는 체온 조절, 성 중추, 식욕, 갈증 관련 신경핵들의 집합체로 신체의 항상성을 조절하고

그림 5-14 변연계의 구조

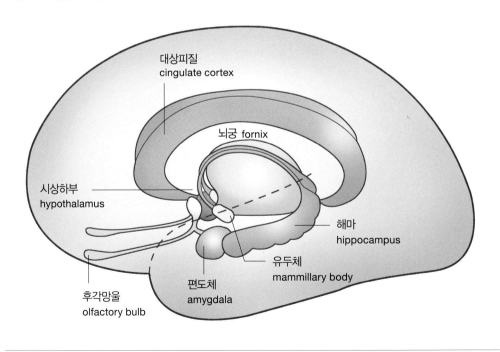

박문호 박사의 뇌과학 공부

편도체와 상호연결되어 있다. 내측전전두엽, 전대상회, 편도체, 시상하부는 감정적 반응을 생성하는 뇌의 정서적 영역이다. 경험한 사건의 내용은 해마에서 기억이 되며, 사건의 감정적 기억은 편도체에서 만들어져서 오랫동안 기억된다.

변연계 구조에서, 기억을 형성하는 해마에서 신경출력이 뻗어나가는 영역으로는 전전두피질, 중격영역, 시각전영역preoptic area, 시상하부 전핵, 유두체, 시상전핵, 고삐핵이 있다. 고삐핵은 신경연결이 말의 고삐 모양이어서 붙은 이름이며, 감정 처리와 일부 관련된 신경핵이다. 해마에서 출력은 뇌궁을 통해서 유두체, 시상전핵, 대상다발, 해마방회, 내후각뇌피질로 연결되며, 내후각뇌피질에서 다

그림 5-15 파페츠회로

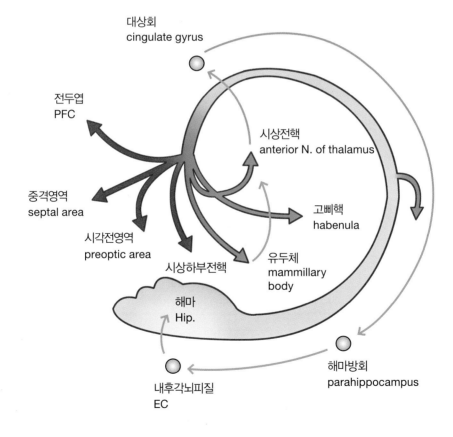

대상회
cingulate gyrus

전두엽
PFC

시상전핵
anterior N. of thalamus

중격영역
septal area

고삐핵
habenula

시각전영역
preoptic area

유두체
mammillary
body

시상하부전핵

해마
Hip.

내후각뇌피질
EC

해마방회
parahippocampus

시 해마로 입력되는 폐회로가 바로 파페츠회로다. 1930년대 발표된 파페츠회로는 그 당시는 감정의 회로로 여겨졌지만, 지금은 해마의 일화기억 형성과 관련된다.

변연계는 감정과 기억에 관련된 간뇌 영역으로, 중격영역, 해마, 해마방회, 편도체, 대상회, 시상, 시상하부 영역이다. '변연邊緣'이란 용어는 바퀴의 테두리처럼 원형으로 된 구조라는 뜻인데, 변연계를 구성하는 중격핵, 편도체핵, 시상하부핵은 상호연결되어 기억 회로를 형성한다. 변연계의 입력과 출력 신경섬유는 뇌간의 신경핵과 연결되어 감정과 본능을 처리하는 뇌간-변연 시스템을 형성한다. 변연계에서 뇌간으로 출력하는 신경로는 시삭전영역과 시상하부전핵에서

그림 5-16 변연계

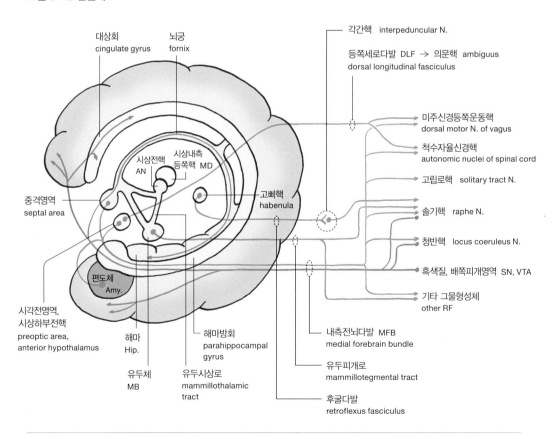

등쪽세로다발을 통해 뇌간 미주신경등쪽운동핵으로 신경 출력을 보내며, 고삐핵에서 후굴속을 통해 뇌간 솔기핵으로 신경자극을 출력하고, 유두체핵에서 뇌간의 솔기핵과 다른 뇌간 그물형성체 신경핵으로 신경신호를 보낸다.

변연계와 뇌간 사이에서 가장 중요한 연결은 내측전뇌다발로, 뇌간과 변연계를 상호연결한다. 변연계는 중격영역, 시삭전영역, 시상하부전핵, 편도체에서 뇌간의 미주신경등쪽운동핵, 고립로핵, 솔기핵, 청반핵, 척수 자율신경세포로 신경출력을 보낸다. 내측전뇌다발 변연계로는 뇌간의 솔기핵, 청반핵, 배쪽피개영역, 흑색질에서 중격영역과 전대상회, 전전두엽의 신경자극이 입력된다. 내측전뇌다발의 신경로를 통해 솔기핵의 세로토닌, 청반핵의 노르에피네피린, 배쪽피개영역의 도파민이 뇌간에서 변연계 구조로 전달되어 노르에피네피린에 의한 주의집중, 도파민에 의한 흥분성 자극과 중독 관련 현상이 생겨난다.

## 시상하부에는 체온, 혈압, 식욕, 성욕, 수면을 조절하는 신경핵이 모여 있다

시상하부에는 체온을 유지하고, 성욕과 식욕을 조절하는 신경 핵들이 모여 있다. 시상하부는 뇌간 위쪽, 시상 아래쪽에 위치하며, 시삭전핵, 시교차상핵, 시삭상핵, 궁상핵arcuate nucleus, 실방핵paraventricle nucleus, 전핵, 등쪽내측핵, 배쪽내측핵, 후핵, 외측핵으로 구성된다. 시삭전핵은 시신경전핵과 함께 사용되는 용어인데, '삭'은 축삭을 의미한다. 시삭전핵에는 내측과 외측 두 개 핵이 존재하며, 복외측

그림 5-17 시상하부의 신경핵

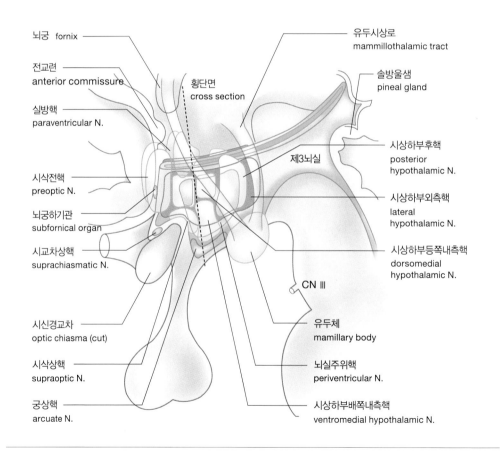

박문호 박사의 뇌과학 공부

그림 5-18 시상하부 신경핵의 기능

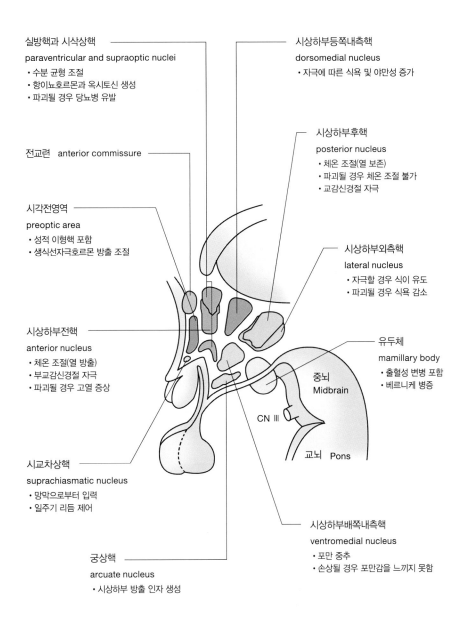

실방핵과 시삭상핵
paraventricular and supraoptic nuclei
• 수분 균형 조절
• 항이뇨호르몬과 옥시토신 생성
• 파괴될 경우 당뇨병 유발

전교련   anterior commissure

시각전영역
preoptic area
• 성적 이형핵 포함
• 생식선자극호르몬 방출 조절

시상하부전핵
anterior nucleus
• 체온 조절(열 방출)
• 부교감신경절 자극
• 파괴될 경우 고열 증상

시교차상핵
suprachiasmatic nucleus
• 망막으로부터 입력
• 일주기 리듬 제어

궁상핵
arcuate nucleus
• 시상하부 방출 인자 생성

시상하부등쪽내측핵
dorsomedial nucleus
• 자극에 따른 식욕 및 야만성 증가

시상하부후핵
posterior nucleus
• 체온 조절(열 보존)
• 파괴될 경우 체온 조절 불가
• 교감신경절 자극

시상하부외측핵
lateral nucleus
• 자극할 경우 식이 유도
• 파괴될 경우 식욕 감소

유두체
mamillary body
• 출혈성 변병 포함
• 베르니케 병증

중뇌
Midbrain

CN Ⅲ

교뇌 Pons

시상하부배쪽내측핵
ventromedial nucleus
• 포만 중추
• 손상될 경우 포만감을 느끼지 못함

시삭전핵ventrolateral preoptic nucleus은 수면 중추다. 복외측시삭전핵은 대뇌피질을 각성시키는 상행 활성계 신경핵인 청반핵, 대뇌각교뇌핵, 유두융기핵의 작용을 억제하여 뇌를 수면 상태로 만든다. 내측시삭전핵은 방광을 수축시키며, 심장 박동률을 낮추는 역할을 한다. 시교차상핵supraoptic chiasmatic nucleus은 시각교차 위에 위치하는 신경핵으로, 동물의 일주기 반응과 관련된 신경핵이다. 시삭상핵supraoptic nucleus은 옥시토신과 체내의 수분을 보존하는 항이뇨호르몬(ADH)을 생성하는 신경세포 집합으로, 신경축삭이 뇌하수체 후엽을 뻗어나가 옥시토신과 항이뇨호르몬을 신경분비한다. 신경분비는 세포축삭말단에서 호르몬을 분비하는 방식으

**그림 5-19 시상하부 단면 구조**

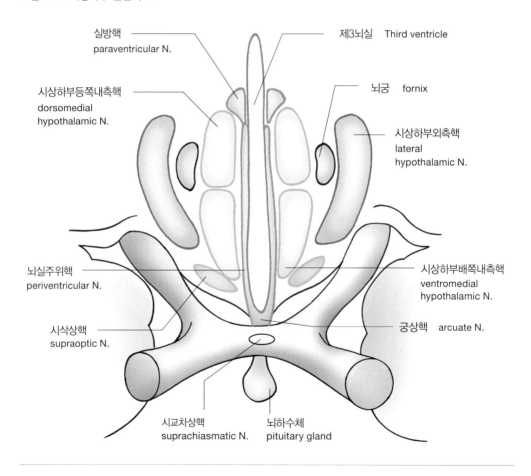

로 뇌하수체 후엽에서 활발하다.

옥시토신은 출산시 자궁 수축을 유발하며, 자식의 양육과 관련하여 부부 간의 정서적 결합을 강화시킨다. 제3뇌실 주변의 실방핵도 옥시토신과 항이뇨호르몬을 생성하는 신경분비핵이다. 시상하부전핵은 체내의 열을 발산하는 역할을 하며, 전핵이 작동하지 않으면 체온이 높이 올라간다. 반면에 시상하부후핵은 혈압을 높이며, 몸을 떨게 하여 체온을 높이는 작용을 한다. 시상하부등쪽내측핵을 자극하면 식욕이 증가한다. 시상하부배쪽내측핵은 포만 중추핵으로, 작동하지 않으면 동물은 포만감을 느끼지 못하고 먹기를 멈추지 않아서 고도의 비만 상태에 이른다. 반면에 시상하부외측핵은 기아 중추핵으로, 작동하지 않으면 식욕이 감소해서 체중이 급감하게 된다.

시상하부외측핵은 내측전뇌다발이 통과하며, 편도체와 뇌간으로 출력을 보내는 교감신경중추다. 시상하부 궁상핵은 베타엔돌핀을 생성하며 비만과 관련된 신경핵이다. 시상하부의 시삭전핵은 남녀가 다른 성적 이형핵으로, 남성에서는 성호르몬을 생성하는 남성 성중추인 반면 여성의 성중추는 배쪽내측핵에 위치한다. 제3뇌실을 에워싸는 얇은 영역이 뇌실주위핵, 뇌실주위핵 위쪽에 뇌실에 인접한 실방핵, 뇌실주위핵의 아래 연장 부분이 궁상핵이다. 뇌실주위핵 바로 외측으로 등쪽내측핵, 배쪽내측핵, 시삭상핵이 위치하며, 등쪽내측핵 외측으로 해마의 출력 신경다발인 뇌궁이 지나간다. 시상하부의 작용은 체온과 식욕 조절, 성적 욕구와 관련되어 생식 욕구와 신체 항상성을 유지하는 생존의 핵심 기능을 수행한다. 특히 시상하부외측핵은 편도체의 중심핵에서 입력을 받아서 척수 중간뿔회색질의 교감신경세포에 시냅스하는 교감신경중추다.

시상하부외측핵은 식욕을 촉진하는 비만 관련 호르몬인 오렉신orexin을 생성하며, 오렉신 생성 세포가 유전질환 탓에 오렉신을 생성하지 못하면, 각성 상태에서 곧장 렘수면 상태가 되어 갑자기 잠에 빠져드는 기면증narcolepsy이 생긴다. 비만 관련 호르몬인 오렉신이 놀랍게도 수면을 억제하는 물질이란 사실이 밝혀졌다. 수면 연구자들은 이 호르몬을 하이포크레틴hypocretin이라 했으며, 사실 오렉신과 하이포크레틴은 같은 호르몬이다. 시상하부 외측핵은 편도체와 측좌핵, 분계

그림 5-20 시상하부 외측핵과 연결된 신경핵

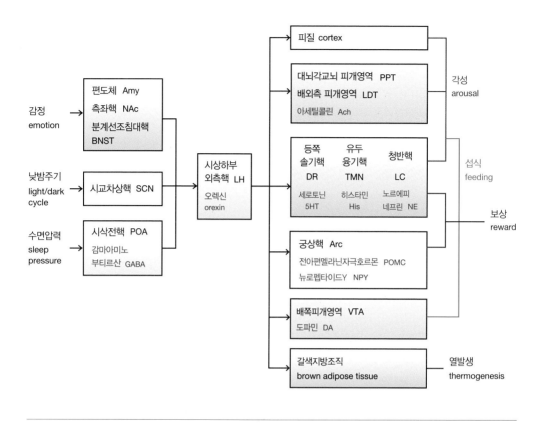

선조 침대핵에서 정서적 입력, 시교차상핵에서 일주기 정보, 시상하부 시삭전핵
에서 수면 욕구 정보를 입력 받으며, 대뇌피질과 대뇌각교뇌핵, 청반핵, 유두융
기핵, 등쪽솔기핵, 궁상핵, 배쪽피개영역, 갈색지방세포로 출력 신호를 보낸다.
시상하부 외측핵의 오렉신 작용으로 대뇌피질은 각성 상태를 유지하고, 식욕과
보상에 관한 욕구를 생성하고, 체온을 조절한다.

## 뇌간과
## 변연계의 연결

뇌간은 척수와 시상을 연결하는 위치에 존재하고, 시상과 시상하부는 간뇌를 구성한다. 시상하부, 편도체, 중격핵, 해마, 대상회가 서로 연결되어 변연계를 형성한다. 변연계는 감정과 기억을 처리하는 신경세포의 연결이 그 회로를 구성하며, 뇌간의 신경핵들과 서로 연결되어 감각입력에 대한 정서적 반응과 사건의 맥락을 기억한다. 변연계의 기억 관련 신경회로는 파페츠회로인데, 해마에서 출력된 신경다발이 뇌궁을 형성하여 유두체로 입력되고, 유두체에서 유두시상로mammillothalamic tract를 통하여 시상전핵으로 입력되고, 시상전핵에서 내낭전지internal capsule anterior limb를 통하여 전대상회에서 시냅스한다. 전대상회에서 대상다발을 통하여 해마방회로 입력되고, 해마방회에서 관통로perforant pathway를 통하여 다시 해마로 입력되어 폐회로가 연결된다. 파페츠회로에 편도체, 중격핵, 고삐핵, 측좌핵, 배쪽창백핵을 추가하면 변연계와 뇌간 그리고 전전두엽의 신경연결들이 드러난다.

편도체, 중격핵, 시상하부의 전핵, 시삭전핵에서 출력되는 신경섬유다발이 함께 모여서 내측전뇌다발이 되어 뇌간의 등쪽 미주신경 운동핵, 척수 중간뿔회색질intermediate gray horn의 교감신경세포, 고립로핵, 솔기핵, 청반핵으로 신경연결된다. 뇌간에서 변연계로 입력되는 내측전뇌다발의 축삭다발 성분은 솔기핵, 청반핵, 흑색질, 배쪽피개영역에서 출발하여 전전두엽과 전대상회, 중격핵으로 입력된다. 솔기핵은 세로토닌, 청반핵은 노르에피네피린, 흑색질치밀부와 배쪽피개영역은 도파민 생성 세포가 모여서 된 신경핵이다. 세로토닌 분비세포의 축삭은 대뇌피질에 가장 넓게 분포하며, 뇌의 전반적인 각성 수준에 관련된다. 노르에피네피린은 자극에 주의집중하게 하며, 주로 전두엽에 분포하는 도파민 시냅스는 동기와 중독에 관련한다.

내측전뇌다발은 뇌간, 변연계, 전두엽을 연결하여 뇌의 각성 상태, 주의집중, 쾌감을 유발하는 인간 행동에서 중독과 창의성에 관련된 중요한 신경로다. 시

그림 5-21 시상하부와 연결된 뇌 영역과 신경로

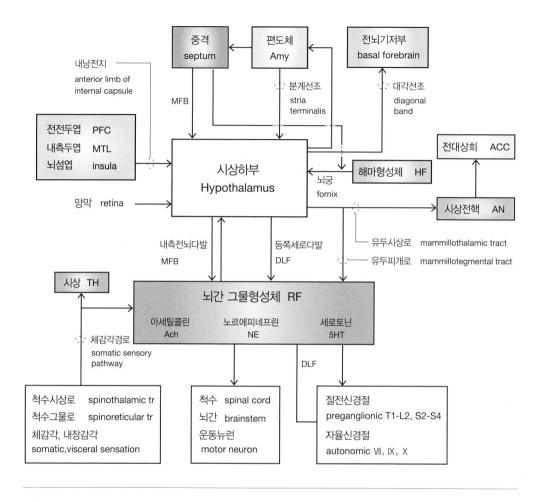

상하부의 실방핵, 뇌실주위핵periventriclar nuclei, 시신경상핵supraoptic nucleus에서 뇌간의 동안신경, 부동안신경, 미주신경등쪽운동핵, 의문핵으로 출력되는 축삭다발은 등쪽세로다발dorsal longitudinal fasciculus을 형성한다. 고삐핵에서 후굴속retroflexus fasciculus을 통해 각간핵interpeduncular nucleus으로 연결되는 신경다발은 솔기핵으로 신경출력을 보내며, 유두체에서 유두피개로mammillotegmental tract를 통해 솔기핵과 연결된다. 변연계의 핵심 회로는 파페츠회로이며, 내측전뇌다발은 감정과 정서 반응, 중독, 주의력, 창의성에 모두 관련하는 신경로다.

그림 5-22 도파민 신경로

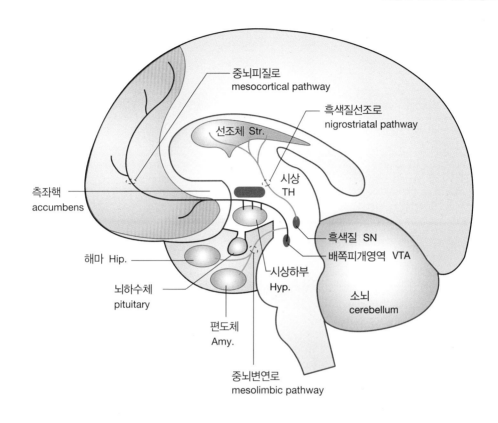

뇌간의 도파민 출력 회로로는 흑색질선조로nigrostrial tract, 중뇌피질로mesocortical tract, 중뇌변연로mesolimbic pathway의 세 가지가 있다. 흑색질선조로는 뇌간의 흑색질에서 선조체로 출력되어 선조체에서 운동 조절 작용을 한다. 흑색질치밀부 도파민 생성 뉴런이 줄어들면 운동실조증인 파킨슨병이 생긴다. 중뇌피질로는 뇌간의 배쪽피개영역에서 뻗어나간 축삭말단이 전전두엽 신경세포와 시냅스하여 도파민을 분비하는 신경로다. 중뇌피질로는 중간에 측좌핵에 시냅스하여 대뇌피질의 활성을 조절하는데, 중독과 관련하여 인간에게 중요한 신경로다. 뇌간의 솔기핵과 청반핵 신경세포에서 생성되는 세로토닌과 노르에피네피린은 대뇌피질 전 영역으로 분비되어 대뇌피질의 각성과 주의집중 상태를 만들지만, 배쪽

피개영역에서 생성되는 도파민은 대뇌피질의 전전두엽에서 주로 분비된다. 도
파민은 인간 행동에서 학습, 보상, 중독에 관련된 신경전달물질로, 의지력과 창
의성을 낳는다.

어류에서 중요한 신경전달물질인 메틸옥시도파민이 바로 아드레날린이며, 단
백질 효소에 의해 메틸기를 탈락시켜 옥시도파민이 생성된다. 그리고 옥시도파
민은 노르아드레날린 혹은 노르에피네피린이 되는데, 옥시도파민에서 단백질
효소에 의해 옥시, 즉 산소를 탈락시키면 도파민이 된다. 즉 메틸옥시도파민에
서 효소의 작용으로 노르에피네피린과 도파민이 생성된다. 그런데 이 생성 효소
인 단백질은 거대 분자이기 때문에 만드는 데 에너지가 많이 필요하다. 따라서

그림 5-23 선조체의 등쪽외측과 복내측 시스템

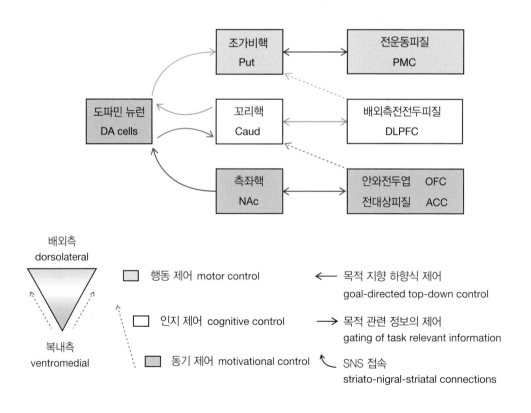

박문호 박사의 뇌과학 공부

단백질을 탈락시키고 점차 노르아드레날린과 도파민 위주로 신경계를 구성하면 에너지 관점에서 이득이 된다. 그래서 포유류, 특히 인간에서 도파민이 주요한 신경물질이 되었다는 가설이 있다. 이런 가설은 아드레날린, 노르에피네피린, 도파민이 어류, 양서류, 파충류, 포유류 신경 시스템에 작용하는 범위에 관심을 갖게 하며, 진화적 관점에서 신경 시스템을 살펴보게 하여 중요하다.

도파민은 운동과 동기 그리고 인지 작용 모두에 영향을 준다. 대뇌피질, 선조체, 변연계에서 배쪽 영역은 도파민이 동기를 생성하며, 배쪽에서 등쪽으로 갈수록 동기에서 인지와 운동 기능 조절 역할로 도파민의 역할이 점차 변화한다. 배쪽선조체 영역에 위치하는 측좌핵은 동기를 일으키는 핵심 영역이며, 배쪽 대뇌피질인 안와전두엽, 전대상회와 상호연결되어 가치 평가에 의한 행동 선택을 하게 된다. 등쪽선조체인 조가비핵은 운동 순서 기억과 관련되며 전운동피질은 외부 자극에 대한 운동출력을 만든다. 중간 영역의 꼬리핵은 배외측전전두피질 dorsolateral prefrontal cortex과 연결되어 목적지향적 행동을 만든다.

## 상행감각과 하행운동 축삭다발은
## 내낭구조를 만든다

대뇌운동피질에서 척수로 운동신호를 전달하는 운동로는 중심고랑central sulcus 앞 피질인 일차운동피질에서 내낭후지를 통과하여 뇌간으로 신경섬유다발을 내린 다. 중뇌의 상구 단면에 위치하는 흑색질 앞 영역, 즉 중뇌의 배쪽 표면에서 흑색 질 사이 영역에는 하행운동 신경섬유다발이 통과하여 대뇌각을 형성한다. 하행 운동로 상구 단면의 안으로 오목한 부분인 대뇌각사이오목interpeduncular fossa의 외 측에는 차례로 피질중뇌로, 전두피질교뇌로, 피질핵로, 피질척수로, 후두-두정- 측두 교뇌로의 신경섬유다발이 통과한다. 피질중뇌로는 전두운동피질에서 동안 신경핵oculomotor nucleus과 도르래신경핵trochlear nucleus으로 신경섬유가 뻗어나간다. 전두피질교뇌로는 전두엽에서 출발하여 교뇌로 입력되는 운동신경로이며, 피질 핵로corticonuclear tract는 운동피질에서 삼차신경핵, 안면신경핵, 설인신경핵, 미주신 경핵, 부신경핵, 설하신경핵으로 신경축삭이 뻗어나간다. 그리고 피질척수로는 연수에서 교차하여 척수를 통과하는 외측피질척수로와 연수에서 교차하지 않고 척수로 내려가는 전피질척수로가 있다.

대뇌피질에서 하행하는 운동신경섬유다발은 꼬리핵머리, 렌즈핵, 시상에 의해 형성된 두 개의 직사각형이 만나서 된 형태의 영역을 통과한다. 렌즈핵은 조가 비핵과 창백핵이 합쳐서 된 렌즈 모양의 핵으로, 내측에서 외측으로 창백핵내절, 창백핵외절, 조가비핵 순으로 배열된다. 꼬리핵머리와 렌즈핵 사이를 통과하는 신경섬유는 내낭의 전지가 된다. 내낭전지의 하행섬유는 전두엽에서 교뇌핵으 로 내려오는 전두교뇌로의 운동신경섬유다. 내낭전지의 상행섬유에는 시상전핵 과 등쪽내측핵에서 대뇌피질로 상행하는 시상출력섬유가 있다. 내낭후지는 렌 즈핵과 시상 사이 영역이며, 내낭전지와 내낭후지가 만나는 영역인 내낭무릎 영 역에서 하행운동신경다발인 피질핵로가 통과하여 얼굴과 머리의 운동신경핵으 로 연결된다. 내낭후지에는 위에서 아래로 팔, 몸통, 다리의 순서로 각 영역의 운 동신경이 피질척수로를 통해 출력되며, 내낭후지 끝 부분에는 측두교뇌신경로

박문호 박사의 뇌과학 공부

그림 5-24 시상핵과 내낭의 구조

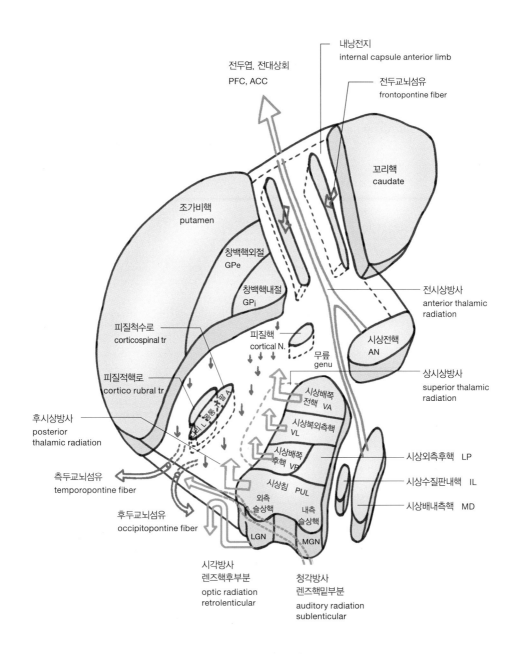

내낭전지
internal capsule anterior limb

전두엽, 전대상회
PFC, ACC

전두교뇌섬유
frontopontine fiber

꼬리핵
caudate

조가비핵
putamen

창백핵외절
GPe

창백핵내절
GPi

전시상방사
anterior thalamic
radiation

피질척수로
corticospinal tr

피질핵
cortical N.

무릎
genu

시상전핵
AN

상시상방사
superior thalamic
radiation

피질적핵로
cortico rubral tr

시상배쪽
전핵 VA

시상복외측핵
VL

후시상방사
posterior
thalamic radiation

시상배쪽
후핵 VP

시상외측후핵 LP

시상수질판내핵 IL

측두교뇌섬유
temporopontine fiber

시상침 PUL

외측
슬상핵

내측
슬상핵

시상배내측핵 MD

후두교뇌섬유
occipitopontine fiber

LGN

MGN

시각방사
렌즈핵후부분
optic radiation
retrolenticular

청각방사
렌즈핵밑부분
auditory radiation
sublenticular

그림 5-25 내낭을 구성하는 신경다발

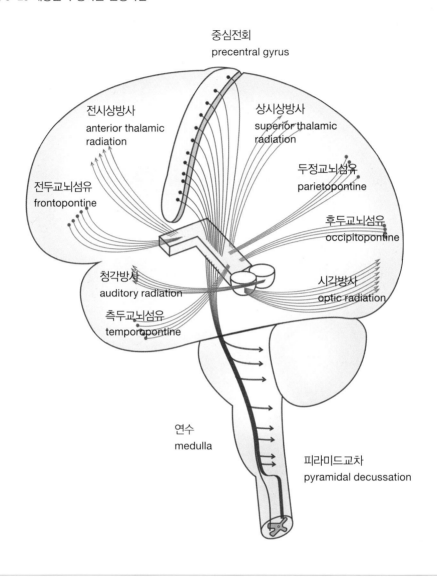

temporopontine tract가 통과한다. 내낭후지를 통과하는 상행신경섬유다발은 시상에서

두정엽으로 감각신호를 왕관 형태의 방사corona radiation로 전달한다.

척수에서 대뇌 감각피질로 상행하는 신경섬유는 시상의 배쪽전핵, 배쪽외측핵, 배쪽후핵에서 시상감각뉴런과 시냅스하며, 시상감각뉴런의 출력은 상시상 방사를 통하여 대뇌 감각피질로 감각을 전달한다. 시상의 외측슬상체는 망막에서 입력되는 시각 자극을 시각방사를 통해 대뇌 일차시각피질로 중계하는 시상 감각핵이다. 내측슬상체는 달팽이관에서 청각 자극 대뇌 일차체감각피질로 청각방사를 통해 전달하는 시상감각핵이다. 피부와 얼굴에서 척수 후섬유단을 통하여 상행하는 다리의 촉각 자극은 얇은핵과 시냅스하고, 팔과 몸통의 촉각은 쐐기핵과 시냅스한다. 몸에서 상행하는 촉각은 시상복후외측핵, 얼굴에서 상행하는 촉각 자극은 시상복후내측핵에서 시냅스하고, 이들 시상 감각핵에서 대뇌 일차체감각피질로 촉각 자극을 전달한다.

대뇌운동피질은 신체축과 신체축 근방 영역과 신체 말단인 원위부로 구분하여 운동신경로를 분류할 수 있다. 대뇌피질 중심고랑 바로 앞 영역인 일차운동피질에서 피질척수로와 피질적핵로의 운동출력이 척수와 적핵으로 연결되며, 일차운동피질 앞 영역인 보완운동영역과 전운동영역은 신체축과 몸통의 자세와 움직임을 조절한다. 피질척수로는 특히 손가락의 정교한 움직임을 제어하며, 선 자세에서 손으로 하는 운동 학습과 관련된다. 적핵척수로는 네발짐승인 개나 고양이에서 중요하지만, 인간의 적핵척수로는 약해져 있다. 반면에 적핵과 올리브핵의 연결은 인간에서 중요한 새로운 운동 학습에 관여한다. 적핵은 상구 영역에 존재하는 커다란 핵으로, 위와 아래의 두 영역으로 구분되는데, 인간의 경우 아래쪽 적핵이 미약하다. 작은세포 집단인 위쪽의 적핵은 소뇌 치아핵에서 입력을 받고 하올리브핵으로 출력을 보내며, 큰세포로 구성된 아래쪽 적핵은 소뇌 중간위치핵에서 입력을 받고, 적핵척수로로 출력한다. 소뇌 치아핵-적핵 작은세포-하올리브핵의 순환 회로는 인간의 새로운 운동 학습과 관련된다. 대뇌 운동로는 내측과 외측 운동 시스템으로 구분되는데, 진화적으로 오래된 내측 시스템은 신체의 중심축과 몸통을 조절하는 전정척수로, 그물척수로, 시개척수로이며, 사지말단의 정교한 운동을 조절하는 외측 시스템은 적핵척수로와 피질척수로다.

하행운동로를 요약하면 다음과 같다.

## 그림 5-26 내측과 외측 운동 시스템

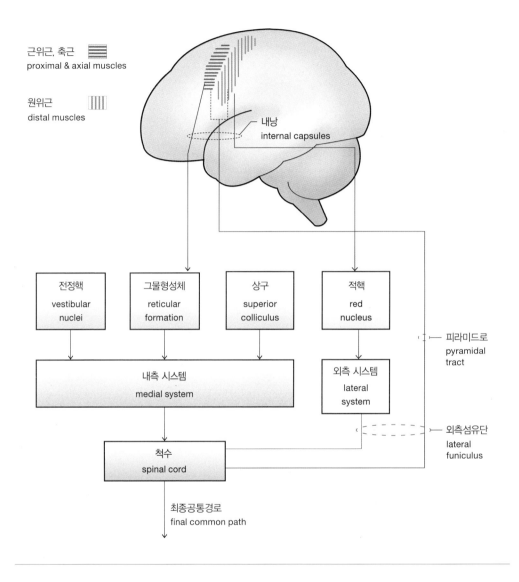

근위근, 축근
proximal & axial muscles

원위근
distal muscles

내낭
internal capsules

전정핵
vestibular
nuclei

그물형성체
reticular
formation

상구
superior
colliculus

적핵
red
nucleus

내측 시스템
medial system

외측 시스템
lateral
system

피라미드로
pyramidal
tract

척수
spinal cord

외측섬유단
lateral
funiculus

최종공통경로
final common path

**내측 시스템: 신체축, 몸통 운동 조절→전정척수로, 그물척수로, 시개척수로**

**외측 시스템: 사지말단→적핵척수로, 피질척수로**

**인간의 운동 학습: 치아핵→적핵 상부→하올리브핵→소뇌피질→치아핵 순환 회로**

박문호 박사의 뇌과학 공부

**적핵의 입출력: 치아핵→적핵 상부→하올리브핵**

**중간위치핵→적핵 하부→피질척수로**

**내낭의 구성: 내낭전지, 내낭무릎, 내낭후지**

**내낭전지 하행: 전두교뇌로**

**내낭전지 상행: 시상에서 전두엽으로**

**내낭무릎: 피질핵로**

**내낭후지 하행: 몸통의 피질적핵로, 팔과 다리의 피질척수로**

**내낭후지 상행: 시상에서 두정엽으로**

　　뇌 공부의 핵심은 감각과 운동이다. 척수를 구성하는 신경섬유다발에는 '상행 감각'과 '하행운동' 신경로가 있다. 신체 표면과 근육에서 출발한 감각신경은 척수를 통해 상행하며, 시상 감각핵의 중계로 대뇌피질로 감각을 전달한다. 반대로 운동신경은 대뇌운동피질에서 척수로 내려와서 척수전각 운동신경세포를 자극하여 신경 흥분을 골격근에 전달하며, 골격근 근육이 수축하여 움직임이 생긴다. 척수가 전달하는 일반감각은 고유감각, 통각, 온도감각, 촉각, 압력감각이다. 근육방추에서 생성하는 골격근 길이 변화와 골지건기관이 생성하는 근육 긴장도의 정보가 바로 고유감각이다. 골격에 부착된 근육 길이와 근육 긴장도 변화 정보는 몸의 자세와 움직임에 관한 정보이며, 신체 각 부위의 위치를 알게 해준다.

　　고유감각이 작동하지 않으면 몸에 대한 위치 감각이 사라져 신체의 존재를 인식할 수 없게 된다. 의식적 고유감각은 척수의 후섬유단과 뇌간의 내측섬유띠를 통해 대뇌 일차체감각피질로 전달된다. 무의식적 고유감각은 척수 내의 중간뉴런이 중개해 후척수소뇌로를 통해 소뇌로 입력된다. 근육방추에서 출력하는 근육 길이 변화 정보인 고유감각은 Ia 감각신경을 통해 척수후각으로 입력되어, 중간뉴런의 중개로 같은 쪽 척수전각으로 전달되며, 골격근으로 출력되어 척수반사회로를 만든다.

_____

**Left diagram (CA3 pyramidal cell):**

stratum
lacunosum
moleculare → EC
PP path
3800
Glu syn.

stratum
radiatum ← CA3
RC
Commissural

thorny
excrescence

lucidum ← MF
Pyramidae

apical
dendrite

basal
dendrite

Oriens ← CA3
RC
Commissural

CA3

) → RC → 12000 synapse
recurrent

: via PP → 3800 synapses

**Right diagram (CA1 pyramidal cell):**

CA1 interneuron
20 Hz, GABA
firing rate
Glu

SLM           330   1800 ← EC
                          2.5 Hz

SR            740   17000 ← CA3
                          0.4 Hz

SP

SO            640   12000 ← CA3
                          0.4 Hz

CA1

interneuron  inhibitory
330 + 740 + 640 ≈ 1700 × 20 = 34000
                    firing/sec

Glu   CA3 → 17000 + 12000 = 29000 × 0.4
        EC → 1800 × 2.5           = 11600 firing
                     = 4500              /sec

CA1 →  [ 34000 → 16000
firing  [      = EC + CA3 = 16000

# 기억과
# 해마

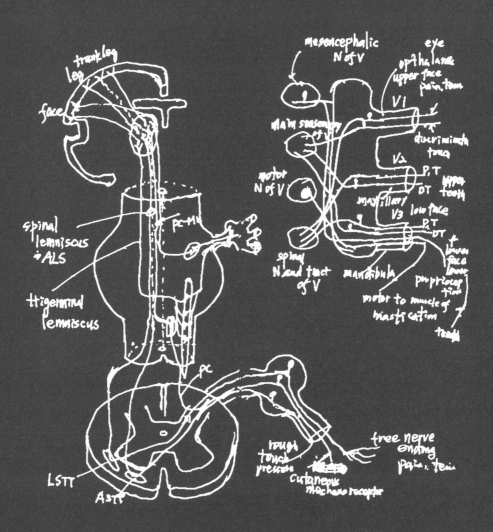

## 기억은 수동적 자동 기억과
## 능동적 숙성 기억으로 구분할 수 있다

기억이란 놀랍고 미묘한 현상이다. 다양한 종류의 기억이 복합적이고 동시에 작동하기 때문에 기억의 실체를 파악하기는 어렵다. 우선 기억은 '수동적 자동 기억'과 '능동적 숙성 기억'으로 구분할 수 있다. 흔히 기억을 반복적인 노력이 필요한 정신적 과정으로만 생각한다. 그러나 놀랍게도 결코 노력하거나 집중하지 않아도 대규모의 기억이 즉각 형성되는 수동적 자동 기억이 있다. 바로 일화기

그림 6-1 해마 기억 회로와 대뇌 기억 회로

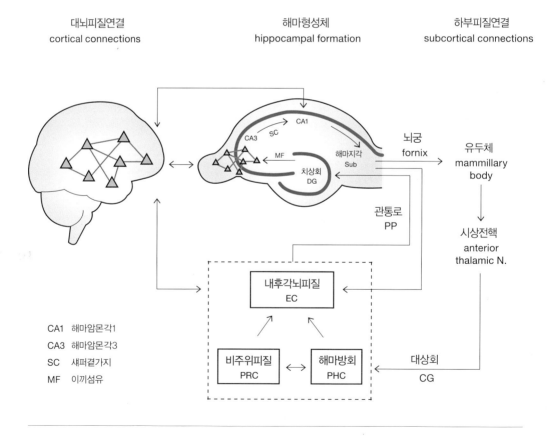

박문호 박사의 뇌과학 공부

억이다. 반면에 전화번호, 영어 단어, 수학 공식은 집중해서 반복해야 겨우 암기되는 능동적 숙성 기억이다. 의미기억처럼 숙성 과정이 필요한 기억은 지금은 기억에 성공했지만 며칠만 지나도 대부분 잊힌다. 자동 기억인 일화기억은 하루 동안 내가 한 일과 만난 사람을 모두 기억할 수 있다. 낮 동안의 행동은 노력하지 않아도 저절로 기억되지만 반복해야만 기억되는 능동적 기억은 대뇌신피질에서 형성된다. 이는 이미 저장된 이전의 기억과 새로운 기억을 연결하는 과정이다. 대뇌신피질의 기억은 범주화된 형태로 저장되며 주로 언어로 표상된다.

상자에 물건의 이름을 붙이듯이 의미기억은 각각의 이름으로 기억되고 인출

그림 6-2 파페츠회로와 대뇌피질의 연결

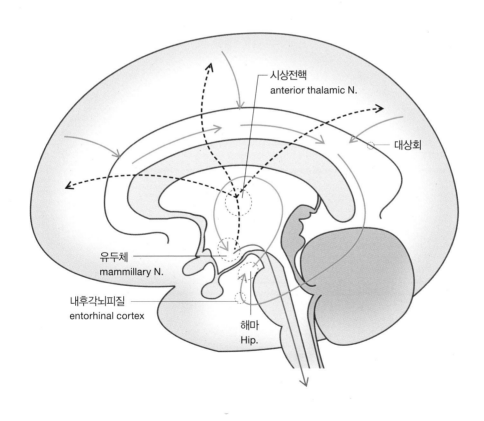

된다. 개별 기억의 내용 전체가 하나의 이름으로 대표되고, 뇌 작용은 이 이름이란 단어의 연결로 생각을 만든다. 그래서 생각은 언어를 통한 기억의 연결이며, 실제 행동 선택을 준비하는 운동 계획 단계다. 운동 계획은 속으로 혼자 중얼거리는 발음되지 않는 말하기다. 대뇌신피질에서 기억은 대부분 언어로 표상된 범주화된 지각이며, 분류된 범주 그 자체가 바로 의미가 된다. 그래서 단어는 의미기억의 핵심 요소다.

감각, 지각, 기억을 공부하는 과정에서 핵심이 되는 뇌 구조는 해마와 대뇌신피질의 상호연결이다. 그림 6-2에는 기억을 형성하는 파페츠회로가 나타나 있다. 해마에서 뇌궁을 통해 유두체로 입력되는 신경로는 청색으로 표시되어 있다. 유두체에서 유두시상로를 통해 시상전핵으로 입력되며, 시상전핵에서 내낭전지를 통해 대뇌피질로 방사되는 신경섬유다발은 점선으로 나타나 있다. 대뇌신피질에서 대상회를 통해 해마로 입력되는 지각 정보는 초록색으로 표현되어 있다.

해마의 기억 회로와 파페츠회로의 연결(그림 6-3)은 외측과 내측내후각뇌피질에서 치상회→해마암몬각3→해마암몬각1 연결을 통해 해마로 입력되며, 해마의 출력은 해마지각을 통과하여 해마 출력 신경섬유다발인 해마술을 형성한다. 해마술은 뇌궁이 되어 유두체로 입력되고, 유두체→유두시상로→시상전핵→내낭전지→대상회로 이어지는 신경회로가 형성된다. 대상회와 신피질은 상호연결되어 해마에서 형성된 기억이 대뇌신피질에 저장된다. 시상부와 연결된 중격핵에서 기억 형성 파페츠회로가 서로 연결되어 기억 회로와 감정 회로가 서로 연결된다. 결국 감정적인 사건은 기억이 강화된다.

의미기억 형성은 반복된 경험의 공통 패턴이 언어로 구분되는 과정이고, 시간이 소요되는 능동적 숙성 과정이다. 그래서 의미는 서서히 드러나는 과정이며, 의미가 풍부한 생각의 속도는 실제 행동 속도보다 느리다. 생각에는 의외로 시간이 많이 든다. 더 효과적인 행동 선택을 위해 더 많은 기억을 연결하고 행동의 결과까지 예측하는 과정이므로 생각은 빠르지 않다. 이러한 행동 선택은 전전두엽에서 일어나며, 기억을 인출하고 조합하는 과정에서 비교, 추론, 예측, 판단을 하게 된다. 행동 선택이 중요한 만큼 비교, 추론, 예측 그리고 판단의 과정은 전

박문호 박사의 뇌과학 공부

두엽에서 심사숙고가 필요하다. 반면에 자동적이고 즉각적인 기억 과정이 있다. 바로 해마에서 형성되는 일화기억이다. 일화기억은 사건의 즉각적 기록이며, 의미기억은 사건의 내용을 평가하고 음미하는 숙성 과정이다. 감각 경험 자극은 0.5초 이하의 감각적 잔상을 남긴다. 1초 이하의 시각, 청각, 촉각 작용이지만 중요한 정보는 의식적으로 지각된다. 감각 자극이 짧은 시간 동안 의식화되는 현상을 감각기억이라 한다. 감각기억으로 지각된 외부 정보는 초 단위로 연속되면서 작업기억을 구성하며, 수 초간 지속되는 작업기억은 바로 우리의 '현재' 그 자

그림 6-3 파페츠회로와 중격핵 연결 회로

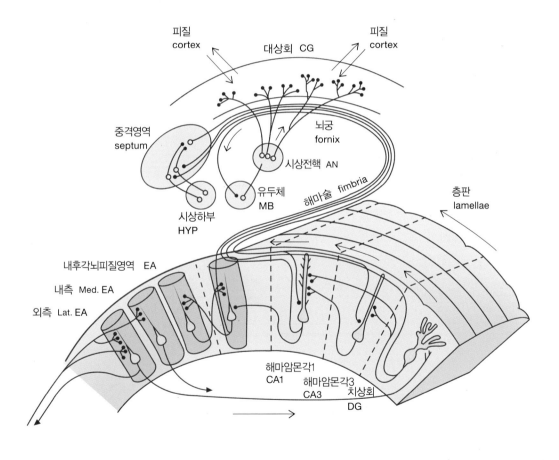

체다. 자동차를 운전하는 매 순간 우리는 옆 차를 주의하고 신호등을 보고 음악을 듣는다. 시각과 청각 그리고 운전하는 절차운동 기억이 즉시에 출력되면서 모두 의식된다.

매 순간 거의 반사적으로 행하는 일련의 행동이 바로 작업기억이다. 절차기억은 즉시에 무의식적으로 인출되지만 작업기억은 모두 의식화된다. 사실 인간 의식의 핵심적 구성 요소는 작업기억이다. 순간적으로 사라지는 감각기억이 중요한 정보라면 전두엽은 의식적으로 주의를 집중하여 그 감각 자극을 곧장 작업기억으로 전환한다. 작업기억을 촉발한 감각 정보는 두 갈래로 나뉘어 처리된다. 감각을 지각하는 과정 그 자체는 사건의 경험이 되고, 지각된 사건의 내용은 의미기억으로 발전한다.

사건을 기억하는 과정은 자동적이고 즉각적인 과정으로 해마에서 일어나지만, 의미기억은 반복되는 유사한 경험에서 공통점이 추출되어 범주화되는 과정으로 대뇌신피질에서 일어난다. 그래서 해마 기억과 신피질 기억으로 구분해서 기억을 살펴보아야 기억의 본질이 드러난다. 해마 기억의 핵심은 경험의 즉각적 기록인 반면에 의미기억은 공통점을 추출하는 범주화가 핵심이다. 해마 기억은 즉각적이고 자동적으로 처리되며, 새로운 감각 정보가 해마 피라미드세포 pyramidal cell를 흥분시켜 장기전압강화 현상을 만든다. 해마치상회에서 새롭게 생겨나는 과립세포들이 새로운 감각입력에 반응하여 새로운 기억을 만든다.

신생과립세포에 의한 기억 형성 과정의 시작 단계가 패턴 분리이며, 과립세포와 CA3 피라미드세포의 신경연결이 매 순간 입력되는 감각경험 신호를 다른 자극과 구분하여 시냅스 발화가 생긴다. 패턴 분리 과정은 해마 기억의 출발점이며, 이 과정 동안 다른 자극에 의한 간섭이 차단되어야 한다. 해마의 자동적이고 즉각적인 새로운 기억의 형성은 다른 자극에 의한 간섭이 없어야 가능하다. 기억에 실패하는 주요 원인은 바로 간섭 현상이며, 감각입력에 집중해야 하는 이유는 집중이 자극 간 간섭이 최소화된 상태이기 때문이다. 무언가를 보고 있어도 우리가 다른 생각을 하면 그 시간 동안 모든 감각입력은 기억되지 않는다. "자세히 보아야 좋아하게 되고 오래 보아야 사랑하게 된다"라는 말은 기억의 핵심 과정을 잘 표현했다. 그리고 방금 전에 했던 생각이 기억나지 않는 이유도 그 생각에 집중하지 않았기 때문이다. 상상과 꿈은 전혀 신경을 집중하지 않는 자유 연상이므로 거의 기억되지 않는다.

자세히 본다는 것은 간섭의 차단으로 패턴 분리가 선명해져 사물과 사건이 뚜렷해지는 과정이다. 꽃이든 사람이든 자세히 보면 분명해지고 분명해지면 해마에 각인된다. 오래 보면 사랑하게 된다는 것은 그 사람의 말과 행동의 의미가 서서히 대뇌신피질에 자리 잡게 되고, 다른 기억과 상호연결되어 조그마한 자극으로도 그 사람이 생각난다는 것이다. 해마에서 기억 형성은 신생 과립세포에 의한 패턴 분리 과정이고, 기억 인출은 CA3에서 일어나는 패턴 완성 과정이다. 단편적인 자극만 주어져도 전체 기억이 회상되는 과정인 패턴 완성은 인간 기억의 놀라운 특징으로, 대뇌신피질에서 일어나는 기억의 자동 인출 과정이다. 특별함을 기억하는 해마 기억과 공통점을 추출하는 신피질 기억으로 기억이 이중 체계로 발전한 배경에서 진화의 효율성과 융통성이 느껴진다. 해마는 주변 환경에서 새롭고 중요한 감각 자극을 자동적이고 즉시에 기억한다. 반면에 대뇌신피질은 해마에서 형성된 일화기억에서 반복되는 공통 기억 요소를 의미기억으로 서서히 범주화한다. 사건기억이 비슷한 의미를 지니고 있으면 함께 연결하여 저장한다. 그래서 의미기억이 발달하지 않으면 사건을 분류하는 데 서툴러서 개별 사건 자체를 구체적으로 묘사해야 한다. 일화기억의 세부사항은 사라지지만 공통된 내용이 살아남아서 이야기의 핵심 주제만 기억에 남아 의미기억이 된다. 인간은 새로운 자극에 본능적으로 집중하고 기억하게 되므로 새로운 탐험과 도전이 인간의 본성이 된다. 인간을 미지의 세계로 나아가게 하는 출발은 새로움을 기억하는 해마에서 나온다.

## 해마치상회 과립세포는
## 어른 뇌에서도 새로 생겨날 수 있다

해마는 어른이 되어서도 새로운 신경세포가 생겨난다. 중추신경계에서 출생 후 새로운 신경세포가 만들어지는 현상은 매우 드물게 일어나는 놀라운 현상이다. 30년 전부터 쥐의 뇌실밑영역subventricular zone에서 신경줄기세포가 후각망울로 이동하여 새로운 후각 신경세포가 되는 현상과 해마치상회의 과립세포밑영역subgranular zone에서 새로운 과립세포가 생성되는 과정이 발견되었다. 새로운 장소에서 후각을 이용하여 먹이를 탐색하는 과정은 쥐의 생존에 중요한 능력이다. 이처럼 냄새에 민감한 후각세포와 장소를 기억하는 해마에서 성장한 후에도 새로운 세포가 계속 생겨나는 것이다. 인간의 경우도 후각세포가 새로 생겨나는 과정이 발견되었고, 해마과립세포도 새로 생겨날 가능성이 있다.

쥐의 해마치상회에서 과립세포가 생겨나 성장하는 과정은 해마와 치상회의 구조를 보면 알 수 있다. 해마는 측두엽 안쪽으로 대뇌피질이 말려들어간 형태로, 해마와 내후각뇌피질, 해마주위피질을 합쳐서 내측두엽을 형성한다. 내후각뇌피질은 해마방회의 앞쪽 피질이며, 외측과 내측으로 구분된다. 외측과 내측의 내후각뇌피질은 해마지각으로 연결되며 해마지각과 부해마이행부parasubiculum 영역과 전해마이행부presubiculum 영역으로 세분된다. 해마지각은 해마암몬각의 피라미드세포 영역인 CA3 영역과 연결되며 CA3 영역은 CA1 영역으로 이어진다. 과립세포로 구성된 치상회는 CA3 영역을 에워싸는 형태다.

쥐의 발생 과정에서 해마 영역은 양 반구에서 뇌실ventricle과 만나는 상피세포층에서 분화한다. 뇌실과 접하는 해마 생성 영역은 해마신경상피세포hippocampal neuroepithelium 영역과 치상회신경상피세포dentate neuroepithelium 영역과 배쪽 영역에 해마술fimbria 영역이 되는 피질마무리cortical hem 영역으로 나뉜다. 쥐가 발생한 지 14.5일에 해마신경상피세포층에서 방사상신경교세포radial glia 맞은편에 배열된 카잘-레치우스세포Cajal-Retzius cell를 향해 돌기가 뻗어나간다. 치상회신경상피세포층에서 분화된 세포 무리로는 일차분화세포군과 이차분화세포군이 분포한다.

그림 6-4 마우스 해마의 발생 과정

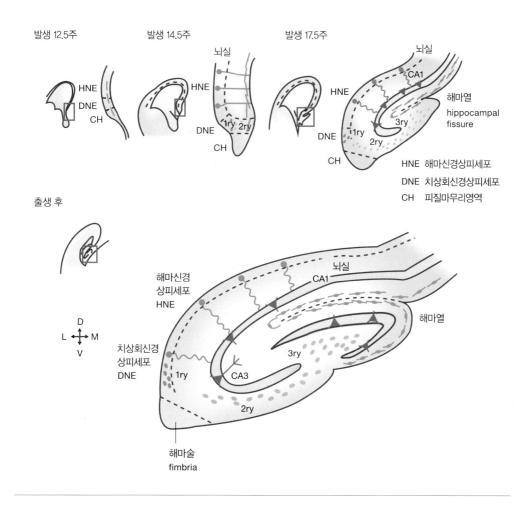

발생 17.5일에는 카잘-레치우스세포가 피질마무리 쪽으로 이동하여 해마 영역
의 피질이 안으로 굽어지기 시작한다. 방사상신경교세포의 돌기는 카잘-레치우
스세포에 도달하지 않고 중간 영역의 암몬각 영역에 도달한다. 해마신경상피세
포층에서 분화한 세포가 돌기를 타고 이동하여 암몬각 영역에 도달하여 해마의
CA1과 CA3 피라미드세포층을 만든다. 암몬각은 이집트 암몬신 숫양의 뿔 모양
에서 나온 이름이다.

치상회신경상피세포층에서 분화한 세 번째 세포 무리들은 카잘-레치우스세포의 이동에서 형성된 영역으로 이동한다. 쥐가 태어날 때는 해마 구조의 암몬각에서 피라미드세포들이 돌기를 내기 시작하며, 카잘-레치우스세포는 피질의 연질막 층으로 반원 형태로 이동한다. 이 결과 해마열hippocampal fissure 아래쪽으로 치상회가 형성된다. 형성되는 치상회 아래 영역으로 치상회신경상피층에서 세 번째로 분화된 세포 무리들이 이동하며, 첫 번째와 두 번째로 분화된 세포 무리들은 출생 후 곧 사라진다. 치상회 아래 영역으로 모여든 세포 무리들은 발생 후 2주 안에 과립세포밑영역subgranular zone에 자리 잡고 쥐가 다 자란 후에도 계속하여 분화할 수 있는 신경줄기세포neuro stem cell가 된다.

치상회는 위에서부터 수상돌기들이 밀집하는 소강분자층, 과립세포층, 과립세포 밑층의 세 개 피질층으로 구성된 원시피질이다. 과립세포 밑층에서 일부 신경줄기세포는 활성화되어 돌기를 뻗어낸 상태로 있다가 다시 구형의 신경줄기

그림 6-5 성체 과립세포의 신생 과정

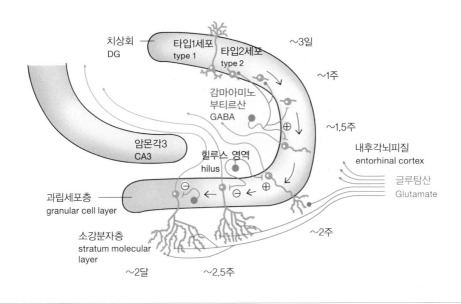

세포로 복귀하여 불활성 상태가 되기도 한다. 불활성 상태의 신경줄기세포는 자극을 받으면 과립세포로 분화를 시작하는데, 방사글리아세포radial glia cell가 타입 1세포에서 3일 정도 지나면 타입2세포인 신경줄기세포로 바뀐다. 신경줄기세포는 일주일이 경과하면 원형 세포체에서 수상돌기가 조금씩 자라나고, 1.5주 정도면 축삭돌기가 CA3쪽으로 뻗어나간다. 그리고 해마치상회와 암몬각 피질 사이에 있는 힐루스hilus 영역에 존재하는 사이신경세포의 축삭이 과립세포로 분화하는 신경줄기세포와 억제성 시냅스를 한다. 2주부터는 내후각뇌피질세포에서 입력되는 글루탐산이 신생과립세포의 수상돌기에 분비되어 수상돌기의 성장을 촉진한다. 2개월 후에는 완전히 자란 과립세포가 되어 축삭을 CA3 추체세포와 시냅스하고, 수상돌기가 많은 가지를 만든다. 또 과립세포의 무수축삭unmyelined axon인 이끼섬유mossy fiber를 형성하여 내후각뇌피질에서 입력된 연합감각신호를 해

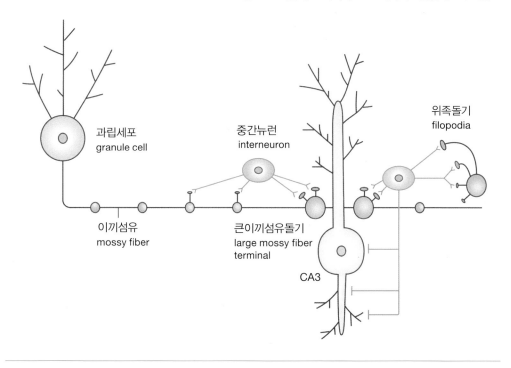

그림 6-6 과립세포 축삭과 CA3 피라미드신경세포의 시냅스

마 CA3 피라미드세포로 입력한다.

완전히 자란 과립세포들은 각각 하나의 긴 이끼섬유인 무수축삭을 CA3 피라미드세포의 세포체 근접 부위인 투명층stratum lucidum 영역에 시냅스한다. 이끼섬유는 CA3 신경세포와 시냅스하는 영역이 대략 15개 정도로, 150마이크로미터로 간격으로 배치되어 있다. 쥐의 해마는 과립세포가 대략 100만 개, CA3는 피라미드세포가 30만 개 정도여서 각각의 과립세포 축삭인 이끼섬유가 CA3 피라미드세포와 시냅스하는 숫자는 50개이다. 치상회에서 CA3 피라미드세포층으로 뻗어나가는 이끼섬유에는 일정한 간격으로 커다란 이끼섬유돌기large mossy fiber terminal들이 분포하는데, 이 돌기들은 CA3 피라미드세포와 이끼섬유가 시냅스하여 생긴 돌기들이다. 이끼섬유돌기에서 빠른 속도로 움직이는 가지인 위족돌기filopodia들이 뻗어나가 중간뉴런과 시냅스하며, 중간뉴런들은 CA3 피라미드신경세포의 축삭에 다중으로 억제성 시냅스를 한다. CA3의 피라미드세포체 부근의 수상돌기 영역인 투명층 부위에는 수상돌기에서 작은 스파인들이 다수 돌출하는데, 이 구조를 가시돌기thorny excrescence라 하며 이끼섬유가 시냅스하여 돌기를 형성하는 영역이다. 이 가시돌기와 시냅스하는 이끼섬유는 과립세포의 신경 흥분을 충실히 전달하여 CA3 피라미드세포가 신경펄스를 방출하게 한다. 그래서 과립세포의 이끼섬유가 폭발물의 뇌관 역할을 한다고 하여 '조건부 뇌관conditional detonator'이라는 표현으로 이끼섬유의 역할을 강조한다.

박문호 박사의 뇌과학 공부

## 해마치상회 과립세포의
## 성체 신생 뇌신경세포

줄기세포는 배아줄기세포와 성체줄기세포로 구분된다. 인간 대뇌신피질은 어른이 된 후에는 새로운 신경세포가 생기지 않는다. 태아기의 왕성한 신경세포 증식이 생후 2년 이후부터는 계속 줄어들기만 한다. 대뇌신피질에서 새로운 신경세포의 출현은 아직 발견되지 않았다. 그러나 놀랍게도 뇌실밑영역과 원시피질인 해마의 과립세포층 아래영역에서 줄기세포처럼 축삭돌기가 자라서 신생 과립세포가 되는 현상이 발견되었다. 어른 뇌에서 새로운 신경세포가 생기는 현상은 기억 연구의 새로운 돌파구다. 뇌 질환과 뇌의 노화 그리고 새로운 기억 형성이 모두 해마에서 매일 새롭게 생기는 과립세포와 관련이 있다.

해마 과립세포밑영역subgranular zone의 신경줄기세포는 미성숙 신경세포 과정을 거쳐 성숙한 해마의 과립세포가 된다. 어른인 경우 하루에 약 700개의 새로운 해마과립세포가 생긴다. 해마과립세포의 축삭다발을 이끼섬유라 하며, CA3의

그림 6-7 과립세포 축삭이 만드는 큰이끼단말 구조

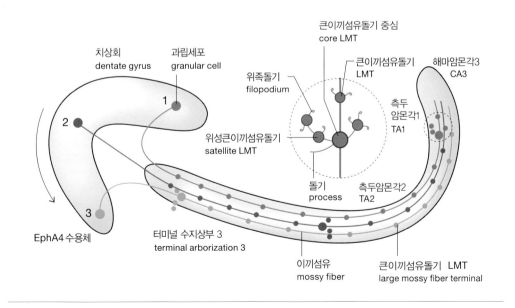

피라미드세포로 뻗어가는데, 그림 6-6에서처럼 일정한 간격으로 시냅스의 복합체를 형성한다. 새로이 추가되는 과립세포는 새로운 기억을 학습하는 역할을 한다. 과립세포의 출력인 이끼섬유는 CA3의 피라미드세포 수상돌기와 시냅스하며, 과립세포의 수상돌기는 감각연합피질에서 입력을 받는다. 그래서 과립세포는 해마의 피라미드세포로 감각입력하여 기억을 생성하는 신경회로의 출발점이

그림 6-8 신생 과립세포의 증가와 감소에 관련되는 요소

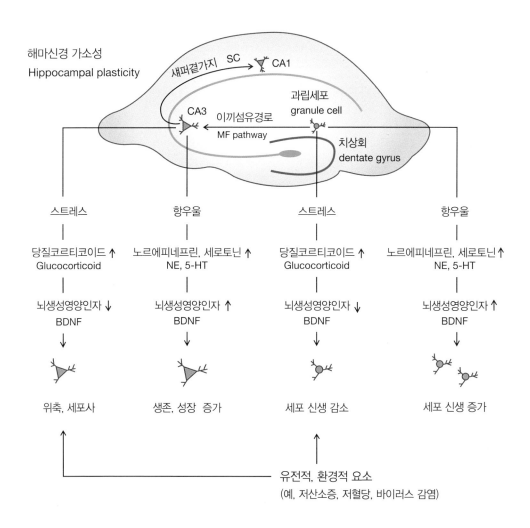

된다. 유산소운동을 하고 스트레스를 줄이면 치상회 밑 영역의 줄기세포에서 과립세포로 전환이 촉진된다.

스트레스 반응으로 부신피질에서 분비되는 코르티졸은 새롭게 생겨난 과립세포를 위축시킨다. 반면에 유산소운동으로 생성되는 뇌생성영양인자brain-derived neurotrophic factor는 새로운 과립세포의 생성률을 높인다. 결국 스트레스는 새로운 기억 형성에 관여하는 과립세포의 수를 줄여서 학습 기억을 어렵게 하고, 유산소운동은 과립세포의 신생을 도와서 기억 학습 능력을 높인다. 스트레스와 운동은 CA3 피라미드세포에도 상반된 영향을 준다. 스트레스를 줄이고 규칙적인 유산소 운동을 하는 것이 뇌를 활력 있게 하는 과학적 방법이다. 유산소 운동을 통해 뇌생성영양인자를 많이 생성하면 기억력이 좋아질 수 있다. 스트레스는 개인의 건강 상태와 성격 그리고 주변 환경이 복합적으로 관련된다. 복합적 요소가 비선형적으로 관련되기 때문에 스트레스는 단순한 현상이 아니며 해결하기 어려운 복잡한 문제이다.

복잡한 현상과 복합적인 현상은 겉으로는 비슷해 보이지만 다른 접근법이 필요한 다른 상황이다. 복합적 현상과 복잡한 현상 모두 많은 개별 구성 요소의 상호작용에서 생기지만 결과는 완전히 다르다. 훈련된 운동선수의 몸 운동은 모든 근육이 복합적으로 상호작용하여 하나의 정확하고 신속한 동작을 만들지만, 조현증 환자의 몸 운동은 많은 근육 운동이 하나의 통합된 목적을 지향하지 않는다. 스트레스처럼 복잡한 현상을 완화하려면 먼저 복잡한 현상의 구성 요소를 분리해서 관찰해야 한다. 훈련을 통해 협동적으로 상호작용하는 구성 요소는 복합적으로 작용해서 놀라운 능력을 발휘하지만, 구성 요소가 제각기 다른 방향으로 분산되면 복잡해지고 훈련 효과가 사라진다. 학습된 정보가 체계적으로 저장된 인간의 뇌는 신경회로의 상호연결을 통해 다양한 단계의 복합적 상호작용을 한다.

새로 추가된 치상회의 과립세포granule cell 수는 전체 과립세포 수의 일부에 지나지 않지만, 새로운 기억을 담당하므로 학습에 중요하다. 신생 과립세포는 이끼세포와 흥분성 시냅스를 하고, 주위 과립세포와는 억제성 시냅스를 활발히 한다.

그림 6-9 신생 과립세포와 중간 뉴런의 시냅스

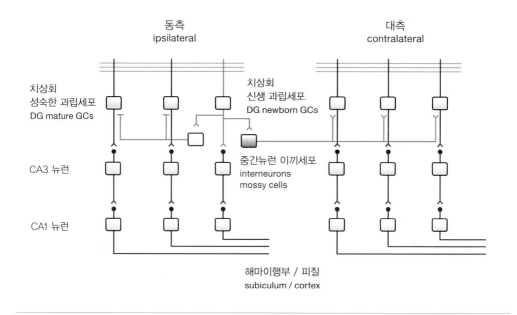

내후각관통로
Entorhinal perforant pathway

이끼세포는 해마의 힐루스 영역에 존재하는 중간뉴런이며, 이끼섬유는 과립세포의 축삭으로 서로 다른 구조이다. 해마를 구성하는 세포에서 암몬각의 피라미드세포를 주세포principal cell라 하는데, 피라미드세포와 상호작용하는 많은 중간뉴런들이 존재한다.

　새롭게 생겨난 과립세포의 신경 흥분을 받은 세포가 반대쪽 해마의 과립세포를 다수 흥분시킨다. 결국 하루에 700개 정도 생겨나는 과립세포의 역할은 주변 과립세포를 억제시켜 이른바 '패턴 분리'라는 현상을 만든다. 해마치상회의 신생 과립세포가 관여된 패턴 분리 기능으로 어른이 되어도 청소년처럼 새로운 기억을 할 수 있다. 유산소 운동은 새로운 과립세포의 생성을 촉진시키고, 스트레스는 과립세포의 생성을 억제한다.

## 기억 생성의 출발점은
## 이끼섬유말단과 CA3 피라미드세포의 시냅스 생성이다

해마는 신피질이 확장되면서 측두엽 안으로 말려들어가 접힌 구조다. 피질의 말단 영역에 치상회가 형성되고, 치상회가 암몬각의 끝부분을 둘러싼다. 치상회는 소강분자층, 과립세포층, 과립세포밑층의 세 영역으로 나뉜다. 암몬각에는 CA1 - CA4의 네 개 구역이 존재하는데, CA1과 CA3 영역의 피라미드신경세포가 해마 기억 회로의 주요한 구성 요소다. CA4 영역은 치상회와 CA3 사이의 영역으로 힐루스 영역이라 한다.

해마의 주된 입력은 내후각뇌피질에서 치상회의 소강분자층으로 입력되는 관통로다. 관통로를 통해 입력되는 신호는 다중감각신호인데, 축삭다발이 과립세포의 수상돌기와 소강분자층에서 시냅스한다. 다중감각입력은 과립세포의 축삭인 이끼섬유를 통해 CA3 영역 피라미드신경세포의 세포체 부근에서 시냅스한다.

CA3 피라미드세포는 세포체 부근의 수상돌기에서는 가시구조의 작은돌기 thorny excrescence가 과립세포의 이끼섬유와 시냅스하며, 각각의 과립세포 축삭은 이끼섬유말단large mossy fiber terminal 구조를 대략 150마이크로미터 간격으로 15개 정도 형성한다. 이끼섬유말단은 CA3의 가시돌기와 시냅스하며 동시에 두 개 정도의 위족돌기가 돌출하여 중간신경과 시냅스한다. 그리고 중간신경은 다시 CA3와 다중으로 억제성 시냅스를 한다. 이끼섬유가 CA3 피라미드세포 수상돌기에 시냅스하는 큰이끼섬유의 이끼섬유말단을 전기 자극하면 자극 주파수에 따라 시냅스가 흥분성과 억제성의 상반된 특성을 나타낸다. 고주파로 자극하면 시냅스 전막의 전압제어칼슘채널voltage-gated Ca²⁺ channel의 작용으로 이끼섬유말단 내부에 칼슘이온 농도가 증가하여 고리형아데노신일인산(cAMP)과 단백질키나아제 A(PKA)의 농도를 높인다. PKA의 작용으로 시냅스 전막에서 글루탐산의 분비가 촉진되면, 시냅스 간격의 농도가 높아진 글루탐산과 함께 시냅스후막의 전압제어칼슘채널이 작동하여 CA3 피라미드세포의 가시돌기 내부인 시냅스후막 안쪽에서도 칼슘이온 농도가 높아진다.

그림 6-10 이끼섬유말단과 CA3 피라미드신경세포의 가시구조 돌기 형태의 시냅스

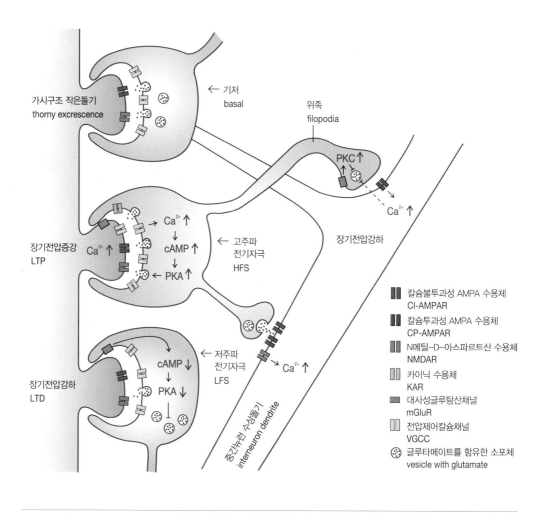

그 결과 고주파 자극은 시냅스 전막과 후막 사이의 전기 흥분이 지속되는 장기전압증강long term potentiation(LTP)이 생성된다. 큰이끼섬유말단을 저주파로 전기자극을 하면 반대로 장기전압강하long term depression(LTD)가 발생한다. 저주파 전기자극으로 시냅스 전막의 대사성 글루탐산채널이 세포질 내로 함입되어 시냅스 전막에서 제거되고, 이 결과 세포질의 칼슘이온 농도가 낮아져서 연쇄적인 작용

그림 6-11 이끼섬유와 시냅스하는 세포들

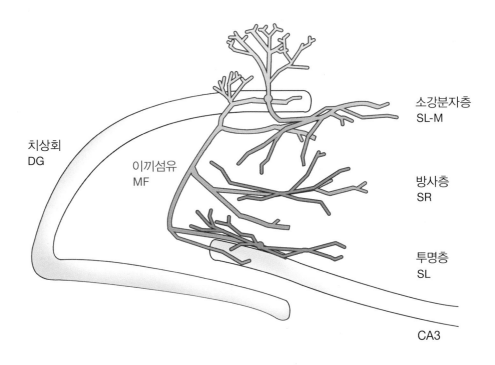

해마과립세포의 축삭다발인 이끼섬유는 다음 세 곳으로 출력하여 시냅스한다.
첫째 : 소강분자층에서 바구니세포와 시냅스하여 LTP와 LTD를 만든다.
둘째 : 방사층에서 시냅스하여 LTD를 만든다.
셋째 : 투명층에서 시냅스하여 LPT와 LTD를 만든다.

으로 cAMP와 PKA의 농도 저하로 전기적 흥분을 억제하게 된다. 결국 이는 장기전압강하 현상의 발현으로 이어진다. 큰이끼섬유말단은 CA3의 피라미드세포와 동시에 중간신경세포와 시냅스한다. 고주파의 전기 자극은 큰이끼섬유말단과 피라미드세포 사이에는 장기전압증강을 일으키지만, 반대로 큰이끼섬유말단의 위족돌기가 형성된 시냅스에는 장기전압강하 현상이 발생한다. 요약하면 다음과 같다.

CA3 피라미드세포와 이끼섬유 사이의 시냅스

고주파 전기자극은 LTP를 만들며, 저주파 전기자극은 LTD 생성

CA3 피라미드세포−이끼섬유 사이의 시냅스와 이끼섬유−중간뉴런의 시냅스를 동시에 고주파

전기 자극

CA3 피라미드세포에 LTP, 중간뉴런에 LTD 발생

## 신생 과립세포가
## 새로운 기억을 신경회로에 추가한다

인간의 뇌에는 1000억 개 정도의 신경세포가 있는 것으로 추정된다. 그중 500억 개 이상이 소뇌의 과립세포이며 대뇌피질에는 대략 100억 개의 신경세포가 존재한다. 유아기부터 사춘기까지 뇌신경세포의 개수가 급격히 줄어들다가 중년 이후에는 대뇌피질 신경세포 수가 계속 줄어든다. 그런데 쥐에게서 뇌실밑영역의 후각세포와 해마의 과립세포가 새로 생성되는 현상이 발견되었다. 인간도 태

그림 6-12 과립세포에 의한 패턴 분리

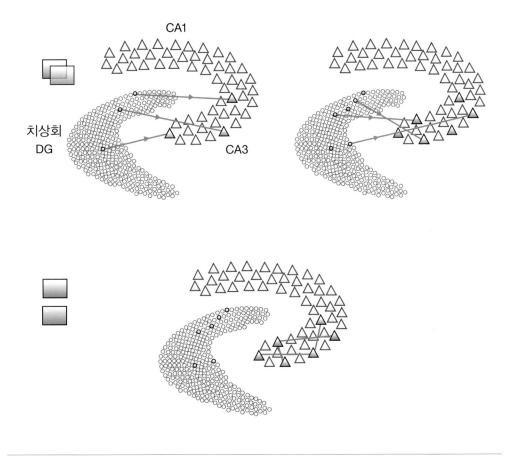

아 대뇌 뇌실 아래 영역에서 신경줄기세포가 존재하고, 성상세포에 둘러싸인 상태로 후각망울 쪽으로 이동하는 현상이 발견되었다. 그리고 어른 뇌 해마과립세포층 밑 영역에서도 줄기세포가 존재하여 과립세포로 분화되는 과정이 밝혀지고, 어른 뇌의 신경세포 신생이란 새로운 연구 분야가 생겼다. 어른 뇌의 해마 치상회에서 새롭게 생성된 과립세포가 기존의 기억에 새로운 기억을 추가하는 역할을 한다고 여겨진다. 이 현상은 새로운 기억을 저장하는 과정이 기존 기억의 신경회로를 교란하여 기억의 혼란을 초래하는 문제를 해결한다. 왜냐하면 신생 과립세포가 새로운 기억을 기존 신경회로에 추가하므로 기존 기억 회로를 교란하지 않기 때문이다.

내후각뇌피질에서 신호가 중첩되어 치상회로 입력되어도 치상회의 과립세포는 분리된 정보로 CA3 피라미드세포에 신호를 전달한다. 그래서 CA3 피라미드세포들 사이에 분리된 형태의 기억 흔적이 형성되며, 기억의 패턴이 서로 간섭 없이 분리되는 것이다.

패턴 분리와 패턴 완성의 대한 지시이론에 따르면, 신피질에 저장된 한 개의 기억 회로 구성 요소는 다른 기억들에 공유될 수 있다. 신피질은 기억의 일부를 다른 기억에 사용하는 기억의 구분은 잘 하지 못하지만 해마의 지시 작용으로 신피질의 기억을 분리시킬 수 있다. 그림 6-13처럼 신피질의 A, B, C, D가 해마의 한 부분과 연결되고 A, D, E, F가 해마의 다른 부분과 연결되었을 경우 중복되는 A가 해마와 신피질의 연결로 구분되는 현상이 바로 패턴의 분리이다. 패턴 완성 과정에서 해마는 신피질에 저장된 기억의 흔적들을 기억하고 있기 때문에 단편적 감각 정보로 이전의 기억 전체를 회상할 수 있게 되어, 자동연상으로 완전한 기억이 인출된다.

치상회 과립세포는 내후각뇌피질 2번 층에서 입력을 받는다. 내후각뇌피질은 대뇌 기억 영역인 감각연합피질에서 처리된 지각 신호인 다중감각신호를 입력받아 치상회의 과립세포와 CA1 신경세포로 입력한다. 과립세포의 수상돌기로 입력된 신경자극을 받아 과립세포는 이끼섬유를 통해 CA3의 피라미드신경세포로 활성 전압파를 방출한다. CA3 피라미드세포는 섀퍼곁가지라는 곁가지축삭

그림 6-13 신피질과 해마에 의한 패턴 분리와 패턴 완성

패턴 완성

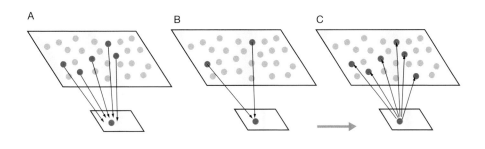

패턴 분리

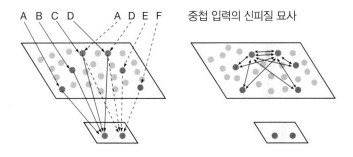

을 CA1 피라미드세포의 수상돌기로 출력한다. CA3의 피라미드세포 출력의 일부는 자신의 수상돌기에서 시냅스하는 자체 피드백 회로를 만든다. CA3 피라미드세포의 출력이 다시 자신에게 입력되는 재입력 회로의 축삭은 계속 뻗어나가 힐루스 영역에 존재하는 이끼세포와 시냅스하며, 이끼세포는 CA3에서 받은 신경입력을 과립세포로 다시 피드백하게 된다.

해마 기억 회로의 구조는 다음과 같다. 내후각뇌피질에서 지각된 정보가 관통로를 통하여 치상회로 입력된 뒤 치상회 과립세포의 무수축삭다발으로 구성된

그림 6-14 해마의 연결 회로

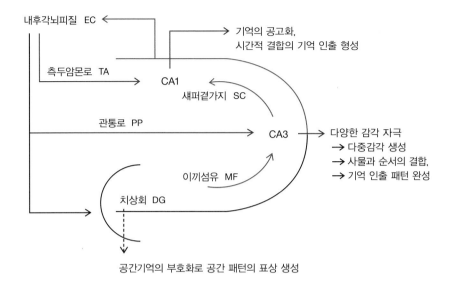

이끼섬유를 통하여 암몬각의 CA3 피라미드세포로 입력된다. 정보는 CA3에서 섀퍼곁가지를 통하여 CA1으로 입력되며, 이후 CA1에서 기억이 감각연합피질로 이동하여 장기기억으로 공고화된다. 내후각뇌피질에서 측두암몬로temporoammonic pathway를 통하여 CA1으로 입력되는 신경연결로도 존재한다. 치상회에서는 공간 기억이 부호화되어 공간 패턴의 분명한 표상이 생성되며, CA3에서는 다양한 감 각자극이 신속히 결합해 다중감각이 생성되어 사물과 순서의 결합과 기억 인출의 패턴이 완성된다. CA1에서는 기억이 공고화되고, 기억 인출에 관여하여 기억사이의 시간적 결합이 생긴다.

뇌과학자 리스만에 의하면, 과립세포의 신경 흥분이 CA3 피라미드세포까지 전달되는 데 7~10밀리초 정도의 시간이 걸리고, CA3에서 이끼세포를 매개하여 다시 과립세포로 신호가 되돌아가는 데 또 7~10밀리초가 걸린다. 그래서 첫 번째 과립세포의 흥분에서 촉발된 신호가 다시 과립세포로 되돌아오는 데 대략 20

그림 6-15 해마치상회-CA3-CA1 신경연결회로

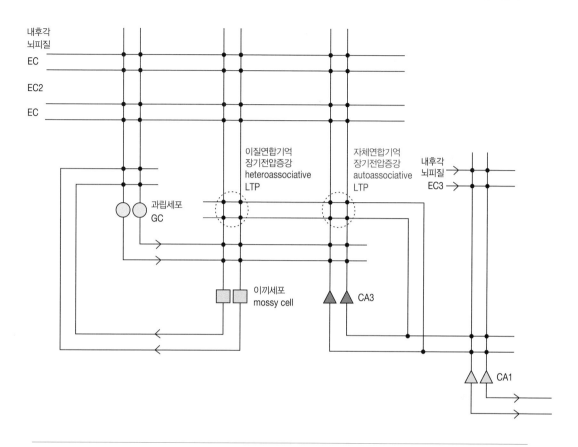

밀리초가 소요된다. 그래서 내후각뇌피질에서 첫 번째 자극이 전달되고 20밀리 초 후에 과립세포로 입력되는 두 번째 자극은 첫 번째 신경자극이 다시 과립세 포로 피드백되는 신경자극과 정확히 마주치게 된다. 이처럼 동시에 만나는 신경 발화는 서로 연결되어 그 결합 흔적이 남게 되는데, 이 현상이 바로 기억 생성의 실체다. 기억은 '함께 발화하여 함께 묶이는together firing together binding' 신경세포의 연결 회로 흥분 상태이며, 해마 치상회-CA3-CA1 신경세포의 연결에서 만들어 진다.

요약하면 다음과 같다.

뇌실밑영역→새로운 후각 신경세포가 생성

치상회 과립세포밑영역→새로운 과립세포가 생성

치상회 과립세포의 축삭→이끼섬유→CA3 피라미드세포 수상돌기와 일정한 간격으로 시냅스

→가시구조→신경발화의 뇌관 역할

해마치상회-CA3-CA1 신경세포의 연결에서 기억이 만들어진다.

## 해마 피라미드세포

피라미드세포는 해마암몬각 CA1에서 CA4까지 배열되어 있다. 피라미드세포는 세포체가 피라미드 형태이며, 주위의 세포들보다 크다. CA1과 CA3 세포의 구조와 기능에 대한 연구는 40년 이상 집중되었다. 지금까지 뇌과학자들의 의견이 모이고 있는 해마 피라미드세포와 과립세포의 기억 관련 역할은 다음과 같다. 치상회의 과립세포는 일화기억 개별 요소의 차이를 명확히 해서 기억 요소들 사이에 혼선을 방지하는 '패턴 분리'가 일어나며 공간기억의 부호화가 시작된다. CA3 피라미드세포는 과립세포의 축삭인 이끼섬유와 시냅스하며 자신의 출력이 다시 입력으로 피드백되는 축삭 연결로 자율연합autoassociation 회로를 만들어 기억을 형성할 수 있다. CA3에는 단편적인 단서가 제시되어도 온전한 전체 기억이 인출되는 '패턴 완성' 기능이 있다. 쥐 실험을 통해 밝혀진 CA3의 작용은 전기충격과 주변 상황을 연결하고 주위 사물의 순서를 기억하는 것이다. CA3는 각각의 다중감각양식 입력들 사이의 신속한 연합을 만든다.

CA3 피라미드세포 축삭의 일부인 섀퍼곁가지로 연결된 CA1은 입력되는 기억 정보를 시간적으로 통합한다. CA1 피라미드세포는 내후각뇌피질의 3번층에서 신경입력이 측두암몬temporoammon 섬유로 입력된다. CA1 피라미드세포의 출력과 내후각뇌피질-CA3-CA1의 신경 정보가 감마파의 전압펄스를 형성하여 내측 중격핵에서 생성된 세타파에 실려 내후각뇌피질 5층으로 출력된다. CA1은 사건기억의 공고화와 기억의 인출에 관련한다. 해마에서 부호화된 경험기억이 대뇌신피질로 이동하여 저장되어 장기기억이 되며, 사건 경험이 반복되어 기억되면서 경험의 공통 부분이 범주화되어 의미기억이 생겨난다. 사물과 사건의 의미가 행동을 선택하게 하므로 해마의 기억 형성 과정은 목적지향적 행동을 가능하게 하는 바탕이다. CA3 피라미드신경세포는 수상돌기 끝부분부터 축삭까지 세분하여 소강분자층stratum lacunosum moleculare, 방사층stratum radiatum, 투명층stratum lucidum, 피라미드층stratum pyramidale, 지향층stratum oriens 영역으로 구분한다. 소강분

그림 6-16 CA3와 CA1 피라미드세포의 시냅스 영역과 시냅스 개수

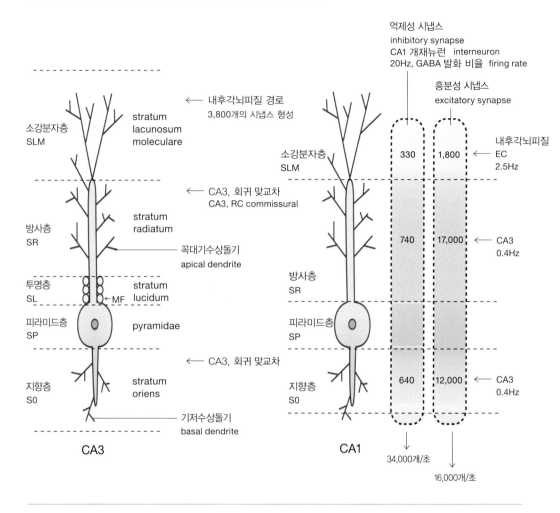

자층은 수상돌기의 끝부분을 형성하는 소강분자층과 수상돌기가 많은 영역으로, 내후각뇌피질 층으로부터 관통로를 통해 입력을 받는 영역이다. 방사층은 수상돌기가 많지 않은 영역으로, CA3 자신의 축삭이 피드백되어 입력되는 영역이다. 투명층은 과립세포의 무수축삭인 이끼섬유가 CA3의 세포체 부근의 수상돌기와 시냅스하여 가시돌기라는 특별한 구조를 만든다.

이끼섬유의 가시돌기는 과립세포 축삭을 자극하는 신호의 주파에 따라 다른

반응을 나타낸다. 고주파로 자극하면 장기전압증강, 저주파로 자극하면 장기전압강하가 발현된다. 한 개의 CA3 피라미드신경세포 소강분자층 영역에는 내후각뇌피질에서 관통로를 통해 흥분성 입력이 3,800개의 시냅스를 형성하며, 방사층과 지향층 두 영역에는 CA3 피라미드세포 축삭 출력에서 자신으로 피드백되는 신호와 다른 CA3 피라미드세포에서 입력되는 신호가 합쳐져 1만 2,000개의 흥분성 시냅스를 한다. 두 신경세포가 접속하여 형성하는 시냅스는 시냅스전막에서 분비되는 신경전달물질이 글루탐산인 경우 시냅스후막으로 흥분성 전압파를 만들어 흥분성 시냅스가 되며, 신경전달물질이 가바GABA인 경우 전압파가 생성되기 어려워 억제성 시냅스가 된다. CA1 피라미드신경세포 한 개에 형성되는 시냅스를 논문의 자료를 통해 알아보자. CA1 피라미드세포와 중간뉴런interneuron는 초당 20번의 빈도로 억제성 신호가 전달되는 시냅스가 소강분자층 영역에 330개, 방사층 영역에 740개, 지향층 영역에 640개 있다. 이를 모두 합쳐 초당 작용하는 억제성 시냅스를 계산하면, 대략 3만 4,000개의 억제성 시냅스가 작용하는 것을 알 수 있다.

　CA1 피라미드신경세포에 작용하는 흥분성 시냅스는 소강분자층 영역에 내후각뇌피질로부터 초당 2.5회 빈도로 1,800개, 방사층과 지향층영역에 CA3 피라미드세포로부터 초당 0.4회 빈도로 1만 7,000개와 1만 2,000로 각각 입력된다. 모두 합쳐 계산하면, 대략 1만 6,000개의 흥분성 시냅스가 CA1 피라미드신경세포 한 개에 작용한다. 기억을 만드는 데 관여하는 한 개의 신경세포에 매초 1만 6,000번의 흥분성 시냅스 작용이, 3만 4,000번의 억제성 신경작용이 발생한다. 쥐의 경우 해마과립세포가 대략 100만 개, CA3 피라미드신경세포가 30만 개로 추정된다. 신경세포를 거대한 한 그루의 나무라 생각해보자. 그 나무에 붉은 빛을 내는 조그마한 전구 1만 6,000개, 푸른빛을 내는 전구 3만 4,000개가 달려 있고, 그 발광체들이 1초에 한 번씩 깜박이는 나무가 30만 그루 있다고 생각해보자. 기억과 느낌과 생각을 만들기 위해 신경세포가 만드는 빛의 율동은 밤하늘 별들의 찬란함보다 우리를 더 전율하게 한다.

# 해마의

## 기억생성 신경세포 연결

중격영역septal area에서 해마로 신경축삭이 뻗어나간다. 중격핵은 투명중격의 기저부에 존재하는 신경핵들의 그룹이다. 중격영역에서 내측중격핵은 해마와 상호연결되어 기억 인출 신호인 세타파를 생성한다. 해마의 암몬각에는 CA3와 CA1이라는 두 그룹의 피라미드세포 배열 영역이 있다. 내후각뇌피질을 통하여 감각연합피질부터 신경자극이 내측과 외측 관통로를 통해 해마치상회의 과립세포층으로 입력된다.

내후각뇌피질의 II층에서 관통로로 입력되는 내측관통로 축삭다발은 과립세포 수상돌기와 시냅스하며, III층에서 입력되는 축삭다발은 CA3 피라미드세포의 수상돌기에서 시냅스한다. 과립세포는 피라미드세포층인 CA3의 수상돌기로 신경 흥분을 출력한다.

CA3에서는 출력이 다시 자신의 입력 부위로 재입력되는 작용으로 감각입력

그림 6-17 해마의 입력과 출력 회로

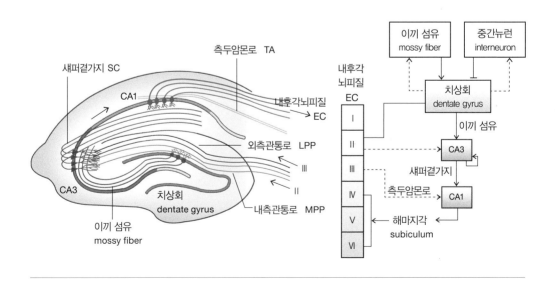

신호의 신경 흥분 활성전압 패턴이 생성된다. 그래서 CA3를 구성하는 피라미드세포의 입력은 단순한 입력이 아니라 자신의 출력이 재입력되어 피드백 회로를 구성한다. 신경세포 피드백 회로에서 전압펄스의 순환 전달 과정이 바로 기억의 본질이다. 자신에게 재입력되는 회로와 별도로 CA3를 구성하는 수십만 개의 피라미드세포층 축삭다발이 CA1 피라미드세포 수상돌기 영역으로 입력된다. CA3 피라미드세포의 세 번째 출력에는 과립세포로 입력되는 억제 피드백이 있다. CA3의 피라미드세포에 의한 과립세포의 억제 회로는 기억 생성의 핵심 회로이며, 트럼펫의 모든 구멍을 막고 한 구멍만 열어서 한 개의 음을 생성하듯이 CA3

그림 6-18 해마 입력 자극이 처리되는 신경연결 순서

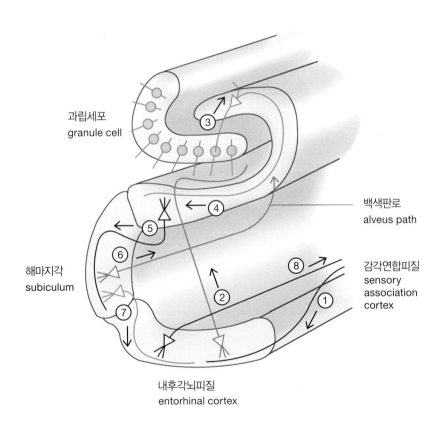

과립세포
granule cell

백색판로
alveus path

해마지각
subiculum

감각연합피질
sensory
association
cortex

내후각뇌피질
entorhinal cortex

출력이 피드백되어 입력을 대부분 억제하고 몇 개의 피라미드세포만 억제하지 않으면, 그 피라미드세포만 활발해져 개별 기억 구성 요소를 형성할 수 있다.

외부 환경 자극의 감각 정보가 대뇌 감각연합피질에서 해마로 입력되어 기억을 형성하며, 형성된 기억이 다시 감각연합피질로 이동하여 장기기억으로 저장된다. 해마의 기억 회로 형성은 '감각연합피질→관통로→해마치상회→과립세포→CA3→CA1→해마지각→내후각뇌피질→감각연합피질'이며 신경세포 연결회로를 통해 기억을 생성하고 저장한다.

## 동물의 행동은 감각에서 나오며,
## 인간의 행동은 의미에서 나온다

망각은 자연스러운 현상이지만 기억은 특별한 능력이다. 동물은 사건기억이 빈약하며, 인간의 사건기억은 일생 동안 지속된다. 경험이 사라지지 않고 기억으로 남는다는 현상은 놀랍고 예외적인 현상이다. 공포 반응을 동반한 기억처럼 생존에 직결되는 기억은 동물에게서도 오랫동안 유지된다. 그러나 인간처럼 일상 행동의 대부분을 기억에 의존하는 동물은 없다. '언제 어디서 무엇을 어떻게'라는 형식으로 표현할 수 있는 기억은 인간 고유의 사건기억이며, 이야기의 형태가 되는 일화기억이다. 특정한 장소에서 경험한 내용을 이야기 형태로 구성하는 일화기억은 생존에 중요한 사건에서 시작된다. 대부분의 감각 정보는 망각되지만, 새롭거나 중요한 자극에 주의를 집중하게 되면 그 자극은 감정을 동반한 순간적 인상이 되어 기억된다. 일단 주의집중을 촉발한 자극은 의식되며, 그 현장을 시각과 청각으로 계속 관찰하게 한다. 이처럼 의식 수준에 도달한 감각 정보를 처리하는 과정이 바로 작업기억이다. 작업기억은 현재 전개되는 상황 그 자체에 대한 인식이며 우리의 현실을 구성한다.

그래서 작업기억은 의식의 핵심 요소이며 현재 그 자체. 우리는 가정과 직장에서 시간에 따라 행동이 바뀌는 매 순간 작업기억으로 현실에 적절히 반응한다. 성공적으로 환경에 적응할수록 그 감각경험은 잊게 된다. 왜냐하면 적절한 적응 과정은 반복되어 습관이 되고, 습관적 행동은 의식되지 않기 때문이다. 새롭고 중요한 정보는 반복해서 살펴보게 되며, 시각적 주의와 중얼거림을 통한 대뇌피질의 활성 덕에 중요한 대상은 좀 더 오랫동안 작업기억에 유지된다. 반복되는 자극 반응 과정을 통해 작업기억은 장기기억으로 전환된다.

장기기억은 절차기억과 선언기억으로 구분된다. 절차기억은 의식이 개입하지 않는 운동 순서 기억이며, 의식되지 않기에 절차기억을 암묵기억이라 한다. 수의근을 움직여 행동을 만드는 대부분의 과정이 바로 절차기억이다. 자전거 타기, 글씨 쓰기, 악기 연주는 모두 반복 훈련으로 획득한 절차기억이다. 양쪽 해마를 제거한 H. M. 환자도 새로운 절차기억 학습은 가능했다.

선언기억은 언어로 표현되어 의식되는 기억이며, 사건기억과 사실기억으로 구분된다. 사건기억은 장소와 시간에 결합된 기억으로, 일상에서 겪는 대부분의 기억이 바로 사건기억이다. 특정한 장소가 특정한 행동을 유발한다. 식당, 교실, 침실에서 인간은 먹고, 공부하고, 잠을 잔다. 인간은 특정한 장소에서 그 장소에 걸맞는 행동을 반복적으로 하여 습관을 형성한다. 일상은 반복되는 습관적 행동으로 구성되며, 시간과 장소 정보로 구성되므로 사건기억은 사건이 발생한 순서로 나열할 수 있다. 각각의 장소에서 일어났던 사건의 순차적 연결이 바로 이야기를 구성하므로 사건기억을 일화기억이라 한다. 일화, 즉 이야기 형태로 구술되는 기억은 인간의 고유한 능력이다. 동물은 사건기억이 약해서 새로운 장소에 가는 것을 두려워한다. 그리고 사건의 순서를 기억하지 못해 염소는 목줄에 얽히게 되면 빠져 나오기 어렵다. 얽힌 순서의 역순으로 줄을 풀면 되는데 순서에 대한 기억이 약해서 역순으로 돌아갈 수 없게 된다. 반면에 인간은 전운동피질premotor cortex의 일부 영역에서 몸통 회전 운동을 담당하기 때문에 몸의 동작을 역순으로 할 수 있다.

특정한 장소에서 비슷한 경험이 반복되면 감각경험에서 유사한 자극 패턴이 중첩되어 더욱 강화된다. 유사한 지각이 반복되면서 지각의 공통 부분이 범주화되고, 범주화된 지각 자극들이 시간 순서로 연결되는 과정에서 사건들의 의미가 드러나게 된다. 일련의 사건이 시간 순으로 배열되면 사건 사이의 순서화된 맥락에서 인과관계에 대한 의식이 생겨난다. 그리고 사건의 인과적 관계가 사건의 맥락이 되고, 곧 사건의 의미가 된다. 결국 사건의 연쇄로 구성되는 일화기억에서 추출된 사건의 인과관계가 바로 의미기억이다.

유사한 사건의 반복이 신경회로에 공통의 패턴을 형성하고, 그 범주화된 공통 패턴이 바로 사건의 의미가 된다. 그래서 일화기억은 시간이 지나면서 서서히 의미기억으로 농축된다. 사건기억은 반복되지 않으면 쉽게 잊힌다. 그러나 특정한 사건의 구체적 내용은 기억에 희미하지만 '사건의 의미'는 범주화되어 오랫동안 기억에서 유지되어 의미기억이 된다. 의미기억을 지속적으로 반영하여

인간의 사고와 행동이 선택된다. 따라서 동물의 행동은 감각에서 나오며, 인간의
행동은 의미에서 나온다.

## 일화기억은 새로운 정보의
## 즉각적 자동기억이다

기억에 관한 일반적인 생각은 '무엇이든 기억하려면 힘이 든다'는 고정관념이다. 이러한 통념은 사실과 다르다. 학교에서 배운 지식에 대한 기억은 반복해도 쉽게 기억되지 않고 간신히 기억해도 곧 잊어버린다. 반면에 어떤 기억은 원하지 않아도 기억되며 한 번만 보아도 평생 잊히지 않는다. 이처럼 기억은 극단적으로 다른 두 종류가 있다. 노력해도 쉽게 기억되지 않으며 반복하여 인출하지 않으면 곧 잊는 기억이 바로 의미기억이다. 반면에 즉각적이며 자동적으로 기억

그림 6-19 해마에서 장소와 사물 정보가 결합되는 과정

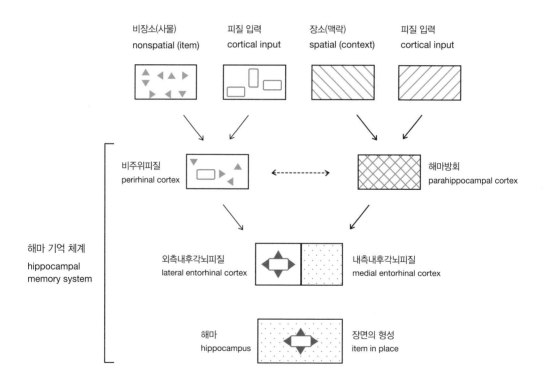

되는 기억이 일화기억이다. 세밀히 살펴보면, 일화기억의 세부사항은 시간이 지나면 대부분 잊히지만 그런 사건이 있었다는 그 자체는 오랫동안 기억에 남는다. 일화기억과 의미기억의 상반되는 특징은 이 두 기억이 형성되는 뇌 영역이

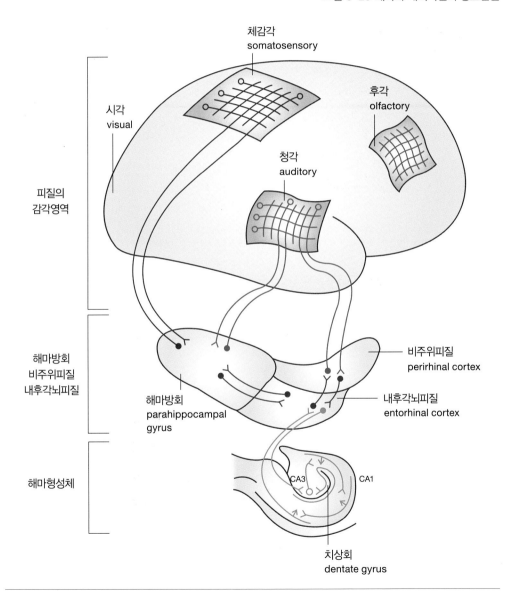

그림 6-20 해마와 대뇌피질의 상호연결

체감각
somatosensory

후각
olfactory

시각
visual

청각
auditory

피질의
감각영역

해마방회
비주위피질
내후각뇌피질

비주위피질
perirhinal cortex

해마방회
parahippocampal
gyrus

내후각뇌피질
entorhinal cortex

해마형성체

CA3        CA1

치상회
dentate gyrus

다르고, 기능적으로 다른 역할을 하기 때문이다. 일화기억은 감각경험에서 '특이성'을 발견하여, 즉시 자동적으로 기억하는 능력이 발달해서 출현했다.

새롭고 특별한 현상은 의식하지 않아도 신속하게 기억된다. 만일 우연히 '코가 두 개인 사람'을 마주친다면 그 기억은 즉시 평생 기억으로 각인된다. 놀람 반응을 동반한 모든 감각경험은 즉각적으로 해마와 편도체의 신경회로를 활성화시킨다. 내후각뇌피질로 유입되는 감각 자극은 해마 피라미드세포의 연결망을

그림 6-21 해마치상회-CA3-CA1 회로와 대뇌 기억 회로의 상호연결

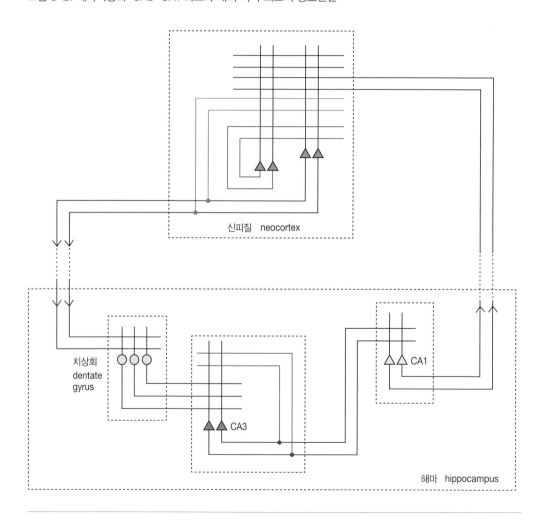

자극하는데, 그때 형성되는 흥분 패턴이 바로 기억이 부호화되는 과정이다. 시상의 중계를 받아 대뇌피질로 전달된 감각 자극 중 생존에 중요한 정보는 대뇌피질에서 해마로 입력된다. 동물이 특정한 장소에서 경험한 위험 상황에 대한 장소와 사물의 정보는 해마방회와 비주위피질을 통해 각각 해마치상회로 입력된다. 해마방회와 비주위피질에서 장소와 사물에 대한 정보가 내후각뇌피질로 입력되어 '언제 어디서 무엇을'이라는 장소와 시간이 결합된 행동이 해마의 치상회로 입력된다. 그림 6-20에는 체감각과 청각이 해마방회와 후각주위피질을 통해 해마로 입력되는 신경연결이 나타나 있다.

해마치상회는 과립세포로 구성되며, 과립세포의 축삭은 피라미드세포 CA3의 수상돌기와 시냅스한다. 이 과정에서 감각경험의 신경 흥분이 각각 구별되는 '패턴 분리' 과정이 과립세포와 CA3 세포의 연결에서 이루어진다. 과립세포에서 입력된 신경 흥분은 CA3 피라미드세포를 자극하며, CA3 신경세포의 출력 일부는 다시 입력된다. 이 재입력 과정이 바로 일화기억의 핵심 과정이다. 구체적으로 기억이란 함께 발화하는 피라미드세포의 신경연결 그 자체다. 해마암몬각에서 피라미드세포의 연결이 사건기억을 일시적으로 유지하고, 대뇌연합피질의 피라미드세포의 연결 회로가 장기기억을 저장한다.

CA3 피라미드세포의 재입력 현상이 바로 개별 기억의 '패턴 완성' 과정이다. CA3 피라미드세포의 축삭은 CA1의 수상돌기와 시냅스하고, CA1은 CA3와 함께 내측 중격핵의 출력 신호에 의해 세타파로 동기화되어, 일화기억을 해마 지각을 통해 파페츠회로로 출력한다. 일화기억은 '패턴 분리'와 '패턴 완성' 과정을 통해 생존에 중요한 사건을 '어떤 장소에서 무슨 일이 벌어졌는가'라는 형식으로 구성하여 이루어진다. 장면을 구성하는 배경과 전경의 사물들은 원래 인과적으로 연결되어 있지 않지만, 하나의 맥락을 갖는 장면을 구성하는 순간 그 경험의 주체에게는 의미를 갖게 된다. 그래서 '감동적인 한 장면'은 순간적으로 장기기억으로 전환되며 결코 잊히지 않는 장면이 된다. 이처럼 일화기억은 하나의 스냅사진처럼 즉각적으로 기억되며, 사건에 대한 일화기억이 반복되면서 비슷한 사건의 의미가 분명해진다. 사건들 사이의 공통된 내용이 범주화되어 언어로 표상되면서 의미기억이 된다.

이 과정이 바로 일화기억의 형성 과정이며, 요약하면 다음과 같다.

**대뇌신피질: 사건 경험 기억인 일화기억 저장**

**해마방회: 장소 정보,**

**비주위피질: 사물 정보**

**내후각뇌피질: 장소와 사물 정보가 통합**

**치상회 과립세포: 패턴 분리**

**CA3 피라미드세포: 재입력 회로에 의한 기억 패턴 완성**

**CA1 피라마드 세포: 감마파의 서열로 변조된 세타파 형태로 감각경험 자극을 파페츠회로로 입력**

# 의미기억과
# 일화기억

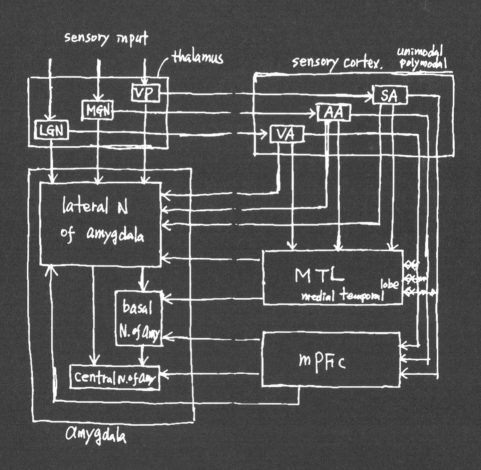

## 자전적 일화기억이
## 매 순간 우리의 자아를 만들어내고 있다

개나 고양이는 사건기억이 거의 없다. 사건기억이 약하니 애완견에게 어제가 어떠했는지는 묻는 것은 의미가 없다. 동물에게는 감각에 자극된 짧은 순간의 현재만 존재한다. 호랑이의 눈빛이 불타는 것은 돌출한 현전성 때문이다. 감각에 구속된 야생동물의 눈은 현재만이 존재하는 시간의 단편을 본다. 기억이라는 애매하고 복합적인 기능이 인간 뇌에서 생겨나 시간에 대한 의식이 출현한다. 대뇌피질이 진화하면서 감각입력을 직접적으로 처리하는 일차감각피질 부근에 감각을 연합하는 연합피질이 확장되었다. 그리하여 대략 200만 년 전에 대뇌피질의 면적은 두 배나 증가했다. 시각, 청각, 체감각을 연합하는 특정 뇌 영역으로 신경자극이 유입되면서 감각입력의 흥분된 흔적들이 시간이 지나도 사라지지 않는 현상이 생겨났다. 경험한 사건을 기억하게 된 것이다. 매일 이동하는 원시인에게 위험한 장소를 기억하는 것은 생존과 직결되는 능력이었다. 어떤 장소에서 경험한 위험한 사건은 기억되어야 한다. 그래서 사건기억은 중요한 뇌 기능이다. 인간은 숫자를 기억하여 정량적 사고를 하고 문자를 기억하여 언어 생활을 한다. 한 부족에서 공유된 기억은 신화와 역사를 만들며, 공유할 수 없는 자서전적 기억은 개인의 추억을 만든다.

'마당이 모래사장과 맞붙어 있었다. 바람소리 무서운 겨울 밤바다는 끝 모를 컴컴한 호수였다. 아침에 문을 열면 노 저어가는 조그마한 목선이 보이고 두꺼운 솜이불 속에서 보는 동해는 문지방 높이로 찰랑거렸다. 초등학교 3년 때 봄소풍 가던 날 아침 큰 파도가 모래사장을 넘쳐서 부엌까지 몰아쳤다. 그래서 아침밥을 할 수 없어 도시락 없이 소풍을 간 기억이 난다. 초등학교 시절 소풍은 삶은 달걀과 김밥 먹는 즐거움이 기억난다.'

모두가 지나고 나면 한 가닥의 이야기일 뿐이다. 계속 회상하지 않으면 사라진다. 저장되는 순간부터 기억도 나이를 먹는다. 어제의 기억, 일 년 된 기억, 그리고 수명이 다해 사라진 기억이 있다. 그렇다. 기억은 봄 아지랑이처럼 아련히 사라지기도 한다. 그래서 누구나 기억처럼 왔다가 가버린다.

기억을 이해하면 우리는 감정, 언어, 의식을 뇌과학의 관점에서 살펴볼 수 있다. 기억은 오랫동안 밝혀지지 않은 뇌 작용이었으며, 한동안 행동심리학에서는 기억이라는 용어를 일부러 회피했다. 그러나 지난 30년간 뇌과학에서 집중적 연구가 수행된 분야가 바로 기억이다. 기억 관련 뇌 연구는 해마라는 뇌 영역에 집중되었다. 왜냐하면 해마에서 우리 삶의 전 과정이 이야기로 만들어지기 때문이다. 지난날을 회상하는 자전적 일화기억이 바로 매 순간 우리의 자아를 만들어내고 있다.

기억은 인간이라는 현상의 본질이다. 구석기 시대의 인간은 자신의 기억을 뇌 외부로 꺼내 바위에 새기면서 중요한 기억을 공유하였다. 감정, 느낌, 생각이 모두 기억이 반영된 뇌 작용이며, 자아도 자전적 기억의 회상에서 생성된다. 자연 현상을 기록하는 데서부터 우주의 기원을 과학으로 이해하기까지의 긴 여정이 가능했던 것은 문자로 표현된 기억이 시간과 공간의 제약에서 벗어나 사람들 사이에 공유된 덕이다. 공유되고 소통되는 인간의 기억이 사회와 문화를 만들었다. 그래서 인간 뇌에서 기억이 생성되고 저장되고 표현되는 과정을 공부하는 것은 모든 학문의 바탕이 된다.

인간 기억을 과학적으로 공부하려면 생화학, 생리학, 세포생물학, 분자생물학, 신경과학, 신경해부학, 인지과학, 생리심리학, 그리고 진화심리학이 필요하다. 그리고 이들 각 과학 영역이 협력하여 '인간이 생각한다'는 현상이 무엇인지 밝혀야 한다. 지구라는 행성에서 출현한 인간을 이해하는 과정의 핵심은 인간 뇌가 생성하는 기억이라는 현상을 파악하는 것이다.

장기기억은 단백질이 생성되어야 가능하다. 신경세포 말단에 삽입된 단백질 채널이 기억의 출발점이다. 단백질 채널의 생성에는 유전자가 관여하며, 시냅스는 기억이 생성되는 구체적 실체다. 신경전달물질의 전달 과정, 신경세포의 전기 작용, 그리고 신경세포의 집단적 흥분 현상을 이해해야 한다. 왜냐하면 기억이란 신경세포 집단의 흥분 현상이기 때문이다. 기억을 이해하는 데 필요한 학문 분야는 다음과 같다.

행위: 진화심리학, 인지심리학, 신경심리학
신경 시스템: 신경해부학, 신경생리학, 비교신경해부학
신경세포: 분자생물학, 세포생물학, 생화학
시냅스: 유전학, 약리학, 단백질공학
이온채널: 분자세포생물학, 생화학, 분자진화학

지난 3,000년 동안 인간은 종교와 철학으로 기억과 의식과 마음이 어떤 것인지 알려고 노력해왔지만, 대략적이고 정성적으로 심리 상태를 설명했을 뿐이다. 세포 수준의 뇌 작용과 신경생리학적 이해는 거의 없었다. 위에 나열한 학문 분야는 대부분 생긴 지 100년이 넘지 않았다. 지난 30년 사이에 밝혀진 뇌과학 연구 결과들이 지난 3,000년 동안 뇌에 관해 알아낸 지식보다 많을 것이다. 결국 인간 정신 작용의 이해는 현대 과학의 여러 분야를 공부하는 수밖에 다른 길이 없다. 기억에 대해 이해하려면 먼저 어떤 종류의 기억이 있는지를 살펴보아야 한다. 기억을 공부한다는 것은 기억의 생성, 기억의 분류, 기억의 특성을 알아가는 과정이다.

## 기억마다
## 생성 과정과 역할이 다르다

기억의 분류는 계속해서 변화하고 있다. 생물 분류가 계통분류학이라는 분야를 만들어서 아직도 발전하고 있는 것처럼, 기억의 분류에도 새로운 해석이 계속되고 있다. 그만큼 기억의 종류가 많다는 것이다. 뇌과학에서 기억 분류가 중요한

그림 7–1 기억과 뇌 정보 처리 과정

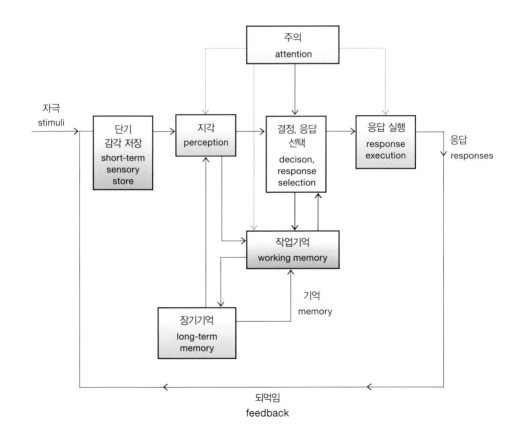

정보 처리의 위킨스 모델
Wickens's model of human information processing

이유는 뇌 작용이 대부분 기억을 반영하고, 기억마다 생성 과정과 역할이 모두 다르기 때문이다. 꿈에서 일화기억이 인출되지 않고 의미기억이 주로 사용되는 현상은 꿈을 이해하는 핵심이다. 뇌 작용 공부는 기억마다 다른 특징을 구별하면서 시작된다.

우리는 단순히 기억이라는 단어 하나만 사용하기 때문에, 기억의 다양한 특성을 파악하기 어렵다. 기억은 대뇌피질, 소뇌, 대뇌 기저핵, 해마가 관련되며 뇌 부위별로 담당하는 기억이 다르다. 기억은 세 가지 측면에서 분류할 수 있다.

기억 생성 과정에 따른 분류: 일화기억, 의미기억, 절차기억
역할별 분류: 상태기억, 감정기억, 인지기억
기억 가변성에 따른 분류: 절차기억, 신념기억, 학습기억

일화기억은 사건의 장면으로 구성된 기억이며, 의미기억은 주로 책을 통해 얻는 언어로 표현되는 기억이고, 절차기억은 습관화된 행동의 기억이다. 의미기억이 연속적으로 인출되어 연결되는 현상이 생각이다. 심리학 교과서에 널리 사용되는 기억의 분류는 일화기억, 의미기억, 절차기억이다. 언어로 의식되는 기억을 선언기억이라 하며, 선언기억은 사건기억과 사실기억으로 나뉜다. 사건기억은 해마에서 형성되고 대뇌피질에 저장된다. 저장된 후 시간이 지나면서 기억의 일부가 사라지고 핵심 요소만 남게 되면 견고한 의미기억이 된다.

## 기억이란 외부 세계의 감각입력으로
## 뇌가 세계상을 만드는 과정이다

기억이라는 뇌 작용은 외부 세계의 감각입력을 뇌가 선별적으로 받아들여 세계
상을 만드는 과정이다. 보고 듣는 감각입력의 극히 일부만이 장기기억으로 저장
된다. 감각입력의 홍수 속에서 자극의 일부가 지각되고 지각된 정보에서 새롭고
중요한 내용에 주의를 집중하게 되어 작업기억이 작동한다. 반복된 작업기억의
활성 패턴이 대뇌피질에 남아 장기기억이 된다. 감각입력 처리 과정에서 지각의
범주화가 일어나고, 범주화된 지각 정보가 해마로 입력되어 잠시 저장되었다가
대뇌피질로 이동하여 장기기억으로 전환된다. 그래서 기억의 출발점은 해마의
신경세포다.

그림 7-2 감각입력의 일부가 기억되는 과정

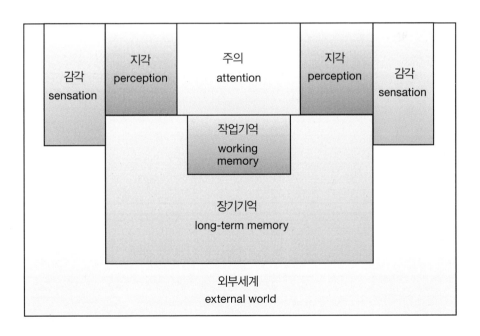

인간 기억은 신경세포라는 진핵세포의 생존의 몸부림이다. 생각하고 움직이는 매 순간 전두엽의 성상세포, 피라미드세포, 바구니세포, 대뇌 기저핵의 가시세포, 소뇌의 퓨키네세포, 척수의 운동세포, 해마의 과립세포가 돌기를 뻗는다. 동물의 신경계는 서로 연결하려고 원형질막의 일부를 뻗어내는 독립된 진핵세포의 집합이다. 신경세포는 주위의 세포와 만나서 시냅스로 접속하는데, 접속은 신경세포의 생존에 필수 조건이다. 동물의 신경세포는 무한한 접속의 연결망을 만들어 자연에서 입력되는 외부 자극을 뇌 속으로 내부화한다. 신경세포들이 만드는 세계상은 꿈, 각성, 감정, 기억, 언어, 의식, 초월적 일체 상태가 된다. 뇌 작용은 신경세포가 발아하는 세포 돌기의 생성과 소멸 과정이며, 신경세포의 유전자 발현과 단백질의 상호작용이다. 신경핵과 신경연결로의 명칭을 기억해야만 뇌의 구조와 기능을 공부할 수 있다. 익숙하지 않은 과학 분야를 즐겁게 공부하는 방법은 핵심 용어를 철저히 의식적으로 반복해서 단순한 기억이 아닌 습관화된 절차기억으로 만드는 것이다. 핵심 용어는 그 분야를 이해하는 데 필수적인 개념을 담고 있기 때문에, 핵심 용어가 신체의 일부처럼 느껴지면 그 분야의 공부는 습관적 자동 반응으로 항상 진행된다.

기억 분류에서는 감각기억과 작업기억을 단기기억으로 분류한다. 작업기억은 뇌과학에서 중요하다. 왜냐하면 작업기억은 의식의 핵심 요소이며, 현재의 심적 상태가 바로 작업기억이기 때문이다. 작업기억은 우리의 현재 그 자체다. 자동차를 운전하면서 도로 상황을 고려하여 매 순간 운전을 조절할 수 있는 것은 바로 작업기억 능력 덕분이다. 장기기억은 저장 능력이 거의 무한대임이 밝혀졌지만 작업기억의 능력은 제한적이다. 그래서 우리는 한 순간에 한 가지 생각만 할 수 있다. 꿈에서는 작업기억이 동작하지 않기 때문에 산수 계산과 논리적 사고를 동시에 할 수 없다. 17 더하기 15를 암산하는 과정에서는 12가 생겨서 10 단위 하나를 나중에 추가로 합쳐야 하고 잠시 동안 12을 기억해야 하는데, 이 과정이 바로 작업기억이다. 작업기억의 용량이 제한적이기 때문에 잠시 기억하는 항목 역시 제한적이다. 작업기억은 배외측전전두엽의 주요 역할인데, 꿈에서는 배외측전전두엽이 거의 작동하지 않아서 꿈에는 논리적 내용이 거의 없다.

그림 7-3 기억의 분류

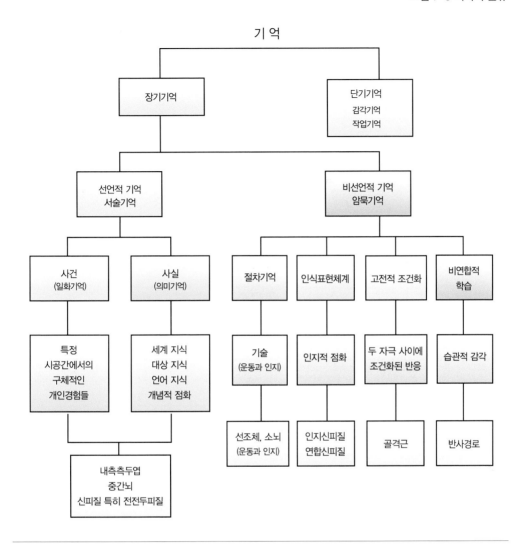

창의적 사고에 관해서는 많은 의견이 있지만, 작업기억의 용량을 확장하는 것이 창의적 사고력을 높이는 효과적인 방법일 수 있다. 전문가는 장기기억을 작업기억처럼 사용하는 사람이다. 비유하자면 장기기억은 은행에 저금된 전 재산이고, 작업기억은 지갑에 있는 현금이다. 오랫동안 학습한 장기기억을 즉시 인출하여 사고에 반영할 수 있는 사람이 바로 전문가다. 창의성은 장기기억을 다양하고 새롭게 조합하는 과정에서 생기며, 기억 조합의 다양성은 기억된 정보의 양에 비례한다. 다양한 장기기억을 작업기억처럼 사용하는 사람이 바로 전문가들이다.

장기기억은 서술기억과 암묵기억으로 구분되며, 암묵기억은 다시 절차기억, 점화기억, 연합학습, 비연합학습으로 구별된다. 절차기억은 기술과 습관처럼 순서화된 근육 운동으로, 선조체에 그 순서가 저장된다. 점화기억은 기억 인출 단서를 제시했을 때 기억을 쉽게 떠오르게 하는 작용으로, 대뇌신피질에서 그 현상이 일어난다. 연합학습은 연합하는 대상에 따라 고전적 조건반사와 도구적 조건반사로 구분되는데, 고전적 조건반사는 파블로프의 개 먹이 주기 실험에서 확인된 종소리와 먹이의 연합이다. 먹이는 본능이 결정하는 무조건 자극unconditioned stimulus이고 먹이와 동시에 주어지는 종소리는 조건 자극conditioned stimulus이 된다.

고전적 조건반사는 편도체에서 공포를 학습하는 과정에서 무조건 자극과 조건 자극이 연합되어 형성된다. 신경회로에서 연합이 형성되면 무조건 자극 없이 조건 자극만 제시되어도 동물은 행동하여, 개는 종소리만 들어도 침을 흘리게 된다. 도구적 조건화는 동물이 우연한 행동의 결과로 좋은 자극을 받게 되면 그 자극을 반복하는 반사행동이다. 쥐가 실험상자에서 돌아다니다가 우연히 스위치를 누르게 되어 설탕물이 나온다면, 그 쥐는 자신의 행동과 행동의 결과를 연합하게 되어 계속해서 스위치를 누르는 행동을 하게 된다. 스위치라는 도구를 매개해서 행동의 결과가 나오기 때문에 도구적 조건화라 한다. 인간과 동물은 보상을 받는 행동은 반복한다. 이 현상은 거의 예외 없이 작용하여 법칙에 가깝기 때문에 '효과의 법칙law of effect'이라 한다. 인간의 대뇌신피질은 '효과의 법칙'의 결과를 기억하여 잊지 않는다. 행동과 결과를 연합하는 신경 작용 덕에 동물은 스스로 생존에 도움이 되는 행동만을 선택해서 할 수 있다. 연합학습은 '함께 발화하면 함께 묶인다fire together, wire together'는 신경 시스템의 본질적 기능에 근거한다. 그래서 대뇌피질 연합영역 신경세포들은 서로가 서로에게 다중으로 연결되어 그물망 형태의 신경회로를 형성한다. 하나의 신경세포가 흥분하면 연결된 다수의 신경세포들이 발화하게 되어 흥분의 물결이 여러 방향으로 전파된다.

그림 7-4 대뇌 영역별 기억의 종류

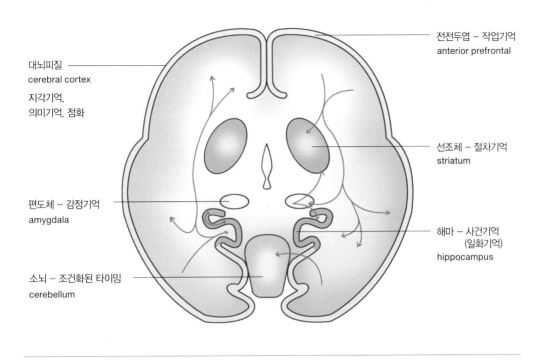

전전두엽 – 작업기억
anterior prefrontal

대뇌피질
cerebral cortex
지각기억,
의미기억, 점화

선조체 – 절차기억
striatum

편도체 – 감정기억
amygdala

해마 – 사건기억
(일화기억)
hippocampus

소뇌 – 조건화된 타이밍
cerebellum

대뇌신피질의 중요한 특성은 자극을 처리하는 과정에서 흥분한 신경세포들끼리 서로 연결하는 것인데, 이러한 연결된 신경세포의 흥분 패턴이 바로 기억의 실체다.

피질 영역에 따라서 처리되는 기억이 달라진다. 대뇌피질의 앞쪽 영역인 전전두엽은 작업기억과 의미기억에 관련되며, 대뇌피질 아래의 커다란 신경핵인 선조체는 반복운동으로 습관화된 절차기억을 생성하고, 해마는 맥락적 사건기억을 부호화하고 인출하는 데 관련된다. 의미기억은 연합피질의 사실기억에서 기억의 탈맥락화와 재구성 과정이 반복되면서 형성되는 기억이다. 세부 내용이 풍부한 일화기억이 시간이 지나면서 점차 공통 패턴이 남아서 단단한 의미기억을 만든다. 사물과 사건에 대한 의미기억은 견고한 만큼 평생 망각되지 않고 작동한다. 알츠하이머 치매 초기에는 기억 상실이 약하게 진행되다가 치매가 심해지

그림 7-5 절차기억, 신념기억, 학습기억의 나이에 따른 변화

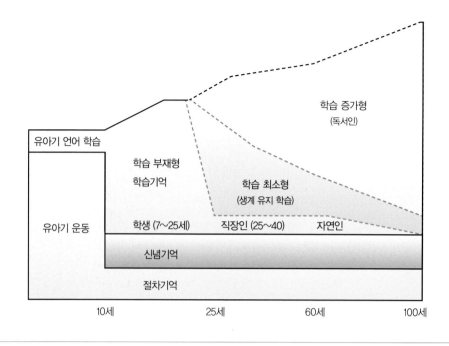

면 사물의 의미를 잊어버리며 자기 인식, 옷 입기, 배변 처리를 차례로 망각하게 된다. 치매가 진행되면서 상실되는 기억의 순서는 유아 시절 획득한 기억의 역순이다. 치매 노인은 서서히 어린 시절로 돌아간다.

신념기억은 주로 종교와 정서적 체험에서 형성되며, 정서적 영향이 크게 작용하는 기억이다. 신념에 반대되는 증거가 쌓여가도 쉽게 변화되지 않는 기억이므로, 새로운 학습에 방해가 될 수 있다. 신념기억이 너무 강하게 작용하면 인지부조화 현상이 생긴다. 자신의 신념에 반대되는 상황을 만났을 때 생기는 인식의 혼란이 인지부조화다. 반면에 학습기억은 새로운 증거를 발견하면 기존의 생각을 바꾼다. 그래서 자연과학 공부는 대부분 학습기억이며, 스스로 변해가는 능력은 학습기억에서 나온다. 절차기억과 신념기억, 그리고 학습기억의 상대적 비율은 나이에 따라 변화한다. 청소년기에는 학습기억이 우세하지만, 어른이 되어서 계속 새로운 학습을 하지 않으면 변화하지 않는 신념기억의 비율이 높아져서 융

박문호 박사의 뇌과학 공부

그림 7-6 기억 사이의 변환 관계와 뇌 영역별 기억 분류

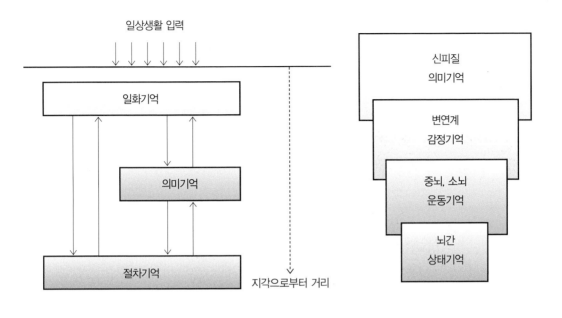

통성과 창의성이 부족한 고지식한 사람이 된다.

해마의 신경회로는 과립세포와 피라미드세포로 구성되며, 감각연합피질에서 신경자극이 해마로 유입되어 과립세포의 치상회에서 패턴 분리된 기억 내용이 피라미드세포에서 패턴 완성이 된다.

감각경험이 일화기억을 만들고, 일화기억은 시간이 지나면서 의미기억으로 변한다. 바이올린을 배우거나 수영을 익힌 후에는 이런 능력이 절차기억으로 저장되는데, 절차기억은 언제든 무의식적으로 인출할 수 있다. 아파트 현관문의 전자자물쇠 번호는 의식적으로 기억하기 힘들지만 손가락은 그 번호의 순서를 무의식적으로 누를 수 있다. 왜냐하면 절차기억은 운동 순서의 기억이므로 의식되지 않지만 언제나 운동출력으로 인출될 수 있기 때문이다.

기억은 뇌의 전 영역에 걸쳐 존재한다. 뇌간은 혈당, 산소 농도, 혈압의 신체 상태에 대한 상태기억을 매 순간 갱신한다. 소뇌와 선조체는 운동기억, 편도체는

감정기억, 해마는 사건기억, 신피질은 의미기억을 생성하고 저장하여 인간 지능과 관련된 인지기억을 처리한다. 인지 과정에는 주의집중, 작업기억, 언어, 지능이 있다. 지능은 인간에서 크게 발달한 기억과 논리적 사고를 사용하는 문제 해결 능력이다. 파충류에서부터 서서히 발달하기 시작한 신피질의 진화는 기억이 더 많아지고 세밀해지면서 오래된 운동영역이 신피질의 기억과 연결된다. 기억피질과 운동피질이 서로 연결되면서 인간의 행동은 주로 기억을 반영한다. 동물 운동의 진화는 몸통 운동에서 사지 교번운동으로 진화하고, 인간에서는 사지 말단의 자유로운 운동으로 놀라운 발전을 하게 된다. 몸통 운동→사지 교번운동→사지 말단의 자유운동으로 동물 운동이 진화했으며, 뇌 운동피질이 발달하면서 동물에게서 자유도가 높고 융통성 있는 운동이 출현한다. 인간의 정교한 운동 능력은 소뇌의 균형감각과 고유감각이 대뇌운동피질의 운동계획과 연결되면서 생겨났다. 동물의 융통성 없는 동작에서 인간의 자유로운 팔과 다리 운동이 출현한 것이다. 그래서 인간은 잘 행동한다.

## 꿈과 동물과 기억상실증 환자는
## 어쩌면 영원한 현재적 존재일 수 있다

기억 인출 과정과 지각은 모두 구성적 과정이다. 구성적 과정은 재구성될 수 있다. 지각에 환각이 있듯이 기억 회상의 재구성도 잘못될 수 있다. 구성적 신경 처리 과정은 단계별로 신경회로가 생성되어가는 과정으로, 감정 상태에 따라 회상되는 기억이 달라질 수 있다. 의식적 기억 회상은 서술기억에서만 가능하며, 절차기억은 기억 인출 과정이 의식되지 않는다. 기억은 대뇌의 다양한 곳에서 생성되고 저장된다. 기억은 크게 서술기억과 암묵기억으로 구분되는데, 서술기억에는 사실기억과 사건기억이 있다. 사건기억은 일상생활의 기억으로, 시간과 장소 정보가 항상 결합되어 있다. 사건은 일화기억의 핵심 내용이며, 일화기억의 저장과 인출의 용량이 큰 이유는 일화기억은 새로운 사건이면 즉각 자동적으로 기억되며 일부 단서로도 전체 기억이 자동연상으로 회상되기 때문이다. 사건을 구성하는 장소와 시간 정보가 일화기억을 인출하는 단서로 작동한다.

감각은 감각 수용판에서 감각 자극 에너지의 변화가 전압파로 전환되면서 시작된다. 시각의 망막, 청각의 유모세포는 이차원 평면 구조로 배열되어 있는데, 이러한 감각세포들의 배열을 감각판이라 한다. 감각 자극은 0.5초 이하 동안 지속되어 감각기억을 형성한다. 감각입력의 폭주하는 흐름에서 주의를 끌 만한 자극은 의식되어 작업기억이 된다. 작업기억은 대략 1분 이하 동안 의식되다가 주의에서 벗어나면 곧장 잊게 된다. 그러나 중요한 감각입력은 작업기억에서 더 강한 주목을 받게 되고, 장기기억으로 저장된다. 장기기억은 사실기억과 절차기억으로 구분되며, 사실기억은 사건기억과 의미기억으로 구분된다. 사실기억을 일화기억이라 한다.

신체의 기억인 암묵기억은 기억 인출 과정이 의식되지 않는 운동절차와 관련된 기억이며, 사실기억은 인출 과정이 의식되고 언어로 표현할 수 있다. 사건기억은 어떤 장소에서 언제 무슨 일을 겪었는지에 대한 기억으로, 반드시 장소와 시간 정보가 꼬리표처럼 붙어 있다. 사건기억은 이야기의 주된 재료가 되므로

그림 7-7 일화기억과 의미기억

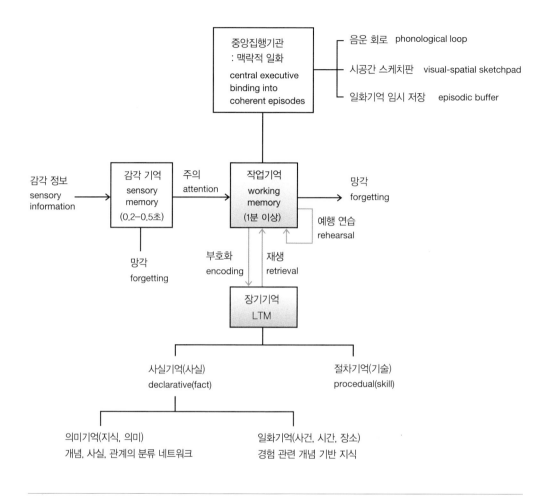

일화기억이라 한다. 새로운 사건에 대한 기억은 해마에서 자동적으로 즉시 기억된다. 해마 기억의 핵심은 '새로움'이다. 색다른 이야기는 잊히지 않는다. 새로운 일화기억은 해마에서 임시로 저장되었다가 대뇌피질로 이동하여 장기기억이된다.

대뇌피질에 새로운 경험기억이 축적되면, 경험들의 공통점들이 점차 의미기억으로 전환된다. 사건기억은 시간이 지나면서 원래 사건기억의 꼬리표인 '시간과 공간' 정보가 사라지고, 다양한 경험의 공통점이 지각되어 사건의 의미가 된다. 기존 이론에 따르면 모든 의미기억의 출발점은 사건기억이다. 의미기억이 사건기억의 공통점을 범주화하면서 서서히 생겨났다면, 사건기억이 만들어지는 해마가 손상되었을 때도 새로운 의미기억의 학습이 가능할까? H. M. 환자의 경우에서 해마 없이 대뇌피질에서 의미기억이 생성될 수 있는 작은 가능성이 밝혀졌다. H. M. 환자는 좌우 반구의 해마와 편도체를 모두 제거한 상태에서 정보를 반복해서 입력했을 때 약하지만 의미기억 학습 능력을 보였다. 해마를 제거하기 이전에 학습한 의미기억의 활성은 정상적이며, 해마를 제거한 이후는 점화기억과 절차기억은 작동하지만 새로운 의미기억의 생성 능력은 상당히 약화되었다.

해마 없이는 새로운 일화기억이 생겨나지 않고, 새로운 경험의 축적으로 생성되는 의미기억은 매우 약해진다. H. M.의 경우 사건에 대한 일화기억이 생성되지 않아 일상생활은 주로 이전에 형성된 의미기억으로 처리했다. 그래서 H. M.의 내면세계는 해마를 제거한 1953년, 27세 이전의 세계에 고정되었으며, 그 후 수십 년 간의 놀라운 변화에 대한 의미기억은 거의 생성되지 못했다. 기억이 새롭게 생겨나지 않으니 당연히 이전 기억으로만 살아가야 하고, 현재는 항상 해마를 제거한 바로 그 해에 고정되어 있다. 현재가 지속적으로 기억으로 편입되면서 과거가 되고, 미래는 지속적으로 현재화되어 과거-현재-미래의 시간 흐름이 시간 의식을 생성한다. 그런데 현재의 경험이 해마에 의해 기억으로 고정되어 과거의 기억이 만들어지지 않는다면, 시간의 화살은 정지된다. 현재가 흘러가지 않고 '영원한 현재'로 고정되면 미래는 사라진다. H. M. 환자는 미래에 대한 걱정이 없었으며, 그날그날을 과거에 만들어진 의미기억을 바탕으로 82세까지 살아갔다.

개나 고양이는 경험기억 형성이 약해서 기억을 바탕으로 행동을 선택하지 못하고, 감각입력에 대한 즉각적 반응으로 행동한다. 동물과 꿈속의 주인공은 일화기억을 반영하지 못하기 때문에 주변 환경 입력에 반응하여 반사적 행동을 한다. 우리의 자아는 과거 경험기억을 지속적으로 인출하면서 형성되는 자전적 기억이다. 해마의 작용으로 현재의 경험기억이 지속적인 과거를 만들지 못하면 뇌가 만드는 내면의 시계는 멈추고, 자아도 약화된다. 과거, 현재, 미래는 기억에 의해 끊임없이 만들어지는 현상이고, 기억이 멈추는 순간 현재라는 한 점으로 응결된다.

지속적으로 생성되는 과거의 마지막 포인터가 바로 우리의 현재이며, 현재는 시간과 공간에서 움직이는 우리 행동 궤적의 한 점이다. 움직임의 궤적이 정지되면 과거는 자라지 않고 현재 시점에서 고정된 채 미래의 기약이 없다. 그래서 현재를 기억해야 과거가 생겨나고, '기억된 현재'인 과거와 아직 실현되지 않는 '잠시 후의 현재'인 미래가 출현하게 된다. 인간은 과거를 바탕으로 미래를 예측하려 노력하며, 이 과정에서 불안해 보이는 미래를 끊임없이 추측한다. 앞날에 대한 걱정이 인간 지능 발달의 원동력이다. 미래에 대한 개념이 없는 H. M.은 내일에 대한 걱정이 없었다. 미래에 대한 의식이 생기면서 무한대로 지속되는 자연의 시간에 대한 막막함을 느끼게 되었다. 그래서 인간은 시간을 의식하면서부터 영원히 지속되는 시간의 흐름을 견뎌내기 위해 시간을 반복되는 단위로 개념화했다. 즉 무한 직선적 시간을 반복 가능한 원의 형태로 바꾸어 인식하면서 반복되는 시간 주기에 생활 패턴을 결합시켰다. 계절마다 반복되는 축제의 날을 설정하여 시간의 무한한 지속이라는 감당하기 힘든 느낌을 유한한 삶 속에 조절해 넣을 수 있게 된 것이다. 무한히 펼쳐진 공간에 대한 막막한 느낌도 동서남북의 방향을 설정하여 내면에 세계의 좌표를 설정함으로써 극복했다. 무한히 펼쳐지는 시간과 공간에 대한 두려움을 뇌가 생성하는 반복되고 방향이 정해진 내면 세계로 전환하여 인간은 자연에 적응해갔다. 반복되는 현상이 현실이 되며, 반복되기에 현실은 예측 가능해진다.

꿈과 동물과 기억상실증 환자는 어쩌면 영원한 현재적 존재일 수 있다. 과거 기억을 반영한 현재 입력 처리 과정은 미래를 예견하게 한다. 전전두엽에서 지속적으로 작동하는 미래에 대한 예측은 인간에게 항상 불안감을 느끼게 한다. 그런데 불안과 걱정은 미래를 예측하는 전전두엽 예측 기능의 산물이며, 불안한 미래는 인간 정신 활동의 본질적 요소다. 불안은 우리를 현실의 안주에서 벗어나서 행동하게 만든다. 그러한 미래에 대비하는 행동들이 인간을 변화하는 자연

환경에 적응하는 동물로 만들었다. 시간 의식과 예측 능력은 해마의 일화기억에서 생겨난 놀라운 선물이다. 해마의 기억하는 능력과 전전두엽의 예측하는 기능 덕에 인간은 현재의 구속에서 벗어나 미래라는 가상의 세계를 출현시켰다.

## 의미기억은
## 범주화된 네트워크를 구성한다

인간의 대뇌피질은 '엮으려는 열망'을 갖고 있다. 성대에 의해 분리된 공기 덩어리가 음소가 되며, 음소를 엮어 단어를 만들고, 단어를 엮어 문장을 만든다. 그리고 문장과 단어에 발음의 세기와 발음 지속 시간의 변화를 리듬 있게 엮어 음악을 만든다. 신피질은 감각 자극의 단서에서 시작된 신경 흥분을 엮고 또 엮어서 '지각이라는 내면의 세계상'을 만들어낸다. 대뇌신피질의 특질이 신경 흥분을 연합하는 능력이라면, 척수는 시간이 소요되는 연합보다는 즉각적으로 운동을 출력하는 반사회로 기능을 한다. 그래서 척수의 반사회로는 암묵기억의 비연합적 학습을 한다. 암묵기억을 '몸의 기억'이라고 본다면 서술기억은 '뇌의 기억'이다. 서술기억은 선언기억 혹은 외현기억이라고 하는데, 우리가 무언가 기억나지 않는다고 말했을 때의 기억이 바로 서술기억이다. 즉 서술기억이란 언어로 표현할 수 있는 기억이다. 서술기억은 일화기억과 사실기억으로 구분되는데, 일화기억은 이야기로 표현될 수 있는 사건에 대한 기억이며, 사건이 일어난 장소와 시간 정보가 사건기억의 인출 단서가 된다. 사실기억은 의미기억이며, 사건과 사물에 대한 '의미와 지식'에 대한 기억이다.

사실과 개념, 그리고 대상 사이의 관계들은 신경회로를 형성하며, 환경에 따라 활성 패턴이 변화하는 신경회로에서 비슷한 자극들이 동시에 흥분되어 범주화된 지각을 형성한다. 그리고 범주화된 지각을 바탕으로 감각 정보가 처리되어 기억으로 전환되는 과정에서 개념이 범주화된다. 결국 개념의 범주화가 의미기억을 만드는 것이다. 사물과 사건의 의미는 단어와 대응 관계를 맺고, 뇌 속에서는 단어라는 상징으로 사물과 사건으로 구성된 외부 세계를 표상한다. 그래서 인간은 사물과 사건에 대응하는 언어로 내면의 세계를 만들고 기억하여 자신의 내면세계에 살게 된다. 사건의 구성 요소를 시간 순으로 엮어서 이야기를 구성하는 기억이 일화기억이며, '사물의 용도'와 '사건의 목적'을 추출하여 '단어의 의미'로 대응시킨 기억이 의미기억이다. 따라서 의미기억은 일화기억의 의미를

박문호 박사의 뇌과학 공부

기억하는 뇌의 작용이다. 기억을 바탕으로 생성된 내면의 세계는 개인마다 모두 다르며, 일어난 사건에서 의미를 생성하는 능력은 개인 별로 차이가 크다. 의미기억은 사물의 용도와 행동의 목적을 표상하는 신경회로망의 네트워크에서 서서히 생겨난다.

의미기억 능력은 사건에서 본질적 요소를 찾아내는 능력으로, 학습에 의해 갖춰지는 인간 지능의 핵심 요소다. 사물과 사건에서 의미를 느끼는 정도는 의미기억의 범위와 강도에 비례한다. 그래서 의미기억이 빈약한 사람은 일어난 사건의 단편적인 사실에만 관심을 가진다. 중요한 사건은 대개 구성 요소가 많고 단편적 특성만 드러나는 경우가 흔하다. 그래서 의미기억이 제대로 역할을 못하면 일어난 사건을 분류하고 판단하기 어렵다. 반면에 범주화 훈련이 잘된 사람은 잡다한 정보에서 공통 패턴을 발견하고 범주화하여 개별 요소에 매몰되지 않고 전체의 목적과 의미를 곧 알아차린다. 결국 학습은 의미기억 능력을 높이는 과정이다. 요약하면 다음과 같다.

**인간 대뇌피질의 '엮으려는 열망': 음소→단어→문장**

**대뇌신피질: 감각 자극의 단서에서→'지각이란 내면의 세계상'을 만들어낸다**

**대뇌신피질의 특질→신경 흥분을 연합하는 능력**

**척수→즉각적으로 운동을 출력하는 반사회로**

**감각기억→작업기억→장기기억**

**장기기억: 암묵기억, 서술기억**

**암묵기억: 절차기억, 점화기억, 연합학습, 비연합학습**

**서술기억: 일화기억, 의미기억**

**일화기억: 사건기억, 시간, 장소**

**의미기억: 사실, 개념, 관계의 범주화된 신경망**

**의미기억은 일화기억을 범주화한다.**

**인간은 사물과 사건에 대응하는 언어로 내면의 세계를 만들고 기억하여 자신의 내면세계에 살게 된다.**

## 기억이 존재하지 않으면
## 감정이 생기지 않는다

기억의 용도는 무엇일까? 혹은 기억이 없는 삶은 어떤 풍경일까? 관심 분야에 대한 기억이 풍부하면 그 분야를 잘 알게 되고, 세부 사항을 더 잘 알게 되면 의미가 풍부해진다. 그러나 기억된 내용이 거의 없어도 살아가는 데 별다른 불편함이 없을 수 있다. 개나 고양이는 일화기억이 매우 약하다. 그래도 동물들은 잘 살아간다. 즉 동물에게 사건기억은 생존에 필수적이지 않다. 간질 치료를 위해 20대에 양쪽 해마를 완전히 제거한 H. M. 환자는 80세가 넘게 살았다. H. M.은 해마를 제거한 이후 자신이 경험한 어떤 일도 기억하지 못했다. 경험기억이 없어도 어느 정도 정상적인 생활을 할 수 있다. 그냥 살아가면 된다. 10분 전의 일도 잊어버리지만 생각과 느낌은 가능하다. 감각과 감정 그리고 지능은 정상적이다. H. M.의 세계는 매 순간의 장면이 연결되지 않은 스냅사진이 뿌려진 세상과 같았으며, 요양원에서 오랜 시간을 함께 보낸 몇 명과는 친숙한 관계를 맺을 수 있었다. 우리에게 부모와 친구는 기억이 만들어준 정서적 관계로 엮여 있다. 인간의 삶은 관계의 기억이다. 그래서 기억이 사라지면 관계가 사라지고, 각자는 외로운 섬이 된다. 아마 외롭다는 느낌조차 생기지 않을 수 있다. 느낌도 정서적 기억이기 때문이다. 기억되지 않은 대상은 생각의 대상이 되지 않는다. 그리고 뇌의 정보 처리 과정은 의식적 생각 없이 진행될 수 있다.

기억은 생존에 필수적이지는 않지만 우리의 생각과 행동은 지속적으로 기억을 반영한다. 인간적 속성에 반드시 필요한 요소인 것이다. 생각과 행동은 매 순간 기억을 근거로 진행된다. 그리고 기억이 사라져도 그 기억이 동반하는 정서적 느낌은 오래 남을 수 있다. 주변 자극에 정서적 느낌이 묻어 있지 않으면 우리는 그 자극에 반응하지 않고 무시한다. 전문가는 어떤 분야의 기억이 많고 그 기억을 결합하여 문제에 대한 다양한 해결 방안을 가진 사람이다. 기억은 사물과 사건에 의미를 부여하고 행동의 욕구를 생겨나게 해주며, 사람들과 정서적 관계를 깊이 맺을 수 있게 해준다. 어려운 시절의 기억은 더 큰 어려움을 참을 수 있

박문호 박사의 뇌과학 공부

는 정서적 힘을 길러준다. 기억 능력 상실은 매 순간 상황을 처리하는 작업기억만 동작할 뿐 중요한 사건을 작업기억에서 장기기억으로 전환하지 못한다.

사건기억이 장기기억으로 전환되고 저장되어야만 언제든 인출해서 생각과 행동의 재료로 삼을 수 있다. 경험이 저장되지 않고 곧 잊히면 세상은 항상 낯선 곳이 된다. 기억이 사라진 세계는 어느 누구도 익숙하지 않은 타인만 존재하는 세상이다. 기억 생성 없이 생존할 수 있지만 더 이상 의미 있는 관계는 형성되지 않고 반사적 행동으로 매 순간을 살아간다. 기억의 축적은 느낌을 지속하게 하고 욕구를 증가시킨다. 일화기억을 공고화하는 과정 동안 편도체에서 해마로 노르에피네피린이 분비되어 중요한 소식을 듣고 놀랄 때, 그 당시 주변의 세세한 상황도 함께 기억에 남는다. 편도체의 놀람 반응이 해마와 연결되어, 해마에서 그 상황을 기억으로 각인하게 되는 현상은 노르에피네피린의 작용이다. 꿈이 놀라운 상황의 연속인 이유도 아마 뇌가 경험한 기억을 정서적으로 변형하여 기억하는 과정일 수 있다.

이처럼 기억과 정서적 느낌은 깊이 연관되어 있다. 그래서 기억을 잘하는 방법은 기억 대상에 강한 정서적 느낌을 부여하는 것이다. 감정적 느낌은 기억을 돕고 행동을 촉발한다. 경험한 사건이 기억되지 않고 만난 모든 사람이 잊힌다면 매 순간 감각만이 존재하는 세상이 된다. 매 순간의 감각 자극에 반사적 동작으로 일관된 세계가 바로 기억이 약한 동물의 세계다. 기억이 없으면, 감각입력에 대한 반응의 지연이 어렵다. 그러나 인간은 오래 지속되는 장기기억을 반영하여 즉각적 반응을 억제할 수 있어 지연된 반응이 가능하다. 즉각적 반응이 지연되는 동안 인간의 뇌는 지각을 만들고, 기억을 바탕으로 더 적절한 행동을 선택한다. 인간 지능의 핵심 요소인 주의집중과 언어는 모두 시간이 소요되는 뇌 작용이며, 즉각적 반응을 멈추는 동안 뇌는 다양한 기억을 조합하여 적절한 행동을 만든다. 결국 반응을 지연하는 뇌의 작용에서 인간 지능이 출현하게 된 것이다.

## 편도체에
## 내장 정보와 감각 정보가 입력된다

편도체에는 내장감각과 환경 자극 정보가 입력된다. 내장감각은 고립로핵을 통해서 부완핵으로 전달된다. 내장감각신호는 부완핵에서 편도체 중심핵으로 전달되며, 시상의 중개를 통해 뇌섬엽insula으로 전달된다. 뇌섬엽에는 내장감각의

그림 7-8 편도체와 연결된 뇌 영역들

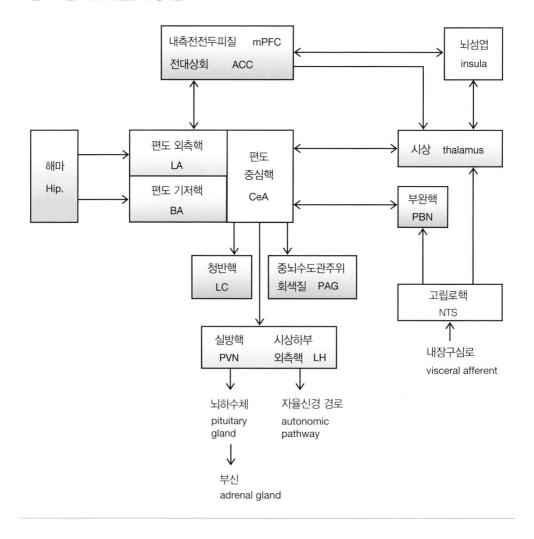

박문호 박사의 뇌과학 공부

부위별 대응 지도가 존재하며 내측전전두피질과 대상회는 뇌섬엽과 상호연결되어 있다. 편도체는 외측핵, 기저핵, 중심핵으로 구성되며, 중심핵이 출력핵이다. 내측전전두피질과 대상회는 편도 외측핵과 상호연결되며 해마는 외측핵과 기저핵으로 신경자극을 입력한다. 그리고 편도 중심핵에서 감정 자극에 대한 신경 흥분이 청반핵과 중뇌수도관주위 회색질, 시상하부로 출력된다.

편도체로부터 감정 자극 입력을 받은 시상하부는 실방핵에서 뇌하수체 전엽을 통해 부신피질자극호르몬을 방출하고, 그 결과 부신피질에서 코르티졸cortisol이 혈관 속으로 스며든다. 혈류를 타고 온몸으로 전달되는 코르티졸은 해마와 편도체로 들어가서 해마와 편도체에 분포하는 코르티졸 수용체와 결합한다. 짧은 기간의 스트레스는 편도와 해마의 신경세포를 활성화시키지만, 강한 스트레스가 장기간 지속되면 상황이 달라진다. 장기간의 강한 스트레스를 동반하는 코르티졸에 편도체는 견디지만, 해마의 신경세포는 죽게 된다. 이는 장기간 분비되는 고농도의 코르티졸이 해마의 세포를 감소시키는 현상으로, 강한 스트레스가 학습과 기억에 나쁜 영향을 주는 결과로 이어진다. 그래서 어린아이에게 학습을 강요하여 스트레스를 주면, 학습한 내용에 대한 기억이 생기지 않을 수 있다. 편도 외측핵의 감정 자극을 받은 시상하부의 외측핵에서 척수중간뿔 교감신경절전신경세포preganglionic neuron를 자극한다. 척수중간뿔의 절전신경세포는 출력 신호를 척수 양 옆을 따라 두 줄로 배열된 교감신경기둥의 교감신경절로 보낸다. 교감신경절에서 절후신경세포섬유postganglionic neuron fiber가 내부 장기로 뻗어나가 내장의 자율신경조절 작용이 일어난다.

편도체에서 전달되는 분노나 놀람 반응은 동물이 싸우거나 도망칠 때 코르티졸의 작용으로 혈중 포도당 농도를 높이고 내부 장기의 일부 기능을 억제하는 식으로 나타난다. 이처럼 강한 정서적 자극은 위장 장애를 일으킬 수 있다. 편도체는 내장 신호처럼 신체 내부 신호만이 아니라 외부 환경의 감각입력도 처리한다. 시각, 청각, 체감각 같은 외부의 정서적 감각은 시상을 통해 편도 외측핵으로 입력된다. 그리고 편도체는 의식되지 않는 일차시각에도 직접 영향을 줄 수 있다. 0.1초 이하로 제시되는 공포나 혐오감을 유발하는 시각 자극에 편도체가 반

그림 7-9 편도체의 감각 입력

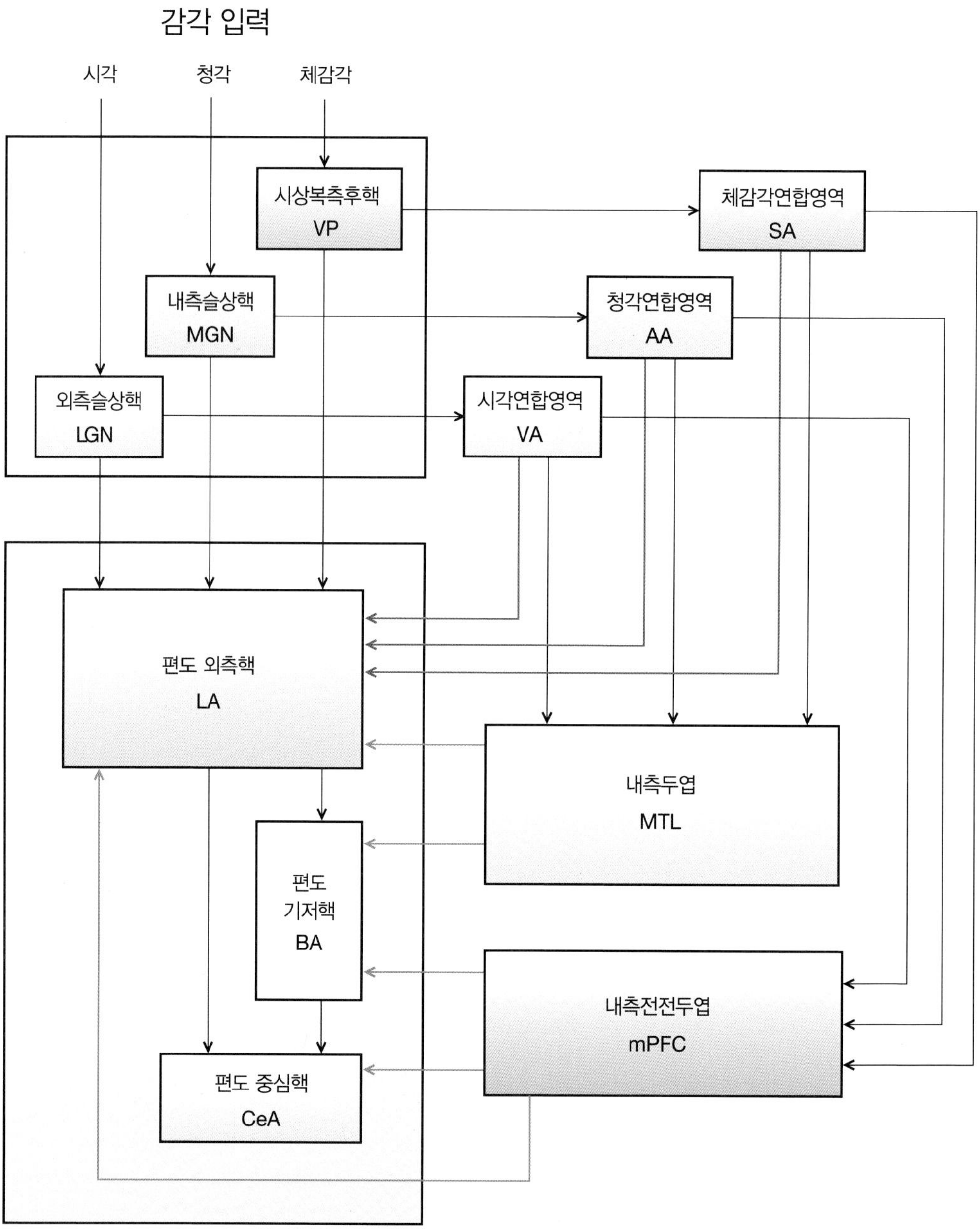

감각 입력

응하는 실험 결과가 있다. 일차감각피질에서 처리된 단일 모드의 연합감각은 내측두엽과 편도외측핵으로 입력된다. 내측두엽은 해마, 내후각뇌피질, 후각주위피질로 구성되는데, 측두엽 안쪽으로 말려 들어간 구조여서 내측두엽이라 한다. 내측두엽으로 입력된 연합감각은 편도 외측핵과 기저핵으로 입력된다. 시각, 청각, 촉각의 단일 양식 연합감각은 내측전전두엽을 통하여 편도 외측핵과 기저핵으로 입력된다.

단일 양식 연합감각은 시각의 경우 형태, 색깔, 움직임이 통합된 사물에 대한 단일 양식의 감각이다. 시각, 청각, 촉각의 단일 양식 연합감각은 모두 결합되어 다중 양식multimodal 연합감각이 된다. 해마에 입력되는 정보는 경험 지각을 구성하는 다중 양식 감각을 통해 생성된 사물과 사건 정보다. 편도체는 정서적 감각 입력에 대해 신체가 반응하기 위한 준비 단계를 만들며, 감정을 증폭한다. 위협적인 주변 환경 입력에 대하여 편도체는 청반핵을 통하여 노르에피네피린을 방출하게 하여 위협적인 사물이나 사건에 주의를 집중하게 된다. 그리고 배쪽피개 영역을 자극하여 대뇌피질의 활성을 높여 각성 상태를 일으킨다. 상황이 위험하고 급하면 편도체는 중뇌수도관 주위 회색질과 시상하부를 통해 즉각적인 신체 반응을 일으켜 위험에서 벗어나게 된다. 그리고 자세한 분석이 필요한 복합적인 상황이면, 주의를 집중하여 위험 정도를 안와전전두엽을 통해 판단한다. 내측전전두엽과 안와전전두엽은 내장과 신체 신호를 의식적으로 평가하여 정서적 반응에 대한 느낌을 생성하는 영역이다. 인간의 경우 내측전전두엽과 안와전전두엽은 사회적 정서와 자아 그리고 의미기억을 생성한다.

생존에 중요한 사건들은 정서적 느낌으로 채색된다. 사건의 감정적 분위기는 편도체에서 기억되며, 사건의 사실적 내용은 해마에서 맥락으로 구성되어 일화 기억이 된다. 그리고 감정에 대한 의식적 지각인 느낌은 뇌의 좌우 반구가 접하는 안쪽 뇌 피질인 내측전두엽에서 처리한다. 내측전두엽과 중격영역, 해마방회, 해마, 편도, 그리고 전대상회를 앞쪽 변연계 시스템이라 하는데, 본능적 감정과 사회적 정서가 생성되는 영역이다. 특히 전대상회는 렘수면rapid eye movement sleep에서 활발히 작용하여 꿈 내용의 감정적 분위기를 만든다.

## 편도체는
## 감정기억을 처리한다

편도체는 조건화된 감정 학습을 한다. 동물의 눈에 압축 공기를 분사하고 동시에 소리 자극을 제시하면 두 자극이 연합하여 소리만 울려도 눈을 깜박이는 공포 반응을 학습하게 된다. 위협적인 자극에 대한 회피 동작은 동물의 생존에 필수적인 반사 동작이다. 편도체는 시상하부와 연결되어 공포 자극에 반응하는 행동을 만든다. 시상하부는 자율신경의 조절 중추로, 뇌하수체 전엽의 호르몬 방출 시스템과 연계하여 부신피질의 코르티졸 분비를 촉진한다. 그리고 시상하부는 뇌간의 그물형성체를 자극하며, 뇌간의 그물형성체는 상행활성계ascending alerting system를 통해서 대뇌피질을 각성 상태로 만들고 척수신경을 조절하여 운동을 정교하게 조절한다. 편도체의 공포 반응은 운동을 촉발하는데, 동물은 그 덕에 위험에서 신속히 벗어날 수 있다. 그리고 편도체는 그러한 위협적인 상황을 기억하여 나중에 비슷한 상황을 만났을 때 회피 반응을 일으킨다. 생존에 중요한 사건에 대한 감정 반응은 편도체에서 처리하며, 사건의 내용은 해마에서 신경회로의 흥분 패턴으로 잠시 저장되었다가 잠자는 동안 대뇌피질로 이동하여 장기기억으로 저장된다. 일화기억에는 기억의 부호화encoding, 공고화consolidation, 저장storage, 인출retrieval의 네 단계 과정이 있다. 해마에서는 부호화, 공고화, 인출 과정이 전전두엽과 상호작용으로 진행되며, 일화기억은 대뇌 감각연합피질에서 저장된다.

새로운 기억은 유사한 이전의 기억에 결합한다. 이전 기억이 전혀 없는 사람은 이름과 지명 같은 고유명사를 기억하는 데 무척 힘들어 한다. 고유명사는 그이름과 결부된 존재만 지칭할 뿐 다른 내용과 연결되기 어렵기 때문에 고유명사는 함축적이지 않다. 그래서 고유명사와 영어 단어를 기억하는 방법은 오로지 반복적 암송뿐이다. 기억이 전혀 없는 새로운 학문 분야를 공부하는 과정은 일화기억보다는 반복을 통해 익숙해지는 절차기억에 가깝다. 사전 기억이 풍부한 전문가는 해당 분야의 새로운 정보를 기존 기억에 다중으로 결합하여 더 빠르게 새로운 지식을 습득할 수 있다. 기억된 정보가 많을수록 그 분야의 새로운 지식을 획득하기가 쉬워진다. 반대로 어떤 분야의 지식이 거의 없을 경우 그 분야의 기초적인 지식조차 기억하기가 무척 힘들다. 이러한 현상은 기억의 저장이 이전 기억에 결합하는 과정 그 자체이기 때문이다. 그래서 이전 기억이 존재하지 않는 경우 새로운 학습은 거의 가능하지 않다. 물리학과 수학의 기초가 없는 사람이 긴 시간 동안 양자역학 교과서를 본다 해도 기억에 남는 지식은 거의 없다.

기억 인출을 촉발하는 자극은 감각, 기억, 목적의식 세 가지다. 감각에 의해 기억이 인출되는 과정에서 감각은 기억을 촉발하는 단서로 작용한다. 감각 단서로 기억이 인출되는 과정을 재인recognition이라 한다. 재인 과정은 즉각적이고 빈번하게 기억을 반영하기 때문에, 재인 과정은 우리에게 단지 '친숙함'으로 느껴질 뿐이다. 단서에 의한 촉발 작용으로 기억이 인출되는 현상을 회상retrieval이라 하는데, 회상에는 해마가 관련된다. 기억에 의해 다른 기억이 인출되는 과정이 바로 우리의 생각이다. 상상을 하거나 연속된 사고를 할 때 우리는 기억을 지속적으로 인출하기 때문에 기억의 연쇄에 의한 의식의 흐름이 생긴다. 회상으로 기억을 꺼내는 과정은 해마가 기억 흔적을 더듬는 과정이다. 목적의식에 의해 기억이 촉발되는 과정은 욕구와 의도를 동반한 기억 인출이며, 목적 달성을 위한 계획 과정에 반영되는 기억의 인출이다. 감정과 느낌은 대뇌피질의 각성을 일으키며 의식을 집중하게 만드는데, 감정적 과정에서 일어나는 세부 상황이 장기기억으로 전환된다. 감정 자극으로 편도체에서 분비되는 노르에피네피린이 해마에 작용하여 기억을 굳히는 공고화 과정이 일어난다. 공고화 과정은 신경세포 핵에서 DNA에 존재하는 유전자의 작용으로 단백질 합성이 시작되며, 생성된 단백질이 기억을 촉진하는 이온채널을 만든다.

기록에 따르면, 중세 유럽에서는 귀족 가문이 중요한 회의를 할 때 동네 어린아이를 참석시켜, 회의 과정을 보게 한 후 그 아이를 강물에 던졌다가 다시 꺼내는 풍습이 있었다. 강물에 빠진 어린아이의 편도체에서는 놀람반응으로 노르에피네피린이 폭발적으로 분출해 편도체와 연결된 해마에 영향을 준다. 중요한 회의 과정을 자세히 지켜본 아이의 해마 기억 회로는 편도체에서 분비된 노르에피네피린의 작용으로 일생 동안 회의 장면을 생생히 기억한다. 장기기억은 시냅스 이온채널이 새롭게 삽입되는 과정이며, 기억이라는 뇌 현상은 생명 정보의 핵심인 DNA에서 단백질을 지정하는 영역인 유전자의 전사와 번역 과정과 연계된다. 요약하면 다음과 같다.

**편도체: 위협적인 상황을 기억하여 나중에 비슷한 상황을 만나면 회피 반응을 일으킨다.**

**사건의 감정 반응→편도체에서 처리**

**사건의 내용→해마에서 잠시 저장→잠자는 동안 대뇌피질로 이동하여 장기기억으로 저장**

**편도체에서 분비되는 노르에피네피린이 해마에 작용하여 기억을 굳히는 공고화 과정이 일어난다.**

**일화기억의 4단계: 기억의 부호화→공고화→저장→인출**

**부호화, 공고화, 인출 과정→전전두엽과 해마의 상호작용으로 진행**

**일화기억은 대뇌 감각연합피질에서 저장된다.**

**'기억의 저장'→'이전 기억에 결합'하는 과정 그 자체**

**이전 기억이 존재하지 않은 경우 새로운 학습은 반복적 절차기억으로 학습**

**기억 인출을 촉발하는 자극은 감각, 기억, 목적의식 세 가지이다.**

**뇌간 그물 형성체: 상행→의식조절, 하행→운동조절**


일화기억은 부호화, 저장, 공고화, 회상의 네 단계로 구성되는 해마와 대뇌신피질의 상호작용에서 생성된다. 부호화는 신경세포 전압펄스의 작용으로, 중요한 감각 자극을 기록하는 과정이다. 컴퓨터 자판에서 'A'를 치면 그에 해당하는 0과 1의 이진수 숫자 조합이 부호화된다. 신경 흥분도 디지털 전압펄스로 감각 입력을 부호화한다. 기억 저장은 여러 단계를 거치는 신경세포의 흥분 과정이다. 의미 있고 특별한 경험 내용은 해마에서 부호화된 후 대뇌피질에 저장된다. 해마에서 형성된 일화기억이 대뇌피질로 전달되어 장기기억으로 되는 과정은 아직 연구 중이다. 그런데 잠자는 동안 기억이 해마에서 대뇌피질로 이동한다는 증거가 계속 밝혀지고 있다. 쥐가 수면 동안 신경세포에서 생성된 베타 아밀로이드라는 치매 관련 물질을 뇌척수액이 씻어내는 과정이 촬영되었다. 이 논문은

그림 7-10 신경세포의 시냅스

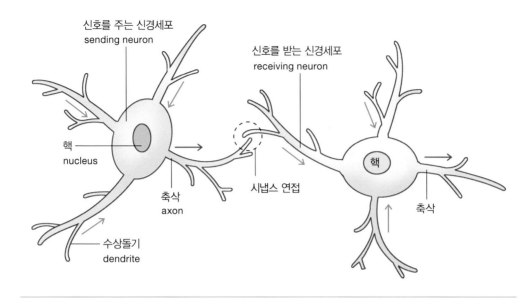

신호를 주는 신경세포
sending neuron

신호를 받는 신경세포
receiving neuron

핵
nucleus

핵

축삭
axon

시냅스 연접

축삭

수상돌기
dendrite

《사이언스》 10대 논문에 선정되었다. 서파수면 동안 해마 관련 일화기억이 대뇌피질로 전달되어 기존 기억과 연결되며, 렘수면 동안 신피질에서 절차기억이 공고해진다.

기억이라는 뇌 현상의 주요 무대는 대뇌피질과 해마다. 이 두 영역이 기억을 처리하는 양상은 다르다. 이를 요약하면 다음과 같다.

**해마: 특별함을 기억, 기억간 간섭을 억제, 패턴 분리→신속하고 자동적인 기억 처리**

**신피질: 일반성을 파악, 경험의 축적, 패턴 중복→느리고 과제 수행을 기억**

특별한 것은 새롭거나 중요하다. 처음 보는 새로운 장면은 신속하고 노력 없이 자동적으로 기억된다. 이것이 일화기억의 특징이다. 책을 통해서 학습하는 기억은 대부분 의미기억이다. 의미기억은 직접 경험되는 것이 아닌 주로 언어로 표현되는 상징이어서 기억하기 어렵다. 일상생활의 대부분은 기억되지 않지만

그림 7-11 감각입력, 기억, 운동출력 생성 신경연결

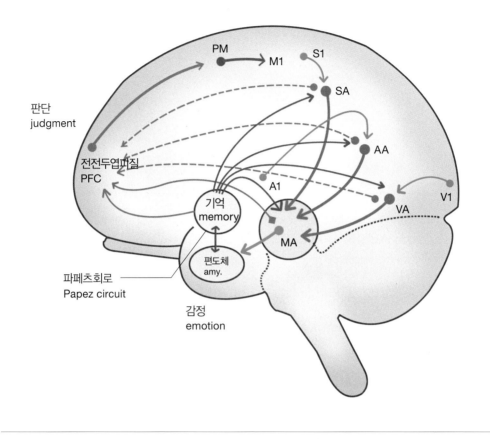

새로운 사건은 즉시 기억된다. 이런 기억을 일화기억 혹은 사건기억이라 한다. 감각입력이 일화기억으로 만들어지는 과정은 그림 7-11의 화살표를 순서대로 따라가면 이해하기 쉽다.

시각, 청각, 체감각이 대뇌피질로 입력되어 일차감각, 연합감각, 다중연합감각으로 모인다. 일차시각영역(V1), 일차청각영역(A1), 일차체감각영역(S1)에서는 감각 정보를 처리한 후 시각연합영역(VA), 청각연합영역(AA), 체감각연합영역(SA)으로 처리된 감각 정보를 다시 입력한다. 그러면 시각연합영역, 청각연합영역, 체감각연합영역에서 입력된 감각 자극들이 시냅스의 활성화된 형태로 흔적이

남는다. 감각연합피질이 반복해서 유사한 감각입력으로 자극되면 그 공통된 지
각 패턴이 범주화되는데, 이를 지각의 범주화라 한다. 시각, 청각, 체감각이 범주
화된 지각 정보는 다중감각연합영역(MA)으로 전달된다. 그 결과 시각, 청각, 체
감각의 감각 정보가 결합되어 개별 사물로 인식된다. 범주화된 시지각은 내후각
뇌피질을 통해 해마로 입력되며, 연합된 청각과 체감각은 후대상회로 입력되어
시각과 함께 해마로 유입된다. 다중감각 정보는 편도체와 기억 회로인 파페츠회
로로 입력되어 생존에 중요한 정보는 기억으로 부호화되고, 파페츠회로에서 다
시 감각연합영역으로 전달되어 장기기억으로 저장된다.

그림 7-12 파페츠회로의 신경연결

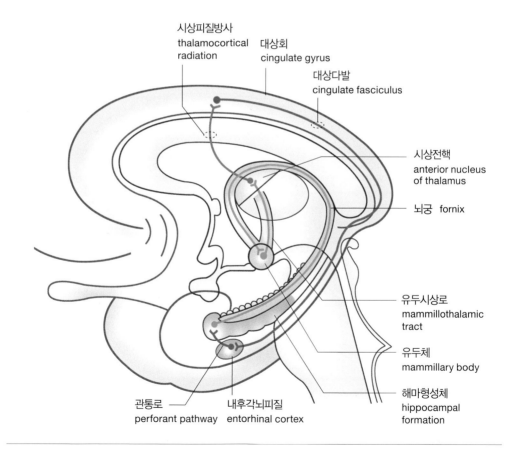

그리고 현재 처리해야만 하는 정보는 하측두엽에서 전전두엽으로 직접 전달되어, 지금 만나는 사람이 누구인지를 확인하기 위해 이전의 기억을 참고해 적절한 행동을 하게 하는 작업기억 과정이 생겨난다. 감각 정보에서 새롭거나 중요한 정보가 해마로 유입되어 일시적 기억으로 부호화되며, 즉시 처리해야 하는 정보는 다중감각영역과 파페츠회로에서 직접 전전두엽으로 전달되어 운동을 계획하게 된다.

전전두엽에서 전운동영역으로 전달된 운동신호는 일차운동영역에서 척수로 전달되어 생각대로 근육을 움직이는 수의운동이 출력된다. 결국 뇌는 운동을 계획하고 운동을 출력하는 신체 기관이다. 출력된 움직임은 수정할 수 없다. 그래서 사전에 운동출력을 계획하는 과정이 필요하며, 운동출력 계획이 바로 우리의 생각이다. 생각은 대부분 언어로 구성되며, 언어는 사물이나 사건을 지시하여 대상을 만든다. 사물과 사건을 맥락적 관계로 엮어내는 파페츠회로가 일화기억이 생성되는 뇌 영역이다. 내측두엽은 해마형성체와 후각주위피질, 그리고 내후각 뇌피질로 구성되며, 피질의 감각 영역과 서로 연결되어 있다. 해마형성체는 고유해마hippocampal proper, 해마지각, 치상회로 구성되어 있다.

변연계의 중심 영역에는 일화기억을 생성하는 파페츠회로가 일련의 연결 구조를 형성한다. 감정이 분출한 사건은 잘 기억되며 오래 기억된다. 감정이 풍부한 내용이 잘 기억되는 이유는 정서 처리 영역인 중격영역에서 해마로 뇌궁을 통하여 신경 정보가 입력되기 때문이다. 이 경로를 중격해마로라 한다. 파페츠회로는 해마의 출력 회로이며 중격해마로는 해마로 입력되는 신경로다. 중격해마로는 효과적인 기억 방법을 알려준다. 중격핵이 흥분하면 해마의 기억 회로가 활발해진다. 감정적 사건은 오래 기억되며, 특히 얼굴 표정에 드러난 감정 표현은 감정 이입을 통해 서로에게 영향을 준다. 감정은 명령은 받지 않지만 영향을 받는다. 그래서 인간은 타인의 표정 속에서 살고 있다. 요약하면 다음과 같다.

**파페츠회로: 해마→뇌궁→유두체→유두시상로→시상전핵→시상피질방사→대상회→대상다발→해마방회→내후각뇌피질→관통로→해마**

그림 7-13 해마 기억 형성의 단계

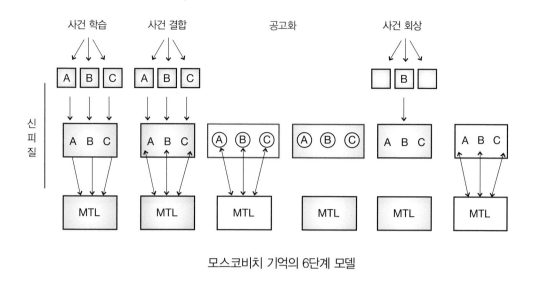

모스코비치 기억의 6단계 모델

심리학자 모리스 모스코비치Morris Moscovitch의 기억 이론에 따르면 기억 과정은 여섯 단계로 설명된다. 사건 학습이 A, B, C 세 가지 요소로 구성된 한 사건의 학습 과정이라면, 처음에는 감각연합피질에 유입된 감각입력이 내측두엽의 기억회로인 파페츠회로에 입력된다. 여기서 내측두엽은 측두엽 안에 있는 오래된 피질 영역인 해마와 해마 주변 피질이며, 파페츠회로를 구성한다. 내측두엽은 기억의 부호화, 공고화, 회상에 관여하며, 사건 결합은 내측두엽과 감각연합피질을 서로 연합하여 기억 흔적을 생성하기 시작한다. 해마가 포함된 내측두엽이 낮동안의 일화기억을 부호화하여 일시적으로 기억을 형성한 후 서파수면 동안 대뇌연합피질로 기억을 이동시켜 연합피질에 저장된 이전 기억과 결합하는 과정이 기억의 저장이다. 이 과정에서 해마는 새로운 일화기억이 어떤 이전 기억에 결합했는지에 대한 정보인 기억 흔적을 알게 되고, 이 기억 흔적 정보를 오랫동안 유지할 수 있다.

기억이 견고해지는 공고화 과정은 두 단계로 세분된다. 공고화 과정 초기는 사건 자극이 더 이상 입력되지 않지만 내측두엽과 감각연합피질의 신경연결이 반복 활성화되면 결합이 단단해진다. 공고화 후반부에는 공고화 과정이 완료되어 내측두엽과 신피질의 기억 흔적이 서로 분리되어 별개로 존재하게 되는데, 이 과정이 바로 기억의 저장이다. 회상 단계도 두 단계로 구분된다. 회상 초기에는 원래 사건 A-B-C 중 일부인 B 요소만 회상 단서로 제시되어도 A-B-C의 완전한 전체 기억이 회상된다. 이는 해마가 이전 기억 흔적을 유지하기 때문에 단편적 정보에서 완전한 기억을 회상할 수 있는 것이다. 인간 기억의 이런 특성을 자동연상회상 혹은 기억 패턴의 완성이라 한다.

## 기억의 본질은
## 패턴의 서열이다

기억의 본질은 패턴의 서열이다. 패턴은 반복적으로 만나는 사건과 사물의 변하지 않는 공통 요소이며, 지각 경험의 범주화된 형태다. 우리는 무엇을 기억하는가? 사물과 사건의 변하지 않는 관계를 기억한다. 관계는 맥락에서 의미를 획득한다. 맥락이 사라지면 관계도 사라진다. 그래서 맥락적 관계를 단어라는 상징으로 기억하며, 의미기억은 모두가 상징으로 표상된다. 사물들의 공간 배치의 상대적 관계와 사건 구성 요소의 변하지 않는 시간 순서를 기억하는 것이다. 〈애국가〉를 기억한다는 것은 '동해물과 백두산이'에서 '동'과 '해'의 소리 세기의 상대적 관계 그리고 '해'와 '물'이라는 발음 세기의 상대적 관계를 기억하는 것이다.

사건기억의 특징은 순서에 따라 배열할 수 있다는 점이다. 학창 시절 국사 시간에 배운 지식의 대부분은 기억에서 사라졌지만 '태정태세문단세'로 연결된 왕명은 평생 기억할 수 있다. 그런데 역순으로 단어를 기억하기는 매우 어렵다. 왜냐하면 의미기억은 언어로 표현되는 기억이며, 언어는 음소, 단어, 문장이 순서에 따라 배열되기 때문이다. 의미기억의 바탕은 순서다. 사건의 시간적 순서가 인과관계를 드러내며, 사물의 공간적 관계가 장면을 구성한다. 그래서 일화기억은 사건과 사물의 인과적 맥락과 사건의 장면을 기억한다. 시간과 공간 지각에서 변하지 않는 상대적 관계를 반복적으로 경험하여 불변 표상으로 범주화하는 것이다. 다양한 종류의 사과를 기억하는 것이 아니라 사과의 전형인 범주화된 사과를 기억 계층 구조의 위쪽에 저장하는 것이다. 하향적 처리 과정에서는 전전두엽의 개념 영역에서 추상적 단어가 선택되어 뇌 연결망을 자극하여 하향적 신경 자극 흐름이 생긴다.

정서적 감정과 결부된 기억은 오랜 세월이 지나도 생생히 떠오른다. 감정기억은 회상할 때마다 조금씩 각색되어 재구성된다. 이처럼 기억의 일생은 지속적인 탈맥락과 재맥락 과정이다. 기억은 최초로 부호화된 후부터 시간이 지나면서 계속해서 구성 요소의 일부가 사라진다. 일상에서 기억할 만한 사건은 자동적으로

그림 7-14 일화기억에서 의미기억으로 변화 과정

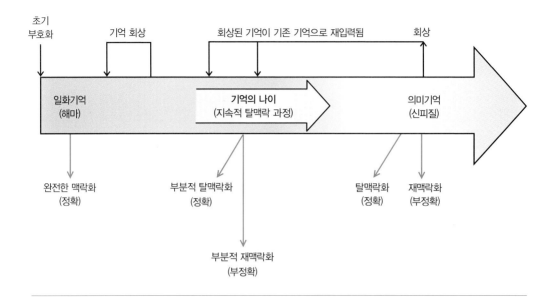

즉각 기억되며, 하나의 맥락으로 연결된 장면의 흐름이 일화기억을 구성한다. 일화기억은 절차기억보다 견고하지 않아서, 생생하고 온전한 한 장의 스냅사진 같은 기억이 회상될 때마다 조금씩 구성 요소가 탈락한다. 맥락의 구속력이 약한 부분이 탈맥락하여 기억의 일부가 사라져도 기억의 핵심적 의미는 정확하다. 즉 완전하지는 않지만 왜곡되지도 않는다. 반면에 회상되는 과정에서 기억이 재구성될 수 있다. 회상되는 시점의 감정과 몸 상태에 따라 기억은 변형되고 재구성된다. 기억의 회상은 매 순간 재구성되어 새로운 맥락을 만든다. 따라서 기억의 재맥락화 과정은 원래의 기억을 왜곡시킨다. 목격자가 본 사건 현장에 대한 기억은 시간이 지나면서 조금씩 변화될 수 있다. 그리고 감동적인 순간은 재연되지 않는다. 왜냐하면 기억이 생성될 때와 비슷한 정서적 상태를 유지하기 어렵기 때문에 기억의 내용은 탄생부터 소멸까지 맥락이 점차 변화한다.

　기억 형성의 시작은 지각된 대상이 배경에서 분리되는 패턴 분리 과정이다. 기억 요소들이 맥락으로 엮여 이야기를 만드는 기억이 일화기억이다. 일화기억은 생성, 성장, 소멸이 존재하는 구성적 과정이다. 하나로 만들어진 기억은 다른 기억과 분리되어 자신의 고유한 일생을 시작한다. 그리고 기억의 덩어리는 그 구성 요소 하나만으로도 인출 단서가 되어 완전한 기억 패턴을 불러올 수 있다. 패턴 분리와 패턴 완성은 일화기억의 핵심 단계다. 패턴 분리는 해마치상회에서 새로운 자극에 의해 촉발되는 과립세포의 성체 뇌세포 생성adult neurogenesis과 관련된다. 성체신경세포의 지속적 생성 덕에 인간은 평생토록 새로운 사건을 기억할 수 있다.

성인 뇌의 대부분의 영역에서 신경세포는 새로이 생성되지 않는다. 출생 전후에 왕성히 분열하여 숫자가 늘어난 뇌신경세포는 3세 이후부터는 급격히 자살하여 사춘기에는 유아기 뇌 세포 수의 반으로 줄어든다. 그래서 해마치상회를 구성하는 과립세포가 성인이 된 후에도 계속해서 새롭게 생성되는 성체신경세포 신생은 놀라운 현상이다. 뇌과학자들은 줄기세포처럼 생성된 이 과립세포들의 역할이 무엇인지 궁금했다. 전자현미경으로 자세히 분석한 결과 새로 생성된 과립세포들은 새로운 일화기억을 부호화하는 것으로 밝혀졌다. 기억이란 현상에는 심각한 딜레마가 있다. 대뇌 신경세포의 수가 늘어나지 않고 새로운 기억을 형성하려면, 즉 새로운 기억을 기존 기억에 연결하려면, 기존의 기억 연결망에서 기억의 일부를 지우고 새로운 기억으로 대체해야 한다. 새로운 기억을 저장하려면 옛 기억의 일부가 사라질 수 있다. 그러나 새롭게 생성되는 과립세포가 새로운 기억을 담당하는 현상이 밝혀지면서 이 딜레마가 해결되었다. 옛 기억의 패턴이 붕괴되지 않고 새로운 경험이 신생 과립세포에 의해 기억 간 간섭 없이 옛 기억에 추가되는 것이다. 해마치상회의 신생 과립세포의 패턴 분리가 새로운 기억 형성의 핵심 과정이다.

사건의 패턴이 구별되어야 기억들이 서로 혼선되지 않는다. 기억들은 분리되어 구별된 형태가 되어야 서로 결합할 수 있다. 기억은 해마의 피라미드세포에서 맥락에 맞게 연결된다. 해마에서 형성되는 맥락을 갖는 일화기억은 사건을 구성하는 일부 요소를 다시 만나면 전체 기억을 자동적으로 회상하여 기억 패턴을 완성한다. 패턴 분리와 패턴 완성은 해마 치상회의 과립세포와 CA3 피라미드세포의 상호연결에서 생기는 기능이다. 정신분열증은 조현증으로 이름이 바뀌었는데, 이는 뇌 연결망의 상호작용 조율에 이상이 생긴 증상이다. 조현증의 일부 원인은 해마치상회의 과립세포가 새롭게 생성되지 못해 패턴 분리가 되지 않은 상태에서 패턴 완성이 과도하게 발생하는 현상으로 설명된다. 조현증은 패턴 완성이 과잉되어 기억 인출 단서와 관계없는 단어들이 맥락 없이 무제한적으로 인출, 발음되는 것이다.

일화기억은 해마의 기억 회로에서 부호화된 후 감각연합피질에 저장되며, 감각연합피질에서는 감각경험 기억이 중첩되면서 반복되는 자극이 공통 패턴으로 인식된다. 이 과정이 바로 지각의 범주화다. 익숙해진 사물이나 사건의 범주기억이 형성된 후부터는 이와 유사한 자극이 신피질까지 전달되기 어렵다. 이미 저장된 패턴은 시상에서 피질로 전달되지 않고 새로운 감각입력만 시상에서 피질로 전달된다. 그래서 익숙한 시각 자극은 무의식적으로 처리된다. 익숙한 감각 자극처럼 습관화된 운동은 대뇌피질에서 의식 수준의 각성을 유발하지 못한다. 그래서 이미 익숙한 내용은 주의를 끌지 못하고 새로운 현상에 주목하게 된다.

## 새로운 기억의 생성은
## 이전 기억의 인출을 필연적으로 동반한다

한 생각이 다른 생각을 불러온다. 우연히 본 어떤 장면이 한 번도 회상해보지 않았던 옛 기억을 떠오르게 한다. 생각에는 '생각나기'와 '생각하기'가 있다. 생각나기는 자동적으로 기억이 인출되는 현상이고, 생각하기는 의식적으로 기억을 불러오는 과정이다. 기억을 불러오는 인출 과정에 따라 기억은 암묵기억과 서술기억으로 구분된다. 암묵기억은 반복 행동으로 형성되며 무의식적으로 인출된다. 서술기억은 사건에 관한 기억으로, 기억 인출 과정이 의식된다. 간단히 말해, 암묵기억은 우리 몸의 기억이며, 서술기억은 뇌의 기억이라 할 수 있다. 암묵기억에는 절차기억, 점화기억, 연합기억, 비연합기억이 있다. 절차기억은 몸동작의 순서화된 운동 절차로, 선조체에서 기억된다. 우리의 습관은 무의식적 절차기억이다. 점화priming는 기억의 단서를 제시하면 즉시 기억이 확실해지는 현상으로, 연합피질에는 지각 예비화와 개념 예비화의 두 가지 점화 현상이 있다. 서술기억은 사건기억과 의미기억으로 구분된다. 사건기억은 장소와 시간이 핵심 정보이며, 기억 인출의 단서가 된다.

사건기억은 주로 자신이 언제 어디서 무엇을 했는지를 기억한다. 그래서 사건기억을 이야기로 구성되는 일화기억이라고 한다. 인간 기억의 핵심은 일화기억이며 일화기억은 해마에서 만들어진다. 일화기억은 부호화, 공고화, 저장, 인출이라는 네 가지 단계로 구성된다. 부호화는 '지금 입력된 자극'을 '이전의 기억'과 결합하는 과정이다. 지금 입력된 시각 자극은 감각 자극 단편에서 색깔, 형태, 움직임 정보가 결합되어 시지각을 형성한다. 이전의 기억은 대뇌신피질의 감각연합영역에 신경세포의 연결 흔적으로 저장되어 있다. 공고화는 기억을 형성하는 시냅스후막에 새로운 이온 채널이 추가되는 과정으로, DNA의 유전정보가 인출되어 단백질이 만들어져야 한다. 기억이 저장되는 곳은 기억이 형성되는 해마가 아니고 대뇌 감각연합피질이다. 새로운 기억은 유사한 이전의 기억에 결합되어 저장된다. 그래서 새로운 기억을 저장하려면 반드시 옛 기억을 '통과'하게 된다. 이 현상의 요점은 옛 기억이 존재하지 않으면 새로운 기억을 만들기가 불가능에 가깝다는 것이다. 퀼테킨이란 이름을 기억해보라. 돌궐족의 유명한 장군 이름인데 암기하기 무척 어렵다. 왜냐하면 이와 유사한 우리말의 명사가 거의 없기 때문이다. 이름과 관련된 다른 사전 기억이 없으면 새로운 명사를 기억하기 힘들다. 이전의 기억이 전무한 상태에서 무언가를 기억하려면 집중해서 무수히 암송하거나 손으로 반복해서 써서 기억해야 한다. 즉 이전에 비슷한 기억이 없는 상태에서 새로운 기억을 만들려면 오직 반복해서 절차기억으로 만들어야 한다.

대뇌신피질에 저장된 일화기억은 연상 회상 과정을 통해 자동으로 인출된다. 자동 연상 회상은 기억이 그물망처럼 일부가 서로 중첩된 형태로 저장되기 때문에 단편적 단서를 제시해도 온전한 기억 전부가 인출되는 현상이다. 일화기억이 생성되어 저장되는 과정은 대뇌전전두엽과 해마의 협동 작업이다. 감각연합피질에 저장되는 일화기억은 경험이 반복되면서 기억의 공통 요소들이 반복적으로 흥분되어 범주화된다. 일화기억에서 인출 단서로 작용하는 시간과 공간 정보가 사라지고 공통 요소만 남아서 공고화된 기억이 바로 의미기억이다. 비슷한 경험의 반복으로 사건의 의미가 견고해진 기억이 의미기억이며, 이 기억은 평생 잊히지 않고 유지된다. 의미기억은 많은 반복으로 절차기억이 될 수 있다. 그래서 모든 기억은 일화기억에서 시작된다고 볼 수 있다. 해마는 '새로운' 정보를 자동적이고 신속하게 획득하여 일화기억으로 엮어낸다. 반면에 대뇌신피질에서 서서히 형성되는 의미기억은 공통의 특징을 경험의 축적으로 만들어가며 행동의 목적에 맞춰 사용하는 느린 기억 과정이다. 일화기억과 의미기억은 우리 생각의 재료이며, 생각과 행동에 반영되는 지속적인 표상 과정이다.

요약하면 다음과 같다.


**서술 기억: 사건기억, 사실기억**

**암묵 기억: 절차기억, 점화, 연합기억, 비연합기억**

**일화기억의 4단계: 부호화, 공고화, 저장, 인출**

**새로운 기억을 저장하려면 반드시 옛 기억을 '통과'하게 된다.**

박문호 박사의 뇌과학 공부

일화기억: 새로운 특징을 기억→간섭이 방해→즉각적, 자동적

의미기억: 공통점 기억→경험의 중첩→느린 과정, 범주화

## 세계의 존재는
## 우리의 신경계가 만든 내면의 표상이다

해마와 편도는 연합피질에서 감각입력을 받는다. 대뇌피질은 정수리 부분의 중심고랑을 기준으로 앞쪽은 일차운동피질과 연합운동피질 그리고 뒤쪽은 일차체감각피질과 연합감각피질이 순서대로 배열되어 있다. 시각의 경우 색깔, 형태, 모양, 움직임이 결합하여 대상에 대한 시각의 연합감각이 만들어지고, 이로써 시각적 지각이 시작된다. 연합청각과 연합촉각이 연합시각과 결합되어 생성된 다중감각양식의 지각 정보가 해마 회로에 입력된다. 즉 해마에서는 시각, 청각, 촉각이 서로 결합하여 대상과 공간에 대한 맥락적 기억이 형성된다. 연합감각은 대뇌 감각연합피질에서 만들어진다. 일차체감각피질에는 신체 각 부위의 촉각 민감도에 비례하는 신체 표면의 지도가 존재하고, 일차운동피질에도 운동의 정교함에 따라 크기가 정해지는 운동 지도가 배열되어 있다. 해마는 일차감각피질 및 일차운동피질과 거의 연결되어 있지 않고 연합감각피질과 상호연결되어 있다. 일차감각과 일차운동피질의 신경세포들은 모듈 형식으로 연결되어 있으며, 연합피질은 모듈성이 약해지고 상호 그물망 형태로 연결되어 있다.

일차피질의 지도화된 배열과 모듈식 구성은 태어나면서부터 유전적으로 정해지는 인간 고유의 신경연결이다. 물론 시각과 청각의 장애와 집중적인 훈련이 일차피질을 변형시키지만 대부분의 경우 일차피질의 기능별 영역은 비슷한 형태다. 반면에 연합감각피질은 해마와 연결되어 우리가 경험하는 사건들을 기억하게 한다. 대뇌피질은 인간이라는 종 고유의 감각적 특질을 보존하는 일차영역과 새로이 학습하는 기억을 저장하는 연합피질로 구분된다. 개나 고양이의 일화기억은 매우 빈약해서 10분 이상 지속하기 힘들지만 인간은 수십 년 전의 일들을 기억해낼 수 있다. 일화기억이 반복되어 의미기억으로 범주화되고 의미기억이 더 강화되면 절차기억으로 전환될 수 있다. 따라서 일화기억은 인간 기억의 기본 재료다. 인간에서 가능해진 일화기억으로 평소에 지난 일들을 회상하게 되면서 개인의 정체성이 생겨난다. 즉 자신의 자전적 일화기억을 매 순간 인출하

박문호 박사의 뇌과학 공부

는 과정에서 우리의 개인적 자아가 만들어지는 것이다.

인간은 지난 경험 기억을 바탕으로 행동을 선택할 수 있다. 반면에 동물은 사건기억이 약해서 사건이 전개되는 바탕인 시간의 흐름에 대한 감각이 빈약하다. 그래서 뇌과학자 제럴드 에델만Gerald Edelman의 표현대로 동물에게는 '기억된 현재'만 존재하며, 그 때문에 동물의 행동은 감각입력에 대한 즉각적 반응이 대부분이다. 동물은 사건기억을 통한 시간 의식이 약해서 기억을 반영한 행동이 아닌 감각입력에 대한 반응으로 즉각적 동작을 하게 된다. 즉 동물은 감각에 구속된다. 해마의 작용으로 '기억'이라는 능력을 만들어낸 인간은 과거 기억을 바탕으로 현재의 행동을 선택하고, 행동의 결과를 예측할 수 있게 된다. 해마에서 맥락적 기억을 형성하는 과정은 해마에서 공간에 배치된 사물과 시간 순서로 연결된 사건에 대한 '패턴 분리'와 '패턴 완성'으로 진행된다.

사물의 구별 가능한 개별 패턴을 단어로 지시하는 대응 관계를 만드는 것은 대뇌의 언어 영역이다. 결국 인간의 일화기억은 지각으로 범주화된 대상을 출현시키고, 그 대상의 언어적 표현에서 의미가 생겨난다. 언어의 출현으로 구분된 대상을 단어로 지칭하게 되고, 단어는 필연적으로 의미를 갖게 된다. 왜냐하면 대상의 구별 자체가 바로 대상의 의미이기 때문이다. 일화기억이 약한 동물은 감각에 구속되고, 인간은 의미에 구속된다. 의미기억의 언어적 표상으로 출현한 '의미'가 인간 행동에 반영되면서 인간을 의미를 추구하는 목적지향적 동물로 만든다. 결국 감각이 제시한 단서를 해석해내는 과정에서 창의적인 지각 과정이 출현하고, 해마를 통해 지각이 공고해져 기억이라는 현상이 출현하게 된 것이다.

## 우리가 참여하는 세계는
## 신경계가 만드는 아름다운 속임수다

감각과 지각의 상호관계는 인과관계보다는 상관관계에 가깝다. 감각이 지각을 촉발하기는 하지만 지각의 처리 과정은 독립적이다. 감각에는 양식, 영역, 강도, 지속 시간이라는 속성이 있다. 시각은 빛 에너지, 청각은 소리의 압력, 후각과 미각은 분자의 운동에너지를 처리한다. 개별 감각에는 대상이 되는 고유한 에너지의 양식이 있다. 감각 영역은 감각 양식에 따른 에너지를 접수하는 신체 부위이며, 시각은 망막, 청각은 달팽이관, 촉각은 피부가 이에 해당한다. 감각은 환경에서 오는 에너지의 변화이므로 강도와 지속 시간이 존재한다. 감각 단서에 의해 촉발되는 지각에서는 감각처럼 고유한 속성을 찾아내기가 쉽지 않다. 왜냐하면 지각은 수억 개가 넘는 신경세포의 상호작용으로 엮어져가는 구성적 과정이기 때문이다. 지각을 구성하는 방식은 이전의 기억에 따라 다르기 때문에 지각은 개인마다 독특한 창의적 과정이다.

감각은 전용 선로를 타고 전달되며, 중간에 감각 중계소가 있고, 대뇌피질의 일차감각영역에 도달하면 감각 흥분이 순서대로 배열된 지도를 구성한다. 일차감각피질에서 연합감각피질로 신경자극의 정보 처리가 계속 진행되면 점점 더 많은 자극들이 합류되고, 상호 양방향 연결이 다중화되며, 관련되는 신경세포의 연결이 확산되고, 감각이 의식화되어 지각이 생긴다. 시각의 경우 일차시각피질에서 신호 처리 과정은 의식되지 않는다. 시각의 측두엽 흐름이 진행되어 하측 두엽의 중간 피질인 V4 영역에 도달하면 색채와 형태의 항등성이 생성된다. 일차시각피질에서도 색채의 기본 처리 과정이 진행된다. 하지만 일차시각피질에서는 색채 항등성이 만들어지지 않는다. 즉 조명의 색깔에 따라 물체의 색이 바뀔 때, 뇌가 색채의 항등성을 만들면 조명 받은 빛과 무관하게 사물은 고유한 색을 갖게 된다. 이것은 뇌가 만든 속임수다. 왜냐하면, 사물의 형태와 색은 반사되는 빛에 결정되므로 조명에 따라 색이 달라져야 하는데, 색이 일정한 이유는 우리 뇌가 사물 각각에 고유한 색을 부여하기 때문이다. 자연의 물리법칙보다 뇌 속에서 생성된 지각에 의존하는 방식이 동물의 생존 확률을 더 높인다. 색채의 항등성은 지각의 항등성으로 더 확대되며, 지각의 항등성은 지각의 범주화를 생성한다. 지각이 범주화되면 자극에 대한 반응도 개별 자극의 일반적 속성을 따르게 되어 행동의 범주화가 생기게 된다. 결국 지각의 범주화는 행동의 일관성을 가능하게 해준다.

색깔이라는 현상도 자연에 존재하는 본래의 속성이 아니고, 뇌가 빛의 주파수를 '색깔'이라는 지각으로 '만든' 것이다. 색채와 형태의 항등성은 자연의 속성이 아니라 인간이 만들어낸 내면의 표상이다. 환경에서 입력되는 에너지 흐름이 생체에 입력되어 대뇌피질로 전달되어 처리되는 과정이 감각이다. 비유하자면 요리를 하기 위해 음식 재료를 모아 놓은 상태가 감각이라면, 재료에 물과 양념을 넣고 적당히 불로 요리를 만드는 과정이 지각이다. 지각은 자연의 반영이 아니라 생존 가능성을 높이려는 뇌의 작용이다. 그래서 지각은 생존에 도움이 된다면 물리법칙과 상관없는 현상도 만들어낸다. 로봇의 인공 시각은 사물을 다른 각도에서 보면 모두 다른 존재로 인식한다. 한 사물이 여러 다른 사물이 된다면 한 사물에 대한 일관된 반응은 힘들어진다. 그래서 인간의 시각은 지각의 항등성을 획득하여 한 사물을 다양한 조명과 다른 각도에도 보아도 동일한 사물이라는 지각을 '만들어'낸다. 지각의 항등성은 지각이 범주화된 결과이며, 지각이 범주별로 구분되어야 행동의 일관성이 생긴다. 일관된 행동의 진화는 목적지향적 행동을 낳으며, 그것이 고도의 적응적인 인간 행동이 출현하게 된 바탕이다. 그래서 지각은 자연의 상태가 아니고 우리의 상태다.

시지각의 항등성이 획득되는 하측두엽에서 시각 정보의 흐름은 계속해서 전전두엽과 내측두엽의 해마로 입력된다. 전두엽과 해마로 진행되는 단계부터 지각 정보의 처리는 '기억'이라는 새롭고 놀라운 현상을 출현시킨다. 특히 경험한 사건을 수십 년 동안 기억하는 일화기억은 인간 뇌의 고유한 능력이다. 기억과 지각은 구분되기 어렵다. 왜냐하면 지각 그 자체가 기억이며, 기억이 매 순간 갱신되는 현상이 바로 지각이기 때문다. 그래서 지각되는 것은 기억되며, 기억은 지각된다. 동물이 생존을 위협하는 상황을 만나면 회피 반응과 더불어 그 상황이 정서적으로 각인된다. 정서적 각인은 강한 지각 반응이 응고된 상태이며, 장기기억이 된다. 위험한 상황을 겪은 장소와 사물에 대한 정보의 지각 처리가 해마에서 진행될 때 편도체에서 해마로 분비되는 노르에피네피린의 작용으로 지각 과정이 공고화되어 장기기억으로 전환된다.

새로운 기억이 이전의 기억과 결합하는 부호화 과정과 단백질의 합성으로 장기기억으로 전환되는 공고화 과정은 해마와 전전두엽이 상호연결됨으로써 진행된다. 공고화 과정으로 감각연합피질에 기억이 저장된 후에는 더 이상 해마가 관여하지 않는다. 그러나 해마에서 연합피질로 이동한 기억의 흔적들을 해마가 조합할 수 있기 때문에, 기억이 인출되는 과정에서 다시 해마가 관여한다. 해마는 신피질에 기억이 옮겨진 후에도 그 기억과 연결된 흔적을 갖고 있어 인출 단서를 만나면 전전두엽과 함께 작용하여 기억 전체를 회상할 수 있다.

해마는 경험한 사건을 기억으로 만든다. 사건을 구성하는 장면은 배경 장소와 사물로 구성되며, 공간적 시지각이다. 시각 처리 과정의 결과 일정한 형태를 갖는 사물이 주변 공간의 변화하는 윤곽인 배경에서 분리된다. 일차시각피질의 신경세포들은 방향이 '연속적으로 변화하는 분리된 선분'에 민감하다. 연속되지만 방향이 변화하는 선분이 바로 사물의 윤곽선이 된다. 선분이 다양한 방향으로 흩어져 있는 경우 우리는 어떤 형태를 감지하지 못한다. 그러한 분산적인 선분의 혼란 속에서 인접하며 동일한 방향을 갖는 선분의 집합은 쉽게 사물의 윤곽선으로 드러난다. 배경을 구성하는 선분에서는 일정한 경향을 찾기 어렵지만, 전경을 구성하는 사물의 윤곽선은 유사, 근접, 연속이라는 속성을 가진다. 시각에서 형태의 항등성이 만들어지면 사물의 고유한 범주화된 표상이 생겨난다. 해마에는 개별 사물에 대한 지각 정보가 연속으로 입력되므로 사물 지각 정보의 패턴을 공간적으로 분리해야 하며, 사건을 시간적으로 구별해야 한다. 사건들의 시간적 구별은 전전두엽이 생성하는 시간 의식이 처리한다.

패턴의 분리는 해마의 치상회에서 만들어지며, 인간 기억에는 단편적 정보로도 전체 기억을 회상할 수 있는 능력이 있다. 부분적 단서에서 완전한 기억이 회상되는 현상을 패턴 완성이라 하는데, 이는 해마암몬각에 존재하는 CA3 피라미드세포의 작용에서 생겨난다. 해마의 주요 구성 요소는 치상회를 구성하는 과립세포와 암몬각에 존재하는 CA1과 CA3 피라미드세포다. 과립세포의 축삭은 CA3 신경세포의 수상돌기와 시냅스하고, CA3 신경세포의 축삭은 CA1 신경세포의 수상돌기와 시냅스한다. 그리고 CA3의 출력의 일부는 자신으로 피드백하여 CA3로 다시 입력된다. 자신의 출력이 다시 입력되어 만드는 신경세포의 연결 회로가 바로 '기억의 회로'가 된다. 요약하면 다음과 같다.

**해마는 연합피질과 연결된다**

**일차피질: 모듈식 연결→감각 채널→주로 유전자가 결정→감각과 운동 호문쿨룬스**

**연합피질: 그물망 연결→지각, 기억, 언어**

**색채와 형태의 항등성: 자연의 속성이 아니라 인간이 만들어낸 내면의 표상**

**해마는 패턴 분리와 패턴 완성을 한다.**


**기억의 특징: 패턴의 서열**

**대뇌피질에 저장되는 장기기억의 특징은 네 가지로 설명할 수 있다.**

**대뇌피질은 패턴 서열을 저장한다.**

**대뇌피질은 불변 표상으로 저장한다.**

**대뇌피질은 기억을 자동 연상 회상으로 불러온다.**

**대뇌피질은 기억을 계층 구조로 저장한다.**

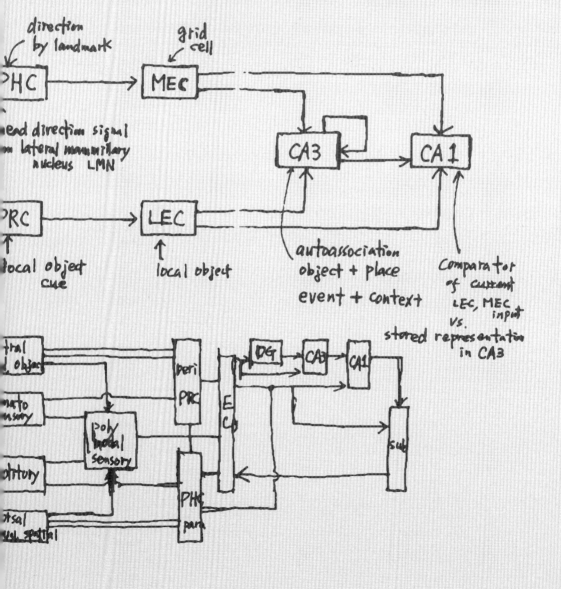

direction
by landmark

grid
cell

PHC ──→ MEC

ead direction signal
m lateral mammillary
nucleus LMN

PRC ──→ LEC

local object
cue

local object

CA3

CA1

autoassociation
object + place
event + context

Comparator
of current
LEC, MEC
input
vs.
stored representation
in CA3

tral
object

mato
sensory

bitory

sal
spatial

peri
PRC

Poly
modal
sensory

PHC
para

EC

DG

CA3

CA1

sub

# 해마의
# 기억 회로

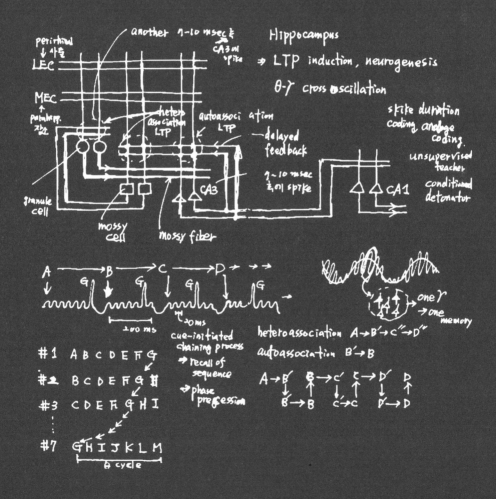

## 해마 영역은
## 안으로 말려들어간 원시피질이다

대뇌피질은 구피질paleocortex, 원시피질archicortex, 신피질neocortex로 구분되며, 척추동물 초기에는 구피질만 존재했다. 신피질은 파충류부터 출현하며 포유동물에서 크게 확장되었다. 이 과정에서 구피질의 일부가 안으로 말려들어 해마 영역인 원시피질이 되었다. 신피질은 여섯 개 층으로 구성되는데, 해마의 원시피질은 이러한 구분이 명확하지 않다.

그림 8-1 대뇌피질의 진화

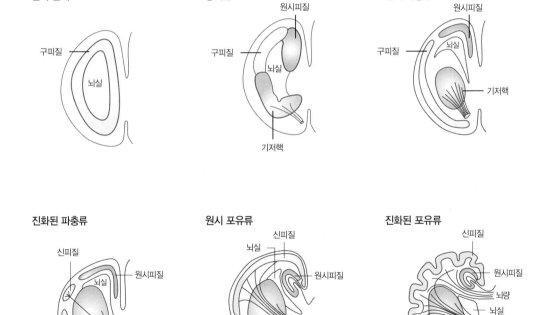

박문호 박사의 뇌과학 공부

양서류에서 구피질의 일부 영역이 원시피질과 기저핵으로 분화되며, 원시 파충류에서 기저핵이 대뇌피질과 분리되어 대뇌 기저핵으로 자리잡는다. 진화된 파충류에서 최초의 신피질이 출현하고, 원시 포유류부터 신피질이 크게 확장되

그림 8-2 해마의 기억 생성 회로

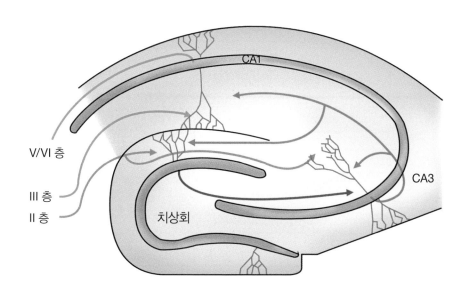

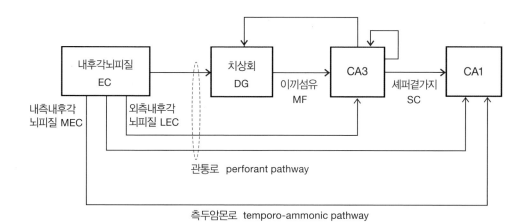

면서 해마는 신피질에 밀려서 뇌실과 접하는 위치로 이동한다. 인간을 포함한 진화된 포유류에서는 신피질에 주름이 생기면서 표면적이 크게 확장되고 후각 열 아래의 구피질은 후각 관련 피질이 된다.

해마의 입력은 내측과 외측내후각뇌피질에서 치상회 과립세포의 수상돌기로 감각연합피질의 신경자극이 입력되며, 과립세포의 축삭다발인 이끼섬유다발은 암몬각의 CA3 피라미드세포의 수상돌기에 시냅스한다. CA3 피라미드세포의 출력인 섀퍼곁가지는 CA1의 수상돌기와 시냅스하며, 일부 축삭 가지는 다시 자신의 수상돌기에 시냅스하여 재입력 피드백 회로를 만든다. CA3 피라미드세포

그림 8-3 장소세포, 격자세포, 경계세포, 머리방향세포

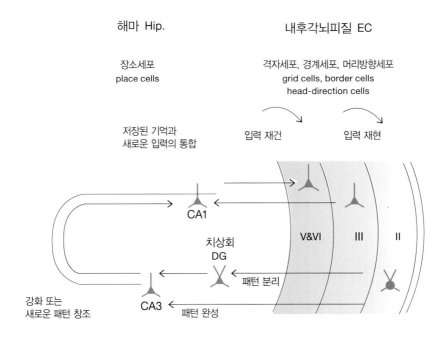

공간 기억 회로

박문호 박사의 뇌과학 공부

의 축삭 곁가지는 과립세포의 수상돌기와 시냅스한다. 내후각뇌피질의 두 번째 층에서 CA1 피라미드세포로 측두엽에서 측두암몬로를 통해 입력되며 CA1의 출력은 내후각뇌피질의 V층과 VI층으로 출력된다.

내후각뇌피질 II, III 층에서 해마치상회 과립세포층으로 입력되는 감각 정보는 간섭의 영향을 받지 않는 패턴 분리가 되고 CA3로 입력되어 패턴 완성이 된다. CA1과 내후각뇌피질의 상호연결회로에서 CA3에서 완성된 패턴이 장기기억과 연결된다.

## 반복되는 행동 패턴의 순서가
## 우리의 현실이 된다

위험한 상황에서 의식을 잃은 사람이 정신을 차리게 되면 '여기가 어디지?'라며 장소를 먼저 확인하려 한다. 당연히 생존에 가장 중요한 정보는 장소 정보다. 주변 환경이 익숙하지 않으면 긴장하면서 주변을 의식적으로 살펴본다. 돌발적인 상황을 주시하면서 어디로 가야 할지 탐색한다. 익숙한 공간에서는 행동의 순서가 미리 정해져 있어 습관화된 무의식적 행동을 하게 된다. 정해진 일의 순서화된 패턴, 즉 행동 패턴의 순서대로 일상생활은 진행된다. 현실 상황에서는 패턴이 전개되는 순서가 미리 정해져 있기 때문에 다음 행동을 예측할 수 있다. 그래서 반복되는 행동 패턴의 서열이 우리의 예측 가능한 '현실'이 된다.

신경세포에서는 밀리초 단위로 전달된 활동전위가 신경 흥분으로 축삭을 통해 전달된다. 반복되는 일상 행동의 순서는 신경세포가 만드는 전압펄스 패턴의 순서에 있다. 패턴 서열, 즉 개별 패턴의 연쇄가 시간 순으로 발생하기 때문에 다음 전압펄스가 예측된다. 해마에서는 상대적으로 느린 세타파 속에 4~7개의 감마파가 존재한다. 이 한 세타파 파장 속에 20~90헤르츠 빈도로 발생하는 감마파가 뇌신경 작용의 개별 기억 요소에 해당한다. 인간은 특정한 장소에서 일정한 행동을 한다. 개인이 장소에 따라 정해진 행동을 하면 습관이 되고, 여러 사람이 오랜 시간 동안 같은 장소에서 정해진 행동을 하는 집단적 과정을 문화라 한다. 목욕탕과 식당과 교실에서 하는 행동은 전혀 다르다. 특정한 공간은 인간에서 정형화된 행동의 순서를 무의식적으로 유도한다. 공간 정보가 행동 패턴 서열을 촉발하며, 행동 순서가 감마파의 전압펄스에 차례로 순서화되어 있어 자동적으로 다음 행동이 예측된다.

해마의 핵심 역할 세 가지를 나열해보면 다음과 같다.

첫째, 어른 뇌 해마에서 새로운 신경세포가 생성된다.

둘째, 해마는 일화기억을 형성한다.

셋째, 해마에서 장기전압강화 현상이 일어난다.

이 세 가지 모두 새로운 뇌 연구 분야이고, 지난 30년간 연구가 진행되었지만 아직도 해결하지 못한 문제가 있다. 물론 새로운 발견이 계속되고 있다. 기억 관련 연구는 두 번의 노벨상을 받을 만큼 뇌과학의 핵심 분야다. 해마에서는 치상회의 과립세포에 의한 패턴 분리와 CA3 피라미드세포의 패턴 완성 과정이 진행되며, 치상회-CA3-CA1 회로에서 새로운 사건의 일시적 기억을 형성하는데, CA1는 형성된 기억을 감각연합 피질로 출력한다. 해마를 구성하는 세포에는 치상회와 CA3의 장소세포와 내후각뇌피질 영역의 격자세포grid cell, 경계세포 boundary cell, 머리방향세포head direction cell가 있다. 방향에 민감한 이들 세포와 공간

그림 8-4 해마로 입력되는 감각 자극의 처리 과정 연결

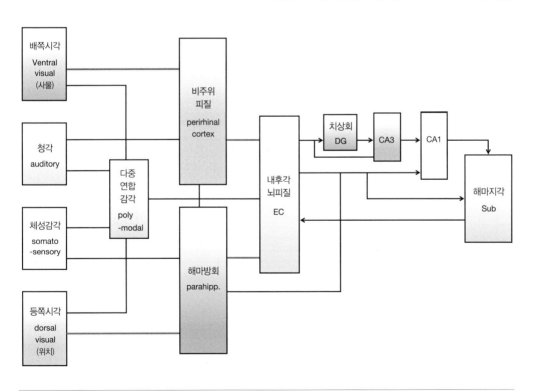

세포의 작용으로 해마는 공간 정보를 순차적으로 처리하여, 동물은 생존 환경에서 장소에 대한 기억을 만든다.

해마복합체는 사물과 공간 정보를 각각 다른 신경회로로 처리한다. 공간 정보는 해마방회로 입력되어 처리되며, 내측내후각뇌피질을 통해 해마로 입력된다. 반면에 사물 정보는 비주위피질로 입력되고 처리되어 외측내후각뇌피질을 거쳐 해마로 입력된다. 해마에서는 사물 정보와 공간 정보가 결합되어 사물의 공간적 배치가 형성된다. 사물의 상대적 위치 관계는 공간의 용도에 따라 다르다. 식당과 회의실 그리고 교실에서는 테이블의 상대적 배치가 달라진다. 우리가 기억하는 것은 테이블 자체가 아니라 테이블이라는 사물의 불변하는 상호관계다. 인간이 기억하는 내용은 시간과 공간에서 변화하지 않는 사물과 사건의 '상호관

그림 8-5 해마 영역별 신경연결

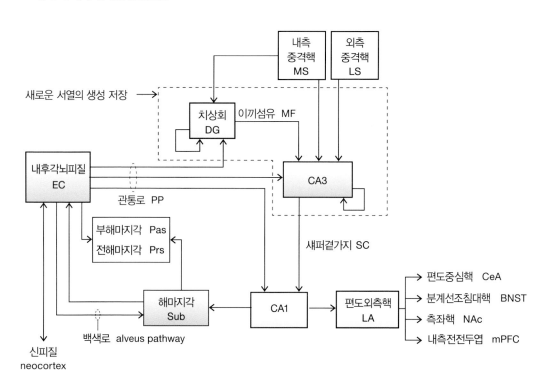

박문호 박사의 뇌과학 공부

계'다. 이처럼 지각된 사물과 사건의 맥락적 상호관계를 상징으로 표상하여 발생 기관을 통해 상징적으로 발화하는 언어가 인간에서 출현한 것이다. 인간 기억의 내용은 자연에서 발견되는 불변 표상인 관계들의 집합이다.

해마의 입력 피질은 내후각뇌피질이며, 관통로를 통해 치상회로 감각입력을 보낸다. 치상회는 내측중격핵에서도 입력을 받으며 CA3로 이끼섬유를 통해 신경흥분을 출력한다. CA3는 내후각내피질과 외측중격핵으로부터 입력을 받으며 CA1으로 출력한다. CA3의 피라미드세포와 CA3는 자신의 출력이 다시 입력되는 신경 흥분의 재입력 현상을 보인다. CA1은 해마 지각을 통해 다시 내후각뇌피질로 입력되며 편도외측핵, 분계선조침대핵, 측좌핵, 내측전전두엽으로 신경신호를 보낸다. 내후각뇌피질은 해마의 입력 피질인 동시에 출력 피질이다.

시각 처리에 측두엽의 의식적 '사물what' 회로와 두정엽으로 진행되는 무의식적 '어떻게How' 회로가 존재하듯이 해마 입력 회로에도 사물과 장소의 두 신경회로가 있다. 여기서는 대상과 장소 정보의 연쇄는 사건을 구성하며, 사건의 예측 가능한 시간적 전개 과정이 사건의 맥락이 된다. 사건이 맥락을 가지면 다음 상황이 예측 가능해진다. 맥락에 벗어나는 것은 예측하기 어려운 새롭고 돌발적인 상황을 의미한다.

해마에 의한 맥락 형성에서는 장소와 사물에 대한 기억, 공간 패턴 분리, 단편적 자극에 의한 기억 패턴 완성, 자극의 시간적 통합이 핵심 요소다. 해마 치상회 과립세포에서 자극을 분리하는 패턴 분리 과정은 새로운 기억 형성의 출발점이다. 치상회에서 계속 생성되는 새로운 과립세포가 새로운 기억을 부호화하면서 자연스럽게 기존 기억에 새로운 기억을 추가하여 평생토록 새로운 학습을 할 수있다. 환경 자극에서 중요한 부분에 주의를 집중하면, 익숙한 배경 신호에서 미묘한 차이점을 찾아내 배경에서 전경으로 패턴을 분리한다. 그래서 기억의 출발은 패턴의 분리다. 특색 있는 이름이 쉽게 기억되는 이유는 패턴 분리가 명확하기 때문이며, 애매한 내용이 기억되지 않는 이유는 패턴 사이의 간섭 현상 탓에 패턴 분리가 어렵기 때문이다. 나이가 들고 스트레스를 받으면 새로운 과립세포의 생성이 줄어들게 되어 새로운 기억 생성 능력이 감소하므로 스트레스는 학습

그림 8-6 장소와 사물 정보의 처리 영역들

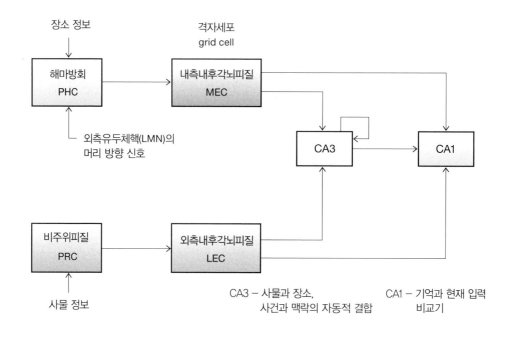

방해의 주범이다.

　기억은 일화기억과 의미기억으로 나눌 수 있다. 집중해서 반복해야만 기억되는 의미기억은 언어로 구성되며, 대뇌피질에서 서서히 공고해진다. 초등학교에서 대학교까지 오랜 기간 우리가 공부한 내용은 모두 의미기억으로, 문제를 읽고 그 답을 기억에서 회상하여 시험지에 문장으로 표현하는 기억이다. 반면에 해마에서 생성되는 일화기억은 자동적이고 즉시적으로 일어난다. 일화기억에서 새로운 입력 정보는 전혀 노력하지 않아도 자동적으로 기억된다. 대뇌신피질에서 형성되는 의미기억이 기억 사이의 공통점이 서서히 축적되어 범주화되는 어렵고 느린 기억이라면, 해마의 일화기억은 새롭기만 하면 자동적으로 즉시 기억된다. 일화기억이 힘들이지 않고 즉각적으로 기억되는 이유는 장소와 시간이라는 사건을 구성하는 핵심 요소를 항상 동반하기 때문이다. 장소 정보는 시각의 두정엽을 거쳐 해마방회로 입력되어 해마의 내측내후각뇌피질로 연결된다. 비주위피질은 사물의 정보를 외측내후각뇌피질로 전달한다. 외측과 내측내후각뇌피질은 CA3로 입력을 보내며, CA3의 피라미드세포는 장소와 사물 정보를 결합하여 이 통합된 외부 환경 정보를 CA1으로 출력한다. 장소와 사물에 대한 시각정보의 흐름이 해마에서 통합되어 동물은 생존에 중요한 장소에 존재했던 사물을 기억한다. 그래서 동물은 생존에 중요한 사건과 비슷한 상황에 신속한 반응을 할 수 있다.

특정 장소에서 벌어지는 사건과 사물의 정보는 시각의 측두엽 정보 흐름을 비주위피질로 입력하여 해마의 외측내후각뇌피질로 연결시킨다. 내측뇌후각내피

그림 8-7 해마의 입력과 출력 신경연결

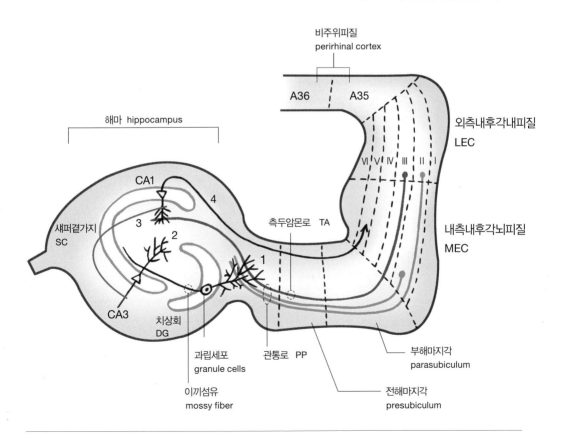

그림 8-8 해마 신생 과립세포의 성장과 이끼섬유의 신경연결

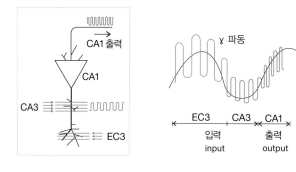

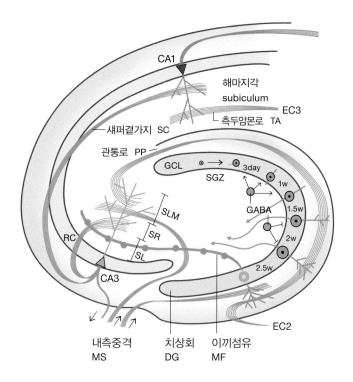

| 소강분자층 SLM | 재입력곁가지 RC | 해마암몬각1 CA1 |
| --- | --- | --- |
| stratum lacunosum moleculae | recurrent collateral | -패턴의 시간적 결합 |
| 방사층 SR | 과립세포층 GCL | 해마암몬각3 CA3 |
| stratum radiatum | granular cell layer | -패턴완성 |
| 투명층 SL | 과립세포층밑영역 SGZ | 내후각뇌피질 EC |
| stratum lucidum | subgranular zone | entorhinal cortex |

질에서 발견된 격자세포와 해마 지각의 머리방향세포가 특정한 장소에서 발화하는 장소 세포와 상호 연계되어 해마의 장소 관련 정보가 생성된다. 그리고 사물과 사건에 대한 해마의 일화기억 장소 관련 정보는 내후각뇌피질 두 번째 층에서 관통로를 통해 해마치상회로 입력된다. 해마치상회에서는 어른이 된 후에도 과립세포가 계속 새롭게 생겨나는데, 이 신생 과립세포가 새로운 기억을 기존 기억에 추가하여 나이가 들어도 새로운 학습이 가능해진다. 그러나 새로운 기억이 형성되는 순간 입력 정보 사이의 간섭이 억제되어야 새로운 사건과 사물이 해마에서 자동으로 기억된다.

해마는 새롭고 흥미로운 현상은 무엇이든 즉각적으로 기억하는데, 그 과정에서 간섭만 없다면 자연스럽게 새로운 현상이 배경에서 전경으로 확연히 드러나서 '패턴 분리'가 된다. 해마 치상회의 과립세포에서 패턴 분리가 일어나는데, 과립세포의 신경축삭은 이끼섬유다. 이끼섬유의 긴 가지는 CA3 세포의 가시돌기 영역에서 시냅스한다. 이끼섬유는 같은 간격으로 열 개 정도의 신경 돌기를 발아하고, 그 신경돌기가 CA3 세포 주변의 중간뉴런에 위족돌기<sub>filopodia</sub>를 뻗는다. 위족돌기와 시냅스하는 중간뉴런은 CA3 피라미드세포와 다중으로 억제성 시냅스를 하여 CA3 세포의 신경 흥분 정도를 조절한다. CA3세포 새퍼축삭가지는 CA1의 수상돌기와 시냅스하여 CA3의 재입력 회로에서 형성된 기억을 전달한다. 그리고 내후각뇌피질 세 번째 층으로 입력된 측두엽의 시각 정보가 측두암몬로를 통해 CA1의 수상돌기로 출력한다.

해마의 출력은 CA1에서 시간적으로 결합한다. 측두엽에서 측두암몬로를 통해 내후각뇌피질 III층으로 입력된 개별 사물의 시각 정보는 CA1의 피라미드세포의 수상돌기 끝 부근인 소강분자층에서 시냅스한다. 그리고 CA3에서 기억된 정보는 새퍼곁가지를 통해 CA1 수상돌기 방사층 영역으로 입력된다. CA1의 입력은 모두 감마파 전압펄스 형태이고, CA1에서 세타파의 한 파장 속에 내후각뇌피질 III층과 CA3 정보가 CA1 자체 전압파와 함께 순차로 배열되어 해마지각을 통해 내후각뇌피질 영역으로 출력된다. 내후각뇌피질의 4~6층으로 출력된 해마의 기억은 파페츠회로를 통해 대뇌신피질로 옮겨져 장기기억으로 저장된다.

CA3에서 입력되는 이전 기억과 내후각뇌피질에서 입력되는 현재 감각입력이 동시에 CA1 수상돌기로 유입되어 현재 진행되는 감각입력과 이전의 기억을 비교할 수 있다. 따라서 CA1은 신경자극의 시간 통합 과정에서 감각입력의 비교기 역할을 한다. 현재 감각입력이 기억된 내용과 다르면 새로운 현상이 된다. 새로운 현상은 신경 흥분을 유발하며, 이 흥분 신경 발화는 해마지각을 통해 측좌핵으로 전달된다. 측좌핵의 신경 흥분은 출력 부위인 배쪽창백핵을 통해 배쪽피개영역이라는 중뇌의 도파민성 신경세포 집단을 자극한다. 배쪽피개영역에서 발화된 신경펄스는 다시 해마를 자극한다. 결국 해마-배쪽피개영역의 신경연결에 의한 도파민 분출이야말로 인간이 새로움을 추구하는 뇌의 신경로다. 새로움은 도파민 분비를 자극하여 기억과 학습에 결정적 도움을 준다.

해마치상회는 쥐의 경우 100만 개의 과립세포로 구성된다. 피라미드세포로 구성되는 해마의 암몬각은 태아 발생 시기에 그 형태가 거의 완성된다. 그러나 해마치상회를 구성하는 과립세포의 80퍼센트 정도는 출생 이후에 생겨난다. 출생 직후 급격히 생성되는 과립세포는 나이와 더불어 생성률이 떨어진다. 대부분의 신경세포가 어른이 된 후 거의 새로 생겨나지 않지만 과립세포는 어른이 된후에도 하루에 700개 정도 생성되므로 1년이면 20만 개 이상 생기는 셈이다. 이것이 유아기에 생긴 과립세포와 함께 치상회를 구성한다. 나이가 들어도 계속 생성되는 과립세포는 새로운 기억을 담당하여 새로운 기억을 기존 기억에 계속 추가할 수 있다. 그러나 신생 과립세포의 생성률이 나이에 따라 낮아져서 노인이 되면 새로운 기억 형성이 젊을 때보다 저하되는 인지적 노화가 진행된다. 쥐의 경우 새롭게 생겨나는 과립세포는 주위의 중간뉴런과 시냅스한다.

중간뉴런은 과립세포에 GABA를 신경분비하는데, 놀랍게도 1~2주 사이에 분비되는 GABA는 과립세포에 억제성이 아니라 흥분성 신경전달물질로 기능한다. 그러나 2주가 지나면 점차 억제성으로 작용한다. GABA가 거의 억제성으로 바뀐 3주부터 신경 발화 스파이크의 전압이 증가한다. 쥐의 해마에서 성체 과립세포의 신생은 기억 형성과 정신병 그리고 인지 노화 과정에 대한 중요한 연구 분야이다. 다 자란 쥐의 해마치상회에서 생성되는 과립세포는 두 달 정도 지나면 출생 직후 형성된 과립세포와 비슷해진다. 신생 과립세포에 의한 장기전압강화 생성률은 7주 후부터 급격히 저하되며, 장기전압강화의 크기는 4주에서 6주까지가 가장 높다. 이 현상은 인간의 경우 새로운 분야의 공부가 한 달 정도 집중하면 대부분 습관화되어 장기기억으로 정착되는 현상과 비슷하여 흥미롭다.

양쪽 해마를 모두 제거한 사람은 오래전의 기억은 회상할 수 있지만 새로운 기억을 만들지는 못한다. 따라서 일화기억이 생성되는 영역은 해마지만 저장되는 곳은 대뇌신피질임을 알 수 있다. 대뇌신피질에서는 비슷한 경험기억이 거듭 저장되면서 서서히 공통 패턴이 형성되어 사물과 사건의 범주화된 기억이 형성된다. 해마에서의 기억 형성은 감각 자극에서 특별한 자극을 자동적이고 신속하게 부호화한다. 해마와 대뇌피질은 진화적으로 그 역할이 구분된다. 해마는 환경의 새로운 정보를 신속히 자동적으로 신경회로에 일시적으로 기억했다가 잠자는 동안 대뇌피질로 전달해 장기기억으로 저장한다. 그리고 기억의 인출 과정에 다시 해마가 관련된다.

해마와 신피질은 상호연결되어 있다. 해마 CA1의 출력이 대뇌신피질에 장기기억으로 저장되고, 신피질에서 형성된 지각 정보는 해마치상회로 입력된다. 신피질과 해마의 신경회로에서 출력이 다시 입력으로 재입력되는 신경회로가 해마와 신피질 기억의 핵심 요소다.

기억과 관련된 단편적 자극이 해마로 유입되면 해마 CA3의 재입력 회로가 단편 자극과 관련된 전체 기억을 대뇌피질과 연결회로를 통해 활성화시킨다. 이과정이 바로 패턴의 완성이고 기억의 자동 연상 회상 과정이다. 신경세포가 사물과 사건을 기억하는 현상은 생각할수록 놀라운 능력이다. 내가 먹은 특별한 사과를 기억하며 범주화된 '사과'를 기억하지 않는다. 일반화된 '사과'라는 과일은 실체가 아니고 반복적으로 만난 수많은 사과의 범주화된 형태다. 모든 언어는 이처럼 범주화된 공통의 패턴일 뿐 실제로 존재하지 않는 가상의 상징이다. 해마에서는 만지고 냄새 맡고 맛본 실제의 사과를 신경회로의 활성 패턴으로 표상하며, 이 흥분된 신경 활성이 대뇌피질로 전달된다. 대뇌피질에서는 감각 표상의 활성 패턴이 중복되면서 그 공통 패턴을 '범주화된 사과'로 표상한다. 사과의 맛과 향과 형태가 하나의 상징인 '사과'로 결합되어 감각언어를 생성하는 베르니케영역에서 '사과'라는 언어적 표상을 획득하고 브로카영역에서 '사과'라는 단어의 발음 순서를 만들어낸다. 결국 신경세포가 전압펄스를 생성하여 감각입력을 전압펄스 스파이크의 서열로 나타낸다.

## 사건기억은
## 세타파에 실린 감마파에 부호화된다

기억은 혼자 오지 않는다. 기억의 사슬에는 한 사건을 구성하는 개별 요소들이 목걸이의 구슬처럼 순서대로 엮여 있다. 해외 여행의 기억을 떠올려보자. 공항에서 분주했던 기억, 생소한 도시를 가로질러 호텔을 찾던 기억, 다음날 박물관에 간 기억이 생각난다. 공항에서 분주했던 기억은 출국 과정과 비행기 탑승과 이륙하는 비행기 창문으로 본 도시의 풍경으로 구성된다. 이처럼 대략 4~7개 정도의 요소가 한 사건을 구성한다. 해외 여행 전체의 기억도 서너 개의 기억으로 구성되며, 출국 과정의 기억도 일곱 개 미만의 구성 요소가 시간 순서에 따라 배열된다. 기억은 경험한 시간의 길이보다는 새로운 사건의 출현 횟수에 비례한다. 젊은 시절은 대부분의 경험이 새로워서 기억 공간에 새로운 기억의 팻말이 촘촘히 표시되어 시간이 천천히 흘러가는 느낌이 생기며, 나이가 들어 새로운 경험이 줄어들면 기억 팻말 사이의 거리가 멀어지고, 긴 시간 간격에 비례해서 세월의 속도는 빨라진다. 매일 규칙적인 생활을 하는 죄수들은 어제와 오늘의 사건기억이 거의 동일해서 시간이 포개질 수 있다. 그래서 새로운 사건이 드물수록 시간은 빨리 간다. 완벽한 반복은 변화가 전무하고, 변화가 없으면 시간은 사라진다. 시간 의식은 바로 변화를 감지하는 내면의 느낌이기 때문이다. 존재하는 모든 변화는 시간에 따른 변화이며, 시간이 고정되면 변화의 고정된 단면이 드러난다.

그래서 해외 여행 시간의 대부분인 이동 과정을 살펴보면, 출발과 도착은 세밀하게 기억되지만 자동차 속의 변화 없는 환경에서 보낸 긴 시간은 거의 의식되지 않는다. 기억에는 대략 일곱 개 미만의 구성 요소가 순서대로 배열되어 있다는 점이 핵심이다. 해마 신경신경세포의 연결 방식은 경험한 사건을 순서화된 전압 패턴으로 저장한다. 기억이란 서로 연결된 대뇌피질의 피라미드신경세포 집단이 만들어내는 순서화된 전압펄스 서열이다.

해마의 신경세포 연결은 대뇌 감각연합피질에서 처리된 시각과 청각의 지각 정보가 내후각뇌피질를 통해 해마치상회의 과립세포 수상돌기에 시냅스한다. 대상에 대한 감각입력을 받은 과립세포는 그 신경 정보를 이끼섬유라는 축삭을 통해 해마의 CA3 피라미드세포로 전달한다. 과립세포의 축삭은 CA3 피라미드세포를 적절한 강도와 타이밍으로 활성화시키며, CA3 피라미드세포는 CA1 피라미드세포로 출력을 보낸다. CA3 피라미드세포는 자신의 출력의 일부를 되돌려 다시 CA1 피라미드세포에 억제 신호를 입력한다. 뇌과학자 리스만에 의하면 이 과정은 간격이 20밀리초 정도이며, 순서대로 배열된 약 일곱 개의 파형으로 구성된 전압펄스 서열인 감마파를 생성한다. 그리고 이 감마파의 서열이 대략 200밀리초 동안 지속되는 세타파에 실려서 CA1을 통해 기억이 출력된다. 세타파는 내측중격핵에서 생성되어 해마의 CA3 피라미드세포로 입력되는 기억을 실어나르는 전압파형이다. 해마에서는 7개 미만의 감마파형 서열이 세타파에 결합되어 기억 신호의 동기가 맞춰진 상태로 처리된다. 사건기억을 만들어 내는 해마 신경세포의 이러한 배열이 해외여행 기억의 생성과 인출 과정에 그대로 반영된다. 그래서 기억은 구성 요소들이 서열 형태로 저장되고 인출되며, 기억 요소의 서열은 결국 신경세포가 생성하는 전압펄스의 서열이다.

기억의 구성 요소가 순서대로 배열되어 있기 때문에 단편적인 기억 요소가 우연히 떠올라도 기억의 전체 서열이 한꺼번에 회상된다. 뇌과학자 제프리 호킨스 Jeffrey Hawkins는 대뇌신피질 기억의 핵심이 패턴의 서열이라 주장한다. 사건기억의 저장과 회상에는 세 가지 중요한 속성이 있으며, 호킨스의 이론을 바탕으로 기억을 설명해보면 다음과 같다.

첫째, 사건기억은 패턴의 서열을 기억한다. 우리가 보거나 듣는 감각 정보는 해마에서 초당 20~90회 정도 반복하는 감마 전압파형의 순서화된 서열로 변환된다. 사건은 어떤 장소에서 어떤 행동이 시간 순으로 전개되는 것인데, 장소와 행동의 변화가 순서화된 공간과 시간의 패턴이 된다. 뇌는 이러한 패턴의 서열을 전압펄스로 부호화한다.

둘째, 사건기억은 불변 표상으로 저장된다. 망막에 입력되는 시각 자극이 대뇌 시각피질에서 지각으로 구성되는 과정에서 형태와 색깔의 항등성이 생겨서 사물의 범주화 기억이 생성된다. 범주화된 지각 대상은 단어로 표상되어 전전두엽과 연결되는데, 전전두엽에 전달되는 지각 정보는 대부분 언어라는 불변 표상으로 제시되며 의식된다.

셋째, 사건기억은 자동 연상 회상으로 인출된다. 기억의 구성 요소가 한 개만 제시되어도 전체 기억이 자동적으로 회상된다. 자동 연상 회상은 기억이 세타파의 진폭 속에 감마파의 서열로 부호화되어 있기 때문에 생긴 자연스러운 현상이다. 감마파 서열을 구성하는 각각의 감마파는 다수의 피라미드세포와 억제성 중간신경세포의 상호작용으로 생성되며, 감마파 하나하나가 기억의 구성 요소가 된다. 사건기억은 일화기억이며, 개인 경험 이야기를 구성할 수 있는 기억이다. 일화기억의 용량이 무한대임은 1970년대 이미 밝혀졌다. 그래서 집중적인 훈련만 한다면 판소리 소리꾼처럼 이야기 형식의 내용을 서너 시간 동안 완전히 기억해 구술할 수 있다. 반면에 전전두엽에서 처리하는 작업기억은 용량이 제한되어 있어 일곱 개 정도 미만의 개별 사실만 처리할 수 있다. 작업기억의 용량이 일곱 개 정도로 제한되는 현상은 한 개의 세타파 내에 일곱 개 정도의 감마파만 존재할 수 있다는 측정 결과와 관련성이 추정된다. 해마에서 낮 동안 부호화된 일화기억이 서파수면 중에 대뇌피질로 전달되는 현상이 쥐 실험에서 밝혀졌다.

우리의 현실은 반복되는 사건 패턴이며, 사건을 구성하는 패턴이 일정한 순서로 반복되면 우리는 다음에 일어날 일을 예측할 수 있다. 꿈이나 상상 속의 사건이 진행되는 패턴은 일정하지 않아서 예측할 수 없다. 그래서 꿈이나 상상을 '현실'이 아니라고 한다. 현실과 꿈을 구분하는 특질은 '예측 가능성'이다. 기억의 본질이 대뇌피질의 피라미드세포가 만드는 '순서화된 전압펄스 서열'이기 때문에 우리는 다음에 발화되는 전압펄스의 순서를 예측할 수 있다. 그래서 인간의 뇌는 다음에 처리할 작업을 항상 준비한다. 단서가 주어졌을 때 기억을 예상하는 현상이 바로 점화이다. '코' 자로 시작하는 동물은? 코끼리, 코알라가 예측 가능해지는 이유는 대뇌피질에서 기존 기억의 인출 단서로 작동하는 점화 효과가 일어나기 때문이다.

지각적 단서가 주어지면 인출될 기억을 예상하는 지각 예비화perceptional priming

가 일어난다. 개념적 단서가 주어지면 그 현상이 의미하는 바를 예상하는 개념 예비화conceptual priming가 느낌으로 예상된다. 결국 인지 작용의 대부분은 기억을 반영한다. 기억의 효과적인 방법은 공부한 내용을 패턴의 서열로 만들고, 그 서열을 더 큰 모듈에 담으면 된다. 비유하자면 기억은 해마에서 발생하는 감마파라는 승객이 세타파라는 버스를 타고 떠나는 여행이다.

해마의 신경세포가 생성하는 전압펄스는 1초에 4~10회 진동하는 세타파의 한 파장 속에 일곱 개 정도의 개별 전압펄스가 순차적으로 배열하는 구조인 감마파로 존재한다. 대략 4~7개 정도 나열된 감마펄스가 바로 기억의 실제적 구성

그림 8-9 감마파에 변조된 세타파

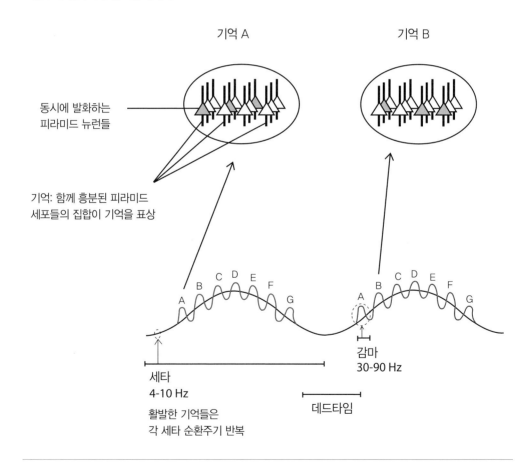

요소이며, 각 감마파의 주파수는 30~90헤르츠 영역이므로 감마펄스 사이의 시간 간격은 0.01~0.05초다. 0.05초, 즉 50밀리초가 감마파의 최대 시간 간격이다. 50밀리초보다 더 간격이 긴 자극은 결합되기 어렵다. 망막에서 일차시각피질까지 신경 흥분이 전달되는 데는 50밀리초가 소요된다. 한 장면을 구성하는 연속적인 시각 자극은 순차적으로 일차시각피질로 유입된다. 이 경우 한 자극과 계속되는 다음 자극 사이가 50밀리초 이상 지연되면, 시각피질이 자극의 펄스열로 신경 흥분을 결합하지 못하게 된다. 대뇌에서 감마파는 시각적 자극을 결합하는 과정에서 발생한다. 측정되는 감마파의 주파수는 20헤르츠보다 높고, 20헤르츠는 시간으로는 50밀리초에 해당한다. 50밀리초보다 짧은 시간 간격으로 발생하는 일련의 흥분 자극은 하나의 펄스열로 결합되고, 이 펄스열이 더 큰 세타파 속에 담겨서 감각입력이 세타파의 연속적 파동으로 전달된다.

해마의 세타파는 기억을 인출하는 과정에서 측정된다. 기억은 단독의 감마파로 회상되지 않고 더 큰 파장의 세타파로 인출된다. 이 과정을 예를 들어 설명해보자. 우리는 '붉은색'을 단독으로 회상할 수 없다. 붉다는 색깔은 '붉은 꽃'과 '붉은 피'처럼 하나의 장면을 구성하는 세부 요소이고, 기억의 인출 단위는 독립된 세부 요소가 아니라 독립된 하나의 장면이다. 즉 개별 기억 요소를 담고 있는 감마파가 아니라 일련의 기억 요소가 결합되어 하나의 장면을 구성하는 세타파가 기억 인출의 단위라는 것이다. 기억은 초등학교 운동회, 여름 휴가, 생일 파티처럼 하나의 장면이 회상을 촉발하며, 회상된 장면은 그 속의 세부 사건을 시간 순으로 나열해준다. 이처럼 기억은 하나의 장면 단위로 처리된다. 하나의 장면을 구성하는 기억의 세부 요소가 감마파에 해당한다. 감마파는 장면을 구성하는 개별 시각적 이미지를 결합할 때 생성되며, 뇌과학자 리스만에 의하면 결합에 허용되는 이미지들의 최대 허용 시간 간격은 50밀리초다. 신경세포의 입장에서는 뇌 작용은 활성 전압파이며, 시각, 청각, 체감각의 모든 자극은 신경세포가 만드는 전압펄스일 뿐이다.

대뇌신피질은 이러한 전압펄스 각각에 색깔, 형태, 촉감, 냄새, 움직임을 언어라는 상징으로 표상한다. 한 파장의 세타파 속에 순차적으로 배열된 4~7개 정도의 감마파는 개별 기억을 표상하고, 동물은 이동하면서 만나는 장소를 신경세포의 순차적 흥분으로 대응하여 감마파를 발생한다. 놀랍게도 동물은 장소라는 공간적 배치를 신경세포가 생성하는 전압펄스 서열을 통해 시간적 배열로 전환한다. 즉 전압펄스는 장소와 장소 사이의 거리를 순차적 시간으로 바꾸며, 신경세포는 공간 거리를 시간 순서로 전환하여 기억으로 고정한다. 따라서 동물의 생존 환경을 구성하는 일련의 장소들은 신경 흥분의 발화 순서로 기억되어, 그 동물이 이동하면서 반복적으로 만나는 장소는 예측 가능하다. 쥐 실험에서 방이 일곱 개로 직선으로 배열되고 일곱 번째 방에서 전기고문을 당했다면, 그 쥐의 해마는 일곱 개 장소를 일곱 개 전압펄스의 신경 흥분으로 표상하여 여섯 번째 방에 도달하면 공포 반응을 일으키고 더 나아가지 않는다. 왜냐하면 다음 방이 일곱 번째 전압펄스로 표상됨에 따라 그 방이 전기 충격을 받은 장소임을 미리 알 수 있기 때문이다. 핵심은 일련의 미리 기억된 전압펄스의 순차적 흥분이므로 여섯 번째 펄스는 자동적으로 일곱 번째 펄스를 예상하게 하며, 일곱 번째 펄스는 세타파의 파장마다 한 개씩 먼저 출현하기 때문에 쥐는 스스로 자신의 위치를 연속되는 세타파 속의 감마파 순서로 표상할 수 있다. 세타파의 파장마다 감마파 한 개씩 먼저 출현하는 현상을 위상전향파phase precession라 하며, 뇌과학자 존 오키프John O'Keefe는 이 현상을 발견하여 노벨상을 수상했다. 요약하면 동물은 장소라는 공간 정보를 신경세포의 순차적 흥분이라는 시간 정보로 전환하여 기억한다.

노화가 진행되면 내후각뇌피질 층에서 치상회 과립세포로 입력되는 감각입력이 줄어든다. 그리고 과립세포와 연결된 CA3 피라미드세포에 입력 불균형이 생긴다. 감각입력이 줄면 새로운 기억 생성 비율이 저하되지만, CA3 재입력 회로에 의한 패턴 완성은 계속 활발히 동작하여 점점 더 과거 기억에 많이 의지한다. 이처럼 나이가 많아지면서 새로운 감각입력 감소로 기억 형성의 핵심 과정인 패턴 분리가 약해진 상태에서, 패턴 완성에만 의존하는 기억 과정이 바로 노화에 따른 뇌 인지 기능 약화 현상의 원인 중 하나다. 나이가 들면서 경험이 많아지면 새로운 사건이 드물어지고 뇌가 기억할 만한 감각입력이 줄어든다. 노화에 따라

그림 8-10 정신질환과 해마의 신경연결

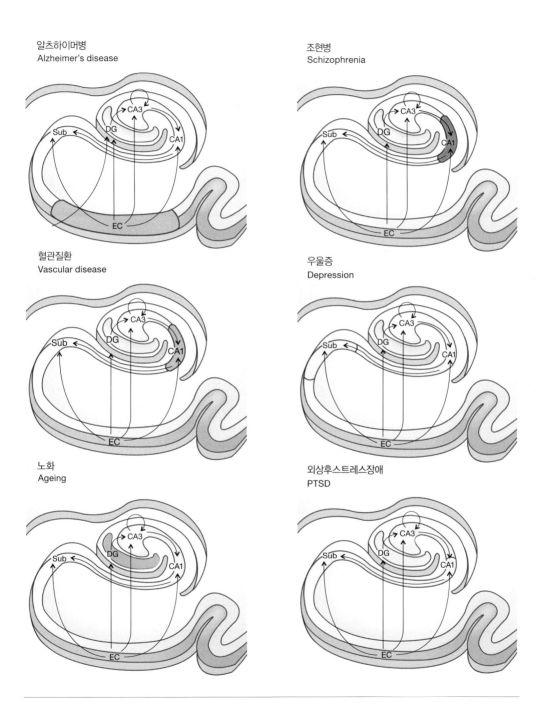

알츠하이머병
Alzheimer's disease

조현병
Schizophrenia

혈관질환
Vascular disease

우울증
Depression

노화
Ageing

외상후스트레스장애
PTSD

새로운 기억이 줄어드는 현상은 어느 정도 일반적인 경향이지만, 해마의 신경세포가 유전자 수준에서 생긴 비정상적 기억 장애도 있다. 치상회의 과립세포 시냅스에서 글루탐산 분비가 유전의 영향을 받아 줄어든다면, 과립세포에 의한 패턴 분리는 어려워지는 반면에 과립세포에 연결된 CA3 세포에 의한 패턴 완성은 오히려 더 활성화되어 부분적 자극이 무제한적으로 기억을 인출하는 경우가 생기는데, 이것이 조현병을 유발할 수 있다. 패턴 분리와 패턴 완성에 불균형을 초래하는 인지적 증상을 요약하면 다음과 같다.

노화에 따른 새로운 기억 감소: EC2 감각입력 감소→CA3 기능 불균형→과거 기억에 의존

정신증 현상: 유전적 이상으로 과립세포 글루탐산 불균형→패턴 분리 약화→CA3에서 과잉 장기전압강하 현상→패턴 완성 강화

해마 영역의 과소 활성과 과잉 활성에 따른 증례

알츠하이머병: 내후각뇌피질 영역의 과소 활성

조현병: 패턴 분리 저하, 패턴 완성 강화, 그리고 CA1 영역에서 사건의 시간적 통화 활성

노화에 따른 인지 능력 감소: 치상회 활성 약화, 패턴 분리 저하, 패턴 완성 강화

　기억의 저장과 인출 과정은 패턴 분리와 패턴 완성 과정과 깊은 관련이 있다. 기억은 일련의 스냅사진을 결합하여 영화 필름을 만드는 과정과 비슷하다. 소리와 촉감까지 첨가된 각 스냅사진이 시간상으로 배열되어 하나의 일화기억을 만든다. 따라서 일화기억은 사건을 구성하는 장면들의 맥락에 맞는 연결이다. 일화기억을 구성하려면 먼저 사건을 구성하는 맥락 속에서 개별 장면들을 구분해야 한다. 사건이 하나의 맥락을 형성하려면 감각입력 속에서 관련된 내용만 분리해내는 '패턴의 분리'가 선행되어야 한다. 비슷한 자극에서 차이점을 즉각 찾아내 새로운 자극으로 인식하는 과정인 패턴 분리는 해마치상회에서 일어난다. 쥐의 경우 해마치상회의 과립세포는 30만 개 정도이고, 이 중 5퍼센트 정도는 새롭게 생겨나는 성체 신생 과립세포다. 이 신생 과립세포가 패턴 분리를 담당하여 새로운 기억을 만들어 기존 기억에 추가한다.

박문호 박사의 뇌과학 공부

기억 인출 과정의 핵심은 단편적 자극이 제시됨에 따라 기존의 기억 전체가 회상되는 자동 연상 회상 과정인 '패턴 완성' 현상이다. 시각이든 청각이든 조그마한 단서만 제시되어도 오래전의 기억을 모두 불러올 수 있어 우리는 가끔 회상에 잠긴다. 패턴 완성은 해마암몬각의 CA3 피라미드세포에서 일어나며, CA3 신경세포는 자신의 출력이 다시 입력으로 피드백되는 재입력 회로를 구성한다. CA3의 재입력 회로는 일화기억의 스냅사진을 만드는 회로이며, 일화기억의 부호화가 시작되는 영역이다. CA3에서 개별 감각이 결합하여, 시각, 청각, 체감각의 입력이 모두 함께 결합하여 하나의 장면을 구성한다.

내후각뇌피질→치상회→CA3→CA1→해마지각의 신경연결이 해마 신경 정

그림 8-11 해마의 부위별 기능

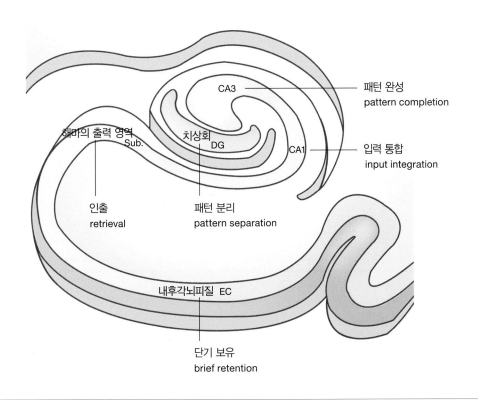

보처리의 핵심 연결이자 기억 생성 연결이다. 해마에서 결합되고 시간적으로 연결된 연합감각자극은 다시 대뇌피질로 전달되어 대뇌피질에 비슷한 경험이 반복되면서 범주화 과정을 거쳐 장기기억으로 저장된다. 반복되는 유사한 기억들이 대뇌피질의 연합영역에 저장되면서 일화기억의 공통 요소가 형성되는 과정이 바로 지각의 범주화다. 대뇌피질에서 시냅스 망을 형성하여 피질에 변화를 만드는 기억은 주로 보상과 처벌에 관련된 기억이다.

시각의 경우 일차시각피질에서 하측두엽에 이르는 100밀리초 동안 형태와 색깔이 결합되어 범주화된 의식적 시지각 대상이 만들어져 내후각뇌피질로 유입된다. 청각과 체감각은 후대상회에서 대상다발로 입력되어 내후각뇌피질로 연결되며, 시각과 함께 관통로를 통하여 해마 회로로 입력된다. 각각 입력된 시각,

그림 8-12 해마의 입체 구조

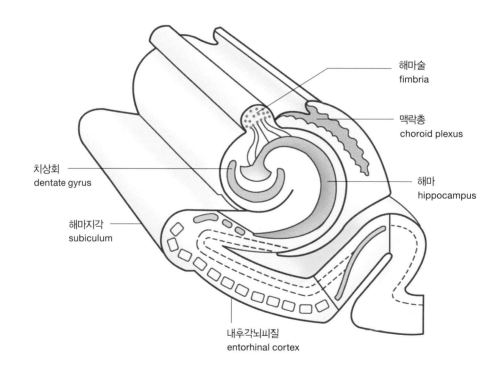

치상회
dentate gyrus

해마지각
subiculum

해마술
fimbria

맥락총
choroid plexus

해마
hippocampus

내후각뇌피질
entorhinal cortex

박문호 박사의 뇌과학 공부

청각, 체감각의 자극이 CA3의 재입력 회로를 통하면서 신속하게 연합하여 하나의 사물을 구성한다. 개별 사물들은 장소 정보와 결합한다. 일차시각피질에서 두정엽으로 진행하는 시각 정보가 해마방회를 거쳐서 내후각뇌피질로 입력되는 과정에서 장소에 대한 공간 지각이 생성된다. 사물의 대상 정보와 장소의 공간 정보가 결합하여 하나의 장면을 생성하는데, CA3의 재입력 회로에서 생성되는 장면은 아직 스냅사진이다. 스냅사진이 맥락에 맞게 연결되어 하나의 일화기억으로 만들어지는 과정은 해마 출력의 시간적 결합이 일어나는 CA1 영역에서 이루어진다. 일화기억이 생성되는 과정을 요약하면 다음과 같다.

**공간 장소 정보: 두정엽 시각처리→해마방회→내후각뇌피질**

**사물 대상 정보: 측두엽 시각처리→비주위피질→내후각뇌피질**

**내후각뇌피질→치상회→CA3→CA1**

**내후각뇌피질: 해마로 신경 자극이 입력되고 출력되는 중계소**

**치상회: 패턴 분리, 다양한 자극의 분명한 표상**

**CA3: 패턴 완성, 기억의 공고화**

**CA1: 패턴의 시간적 결합**

**해마 지각: 해마의 출력 영역**

## 특정한 장소가
## 특정한 행동을 촉발한다

보상-처벌과 무관한 자극들은 신피질의 기억 생성 과정까지 도달하기 어려우며,
반복된 자극은 피질 아래 뇌 영역인 대뇌 기저핵에서 습관적 반응을 일으킨다.
보상-처벌 신호는 배쪽피개영역→측좌핵→전전두엽피질의 신경로를 통하여 전
달된다. 대뇌 전두엽, 변연계, 뇌간은 서로 연결되어 동물의 강화학습reinforcement
learning에 의한 행동을 하게 한다. 해마의 공간 지각과 일화기억의 핵심은 보상-
처벌 신호다. 특정한 장소에서 먹이를 획득하거나 공격을 받았다면 그 장소를
기억하여 다시 그와 비슷한 장소를 만나면 신경펄스가 발생해서 동물은 접근하
지 않거나 회피 반응을 한다. 즉 장소에 대한 기억이 동물을 반응하도록 하는 것
이다. 인간도 마찬가지로 특정한 장소가 특정한 행동을 촉발한다. 장소에 따른
행동의 반복이 바로 인간 문화의 본질이다. 우리의 하루는 가정과 직장 그리고
이동하는 거리 등 몇 개의 장소가 순서대로 연결된 공간을 정해진 순서에 맞춰

그림 8-13 연합피질의 진화

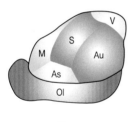
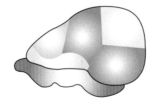

쥐 　　　　　　　　　　 나무두더지 　　　　　　　　　　 인간

| Ol | 후각 | olfactory | | Au | 청각 | auditory |
|----|------|-----------|--|----|------|----------|
| As | 연합 | association | | V | 시각 | visual |
| M | 운동 | motor | | S | 체감각 | somatosensory |

　　　　　　　　　　　　　　　　　　　　　　　　　　박문호 박사의 뇌과학 공부

일정 시간 점유한다. 시간이 경과하면서 머무르는 장소의 순서화된 연결이 동물과 인간 행동의 본질적 요소다. 파충류는 먹이를 찾아 장소를 이동하지 않지만, 포유동물은 밤낮으로 먹이를 찾아 나선다. 200만 년 전 인간의 대뇌신피질이 대략 두 배나 확장되면서 늘어난 감각연합피질 덕에 감각 정보가 측두엽 안쪽으로 유입되면서 장소-공간 지각이 발달하게 된다.

그림 8-14 해마의 신경 회로

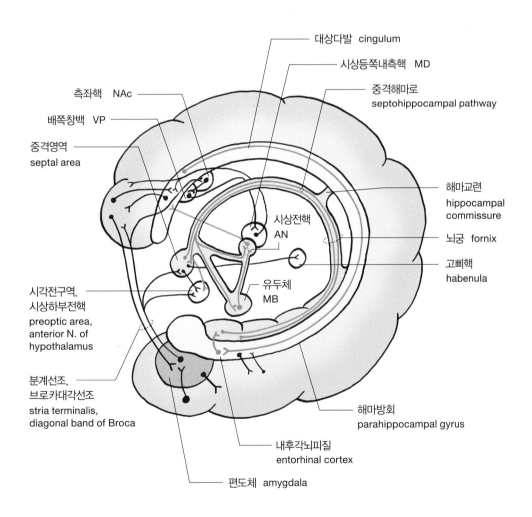

시상하부, 편도체, 대상회, 시상, 중격영역은 해마와 상호연결되어 기억과 감정 정보를 처리한다. 이 영역들을 대뇌 변연계limbic system라 하는데, 이들의 상호연결은 뇌과학자 제임스 파페츠James Papez가 연구해 파페츠회로라 한다. 파페츠회로는 해마, 유두체, 시상전핵, 대상회, 대상다발, 해마방회, 내후각뇌피질, 관통로, 해마로 연결되어 폐회로를 형성한다. 해마에서 형성된 일화기억이 이 회로와 연결된 전두엽과 편도체를 통하여 대뇌신피질로 전달된다. 중격영역에서 해마로 유입되는 신호는 중격해마로septohippocampal pathway를 통해 해마와 상호연결된다. 내측중격핵medial septal nucleus은 CA3와 CA1로 연결되어 해마로 세타파를 보낸다. 해마는 장소와 사건기억을 4~7헤르츠의 세타파 속에 30~90헤르츠의 감마파 형태로 전달한다. 그래서 기억의 기본 단위는 감마파의 순서화된 패턴 서열로 표상된다. 감각 자극이 감각연합피질에서 내후각뇌피질 영역으로 입력된다. 내후각뇌피질은 CA3로 신경 정보를 출력한다. CA3의 신경 출력의 일부가 다시 CA3로 재입력되는 회로가 바로 해마에서 기억이 형성되는 곳이다.

CA3 피라미드세포의 출력에 의한 또 다른 재입력 회로는 주변의 CA3 피라미드세포 수상돌기에서 억제성으로 시냅스하여 CA3로 입력되는 감각 자극을 순차로 억제할 수 있다. 이러한 순차적 입력 제어가 감마파로 측정되며 신경 정보가 1초에 20개 이상 순차적으로 연결된 전압파의 서열로 순차적 패턴을 구성한다. 그리고 내측중격핵에서 생성된 세타파가 해마의 CA3와 CA1로 입력된다. CA3 재입력 회로에서 생성된 감마파 전압펄스 패턴이 내측중격핵에서 생성되는 세타파로 전송된다. 그래서 감각신경자극이 한 파장의 세타파 속에 4~7개 정도 시간 순서로 배열되어 전달된다. CA3와 CA1의 피라미드세포는 내측 중격핵에서 세타파를 동시에 받아서 CA3의 위상 정보와 CA1의 위상 정보가 함께 세타파에 묶이게 된다. CA3 피라미드세포의 재입력 신호는 내후각뇌피질에서 CA3로 입력되는 신호와 상호작용해 신호 패턴 서열이 생성된다.

뇌과학자 리스만에 의하면, 억제되지 않는 소수의 피라미드세포가 대략 20밀리초 범위로 활성화된다. 이어서 계속되는 악기 연주처럼 구멍을 막고 여느 다른 조합으로 또 하나의 20밀리초 범위의 활성파가 생성된다. 이처럼 억제되지

그림 8-15 해마의 감마파와 세타파 생성 회로

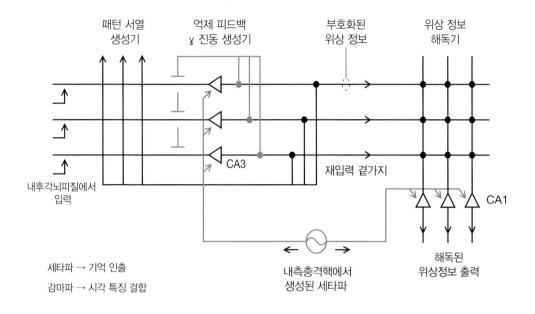

않아서 일정 기간 흥분 상태를 유지하는 피라미드세포 집단의 연속적 발생이 바로 30~90헤르츠 영역인 감마파의 생성이다. 생성된 감마파의 서열은 사건기억의 정보를 흥분파의 위상에 싣고 피라미드세포의 축삭을 통하여 CA1 피라미드세포 그룹의 수상돌기로 신경 흥분을 전달한다. CA1 피라미드세포의 출력은 해마지각과 내후각뇌피질 V층을 통하여 감각연합피질로 연결된다.

요약하면 내후각뇌피질에서 입력되는 감각 경험 신호는 과립세포에서 CA3의 피라미드세포로 입력되며 CA3의 피라미드세포의 출력은 재입력되어 감각 경험의 패턴 서열을 형성한다. 그리고 또 다른 재입력 억제 신호는 감마파를 생성하여 그 패턴 서열에 개별 경험 요소를 부호화한다. 이 과정은 트럼펫 연주자가 한 번의 날숨 동안 몇 개의 밸브를 열어서 한 개의 음을 형성하는 과정과 같다. 음에 정보가 실려 음조가 되듯이 CA3 피라미드세포의 출력이 패턴화된 서열에 감각 경험 정보의 형태로 담긴다. 이 정보는 CA1 피라미드세포에서 인출되는데 이 과

그림 8-16 해마 CA1 피라미드신경세포의 기억의 시간 통합

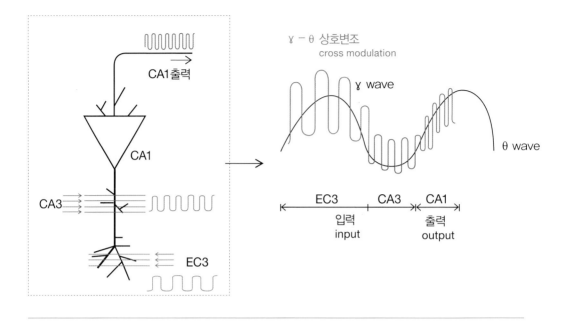

정의 핵심은 CA3과 CA1 피라미드세포들 사이를 동시에 활성화하는 동조 신호의 생성이다. 이 과정은 내측중격핵 신경세포들이 생성하는 세타파의 작용으로 이루어진다. 내측중격핵 신경세포의 축삭이 CA3와 CA1 피라미드세포와 시냅스하여 피라미드세포들을 동시에 자극하여 입력과 출력이 동기화된 신호 그룹을 형성한다. 트럼펫 연주가 계속되는 날숨을 연결하여 곡 하나를 완성하는 과정과 같다. 이 과정은 CA3에서 생성된 20밀리초의 대략 5~7개 감마파 서열이 한 덩어리 단위로 CA1으로 입력되며 CA1에서는 이러한 덩어리를 연속적으로 연결하여 대략 7~10헤르츠의 세타파에 실어서 출력하게 된다. 요약하면 다음과 같다.

**CA3 재입력 회로→신호 패턴 서열 형성**

**CA3 억제성 재입력 회로→감마파 생성 감각 경험 신호 인코딩**

CA1 회로→CA3의 축삭과 시냅스 감각 경험 신호 디코딩

내측 중격핵→CA3와 CA1에 신경출력 기억 인출 신호→세타파 생성

## 장소에 결합한 행동이
## 사건의 구성 단위다

시각은 전체 장면을 동시에 보여주지만 청각은 순차적으로 들린다. 사물과 사건은 빛의 속도로 망막에 도착하지만 뇌의 시각 처리 속도는 청각보다 느리다. 빛과 소리는 뇌 속에서는 모두 활동전위action potential의 서열 패턴으로 바뀐다. 후각, 촉각, 미각도 전압펄스다. 수십 밀리볼트의 단일 전압파가 1초에 수 회에서 1,000회 정도 반복되어 전압파의 서열을 만들어 신경세포 사이로 전달된다. 신경세포 집단들 사이에 전달되는 전압펄스가 엮어내는 현상을 기억, 감정, 의식이라고 언어로 구분할 뿐이다. 인지 작용은 뇌 속 전압펄스 서열에서 시작되는 작용이므로 개별 전압파의 순서가 사건기억의 순서가 된다. 해마에서 생성하는 일화기억은 사건을 순서대로 나열한 기억이다. '어떤 장소에서 무슨 사건'이 있었는가를 기억하는 능력은 동물의 생존과 직결된다.

현생인류는 20만 년 동안 수렵-채집 생활을 했다. 끊임없이 먹이를 찾아 이동하는 생활에서 먹을 수 있는 식물과 동물이 발견되는 시기와 장소는 생존에 관련된 정보였다. 최근의 뇌과학은 먹이 획득과 장소 정보가 상호연결되는 뇌 회로를 밝혀냈다. 동물이 먹이를 찾는 욕구를 자극하는 뇌 회로는 뇌간의 도파민 분비 신경세포핵인 배쪽피개영역의 투사섬유가 전전두엽과 연결된 회로다. 배쪽피개영역과 전전두엽의 신경세포가 4헤르츠의 속도로 동기화된 활성파를 생성하여 먹이에 대한 욕구와 행동을 만든다. 이 두 영역의 신경세포 집단에 해마의 CA1 피라미드세포가 동기적으로 결합되어 해마에서 기억된 먹이 발견 장소 정보가 결합한다. 배쪽피개영역의 도파민 분비 신경세포는 전전두엽의 세포에 도파민을 분비하여 동물이 먹이를 찾아나설 욕구를 생성하고, 해마에서는 먹이가 발견되는 장소에 대한 기억을 제공한다. 먹이가 발견되는 장소가 여러 곳에 분산되어 있으므로 동물은 이동 방향과 장소와 먹이 정보를 순차적으로 연결하여 행동의 순서를 결정한다.

농경 정착생활로 문화를 이룬 현대 인류에게도 뇌 작동의 기본 메커니즘은 먹

그림 8–17 장소와 보상 정보 기억에 관한 전전두엽–배쪽피개영역–CA1 신경연결

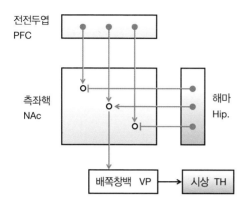

해마 입력 → 측좌핵 뉴런    아래에서 위로 전환

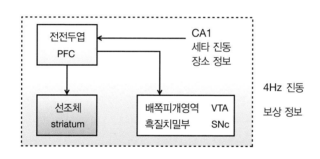

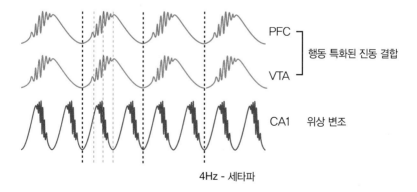

이와 장소에 대한 정보에 집중되어 있으며, 따라서 사건과 사물을 장소와 결합하여 기억한다. 우리의 하루는 장소를 이동하면서 각각의 장소에 적절한 행동의 연속으로 이루어진다. '장소에 결합한 행동'이 사건의 구성 단위다. 그래서 역사적 사건이든 생물학적 현상이든, 발생되어 전개되는 대부분의 현상을 시간 순으로 나열하면 그 사건의 인과관계가 드러난다. 원인이 결과에 앞서 존재하므로 사건을 시간 순서로 배열하면 사건의 전개 과정이 밝혀져서 사건의 맥락이 드러나며, 사건의 맥락은 인과관계로 개념화된다. 순서화된 기억 요소들이 서로 연계되어 한 사건을 표상하고, 각각의 사건은 다른 사건과 구별되면서 단일한 내용으로 경계가 분명한 모듈적 속성을 갖게 된다.

편도체는 해마와 상호연결되어 자극에 대한 좋고 싫음의 정서적 평가를 해마로 전달한다. 편도체에서 전전두엽으로 연결된 신경로에서 곁가지가 측좌핵으로 연결되며 측좌핵에서 배쪽창백핵을 통해 시상 등쪽내측핵으로 입력된다. 시상 등쪽내측핵은 다시 전전두엽으로 연결되어 전전두엽의 목적지향성 정보를 해마의 장소 정보와 연결시킨다. 측좌핵은 중독 현상의 중요한 신경중추이며, 배쪽피개영역, 측좌핵, 전전두엽의 신경연결→측좌핵→전전두엽을 통해 보상을 추구하는 도파민성 신경로의 중계소 역할을 한다. 이러한 측좌핵이 해마에서 생성되는 새로운 기억에 연결되어 도파민성 신경자극을 통해 두려움을 극복하고 새로운 자극을 추구하게 한다. 전전두엽과 배쪽피개영역은 4헤르츠의 주파로 결합되어, 보상의 쾌감을 따라 행동하게 만든다. 그리고 이 두 영역이 장소 정보를 전달하는 CA1의 출력과 결합되어 동물이 먹이를 찾았거나 위협을 당한 장소에 대한 정보와 보상 추구 회로가 연결된다. 결국 동물과 인간에게선 장소가 행동을 유발한다.

## 신경세포의 발화 순서로
## 해마는 공간 거리를 표상한다

노벨상을 수상한 조지 오키프는 30년 전에 쥐의 해마에서 장소에 민감한 세포인 장소세포place cell를 발견했다. 쥐가 직선으로 나열된 ABCDEF 구역을 달려간다고 생각해보자. 오키프는 G 영역에서 전기 고문을 주었는데, G구역에서 쥐의 신경 발화의 장소 범위는 세타파에 걸쳐 있고, 각 세타파는 일곱 개 감마파를 포함한다. 쥐가 A구역을 통과할 때 세타파 속에 배열된 맨 마지막 일곱 번째에 감마파가 발화한다. 쥐가 B구역을 통과할 때 세타파 속에 배열된 맨 마지막 여섯 번째 감마파가 발화한다. 이처럼 쥐가 각 구역을 통과할 때마다 발화하는 감마파는 한 감마파씩 앞쪽으로 이동한다. 이 현상을 위상전향전파phase precession라 하는데, 이는 특정 장소세포의 발화가 매 세타파에서 한 감마파만큼 점점 일찍 시작되는 현상이다. 따라서 각 세타파 속에서 발화하는 감마파의 순서를 안다면, 쥐가 G구역에서 얼마나 떨어진 곳을 통과하는지 예측할 수 있다.

그림 8-18 세타파 사이클 속의 감마파

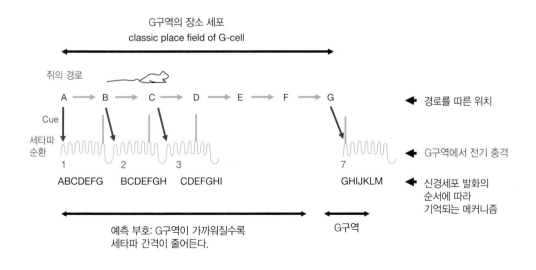

일곱 번째 감마파에서 앞선 모든 발화는 G구역에 대한 기억 인출 단서로 작용한다. 발화하는 감마파들은 세타파의 파장 속에서 결합되어 전압펄스의 순차적 패턴을 형성한다. 쥐가 반복해서 학습한 공간 지각은 각 장소와 장소 사이의 거리가 신경세포 발화의 시간 순서로 기억된다. 즉 공간 거리가 시간 순차로 변환되는 것이다. 신경세포의 발화 순서에 따라 해마는 공간 거리를 표상한다.

생물 진화의 주역은 세포 자신이다. 망막의 세포는 빛을 신경 흥분으로 포착하고, 달팽이관 속의 유모세포는 공기 압력 변화를 소리로 변환시킨다. 세포는 필요하면 무엇이든 할 수 있다. 세포가 환경에 적응적으로 생존하는 현상을 생명의 진화라 한다. 포유동물은 중생대 1억 년 동안 야행성으로 적응했다. 공룡에 쫓겨 밤이라는 새로운 생태 환경에 적응했다. 포유동물의 선조는 중생대 대부분 쥐만 한 크기였고, 밤의 어두운 환경에서 움직이려면 방향 감각과 거리 감각이 중요했다. 쥐의 해마에서 장소세포와 격자세포 그리고 머리방향세포의 존재는 진화의 놀라운 선물이다. 어둠 속에서 예민해진 청각에 의지해 주위를 살피면서 조심스럽게 방향을 정하고 구석에 숨은 곤충을 잡아먹으면서 생존했던 우리 선조들의 이야기가 쥐의 해마 속 공간 지각을 처리하는 격자세포, 머리방향세포, 장소세포 속에 새겨져 있다. 아직도 우리는 바삭바삭한 튀긴 음식을 좋아한다. 눅눅해진 감자칩은 아무도 좋아하지 않는다. '바삭하다'는 느낌은 맛이 아닌데 우리는 왜 그렇게도 바삭한 튀김을 좋아할까? 진화생물학자의 가설에 의하면 중생대 1억 년의 긴 세월 동안 우리 선조 포유동물의 주식은 바로 곤충이었고, 그 곤충의 키틴질 외피를 씹었던 턱 근육의 움직임이 포유동물의 진화적 기억에 새겨져 있기 때문이다. 장소에 민감한 세포가 모인 곳이 바로 쥐의 해마다. 해마의 공간 지각 관련 세포를 요약하면 다음과 같다.

**내측내후각뇌피질→격자세포**

**해마지각→머리방향세포**

**해마 피라미드세포→장소세포**

## 뇌는 공간에서의 움직임의 방향과
## 거리에 대한 내부 감각을 생성한다

측두엽으로 유입되는 시각 정보는 형태와 색깔을 결합하여 개별 대상을 표상한다. 반면에 두정엽으로 입력되는 시각은 움직임을 유도하는 공간 지각을 생성한다. 우리는 공간에 대한 표현을 할 때 손으로 무의식적으로 공간을 가리킨다. 공간 감각과 사물 지각을 생성하는 시각의 두 흐름은 해마방회와 비주위피질로 전달되어 내후각뇌피질로 모인다. 내측내후각뇌피질은 해마방회와 연결되어 공간 정보를, 외측내후각뇌피질은 비주위피질과 연결되어 사물 정보를 각각 해마 CA3 영역으로 전달한다. 쥐의 경우는 외측 유두체핵에서 시작된 머리 방향에 대한 정보가 시상의 앞쪽등쪽핵의 중계로 뒤쪽해마지각_postsubiculum_으로 입력된다.

쥐의 뒤쪽해마지각은 머리 방향 정보와 먼 곳의 주요 장소 방향 정보를 내측내후각뇌피질로 전달한다. 쥐의 내측내후각뇌피질에서 격자세포가 발견되었다. 놀랍게도 이 신경세포들은 주요 장소가 없는 임의의 공간에서 자유롭게 움직일 때 신경 발화의 최고점을 연결하면서 삼각형의 패턴을 형성한다. 공간의 방향과 거리에 대한 뇌 자체의 지도가 존재한다는 증거다. 쥐가 일정한 방향으로 일정 거리를 이동하면, 내측내후각뇌피질 영역의 신경세포 집단은 특정한 패턴으로 신경발화를 한다. 쥐의 전정기관과 자체 거리 측정기로 외부 좌표와 무관하게 뇌 자체가 생성한 내부 좌표계를 구현하여 방향과 거리에 대한 내부 감각을 생성하는 것이다.

동물의 뇌 속에 생체시계 역할을 하는 시교차상핵이 존재하듯이 방향과 거리에 대한 내부 좌표계인 격자세포의 작용으로 해마 CA3 영역에서는 공간 감각과 사물 지각이 결합하여 동물이 행동하는 생태 공간이 생겨난다. 그래서 동물은 생존 공간에서 환경 조건에 결합된 맥락적 행동을 하며, CA3 피라미드세포의 재입력 회로는 생존 환경에서 동물이 경험한 사건 기억을 만든다. CA1에서는 CA3에서 CA1으로 입력된 기억 정보와 현재 입력되는 내측내후각뇌피질과 외측내후각뇌피질의 입력 정보를 비교하는데, 현재 입력되는 감각 정보가 새로운 내용

그림 8-19 장소와 사물 정보의 결합

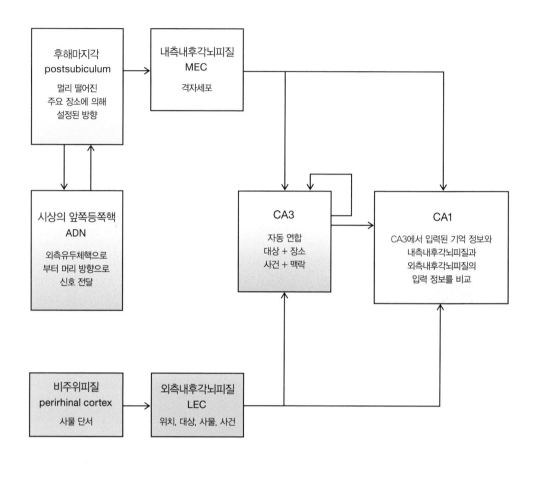

이면 배쪽피개영역-해마 신경로를 통해 도파민을 분비하게 되어 새로운 자극에 주의를 집중하게 된다.

동물이 현재의 위치를 감지하기 위한 경로적분방식path integral은 머리방향세포 와 격자세포가 장소세포와 상호작용하는 과정이다. 외부 자극은 근접 단서와 원 거리 주요 장소 단서가 머리방향세포로 입력된다. 쥐의 경우 머리방향세포는 내 측내후각뇌피질과 해마부지각 영역에 존재하며 격자세포로 정보를 보낸다. 사

박문호 박사의 뇌과학 공부

물의 경계에 민감한 경계세포boundary cell는 머리방향세포에서 받은 입력을 격자
세포로 출력한다. 따라서 격자세포는 사물의 윤곽과 사물까지의 거리와 방향에
대한 정보를 바탕으로 규칙적 패턴으로 신경을 발화한다. 육각형 형태의 신경
흥분 패턴은 거리와 방향에 민감한 공간 지각 지도가 쥐의 내측내후각뇌피질 영
역의 신경세포에 새겨져 있음을 나타낸다. 인간 뇌의 시교차상핵이 외부 환경에
독립적으로 작동하는 생체시계로 작동하듯이, 해마에는 공간의 방향을 지각하

그림 8-20 시각의 등쪽회로와 배쪽회로

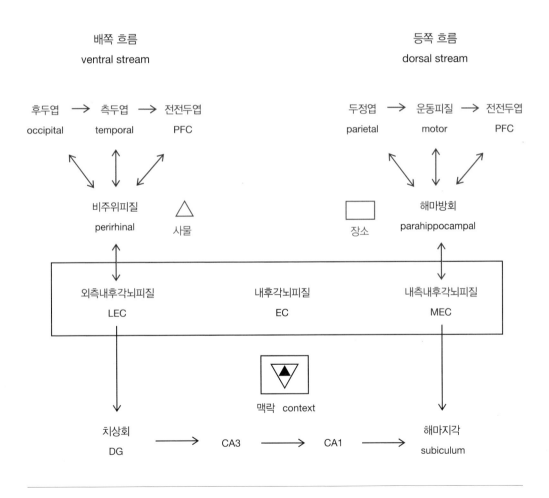

는 나침반이 내부 자극으로 작동한다. 격자세포는 장소세포와 상호연결되며, 해마 전 영역의 세포는 대부분 장소에 민감한 장소세포다. 따라서 장소세포는 패턴 분리와 패턴 완성 기능을 수행하여 장소에 대한 순차적 정보를 기억으로 만든다. CA3의 장소세포는 신속한 다중모드감각입력을 연합하여 장소 지각과 개별 사물 지각을 결합하여 하나의 장면을 구성하고, 개별 사건들을 순차적으로 연결하여 사건의 맥락을 구성한다.

해마 회로에서 구성된 장면과 맥락 정보는 다시 격자세포로 입력된다. 후두엽 일차시각피질에서 출발하는 시각로는 두정엽으로 향하는, 장소와 움직임에 민감한 시각 정보 처리 경로 그리고 형태와 색깔의 개별 사물 지각을 처리하는 측두엽으로 가는 시각 경로가 있다. 두정엽의 시각 경로는 해마방회로 모이고 해마에서 공간 지각을 형성한다. 측두엽의 시각로는 개별 사물의 형태 감각을 비주위피질로 전달하고 해마에서 개별 사물 지각으로 발전시킨다. 기억된 개별 사물 기억은 장소세포로 입력되어 기억 인출의 단서로 작용한다. 인간의 경우 대뇌 감각피질의 반 이상이 시각을 30개 이상의 다양한 단계별 모듈로 처리한다. 즉 시각의 처리 과정은 병렬적 재구성 과정이며, 측두엽과 두정엽의 시각신경로에서 형태와 움직임을 지각한다. 두정엽의 시각로는 해마방회를 통하여 해마로 유입되어 장소 공간 지각의 바탕이 되며, 측두엽 시각로의 형태 감각은 비주위피질을 통해 해마로 유입되어 사건과 사물기억의 바탕이 된다. 해마에 모인 공간과 개별 사물 지각은 치상회 과립세포의 패턴 분리 과정을 거쳐 CA3로 입력되어 새로운 기억으로 형성된다.

따라서 CA3에서는 시각, 청각, 체감각의 다중감각들이 신속히 결합하여 공간 속의 개별 사물로 인식되는 시각적 장면 기억이 생성된다. CA3의 출력을 받는 CA1에서는 개별 장면들이 시간적으로 통합되어 장면의 연속, 즉 하나의 맥락을 갖는 사건으로 구성된다. 이때 공간 정보와 개별 사물 정보가 맥락적으로 결합하여 사건을 묘사하는 일화기억이 생성된다. 따라서 일화기억은 본질적으로 시간과 공간 정보가 결합된 기억이며, 또한 시간과 개별 사물이 해마로 입력되는 세타파의 파장 속에 감마파 형태로 기억 요소가 순서로 나열되므로 개별 기억 요소가 바로 기억 인출 단위가 된다. 일화기억이 이야기 형태인 이유는 바로 일화기억이 시간상 순차적으로 진행되는 우리의 일상생활에 대한 기억이기 때문이다. 이처럼 순차적으로 연결된 기억 인출 요소를 연결된 단서chained cue라 한다.

## 운동계획 단계와 운동출력 단계의 분리로
## 인간 행동은 더 많은 계산이 가능해졌다

대뇌신피질은 3억 년 전 파충류에서 출현했으며 어류와 양서류에서는 거의 존재하지 않는다. 포유류의 대뇌신피질은 대뇌 후반부의 감각피질과 전반부의 운동피질 모두 뚜렷한 여섯 개의 층으로 이루어져 있는데, 소뇌와 해마는 세 개 층으로 구분되어 있다. 해마에서 옮겨진 장기기억들은 연합피질에 저장되며, 측두엽은 시각 기억, 두정엽은 도구 사용 관련 운동 순서 기억, 브로카영역은 발음 순서의 운동기억이 저장된다. 이러한 감각과 운동연합피질에서 저장된 기억이 바로 신경세포가 만드는 전압펄스의 순차적 발생인 '패턴 서열'이다. 신피질에 저장된 신경펄스의 순서화된 흥분파의 기원은 해마 CA1 피라미드세포에서 출력된 감마파열이 실린 세타파다. 즉 신피질은 순서화된 감마파의 패턴 서열을 저장한다. 감마파의 패턴 서열을 구성하는 개별 전압파는 피라미드세포와 중간뉴런의 흥분과 억제의 상반된 상호 시냅스 연결 회로에서 생성된다. 따라서 대뇌신피질 기억의 특징은 패턴 서열을 불변 표상으로 저장한다는 것인데, 패턴 서열은 계층 구조에 저장되는 자동 연상 회상이다.

뇌의 전압파가 1초에 30~90회 정도 발생하면 감마파로 분류되는데, 이는 대뇌 시각피질에서 시각적 자극을 결합할 때 생성된다. 감마파는 해마와 대뇌신피질에서 생긴다. 해마에서 생성되는 일화기억은 감마파의 순서화된 펄스열이 세타파의 파장 속에 실릴 때 전달된다. 따라서 기억은 세타파 단위로 회상되며, 회상된 기억의 세부 내용인 기억 요소가 감마파의 순서화된 전압파로 인출된다. 어제 저녁 강연 모임을 회상한다면 우선 '강연회가 있었구나' 하는 사건기억이 떠오르고, 그 후 강연회의 세부사항들이 순서대로 기억된다. 신피질은 순서화된 패턴 서열로 기억을 저장하기 때문에 인간 기억의 본질은 순서기억이다. '바람'을 거꾸로 읽으라 하면 쉽게 '람바'가 되지만 '맑은 가을 하늘'이란 구절을 거꾸로 발음하기는 힘들다. 겨우 여섯 글자를 거꾸로 회상하기는 힘들지만, 순서대로 된 글자 나열인 노래 가사는 길어도 쉽게 기억해낼 수 있다. 이는 인간이 말하는

박문호 박사의 뇌과학 공부

모든 이야기는 순서화된 발음의 나열이기 때문이다. 우리는 단지 익숙한 순서로 발음하거나 행동한다. 발음이나 행동의 순서를 거꾸로 하기란 무척 어렵다. 그리고 순서 없이 말하거나 행동하기는 본질적으로 불가능하다. 정상적인 인간은 순서 없이 행동할 수 없다. 순서가 사라진 행동, 즉 목적 없는 행동은 조현병의 증상이다.

　기억은 전압펄스 패턴의 서열로 저장되며, 기억이 운동을 선택하게 하여 행동하게 한다. 따라서 우리의 행동도 순서화를 벗어날 수 없다. 순서화된 운동출력은 목적을 가진 행동이 되며, 전두엽 운동피질에서 기억된 운동 패턴 서열을 결합하여 운동계획을 세운다. 일차운동피질에서 신경 흥분이 발화하면 소뇌와 척수가 협연하여 운동을 출력한다. 일단 척수로 내려간 운동 명령은 곧 손과 발의 움직임으로 표출되어 수정할 수 없다. 그래서 말실수처럼 운동출력은 일단 나오면 돌이키기 어렵다. 그래서 인간의 운동피질에서는 운동 명령이 출력되기 전에 운동을 단지 계획하는 단계가 발달하게 된다. 운동계획은 여러 가지 경쟁하는 관심 사항에서 선택을 하고, 선택된 운동의 순차적 순서를 조직한다.

　운동계획 단계와 운동출력 단계의 분리 덕에 인간 행동은 더 많은 계산이 가능해졌고, 보상을 지연하여 더 큰 성과를 얻는 목적지향적 행동이 발달하게 되었다. 아무리 피곤하여도 아파트 비밀번호를 순서대로 누를 수 있다. 비밀번호를 기억하지는 못하지만 아파트 문 앞에 서면 비밀번호가 무의식적으로 정확하게 눌러진다. 왜냐하면 숫자 자체를 기억한다기보다는 첫 숫자를 누르는 동작이 다음 숫자를 누르는 동작을 순서에 맞게 불러오기 때문이다. 비밀번호를 기억한 것이 아니라 비밀번호를 누르는 손가락의 근육 운동 순서가 기억되었기에, 언제든 순서화된 손가락 운동으로 문을 열 수 있다. 번호판을 보는 순간 첫 번째 숫자만 기억에서 불러지고, 나머지 숫자들은 운동신경의 순차적 발화로 손가락 근육이 정확히 순서대로 누른다. 이처럼 우리의 기억은 손가락 운동, 발음 운동, 그리고 목적지향 운동 모두 순서화된 운동 패턴 서열로 구성된다. 결국 생각도 표출되지 않는 순서화된 운동일 뿐이다. 운동출력 단계에서 분리된 뇌 속의 운동 예행 연습 단계가 의식화되면, 우리는 '생각'한다고 느낀다. 기억이 숫자든 문자든 순서로 기억되는 현상은 인간 뇌 작용을 해명하는 첫 번째 열쇠다.

　신피질은 불변 표상으로 기억을 저장한다. 불변 표상은 시간과 장소에 따라 변화하지 않는 통용 가능한 표상이다. '사과'라는 단어는 한글을 사용하는 어느 곳에서든 통용된다. 언어는 공간과 시간의 변화에서 변하지 않은 불변의 표상이다. 대뇌 감각연합피질에서는 누적되는 경험에서 공통 요소가 추출되어 범주화된 형태의 표상이 되는데, 불변 표상이란 범주화된 표상과 같은 의미다. 개별 사물과 사건이 지각의 항등성을 통해 불변 표상이 되었고, 나아가 추상적 상황에 대한 개념적 범주화가 전두엽, 두정엽, 측두엽에서 진행되면서 인간은 개념을 형성할 수 있는 동물이 되었다. 지각의 범주화와 개념의 범주화가 활발해지면서 이 모두를 소통 가능한 발성으로 부호화하여 언어가 출현한 것이다.

　인간 언어는 모두 불변 표상이기에 시간과 장소에 무관하게 소통의 수단이 되었다. 어제의 일을 언어를 사용하지 않고 타인에게 전달하기란 무척 어렵다. 제스처를 사용할 수 있지만 몸짓도 일종의 언어. 그림을 그려 표현하면 가능하지만 그림의 기원이 '고정시킨 제스처'라는 주장이 있다. 결국 인간은 언어라는 불변 표상으로 기억을 범주화하였기에 시간을 초월하여 자신의 경험을 타인에게 전파할 수 있게 되었다. 언어는 불변 표상으로 단위성을 확보하였기에 문장 구성으로 확장되고 무한한 조작성도 갖게 되었다. 인간의 기억 용량은 언어를 매개로 폭발적으로 증가하였다. 사물과 사건을 단어라는 단위성과 조작성을 가진 불변 표상으로 나타내면서 인간은 시간과 공간의 제약에서 벗어나 상호 교환 가능한 문화를 출현시켰다. 문화의 전파는 언어의 교환 가능성과 조작성에서 출발한다. 불변 표상 형태의 언어가 인간 현상을 이해하는 두 번째 열쇠다.

## 인간의 기억은 내용이 곧 주소가 되는
## 내용 주소 방식의 기억이다

인간의 기억은 반도체 메모리의 기억과는 저장 방식이 다르다. 반도체 메모리는 주소 라인과 출력 라인이 교차하는 지점에 기억이 저장된다. 그래서 반도체 칩에 저장된 기억 정보는 주소가 입력선에 입력되면 그 주소 번지에 저장된 기억이 출력선을 통해 인출되는 '주소 지정 방식'이다. 반면에 인간 뇌는 내용이 곧 주소가 되는 '내용 주소 방식'으로 기억을 한다. 새로운 기억이 처리되는 과정에 유사한 기존 기억 흔적을 자극하여 새로운 기억을 유사한 이전의 기억과 결합하여 저장한다. 이미 형성된 일반화된 의미기억을 그대로 이용하여 새로운 추가 부분만 첨가하는 방식으로 기억은 점차 확장되고 공고해진다. 이처럼 유사한 기존 기억이 새로운 기억 저장의 주소가 되는 기억 저장 방식이 내용 주소 방식이다. 대부분의 인간 기억은 기존의 익숙한 내용에 약간의 새로운 내용이 추가된 형태다. 내용 주소 방식은 이미 기억된 익숙한 기억 요소가 새로운 기억을 이끌어 자신의 회로에 추가하는 방식이다. 새로운 기억을 C라고 하면 C=A+B로 구성되는데, A는 이전에 대뇌피질에 저장된 기억이며 새로운 기억의 주소로 동작한다. B는 이전에 경험하지 않은 새로운 기억이다. 따라서 기존 기억에서 새로이 추가되는 기억 요소는 B이고, B가 저장될 주소는 A가 된다. 기억을 인출할 때는 두 기억이 이미 결합되어 있으므로 A와 B가 각각 완전한 기억을 회상하게 하는 단서가 되어 C라는 전체 기억이 회상된다. 이처럼 새로운 기억이 저장될 때는 유사한 기억 부근에 저장되므로 기억은 유사한 의미를 중심으로 상호연결된 구조로 저장된다.

기억이 연결되어 그룹을 형성하는 방식은 스크립트, MOP, TOP로 단계적으로 구분된다. 스크립트는 특정한 일을 처리하기 위해 순서화된 세부 기억 요소의 모음이다. MOP는 기억조직패킷memory organized packet의 약자인데, 하나의 목적을 달성하기 위한 일련의 행동 순서에 관한 기억을 말한다. TOP는 주제조직패킷thematic organized packet의 약자로 공동 주제별로 분류된 기억을 말한다. 이처럼 신피질 기억은 순서화된 세부 요소, 목적, 주제별로 그룹화되어 기억된다. 그래서 단편적 기억 인출 단서가 제시되면 연속된 전체 기억이 회상되어 자동 연상 회상이 일어난다. 추상적 이미지가 연속해서 인출되는 자동 연상 회상은 인출 단서가 외부 자극과 내부 점화로 될 수 있다. 특히 내부에서 기억 인출 요소가 자발적이고 무의식적으로 일어나는 과정이 상상에서 흔히 일어난다. 신피질의 기억이 무작위로 저장되지 않고 유사한 기억들이 광범위하게 상호연결되어 있기에 인간의 기억 인출은 무의식적 단편 요소로도 인출된다. 이러한 다양한 기억 인출 과정인 자동 연상 회상이 바로 인간 현상을 이해하는 세 번째 열쇠다.

해마의 입출력 영역인 내후각뇌피질은 대뇌신피질, 해마방회, 비주위피질, 편도체와 연결되며, 해마지각을 통해 피질아래영역으로 출력을 내보낸다. 해마치상회에는 솔기핵과 청반에 의해 생성된 억제성 시냅스가 형성되며, 내측중격핵

그림 8-21 해마와 연결된 신경회로

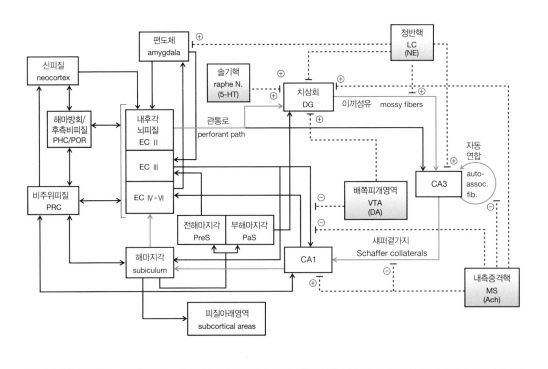

박문호 박사의 뇌과학 공부

의 아세틸콜린성 시냅스가 치상회, CA3, CA1 영역에 억제성으로 작용한다. 내후각뇌피질의 Ⅱ층에서 관통로를 형성하는 신경축삭다발이 치상회와 CA3 영역으로 출력하며, 치상회의 과립세포 축삭다발인 이끼섬유가 CA3로 연결된다. CA3에서 CA1으로 연결은 섀퍼곁가지이며, 해마의 핵심 신경회로는 치상회→CA3→CA1이다.

해마의 역할을 알려면 해마와 연결된 다른 뇌 영역을 통합적으로 살펴보아야 한다. 전전두엽과 전대상회는 해마의 입출력 중계소 역할을 하는 내후각뇌피질을 통해 해마와 연결된다. 그리고 중격핵과 유두체는 해마의 입출력 신경다발인 뇌궁을 통해 상호연결되며 유두시상로를 통해 유두체와 시상전핵이 연결된다. 감각입력은 시상의 중계로 편도체로 연결되고, 편도체에서 분계선조를 통해 중격, 시상하부, 뇌간으로 전달되어 감정이 반영된 행동을 한다. 정서적 감각 정보는 해마에서 시상 등쪽내측핵을 통해 대상회와 전전두엽으로 전달되고, 전전두엽에서 처리된 감정 정보는 다시 전대상회와 측좌핵을 거쳐 등쪽내측핵으로 연결되는 정서적 피질-시상-선조 신경회로를 형성한다. 또한 측좌핵은 전뇌기저부의 마이네르트 기저핵을 자극하여 아세틸콜린 분비에 의한 대뇌피질 각성을 유도한다. 시상하부가 뇌하수체 전엽을 자극하여 신경호르몬 분비를 통한 본능적 공포 반응과 회피 반응을 촉발한다.

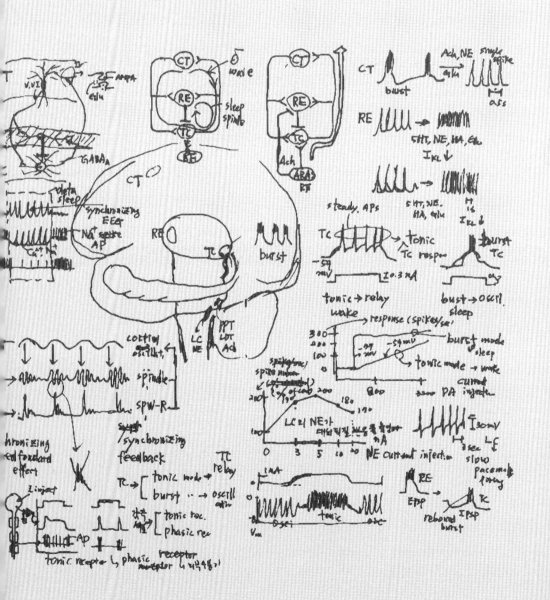

# 기억과
# 꿈

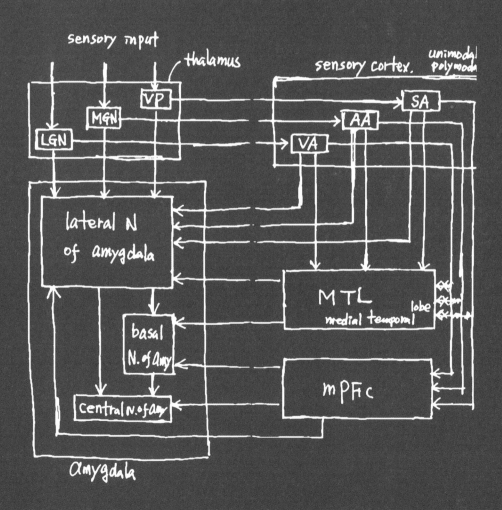

## 뇌는 스스로 상태 조절의 문을
## 열고 닫는다

뇌는 스스로 문을 열고 닫는다. 뇌의 상태는 신경세포가 분비하는 화학물질의
종류에 따라 바뀐다. 뇌는 낮에는 각성 상태, 밤에는 수면 상태로 작동한다. 신생
아는 하루 동안 자동 스위치처럼 각성 상태와 수면 상태를 오가며, 자라면서는
낮과 밤의 주기에 따라 수면 시간이 밤에만 몰리게 된다. 수면 상태도 비렘수면
과 렘수면의 두 가지 상태로 구분된다. 비렘수면은 렘수면이 아닌 수면 상태란
의미다.

하루 동안 뇌는 각성, 비렘수면, 렘수면의 세 가지 상태를 순환한다. 각성 상태
가 비활성화되면 뇌가 휴식하는 비렘수면 상태가 된다. 비렘수면의 3단계와 4단
계는 주로 저주파의 높은 전압파인 델타파가 많이 나와서 서파수면이라 한다.
깊은 잠에 빠진 상태인 서파수면에서 다시 점차 잠이 얕아지면서 렘수면 단계로
전환한다.

그림 9-1 나이에 따른 렘수면과 비렘수면 시간의 변화

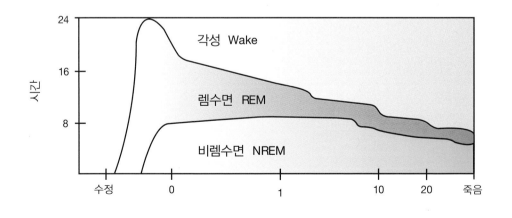

박문호 박사의 뇌과학 공부

렘수면을 켜는 스위치인 렘온REM-ON 세포는 대뇌각교뇌피개핵pedunculopontine tegmental nucleus과 등쪽외측피개핵lateral dorsal tegmentum nucleus에서 아세틸콜린을 생성하는 세포이며, 렘오프REM-OFF세포는 청반핵에서 노르에피네피린을 생성하는 세포들이다. 렘오프세포의 활성이 줄어들어 노르에피네피린 분비가 중단되어야 렘수면 꿈이 만들어진다. 청반핵의 노르에피네피린 생성 세포의 발화가 중단되면, 뇌는 렘수면 상태로 진입한다. 렘수면시 활성화되는 대뇌각교뇌피개핵과 등쪽외측피개핵 세포에 의해 생성되는 아세틸콜린은 기억의 연상 작용을 활발하

그림 9-2 각성 상태의 신경연결

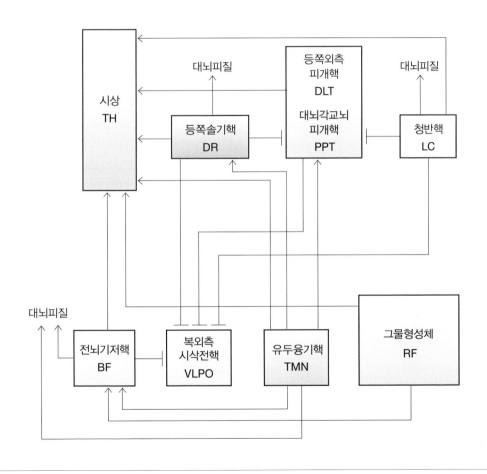

그림 9-3 서파수면 상태의 신경연결

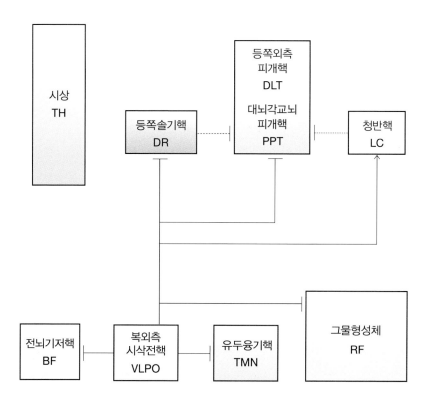

게 하는 물질이다. 그리고 노르에피네피린은 주의집중을 유도한다. 청반핵에서 노르에피네피린 방출 세포는 렘수면시 거의 활동하지 않아 렘수면 꿈에서는 주의집중 상태가 사라진다. 렘수면과 비렘수면은 완전히 구별되는 다른 뇌 상태다. 그래서 수면의 뇌과학은 렘수면과 비렘수면의 구별에서부터 시작한다. 렘수면과 비렘수면은 아주 다른 뇌의 상태다.

수면과 각성 상태의 전환은 각성 중추인 청반핵, 솔기핵, 유두융기핵과 수면 중추인 복외측시삭전핵 사이의 억제와 활성에서 생긴다. 각성 상태에서는 전뇌기저핵과 그물형성체가 시상을 자극하고, 청반핵과 솔기핵이 복내측시삭전핵을

그림 9-4 렘수면 상태의 신경연결

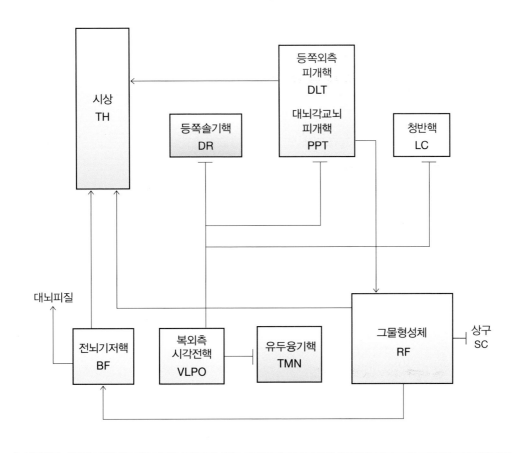

억제한다. 아세틸콜린을 분비하는 대뇌각교뇌피개핵과 등쪽외측피개핵은 각성 시 솔기핵과 청반핵에 의해 어느 정도 억제되며, 렘수면에서는 이 억제가 해제되어 아세틸콜린 분비가 촉진된다. 비렘수면에서는 수면 중추인 복내측시삭전핵이 청반핵, 솔기핵을 억제하여 대뇌피질의 활성도가 낮아진다.

뇌의 상태는 비렘수면 상태에서 활성도가 증가하면 렘수면 상태로 전환되고, 렘수면 상태에서 외부 자극을 처리할 수 있을 만큼 활성도가 더 높아지면 각성 상태가 된다. 각성 상태에서 뇌가 정보를 처리하느라 신경세포에 피로물질이 축적되면 뇌는 스스로 활동을 줄이는 상태인 비렘수면 상태로 바뀌면서 외부 자극을 차단한다. 이처럼 비렘수면→렘수면→각성→비렘수면 상태로 전환하는 것을 뇌는 스스로 결정한다. 즉 뇌는 스스로 문을 열고 닫는다.

꿈을 주로 꾸는 수면은 서파수면의 입면 시기와 렘수면이다. 꿈은 렘수면시에 80퍼센트, 비렘수면인 서파수면시에 20퍼센트 발생한다. 렘수면 때는 외부 시각 입력은 원래 존재하지 않는데, 그럼에도 시각 이미지가 생생하게 전개되는 이유는 연합시각피질에 저장된 시각 기억을 인출하기 때문이다. 렘수면 때 꾸는 꿈은 놀라움과 매 순간 바뀌는 움직임으로 가득한 내용이며, 서파수면 때 꾸는 꿈은 시각 장면의 반복이 흔하며 이야기로 엮이지 않는다. 낮 동안에는 관심의 대상에 주의를 집중하면서 정신 활동이 진행된다. 반면에 렘수면 때 꾸는 꿈에서는 등장하는 장면에 따라 주의가 분산된다. 변화하는 꿈 내용에 따라 주의가 분산되지만 아세틸콜린의 작용으로 꿈에 등장하는 기억 단편들이 신속히 연결되면서 꿈의 짧은 이야기가 만들어진다. 꿈 이야기의 소재에 제한이 없는 이유는 렘수면 꿈에서 해마와 신피질의 연결이 약화된 상태에서 기억이 제한 없이 연결되기 때문이다. 이전 기억들의 흔적을 지니고 있는 해마는 신피질과 연결됨으로써 각성시에는 작업기억 영역인 배외측전두엽에 기억 저장 장소에 대한 정보를 전달해주는 지시 기능을 한다. 그런데 렘수면 꿈에서는 이러한 연결이 단절되어 사건기억 저장 주소를 알려줄 수 없다.

박문호 박사의 뇌과학 공부

## 렘수면 꿈에서는
## 생생한 정서의 시각적 상영이 빈틈없이 진행된다

낮 동안에도 주의가 산만해지면 상상과 공상이 제한 없이 펼쳐진다. 각성시 주의력 분산은 일시적이지만, 꿈에서는 주변 상황을 매 순간 지각하더라도 꿈속 장면이 신속히 바뀌어서 지속적 주의집중이 드물다. 노르에피네피린 작용 여부에 따라 주의집중과 논리적 사고가 가능한 각성 상태와 순식간에 바뀌는 장면으로 연결된 시각적 사고가 주도하는 꿈 상태가 구분된다. 낮 동안에는 감각의 폭주와 목적 지향성 덕에 뇌는 각성된 상태를 유지한다. 그러나 낮 동안에도 목적 지향성이 사라진 멍한 상태는 상당히 빈번한데, 이때 뇌는 주변 상황에 무관심한 상태가 된다. 각성 상태에서 논리적 생각과 감각입력을 제거하면 렘수면 꿈 상태와 비슷해진다. 논리적 생각이 없는 뇌 상태는 쉽게 발생하지만 감각입력 차단은 쉽지 않다. 그래서 꿈과 각성 상태의 차이점을 살펴보려면 새벽에 잠에서 깬 상태로 침대에 누워서 방금 꾼 꿈과 각성 상태를 비교하는 사고 실험을 면밀히 진행해야 한다. 깜깜한 방에서 그냥 누워서 자유롭게 생각을 놓아버릴 때 전개되는 뇌의 과정은 렘수면 상태와 유사하다. 아무런 논리적 전제 조건이 없으면 뇌가 인출하는 기억에 제한이 없어지고 떠오르는 생각들이 매 순간 맥락 없이 변화한다.

자유로운 생각의 흐름과 렘 상태 꿈은 주의집중이 사라진다는 점에서는 같은 현상이지만 자유연상 중에는 멍한 상태가 많은 반면에 렘수면 꿈은 생생한 정서의 시각적 상영이 빈틈없이 진행된다. 꿈에서는 분노와 공포가 주된 정서이며, 공포감을 일으키는 감정적 상태가 먼저 생성되고 그 상황에 부합하는 기억 단편이 활성화된다. 그래서 꿈에서는 꿈의 내용과 정서가 부합된다. 꿈에서는 내측전두엽, 편도체, 해마, 해마방회, 전대상회가 활발히 동작하고, 그중에서 전대상회와 편도체가 특히 활발하다. 꿈에서 활성화되는 영역은 주로 감정 관련 영역으로, 꿈에서는 전전두엽 대신 정서 담당 영역이 핵심 역할을 한다. 꿈에서 전개되는 시각적 장면들은 연합시각피질에 저장된 기억과 관련된다. 그리고 렘수면 꿈

그림 9-5 뇌 상태의 전환

뇌 상태의 전환

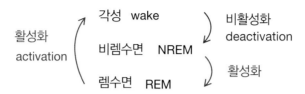

에서는 전전두엽의 활성이 약해지며, 그 결과 꿈의 특징인 불연속성과 기질정신 증후군이 나타난다.

꿈 내용은 시간, 장소, 사람, 행동이 수시로 바뀌어 이야기의 구성 요소가 계속해서 변한다. 꿈에서 사건이 벌어지는 장소와 시간이 혼란스럽게 바뀌는 이유는 시간적 순서를 생성하는 전전두엽이 거의 작동하지 않기 때문이다. 따라서 꿈의 내용은 원인과 결과가 논리적으로 연결된 긴 이야기는 거의 없고 서너 개의 에피소드가 신속히 전개될 뿐이다. 꿈에서 맥락적 이야기 대신 짧은 에피소드가 전개되는 이유는 렘수면시 대뇌피질의 장거리 연결이 단절되고 주로 국부적 신경회로만 활성화되기 때문이다. 앨런 홉슨Allan Hobson에 의하면 대략 25분 정도 지속되는 렘수면 동안 다섯 개 정도의 꿈이 전개될 수 있다. 따라서 꿈 내용에서 원인과 결과의 맥락적 연결은 한 개의 꿈 이야기 속의 몇 개 장면 이내에만 가능하고, 다른 이야기로 전환되면 이전과 맥락 없는 장면이 나타난다.

논리적 사고는 전전두엽이 시간과 장소에 적합한 기억들을 순서대로 인출하여 연결하기 때문에 생겨나는 현상으로, 여기에는 해마의 기억 흔적 조절 작용이 필요하다. 꿈의 기질정신증후군으로는 환각, 작화, 기억상실, 그리고 방향감각상실이 있다. 감각입력이 없는 상황에서 동작하는 지각을 환각이라 한다. 감각입력 없이 전개되는 시각 기억이 꿈의 주된 내용이기 때문에 꿈은 환각과 같다.

낮 동안 내면 상태에 몰입하면 외부감각의 입력이 지각을 촉발하지 않아서 기억에만 의존하는 뇌 작용이 전개되어 생각의 흐름이 생긴다. 그래서 생각과 꿈은 기억을 재료로 이야기를 만드는 과정이며, 외부 자극을 참고하지 않고 기억만을 사용한 뇌가 스스로 상연하는 내면세계의 드라마다.

## 렘수면 꿈은
## 현장 경험의 반복 학습이다

수면에는 비렘수면과 렘수면이 있으며, 비렘수면은 네 단계로 구분된다. 비렘수면은 사건기억의 공고화와 관련되며, 렘수면의 꿈은 절차기억의 반복 학습과 관계가 있다. 각성 상태에서 곧장 진입하는 1단계 수면은 비렘수면이 시작되는 단계로, 입면시 환각적인 꿈이 나타나기도 한다. 2단계 수면에서는 수면방추sleep spindle와 K-복합파형이 출현한다. 수면방추는 사건기억이 해마에서 대뇌피질로 전달되는 과정과 관련되는데, 분당 2~5회 정도 발생한다. K-복합파형은 외부 소음이 유발하는 높은 전압파로, 분당 1회 정도 발생한다. 3단계 수면에서부터 느린 속도의 큰 전압파인 델타파가 출현한다. 3단계에서는 델타파의 비율이 20퍼센트 정도다. 뇌파는 주파수가 3헤르츠 미만이면 델타, 3~7헤르츠는 세타파, 8~12헤르츠는 알파파, 13~30헤르츠는 베타파, 30~90헤르츠는 감마파로 구분된다. 4단계 수면은 가장 깊은 수면으로 수면파에서 델타파가 50퍼센트를 차지하며 3단계와 4단계의 비렘수면을 서파수면이라 한다. 4단계 수면에서 다시 3단계와 2단계 수면으로 진행하며, 2단계 수면에서 1단계 수면으로 수면의 깊이가 얕아진다. 이때의 1단계 수면은 급격한 안구운동rapid eye movement을 동반하는 렘수면 상태가 된다.

렘수면 꿈에서는 놀라운 장면이 맥락 없이 등장한다. 꿈에서 위태로운 몸 동작이 반복해서 나타나는 이유는 꿈의 진화적 관점에서 설명된다. 낮 동안에는 위험한 현장에서 사건에 대한 도망이나 회피 반응을 학습하기가 마땅치 않다. 그래서 동물들은 안전한 보금자리에서 낮 동안 경험한 상황을 꿈으로 재연replay한다. 그래서 꿈에 가장 많이 등장하는 장면은 도망가는 장면이다. 꿈에서는 정교한 몸 동작이 반복적으로 등장하는데, 일차운동피질에서 운동 명령이 출력되지만 뇌간의 연수에서 신경 흥분이 차단되어 척수로 전달되지는 않는다. 그래서 렘수면은 몸의 휴식이며 서파수면은 뇌의 휴식이다. 낮 동안에는 운동 명령이 출력되면 곧장 체감각피질에 운동 명령의 출력이 전달되어 운동의 결과를 미리

박문호 박사의 뇌과학 공부

그림 9-6 수면 단계별 뇌파

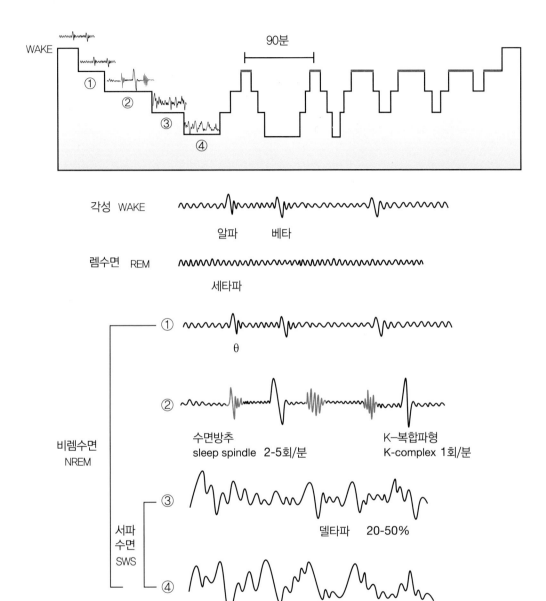

예상할 수 있게 된다. 그러나 꿈에서는 일차운동피질에서 운동 명령이 출력되더라도, 일차체감각피질과 일차시각피질에 운동결과로 생긴 감각은 전달되지 않는다. 그 결과 꿈에서는 감각운동환각sensorimotor hallucinosis이 생겨난다. 꿈은 자신의 몸동작을 센서로 연결하여 화면에 투사하는 현상과 비슷한 감각운동환각이다. 렘수면의 꿈은 놀람 반응을 통한 기억의 공고화와 낮 동안의 경험을 재연하는 절차운동학습과 관련이 있다.

## 서파수면에서
## 수면방추와 델타파가 나온다

비렘수면은 네 단계로 구분되는데, 2단계 비렘수면의 뇌파에서 수면방추 파형이 출현한다. 수면방추는 분당 2~5회 방출되며, 시상그물핵과 시상감각중계핵의 상호작용에서 생긴다. 시상감각중계핵의 세포를 시상피질뉴런thalamocortical neuron(TC뉴런)이라 하며 시상피질뉴런은 대뇌피질로 글루탐산을 분비하는 흥분성 시냅스를 한다. 서파수면에서는 시상감각중계신경세포가 감각입력을 대뇌피질로 전달하지 않는다. 시상피질뉴런에서 자극을 받은 피질시상뉴런corticothalamo neuron(CT뉴런)은 다시 흥분성 출력을 TC뉴런으로 보낸다. TC-CT와 CT-TC로 상호연결된 회로를 시상그물핵의 신경세포가 조절한다. 시상중계뉴런과 대뇌피질뉴런은 각각 시상그물핵으로 흥분성 출력을 보내며, 시상그물핵의 뉴런은 시상중계핵의 뉴런으로만 시냅스한다. 비렘수면시 대뇌피질과 시상의 신경연결은 시상중계핵과 그물핵의 상호 흥분과 억제 연결로, 비렘수면 2단계의 수면방추 파형을 생성한다.

시상중계핵과 대뇌피질의 상호연결은 서파수면인 비렘수면 3, 4단계의 델타파를 만든다. 시상감각중계핵과 시상그물핵을 분리한 실험에서 분리된 시상감각중계핵에서는 수면방추가 출력되지 않았지만, 시상그물핵은 그 자체로 수면방추파가 생성되었다. 그래서 수면방추는 시상그물핵이 생성한 10~14헤르츠의 고유 진동임이 밝혀졌다.

서파수면에서 뇌파는 수면방추와 델타파가 중요하다. 수면방추는 비렘수면 2단계에서 분당 2~5회 발생하며, 델타파는 서파수면인 비렘수면 3단계와 4단계에서 발생한다. 델타파는 전압 진폭이 높고 주파수가 0.5~3헤르츠로 낮고 느린 서파다. 수면방추와 델타파의 생성은 대뇌피질뉴런과 시상감각핵뉴런, 그리고 시상그물핵뉴런의 상호작용에서 생성된다. 그리고 시상감각핵에서 대뇌피질로 출력되는 신경축삭은 흥분성 곁가지를 시상그물핵으로 보낸다. 대뇌피질 피라미드세포는 출력을 다시 시상감각핵으로 보내는데, 이때도 흥분성 곁가지를 시

그림 9-7 대뇌피질, 시상그물핵, 시상 감각중계핵 연결 회로

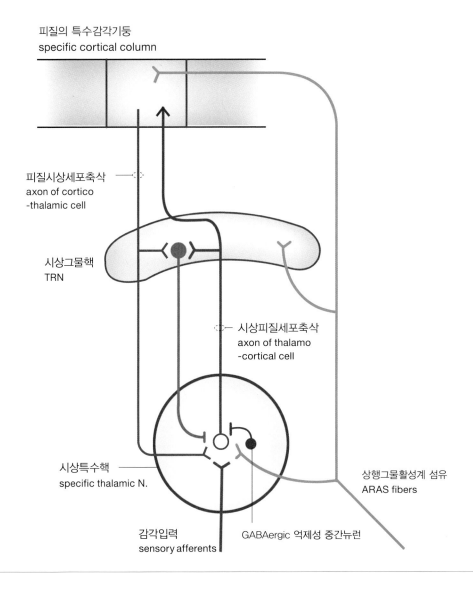

피질의 특수감각기둥
specific cortical column

피질시상세포축삭
axon of cortico
-thalamic cell

시상그물핵
TRN

시상피질세포축삭
axon of thalamo
-cortical cell

시상특수핵
specific thalamic N.

상행그물활성계 섬유
ARAS fibers

감각입력
sensory afferents

GABAergic 억제성 중간뉴런

상그물핵으로 출력한다. 시상그물핵은 시상감각핵으로만 연결되어 억제성 시냅
스를 한다. 따라서 이 세 영역의 신경세포가 형성하는 회로에서 두 개의 폐회로
가 만들어진다.

그림 9-8 서파수면과 각성 상태의 신경회로

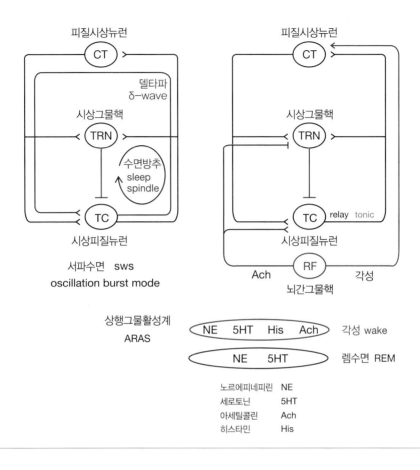

피질시상뉴런
CT

델타파
δ-wave

시상그물핵
TRN

수면방추
sleep
spindle

TC

시상피질뉴런

서파수면 sws
oscillation burst mode

피질시상뉴런
CT

시상그물핵
TRN

TC relay tonic

시상피질뉴런

RF

Ach        각성
뇌간그물핵

상행그물활성계
ARAS

| NE | 5HT | His | Ach | 각성 wake |

| NE | 5HT | 렘수면 REM |

노르에피네피린    NE
세로토닌         5HT
아세틸콜린        Ach
히스타민         His

시상감각핵과 시상그물핵이 만든 회로에서 수면방추파가 출현하고, 시상감 각핵과 대뇌피질의 회로에서 델타파가 생성된다. 이처럼 서파수면의 뇌파는 뇌 간 그물형성체와 연결이 단절된 상태에서 시상감각핵과 시상그물핵, 그리고 대 뇌피질 간의 상호작용에서 만들어진다. 서파수면 동안 단절된 뇌간과 시상은 낮 동안에는 연결된다. 이때 뇌간의 아세틸콜린 생성 뉴런 핵인 대뇌각교뇌피개핵 과 외측등쪽피개핵의 신경세포 출력이 시상감각핵에는 흥분성, 시상그물핵에는 억제성으로 상반된 작용으로 연결된다. 시상그물핵이 시상감각핵의 억제 작용 을 다시 억제하면 결국 시상감각핵이 탈억제되어 낮 동안에는 감각입력이 시상그물핵의 활성으로 대뇌피질로 전달된다.

　비렘수면 중에는 뇌간에서 세로토닌, 아세틸콜린, 노르에피네피린, 히스타민 생성 뉴런 활동이 억제된다. 낮 동안의 각성 상태에서는 아세틸콜린의 분비가 촉진되는데, 아세틸콜린 생성 뉴런의 집합체는 뇌간의 대뇌각교뇌피개핵과 등쪽외측피개핵 신경핵이다. 그리고 각성시 뇌간 아세틸콜린 분비 뉴런의 축삭은 시상그물핵의 뉴런과는 억제성 시냅스를 하며, 시상중계핵의 뉴런과는 흥분성 시냅스를 한다. 아세틸콜린성 뉴런에 의한 시상그물핵의 억제 작용으로 시상그물핵에서 시상중계핵으로 출력한 억제성 시냅스가 탈억제되어 시상중계핵은 활성화된다. 시상중계핵이 억제에서 풀려나면 감각입력을 대뇌피질로 전달할 수 있게 된다. 수면시 생성되는 델타파는 큰 진폭의 0.5~3헤르츠의 느린 진동파인데, 대뇌피질로 감각입력이 전달되지 않는 상태에서 시상과 대뇌피질 사이 연결 회로에서 발생한다. 반면에 각성시에는 시상중계핵이 감각입력을 대뇌피질로 전달하는데, 낮은 진폭의 알파파와 베타파가 주로 나온다.

　비렘수면 때는 대뇌피질의 활성도가 낮아져서 피질 신경세포 사이의 단거리

그림 9-9 각성, 비렘수면, 렘수면 상태의 뇌신경연결

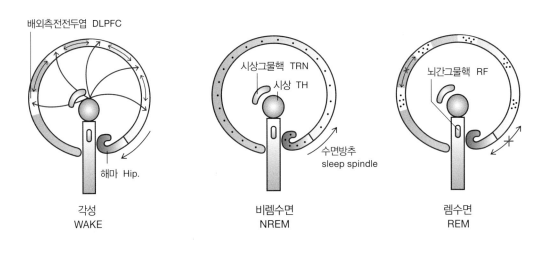

와 장거리 연결이 약화된다. 이때는 감각입력이 대뇌피질로 전달되지 않기 때문에 뇌의 휴식 상태다. 렘수면에서는 대뇌피질이 활성되어 단거리 연결은 가능하지만 장거리 연결은 단절된다. 그래서 꿈은 짧은 맥락은 존재하지만 꿈이 바뀌면 전혀 다른 내용이 전개된다. 렘수면 때는 해마와 전전두엽의 연결이 차단되기 때문에 꿈 내용에는 과거의 생생한 일화기억이 등장하지는 않는다. 각성 상태 때는 대뇌피질의 단거리와 장거리 연결이 활발하며, 경험한 사건 내용이 대뇌 감각연합피질에서 해마로 입력되어 기억이 형성된다. 낮 동안 뇌간 그물형성체의 세로토닌과 노르에피네피린 분비 세포의 작용으로 대뇌피질이 활발히 동작하며, 시상그물핵의 탈억제로 시상 감각중계핵이 감각 자극을 대뇌피질로 중계해준다. 그리고 전전두엽과 해마의 상호연결로 현재 입력되는 감각입력을 기억과 비교해서 추론하고 예측하여 행동을 선택한다.

## 해마에 잠시 저장된 기억은
## 서파수면에서 대뇌피질로 옮겨진다

낮 동안의 경험기억은 해마에서 형성되고 2단계 서파수면에서 발생하는 수면방추에 의해 대뇌피질로 이동하여 장기기억으로 저장된다. 수면방추는 시상감각핵과 시상그물핵 세포의 상호작용으로 발생한다. 시상감각핵 세포는 대뇌피질로 흥분성 글루탐산 출력을 보내고 동시에 시상그물핵으로도 흥분성 시냅스를한다. 그리고 시상감각핵 세포에 의해 자극을 받은 피질시상세포는 시상으로 흥분성 출력을 보내고, 동시에 시상그물핵에도 흥분성 시냅스를 한다. 대뇌피질의피질시상세포와 시상의 시상피질세포에서 흥분성 입력을 받은 시상그물핵은 시상의 시상피질세포로 억제성 신경자극을 출력한다. 시상피질세포막의 $K^+$이온의전도성이 높아져서 칼륨이온이 세포 외부로 많이 유출되면 시상피질세포 내부

그림 9-10 아세틸콜린 분비핵과 시상, 대뇌피질의 연결

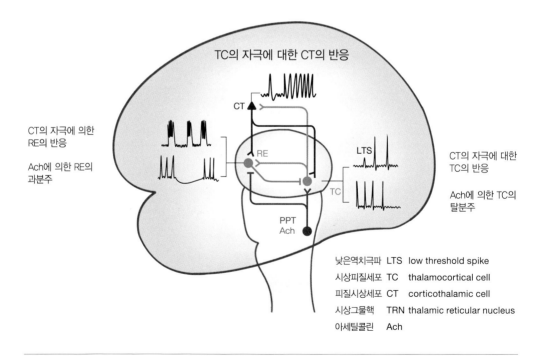

박문호 박사의 뇌과학 공부

는 과분극hyperpolarization 상태가 되었다가 과분극이 완화되면서 칼슘이온 전류에 의한 $Ca^{2+}$-spike가 생성되어 전압이 상승된다.

$Ca^{2+}$-spike에 의한 전압의 상승으로 시상피질세포에서 활동전위가 생성되고, 다시 시상그물핵의 억제신호로 칼륨이온 $K^+$전도성이 높아져서 생성된 과분극 상태가 반복되면, 시상피질세포에서 생성된 활성전압파는 억제된다. 과분극과 과분극 완화의 반복으로 시상피질세포에서는 대략 1.5초 주기로 버스트burst파가 반복적으로 생성된다. 시상피질세포에서 생성된 주기적 버스트파가 대뇌피질의 피질시상세포를 흥분시키고, 이런 흥분파는 대뇌피질의 피질시상세포 주위로 확산되면서 서파수면의 특징인 느리고 높은 진폭의 델타파가 생성된다. 대뇌피질은 서파수면 동안 해마와 상호작용으로 0.1헤르츠의 느린 서파로 진동파가 생성되는데, 해마와 동조된 피질에서 생성되는 피질 진동은 서파수면 중 해마에서 대뇌피질로의 기억의 이동과 관련된다.

서파수면 3단계에서는 전체 뇌전도파의 20~40퍼센트, 4단계에서는 50퍼센트가 높은 전압파의 0.5~4헤르츠의 느린 파형인 델타파가 나타난다. 시상그물핵은 각성 상태에서는 단발성tonic 모드의 빠른 진동파가 생성되며, 서파수면에서는 수면방추가 버스트 파형으로 시상중계핵으로 전달된다. 시상 감각중계핵에서는 수면방추에 의해 단발성 모드의 진동이 대략 1.5헤르츠의 버스트파인 델타파 진동으로 바뀌고, 시상 감각중계핵에서 입력을 받은 대뇌피질의 피라미드 뉴런은 1.5헤르츠의 버스트 파형에 의해 느린 0.3헤르츠의 느린 서파가 형성된다.

시상그물핵과 시상피질세포 사이의 억제성과 흥분성 시냅스의 상호작용으로, 시상그물핵은 7헤르츠로 반복되는 수면방추파를 생성하며, 시상피질세포는 1.5헤르츠 주기로 발진하는 델타파 진동을 한다. 쥐 실험에서 낮 동안의 경험기억이 해마에서 치상회-CA3-CA1의 신경회로에 잠시 저장되는 것이 확인되었다. 쥐가 활동하지 않거나 수면상태가 되면, CA1 피라미드세포의 세포체와 억제성 중간뉴런의 상호작용으로 100~250헤르츠의 리플ripple 파형이 CA1 피라미드 세포체에서 생성되는데, 이 파형을 샤프웨이브리플sharp wave-ripple(SPW-R)파라 한다. SPW-R파는 CA1와 CA3 영역에서 생성되며, 치상회→CA3→CA1 방향으로

그림 9-11 대뇌피질의 서파와 해마의 SPW-R파 상호작용

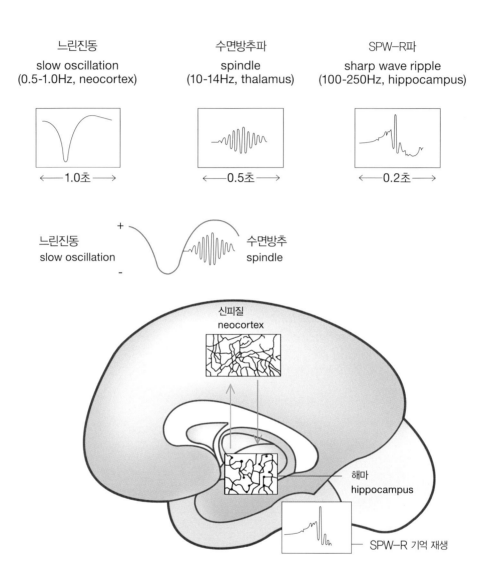

전파된다. SPW-R파를 만드는 전류의 출발지는 CA1과 CA3 피라미드세포의 세포체이며, 목적지는 피라미드세포의 방사층이다.

그림 9-12는 해마의 SPW-R파, 시상의 수면방추, 대뇌피질의 느린진동을 나타낸 그림이다. 이 세 가지 전압파의 상호작용으로 해마에서 형성된 기억이 대뇌연합피질로 이동하여 장기기억으로 저장된다. 낮 동안 경험한 사건이 해마에서 일시적으로 저장되며, 해마의 CA1 영역에서 SPW-R파에 실린 기억이 서파수면 2단계에서 생성되는 수면방추파에 의해 대뇌피질로 전송된다.

해마 CA1 영역 네 곳에 탐침을 삽입하여 SPR-W 파형을 측정하면 1번 위치에서 4번 위치로 이동하면서 점차 조금씩 SPR-W 파형이 시작된다. 이 현상

그림 9-12 해마 SPW-R파의 분석과 전파 과정

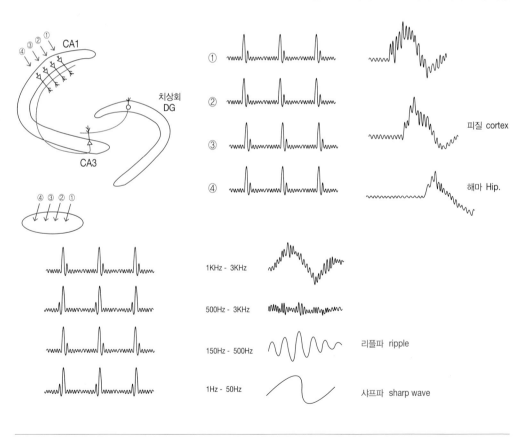

은 SPR-W파가 CA3 영역에서 CA1 영역으로 전파됨을 나타난다. SPW-R파를 100~300헤르츠의 대역 필터에 통과시키면, 100~250헤르츠의 리플 파형이 나온다. SPW-R파를 1~50헤르츠의 저주파 통과 필터로 걸러내면 단일 곡선이 나오는데, 이를 샤프파sharp wave라 한다. 즉 SPW-R파는 저주파의 샤프파가 100~250헤르츠의 리플파형으로 변조된 파다. SPW-R파는 움직임을 멈추거나 서파수면 중에 해마에서 나오는 파형으로, 100~250헤르츠의 이 파형은 수면방추의 10~14헤르츠 파형과 동기화되어 수면방추 속에 SPW-R파가 실리는 리플-수면방추 변조ripple-spindle modulation 현상이 일어난다. 해마의 리플-수면방추 상호변조ripple-spindle comodulation가 해마에서 잠시 저장된 기억이 서파수면에서 대뇌피질로 이동하는 과정의 핵심이다.

박문호 박사의 뇌과학 공부

## 신경세포 내부와
## 신경세포 사이의 전기장

수면 중의 뇌파 측정 방식에는 두 가지가 있다. 사람의 경우 두개골에 부착된 전극에서 전압파를 측정하고, 동물의 경우 두개골을 열고 해마와 대뇌피질에 직접 전극을 삽입하여 전압을 측정한다. 신경세포의 활동을 직접 측정하는 방법은 세포 내부와 세포 외부에서 전압을 측정하는 것이다. 세포 내부 전압은 시냅스 활동, 스파이크 발생, 점진적 전압 변동으로 측정되며, 신경세포체 내부로 탐침을 삽입하여 외부의 접지전위에 대한 전위차를 측정한다. 세포 외부 전압 측정은 유발전장흥분성시냅스후전위evoked field excitatory-postsynaptic potential, 단세포활동전위, 다세포활동전위의 측정이 있으며, 신경세포 사이에 측정 탐침을 삽입하여 국부적 전위차를 측정한다.

신경세포의 전류 흐름을 측정하는 방법에는 전류원밀도current source density 측정법이 있다. 신경세포의 활동에는 세포막을 통과하는 전류가 나오는 영역과 전류가 들어가는 영역이 존재한다. 세포 외부에서 전류의 흐름은 세포 외부 매질의 저항에 의해 전위차가 생긴다. 이 전위차의 일차 공간을 미분한 성분을 전류흐름밀도current flow density라 하며, 전류흐름밀도는 세포 외부 매질에서 전류의 크기와 방향을 나타내는 벡터가 된다. 전류흐름밀도를 다시 공간에 대해 미분한 이차 공간 미분 값이 바로 전류원밀도 값이 된다. 전류원밀도는 신경세포막을 통과하는 전류값과 관련된다.

쥐 실험에서 국부영역전압파local field potential를 측정해 내측전전두엽의 수면방추와 해마의 SPW-R파형을 측정하며, 국부영역전압파를 대역 통과 필터에 통과시켜서 수면방추의 스핀들 파형과 SPW-R의 리플파형을 얻는다. 스핀들과 리플 파형을 100초 정도의 시간 동안 표시해보면 두 파형이 거의 동시에 발생하는 수면방추와 해마의 SPW-R파의 동시 출현 현상을 확인할 수 있다.

대뇌피질과 시상에서 분리된 상태에서도 시상그물핵의 세포들은 스스로 발진하여 자동 박동기 역할을 한다. 대뇌피질에서 생성되는 0.5~1헤르츠의 느린 파

그림 9-13 국소전장과 전류원 밀도

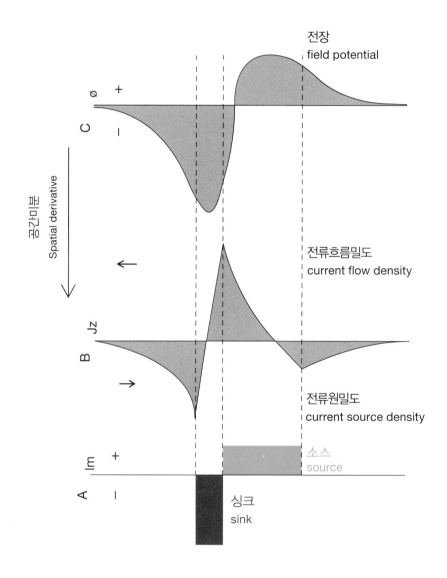

그림 9-14 수면방추와 SPW-R 파의 동시 출현

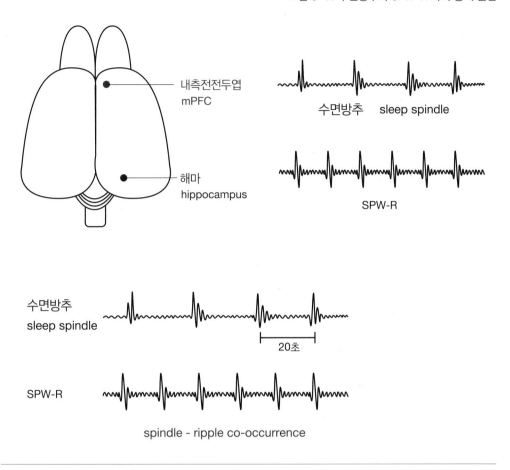

내측전전두엽
mPFC

해마
hippocampus

수면방추　sleep spindle

SPW-R

수면방추
sleep spindle

20초

SPW-R

spindle - ripple co-occurrence

형이 수면방추를 변조한다. 비렘수면 2단계에서 발생하는 수면방추는 시상그물핵과 시상피질신경세포의 상호연결에서 발생한다. 그리고 대뇌피질의 피질시상뉴런 세포로부터 글루탐산을 방출하는 흥분성 입력을 받으면 시상그물핵 세포들은 시상피질신경세포로 억제성 신경전달물질인 GABA를 방출한다. 시상 감각중계세포인 시상피질신경세포의 시냅스후막에 삽입된 GABA 수용체에 GABA 분자가 부착되면, 시냅스 갭 사이의 염소이온이 GABA 수용체를 통과하여 시상피질세포 안으로 유입되는데, 염소는 음이온이므로 시상피질세포 내부

의 전압은 더 음전위로 내려간다. 따라서 신경세포의 휴지 상태 전위인 -70밀리
볼트보다 더 낮은 전위가 되어 시상피질신경세포가 신경 흥분하여 활동전위를
만들기 어려운 상태인 과분극hyperpolarization 상태가 된다. 그 결과 과분극 상태의
시상감각중계 시상피질신경세포들이 대뇌피질로 감각입력 전달을 억제하여 서
파수면 상태가 된다. 서파수면 2단계에서는 피질시상신경세포, 시상그물핵세포,
시상피질신경세포 사이의 상호연결 회로가 수면방추와 델타파를 방출하여 중
추신경계는 감각 자극의 대뇌피질 전달이 차단되는데, 이때 뇌는 감각 자극에서
휴식 상태가 된다.

그림 9-15 신경세포의 전압펄스 생성 과정

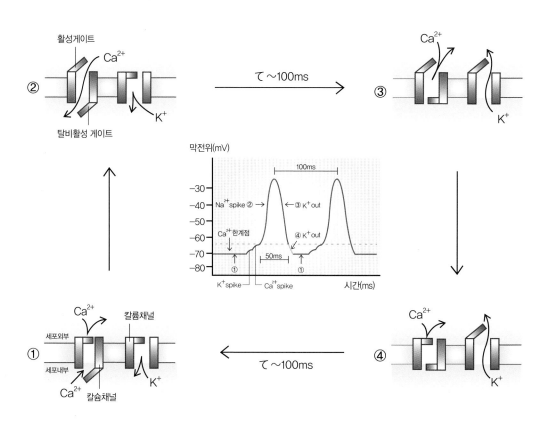

각성 상태의 규칙적인 단발성 발화tonic firing를 하고 있던 시상피질신경세포는 시상그물핵에서 입력되는 억제 자극을 받으면 단발성 발화에서 다발성 발화로 전환한다. 시상피질신경세포의 다발성 발화는 7~10헤르츠 빈도로 피질시상뉴런 세포들을 흥분시키고, 그 결과 피질시상뉴런 세포들은 각성 상태인 30~90헤르츠 빈도의 감마파 영역에서 1~4헤르츠 빈도인 서파수면 델타 파형으로 전환된다. 서파수면 3단계와 4단계에서 발생하는 델타파는 1~4헤르츠의 빈도로 높은 전압의 느린 서파이며, 시상피질신경세포의 다발성 발화의 자극으로 생성된다. 그리고 피질시상뉴런 세포의 느린 발화는 다시 시상그물핵으로 전달되어 시상그물핵 신경 발화를 다발성 발화로 전환시킨다. 시상그물핵의 다발성 신경활동은 시상피질신경세포들을 오랫동안 억제하는 과분극후전위hyperpolarizing afterpotentional 현상을 일으킨다.

그림 9-16 대뇌피질 서파, 시상의 수면방추파, 해마의 SPW-R 파의 상호관계

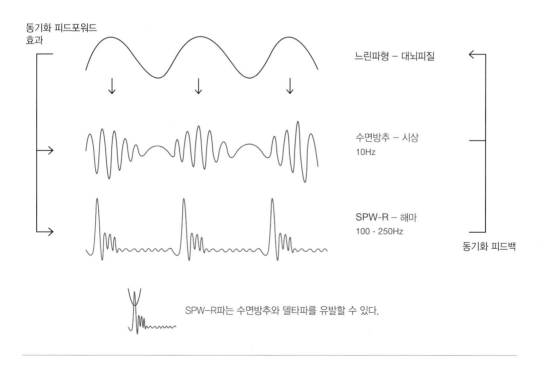

신경세포의 전압펄스 생성은 칼슘이온과 칼륨이온이 이온채널을 통과하는 정도에 의해 정해진다(그림 9-15). 휴식 상태의 안정전위 1번 상태에서 칼슘 채널이 열려서 칼슘이온이 세포로 유입되면 전압이 급격히 상승하는 2번 상태가 된다. 이 상태가 100밀리초 동안 유지된 후 칼슘채널이 닫히고 칼륨채널이 열려 칼륨이 세포 외부로 유출되면 전압이 급격히 줄어드는 3번 상태가 된다. 그리고 계속해서 칼륨이 유출되면 4번 상태를 통과하여 다시 1번 안정전위 상태가 된다. 이처럼 세포 내부로 칼슘이온이 유입되고 세포 외부로 칼륨이온이 유출되면 전압파형이 생성된다.

과분극후전위는 세포막의 칼륨이온 전도성이 높아져 칼륨이온이 세포 밖으로 유출되어 세포 내부가 -80밀리볼트로 과분극 상태가 지속되는 현상이다. 결국 서파수면에서 시상그물핵과 시상피질신경세포 사이의 회로에서는 10~14헤르츠의 수면방추가 생성되며, 시상피질신경세포와 피질시상신경세포 사이의 회로에서는 느린 델타파가 생겨난다. 따라서 서파수면에서는 시상과 대뇌피질이 수면방추와 델타파를 생성하는 진동 상태oscillation mode가 된다.

서파수면 동안 최근에 획득된 경험기억이 해마 회로망에서 반복적으로 재활성화된다. 해마에서 기억의 재활성화는 SPW-R파와 관련되며, 수면방추의 출현과 해마 기억의 재활성화는 0.1헤르츠의 대뇌피질의 느린 파형에 동기화되어 구동된다. 해마 기억의 재활성화는 기억 흔적을 대뇌피질로 전달하여 장기기억으로 저장하며, 해마 기억의 대뇌피질로의 이동은 서파수면 동안 아세틸콜린과 코르티졸의 낮은 수준에 의해 가능해진다.

박문호 박사의 뇌과학 공부

## 렘수면에서는
## 세로토닌과 노르에피네피린 생성 뉴런의 발화가 중단된다

렘수면에서는 뇌간의 솔기핵에서 분비되는 세로토닌과 청반핵에서 분비되는 노르에피네피린 생성 뉴런의 발화가 중단된다. 무언가를 기억하려면 반드시 그 자극에 주의를 집중해야만 하며, 뇌가 중요한 정보에 집중하면 노르에피네피린이 분비된다. 그런데 렘수면 동안에는 뇌에서 노르에피네피린이 거의 분비되지 않기 때문에 렘수면 꿈의 내용은 거의 기억되지 않는다. 낮 동안에는 주의를 집중하면 노르에피네피린이 시냅스 전막에서 분비되어 새롭고 중요한 정보가 해마와 신피질의 작용으로 부호화와 기억의 공고화 과정을 거치게 된다. 반면에 꿈에서는 노르에피네피린의 분비가 중단되어 주의집중이 힘들어지므로 꿈 내용이 기억으로 공고화되지 않는다. 주의집중은 중요한 정보에만 전념하고 다른 정보를 차단하지만, 꿈에서는 주의가 집중되지 않는다. 그리고 렘수면에서는 전전두엽과 해마 사이의 신경연결이 약화되어, 기억 흔적이 저장된 대뇌피질의 위치 정보를 전전두엽이 이용할 수 없게 된다. 그래서 렘수면에서는 일화기억과의 연결이 단절되며, 꿈 내용에는 이전의 생생한 일화기억이 등장하지 않는다.

꿈에서는 연합시각 영역이 활발해져 생생한 시각 이미지가 자유롭게 인출되며, 아세틸콜린 분비가 활발하여 인출된 시각 이미지를 신속하게 연결해준다. 서파수면의 아세틸콜린 분비량을 1이라 하면, 각성은 2, 렘수면은 4 정도로 렘수면의 아세틸콜린 분비는 각성 상태의 두 배나 되어 아세틸콜린에 의한 기억 연상 작용이 활발해진다. 시각 이미지의 연결이 너무 신속하여 꿈 내용에서는 장면의 전환이 매우 빠르다. 렘수면시에는 노르에피네피린 분비의 중단과 아세틸콜린 분비의 촉진이라는 상반된 현상이 일어나 꿈은 예측 불가능한 생생한 영화가 되지만, 그 내용은 기억되지 않고 망각된다. 꿈은 정서의 시각적 상영이며, 꿈이라는 영화의 감독은 감정의 뇌이다.

뇌의 감정 처리는 편도체, 전대상회, 내측두엽이 담당한다. 꿈에서는 전대상회가 폭발적으로 활발해지고 전대상회와 시각연합피질이 상호연결되어 꿈의 내용

그림 9-17 서파수면, 렘수면, 각성 상태의 비교

| | 비렘수면 NREM | 렘수면 REM | 각성 Wake |
|---|---|---|---|
| 아세틸콜린 Ach | ↑ | ↑↑↑↑ | ↑↑ |
| 노르에프네프린 NE | ↑(약) | | ↑ |
| 세로토닌 5HT | ↑(약) | | ↑ |
| 도파민 DA | | ↑ | ↑ |
| 피질연결 cortical connectivity | 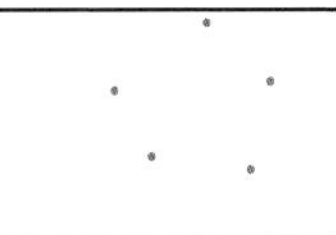 (낮음) | 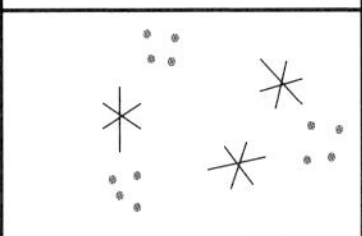 (중간) | 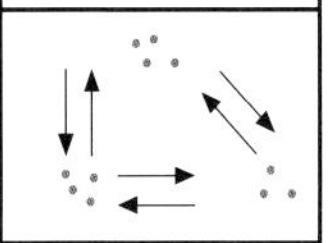 (높음) |
| 배외측전전두피질 DLPFC | △ | X | ○ |

은 정서적 놀람으로 가득하다. 꿈에서는 주의집중에 관련된 노르에피네피린 분비가 중단되어 그 내용이 맥락적으로 연결되지 않고 인과적으로 불연속이다. 꿈의 내용은 시간, 장소, 인물, 행동이 불연속이며 장면이 수시로 바뀐다. 렘수면 상태에서는 후대상회의 활성이 낮아져서 촉각과 청각의 해마로 입력이 약해진다. 그래서 꿈 내용에 촉각은 거의 등장하지 않고 청각도 드물다. 꿈에서 귀로 들리는 말은 드물지만 말을 많이 했다고 느끼는 이유는 꿈에서의 말은 상당 부분 속으로 자신에게 말하는 혼자 말하기 현상이기 때문이다. 렘수면에서 하두정엽의 활성은 좌우 뇌가 다르며, 왼쪽 하두정엽의 활성은 낮아지고 오른쪽 하두정엽은 활발해진다. 오른쪽 하두정엽은 은유 표현과 관련되며 왼쪽 하두정엽은 언어 표현과 관련이 있다. 꿈에서 왼쪽 하두정엽은 활성이 낮아져서 말소리가 직접적으

박문호 박사의 뇌과학 공부

로 들리는 경우는 드물다. 하지만 오른쪽 하두정엽은 활발해지기 때문에 꿈에서 말소리는 주로 은유로 표현된다. 그래서 꿈은 정서의 은유적 표현이다.

## 꿈은 유난히 생생한 의식 상태이며
## 현실은 지독한 꿈이다

눈을 감고 어떤 사물의 모양을 상상해보려면 막연해진다. 눈을 감으면 형태가 사라지는 현상은 항상 사실이 아니며, 눈을 감아도 꿈에서는 생생한 장면들이 상연된다. 꿈에 시각 장면이 보이는 현상은 연합시각피질에 저장된 기억의 인출 과정으로 설명된다. 그래서 각성시 눈을 감고 시각 이미지를 상상하기가 힘든 현상은 놀랍다. 눈을 감고 사과를 상상해보면, 형태보다 색깔이 더 어렵다. 깨어 있는 동안 시각적 상상이 힘든 이유는 혼자 속으로 말하는 언어 주도적 사고와 관련 있다. 눈을 감으면 시각 자극이 사라지지만 자신이 속으로 하는 말은 점점 더 명확해진다. 혼자 속으로 하는 말은 항상 의식되며, 우리의 생각이 된다. 낮 동안 내면의 속삭임은 언어로 표상되며, 꿈에서는 시각적 영화로 상영된다.

눈을 뜨면 시각적 자극이 쏟아지지만 주의하는 몇 가지 사물만 지각된다. 영화를 보는 것처럼 주변 환경을 수동적으로 지각할 뿐이다. 낮 동안에는 시각 입력과 혼자 말하는 언어 처리가 동시에 진행되며, 언어는 사고 과정으로 의식되지만 시각 자극은 대부분 무의식적으로 처리된다. 생각의 흐름에 집중할수록 외부 환경의 시각 자극은 약해지거나 무시된다. 생각을 집중하면 할수록 시야는 좁아지고, 눈앞 사물도 지각되지 않는다. 그러나 꿈에서는 언어의 힘이 약화되어 언어가 시각을 차폐하지 않는다. 그래서 렘수면 꿈은 시각 이미지가 유난히 생생하다. 생각은 자동 연상으로 인출된 기억이 만드는 뇌 속의 말을 청각피질이 지속적으로 엿듣고 있는 뇌 정보 처리 과정이다. 그래서 생각의 재료는 기억이며, '기억난다'는 것은 '생각난다'와 같은 현상이다. 기억에만 의존하는 뇌 처리 과정이 생각과 꿈이다.

생각에 몰두하면 감각이 차단되어 감각에 의한 교란 없이 계속해서 기억을 연결할 수 있다. 각성 동안 감각 자극은 기억의 인출을 방해해서 생각의 연결이 단절되지만 꿈에서는 감각입력이 차단되어 시각 기억을 불러내는 데 방해가 없다. 그래서 꿈이 진행되는 동안에는 장면이 사라지는 단절이 없어 꿈은 유난히 생생한 의식이 된다. 각성 상태 때는 의외로 멍한 상태가 수시로 끼어들지만 꿈에서는 혼자 속으로 말하기와 감정의 뇌가 활발해져, 꿈은 나의 생각과 느낌으로 가득하다. 현실은 감각의 안내를 받고 있는 꿈 상태로 볼 수 있다.

언어의 차폐가 사라지면 시각 이미지가 생생해져서 꿈은 유난히 생생한 의식이 된다. 생각과 의식은 다르다. 생각 없는 의식은 가능하지만 의식 없는 생각은 불가능하다. 의식의 바탕 위에 생각이 흘러간다. 생각은 언어로 표현된 기억이며, 꿈은 시각으로 표현된 기억이다. 생각과 꿈의 공통점은 전적으로 기억을 재료로 생성되며 뇌가 스스로 만드는 자극에 집중하는 현상이라는 것이다. 생각은 언어로 표상되고 꿈은 이미지로 표상된다. 발음되지 않고 뇌 속에서만 처리되는 언어가 우리의 생각인데, 생각은 주로 감각입력에 의해 방해를 받는다. 그래서 분산되기 쉬운 생각을 지속하기 위해서는 감각입력을 차단해야 한다. 깨어 있는 동안에도 생각에 집중할 수 있는 시간은 의외로 짧다. 10분 이상 한 가지 생각에 집중하기 어렵고, 생각이 분산되어 상상과 몽상을 한다. 주의가 분산되면 주의집중 신경물질인 노르에피네피린 분비가 약해져 듣거나 본 내용이 기억으로 전환되지 않는다. 그래서 조금 전에 상상했던 내용이 전혀 기억나지 않는다.

## 꿈은 과거의 기억에 접근할 수 없는
## 기억상실 상태이다

꿈과 상상이 기억되지 않는 이유는 기억의 필수 조건인 주의집중이 없기 때문이다. 깨어 있는 동안 눈을 감고 사물의 형상을 상상하기 어려운 현상은 언어와 감각의 상호작용을 이해하게 해준다. 꿈속에서 나는 과거의 경험기억이 없다. 꿈속의 등장인물에 대해서는 이전의 기억을 거의 반영하지 못한다. 그래서 등장인물의 행동을 예측할 수 없다. 꿈속에서는 친구나 가족의 현재 상황이 반영되지 않아서 지금은 생존하지 않는 사람이 등장해도 꿈속에서는 놀라지 않고 살아 있는 사람처럼 대한다. 이처럼 자신의 이전 일화기억이 꿈에 거의 반영되지 않는 현상은 꿈의 중요한 미스터리 중 하나다. 각성 상태에서는 전전두엽과 해마의 상호연결로 감각입력에 대한 반응에 이전 경험기억을 반영할 수 있다. 전전두엽은 기억이 저장된 피질과 상호연결하는 과정에서 해마가 이전 기억의 흔적을 지시하는 기능을 할 수 있다. 서파수면 2단계에서 출현하는 수면방추는 해마에서 형성된 기억을 대뇌피질로 옮기는 역할을 한다. 경험의 사건기억은 해마의 치상회→CA3→CA1 신경세포 연결회로에서 세타파에 동조된 감마파 서열로 부호화된다.

해마의 CA1 피라미드신경세포의 세포체에 시냅스하는 바구니 중간뉴런의 상호연결로 생성되는 SPW-R파에 해마에서 형성된 기억이 부호화되고, 서파수면의 수면방추가 해마의 기억을 대뇌피질로 이동시킨다. 꿈에서는 대뇌피질과 해마 사이의 연결이 약화된 상태에서 대뇌피질로 이동된 기억이 시냅스 강화로 장기기억으로 공고화하는 과정이 진행된다. 렘수면의 기억 공고화 과정 동안에는 대뇌피질과 해마의 상호연결이 약화되어 사건기억에 접근하기 어렵게 된다. 각성시 해마는 대뇌피질의 전전두엽과 상호연결되어 기억 인출시 현재 입력 정보에 관련된 이전 기억을 전전두엽에 연결해준다. 꿈에서는 해마의 기억 주소 지시 작용이 없어져서 현재 꿈 내용과 관련된 이전 기억을 찾아내기가 어려워져 이전 기억을 반영하기 어렵다. 꿈은 이전의 일화기억 정보를 반영하지는 못하지

박문호 박사의 뇌과학 공부

만 절차기억은 재활성화되어 꿈 내용은 절차운동 장면으로 가득하다.

알코올 중독으로 기억 회로의 일부인 유두체가 손상된 사람은 기억상실증과 이야기를 지어내는 작화증이 생긴다. 기억 회로는 대상회를 통해 대뇌피질과 연결되는데, 기억 회로가 유두체 손상으로 단절되면 이전 기억을 맥락에 맞게 인출하지 못해 작화증이 생기며, 꿈에서도 대뇌피질과 해마의 연결이 단절된다. 그래서 꿈에서도 인출된 기억이 논리적 맥락 없이 연결되어 예측 불가능하게 이야기가 전개되는 작화증이 생긴다. 그리고 꿈에서도 운동피질과 소뇌가 활성화되어 정교한 몸 운동이 가능해지고 운동을 조절하는 느낌도 생기며 가상의 놀라운 운동이 방향감을 잃은 상태에서 빠르게 진행된다. 낮 동안 그런 급속한 방향 전환 운동은 어지러움을 유발할 수 있지만 꿈에서는 균형감각 핵인 전정핵이 동작하되 머리가 고정되어 있어 세반고리관이 회전 정보를 만들지 않는다. 그래서 꿈속에서는 급속한 운동을 하다 넘어지더라도 어지러운 감각은 느껴지지 않는다. 꿈은 운동으로 가득하며 렘수면 꿈에서는 낮 동안의 운동 경험을 오프라인 상태에서 반복 재연하여 운동기억의 절차 학습이 공고화된다. 그래서 자전거나 수영처럼 한 번 획득한 운동 학습 능력은 평생에 걸쳐 운동 절차기억으로 유지된다. 운동 절차 학습이 오랫동안 기억되는 현상은 꿈속에서 대뇌피질이 운동 경험을 되풀이해서 재연하는 현상과 관련이 있다.

동물이 잠을 자는 이유에 대한 과학적인 설명은 명확히 확립되어 있지 않다. 잠을 자야만 하는 이유에 대한 여러 가지 학설에서 최근 주목 받고 있는 설명은 기억과 수면의 상호관계다. 수면과 꿈은 기억 능력의 진화와 관련된다. 꿈에서는 외부 세계의 공간과 시간 정보를 반영할 수 없으며, 정서의 강한 영향을 받는다. 그래서 꿈은 정서적 놀람 반응을 동반한 운동으로 가득하다. 외부 세계의 비교 대상이 없는 상황에서 꿈은 시각적 장면과 운동이 주도하는 환상의 세계상을 상영한다. 그래서 꿈은 꿈을 깨기 전에는 꿈인지 모른다. 꿈이라는 스스로 완결적인 세계 속에서 나는 느끼고 맹목적으로 움직일 뿐이다. 꿈속에서 나는 과거의 기억에 접근할 수 없는 기억상실 상태다. 그래서 꿈에서 나는 과거가 없는 존재지만 감정의 뇌가 영화감독이 되어 시각 이미지를 불러와서 은유적으로 상영한다. 낮의 '현실'이라는 영화의 감독이 전전두엽이라면 꿈속 드라마의 감독은 정서의 뇌다.

현실은 논리적 맥락으로 예측 가능한 드라마지만, 꿈은 시간과 공간이 불연속적이며 등장인물과 행동이 꿈마다 바뀐다. 하버드 대학교의 수면 연구자 앨런 홉슨은 인간은 하룻밤에 대략 25회의 꿈을 꾼다고 주장한다. 깨어 있는 동안의 현실이 인과로 연결된 연속의 세계라면, 꿈은 예측이 불가능한 불연속의 세계다. 객관 세계는 감각입력을 통해 뇌가 지각으로 재구성한 세계다. 현실세계에서는 감각과 지각이 함께 작동하는데, 간혹 생각에 몰입하면 지각만 작동한다. 대상에 대한 감각입력이 없는 상태에서 지각만 작용하는 현상이 바로 환각이다. 환시는 정상인도 특별한 상황에서 발생할 수 있지만 환청은 대개 병적인 상태와 관련된다. 무언가에 몰입하여 생각하면 눈앞의 상황을 망각한다. 그래서 생각에 몰두할수록 감각은 차단되고 완전한 내면의 상태만 존재하게 되어 꿈과 같은 상태가 된다. 꿈과 생각은 내면 상태만 존재하는 환각 상태다. 환각은 실재하지 않는 대상을 지각하는 현상이다. 생각은 대부분은 언어로 표상된다. 언어의 핵심은 사물과 사물을 지시하는 소리의 대응 관계다. 이 지시 관계를 나타내는 단어 그 자체는 관습적으로 생성되며, 실체가 아닌 상징이다. 그래서 생각이 환각일 수 있다. 결국 꿈은 유난히 생생한 의식이고 현실은 지독한 꿈이다.

생각은 언어로 구성되며 언어는 상징이고, 상징은 그 자체로 존재하지 않는 환각과 같다. 생각은 현실을 반영하는 환각이란 관점에서 꿈과 같고, 나아가 생각은 언어에 의한 상징적 표상이므로 실제가 없는 환각과 같다. 결국 내면에만 몰입된 생각과 꿈은 실제 감각입력이 배제된 환각의 세계다. 신체감각이 없는 편안한 상태에서 논리적 사고 없이 흥미로운 영화에 몰입하여 끝없이 영화를 본다면 현실과 영화를 어떻게 구분할 수 있을까? 가상세계는 인공지능에서 시작한 것이 아니라 인간이 감각에서 지각을 생성하면서부터 지구라는 행성에서 출현했다. 지각은 그 자체로 세계를 내면화하는 과정에서 뇌가 만들어낸 환각이며, 대상에 대한 지각을 상징인 언어로 표상하는 과정이 생각이다. 그렇다면 생각도 그 자체로 환각이다. 우리는 감각 자극으로 환각에서 벗어날 때 물리적 세계와

박문호 박사의 뇌과학 공부

그림 9-18 렘수면 상태의 뇌 작용

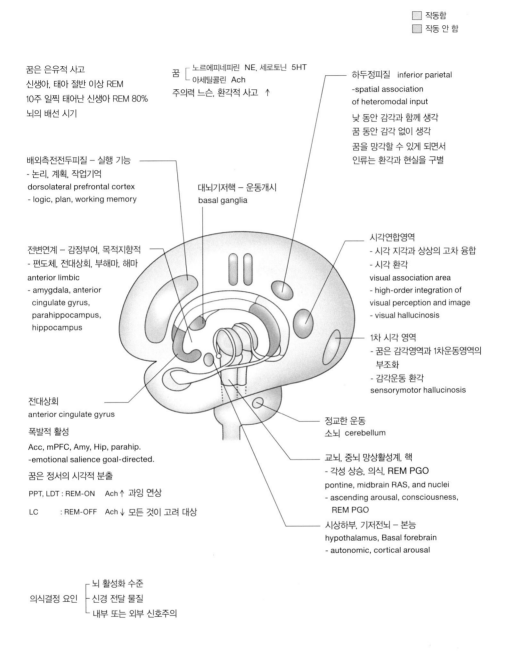

심리적 세계가 공존하는 현실세계에 참여하게 된다. 그러나 감각입력이 폭주하는 물리적 자연에서 생존은 동물적 상태다. 꿈과 생각이라는 지각 과정이 진화하면서 인간은 물리적 인과관계의 족쇄에서 벗어나 제한 없는 가상세계를 출현시켰다.

렘수면 꿈에서는 내측전두엽, 편도체, 해마, 해마방회, 전대상회가 활발히 동작한다. 그중에서 전대상회와 편도체가 특히 활발하다. 꿈에서 활성화되는 영역은 주로 감정 처리 영역으로, 꿈에서는 전전두엽 대신 정서 영역이 핵심 역할을 한다. 꿈속의 시각적 장면들은 연합시각피질에 저장된 기억이 재료지만 꿈에서는 언어와 관련된 왼쪽 하두정엽의 작용은 약해지고 은유적 표현과 관련된 오른쪽 하두정엽이 활발해져 꿈에서는 언어의 직접 표현보다 정서의 은유적 표현이 우세하다. 그래서 꿈 내용은 어떤 암시로 가득하다고 느껴지고 우리는 꿈의 의미를 해석하려 노력한다. 꿈은 잊히도록 진화해왔다. 꿈이 망각되지 않으면 현실에서 생성된 기억과 구별되기 어렵다.

렘수면 꿈에서는 전전두엽의 활성이 약화된다. 그 결과 꿈의 불연속성과 기질정신증후군organic mental syndrome이 나타난다. 꿈이 놀라운 점은 주로 꿈 장면이 맥락 없는 불연속이기 때문이다. 꿈에서는 시간, 장소, 사람, 행동이 매 순간 바뀐다. 꿈에서 사건이 벌어지는 장소와 시간이 혼란스럽게 바뀌는 이유는 시간적 순서를 생성하는 전전두엽이 거의 작동하지 않기 때문이다. 즉 꿈의 내용은 원인과 결과가 논리적으로 연결되어 있지 않다. 각성시 논리적 사고는 전전두엽이 시간과 장소에 적합한 순서대로 기억을 인출하여 연결하기 때문에 생겨나는 뇌 정보 처리 과정이다. 렘수면 꿈의 기질정신증후군에는 환각, 작화, 기억상실, 그리고 방향상실이 있다. 감각입력이 없는 상황에서 작동하는 지각을 환각이라 한다. 감각 없이 전개되는 시지각이 렘수면 꿈의 주된 내용이어서 꿈은 그 자체로 환각이다. 낮 동안 내면 상태에 몰입하면 외부 감각이 입력되지 않고 기억에만 의존하는 뇌 작용이 전개되어 생각의 흐름이 생긴다. 그래서 놀랍게도 생각과 꿈은 외부 감각이 입력되지 않는 비슷한 뇌 작용이다. 서파수면의 뇌파는 느리고 전압이 큰 동기화된 파형이다. 그러나 렘수면과 각성 상태의 뇌파는 서로 비슷하게 빠르고 전압이 낮은 비동기파다. 각성과 렘수면 동안 뇌파의 유사성은 꿈과 각성 상태의 차이점보다 유사성에 더 주목하게 한다.

대략 1억 4000만 년 전에 출현한 원시적 포유류인 바늘두더지는 비렘수면만 가능하며, 이후에 진화한 포유류인 유대류와 태반포유류는 렘수면이 가능하다. 렘수면이 없는 바늘두더지는 운동 학습을 사건 현장에서만 하게 되어 다른 대뇌 피질에 비해 전두엽이 크게 확장되었다. 비렘수면은 해마에서 일시적으로 저장된 사건기억이 대뇌연합피질로 이동하는 현상과 연관되며, 렘수면의 꿈은 대뇌 피질로 이동한 기억이 공고화되는 과정과 관련 있다. 이처럼 수면과 꿈은 기억 능력의 진화와 관련된다.

꿈에서는 오직 정서적 내면 상태만 존재한다. 객관적인 외부 세계의 비교 대상이 없는 꿈은 시각과 운동으로 가득한 독자적인 환상의 세계상을 상영한다. 그래서 꿈은 깨기 전까지는 꿈인지를 모른다. 꿈이라는 스스로 생성된 세계 속에서 나는 맹목적으로 움직이고 놀라움을 느끼며 꿈속에서 주인공인 나는 과거의 기억에 접근할 수 없는 기억상실 상태다. 그러나 꿈에서 일화기억의 자전적 회상은 불가능하지만 놀랍게도 자아감은 확실하다. 깨어 있는 동안 작동하는 자아는 자신의 자전적 기억을 매 순간 회상하면서 생성되고 유지되지만, 꿈속에서 나는 이전의 사건기억과 단절되어 기억 회상에 의한 자아는 동작하지 않는다. 그런데 꿈속에서 주인공인 나의 자아감이 분명한 이유는, 자아가 움직임의 주체라는 느낌에서 생겨난다. 꿈속에서 우리는 눕거나 앉는 경우는 드물고 항상 분주히 어딘가로 달려간다. 이러한 움직임의 주체에 대한 감각-운동 환상에서 꿈속 자아가 생성되는 것이다.

생각은 범주화된 지각의 언어적 지시 과정이다. 그리고 생각은 지각의 상위 과정이 아니고 기억처럼 지각 처리 과정의 한 단계다. 단편적 감각입력이 '무엇'이고 '무엇을 의미'하는지를 밝혀내는 창조적 과정이 지각이다. 감각 대상이 무엇인지 아는 과정이 곧 무의식적 기억 인출 과정이다. 감각된 대상의 의미를 밝히는 과정이 생각이 된다. 그래서 기억과 생각은 지각의 한 형태다. 지각은 그 자체로 창의적 과정이기에 사람마다 다를 수 있다. 생각은 기억의 이미지를 연결하는 연상 과정이며, 생각에서 기억은 주로 언어로 표상된다. 언어의 핵심은 사물과 사물을 지시하는 소리의 대응 관계이며, 이 지시 관계를 나타내는 단어 그 자체는 관습적으로 생성되는데, 이는 실체가 아니라 상징이다.

인간은 꿈과 생각이라는 특별한 지각 과정의 진화에 따라 물리적 인과관계의 족쇄에서 벗어나는 가상세계를 출현시켰다. 물리적 공간의 인과율에서 자유로워진 인간은 자연 속에 가상세계라는 또 하나의 자연을 탄생시켰다. 이른바 에델만이 이야기하는 세컨드 네이처. 자신의 문제에 몰입할수록 생각은 자신만의 구체적 현실이 되고, 모든 사람은 각자 고유한 현실을 창조하게 된다. 현실이 생각에 의해 더욱 심각해질수록 감각이 차단되어 비현실적으로 되는 역설이 생겨난다. 그 결과 현실적인 사람은 현실적 문제를 해결할 수 없다. 그래서 현실의 문제를 비현실적인 생각과 가상세계에서 해결해준다. 전두엽이 처리해야 할 현실 문제에 몰입할수록 감각이 사라지고 기억에만 의존한 강한 생각의 흐름이 만들어진다. 생각만이 존재할 때 생각은 환각이 되고 완벽한 가상세계가 출현한다. 생각에 몰입할수록 감각입력은 차단되고 내면의 세계는 더 강화되어 생각 그 자체가 존재하는 유일한 현실이 된다. 결국 우리의 현실도 환각이다.

## 렘수면은 렘온세포가 발화되고
## 렘오프세포 발화가 중지되는 뇌의 상태다

태아 시기의 뇌는 전뇌, 뇌간, 척수로 구분된다. 뇌간 신경핵에서 상행하는 아세틸콜린 생성 신경세포의 축삭이 전뇌를 자극하면 노르에피네피린 생성 신경핵이 뇌간으로 신경가지를 낸다. 뇌간은 발생 과정에 중뇌, 교뇌, 연수로 다시 분화되어 교뇌신경핵의 노르에피네피린 생성 세포가 억제성 신호를 보내면 교뇌핵에서 상행하는 아세틸콜린 생성 신경세포가 억제성 시냅스로 전환된다. 그리고 전뇌로 상행하는 축삭을 보내는 신경세포는 렘온세포가 되고, 이 세포들의 집단은 교뇌의 아세틸콜린 분비핵인 대뇌각교뇌피개핵와 외측등쪽피개핵이 된다. 전뇌 피질을 자극하는 상행 활성 신경세포는 아세틸콜린을 대뇌피질로 방출하여 태아가 렘수면 상태가 된다. 발생이 진행되면서 교뇌의 상행신경세포는 자신을 억제하는 노르에피네피린 생성 신경세포에 흥분성 시냅스를 한다. 렘온신경세포를 억제하는 신경세포는 교뇌 청반핵의 노르에피네피린 분비세포로 렘오프세포라 한다. 그래서 렘수면은 렘온세포가 활발히 발화되고, 렘오프세포의 발화가 중지되는 뇌의 상태이다.

그림 9-19 발생 과정에 생성되는 렘수면 신경핵

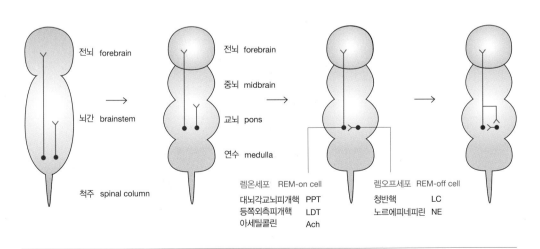

그림 9-20 수면의 진화

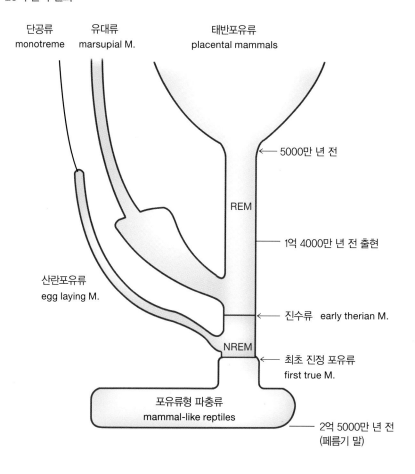

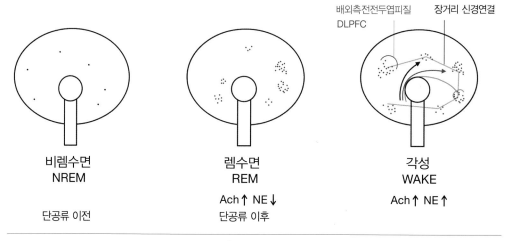

노르에피네피린은 감각입력에 집중하게 하여 뇌를 각성 상태로 전환시킨다. 그래서 낮 동안에는 노르에피네피린의 분비가 촉진되고, 렘수면시에는 거의 분비되지 않는다. 신생아는 하루에 렘수면과 비렘수면을 번갈아 16시간 이상 수면한다. 비렘수면은 대략 10세까지는 8시간 정도 유지되지만 렘수면은 90분 정도로 급격히 줄어든다. 노인이 되어서도 렘수면은 전체 수면의 25퍼센트 정도를 유지한다.

동물의 수면을 진화적으로 추적한 연구에 따르면, 2억 5000만 년 전인 페름기에 출현한 포유류형 파충류에서 초기 포유동물인 진수류가 진화한다. 진수류는 대략 1억 4000만 년 이후 유대류와 태반포유류로 진화하는데, 이들은 렘수면을 한다. 단공류인 바늘두더지는 렘수면이 없어서 오프라인 학습이 어렵다. 사건 현장에서 직접적으로 학습을 하기 때문에 전전두엽의 비율이 증가했다. 태반류는 안전한 밤 시간 동안 렘수면 꿈을 통한 절차운동을 반복 시행하여 기억이 공고해졌다.

파충류에서 진화한 키노돈트cynodont류에서 바늘두더지와 오리너구리가 속한 단공류까지는 렘수면이 출현하지 않아서 서파수면만 존재한다. 단공류 이후 유대류와 태반포유동물에서 렘수면이 진화한다. 렘수면의 꿈은 노르에피네피린 분비가 억제되고 아세틸콜린 분비가 증가하는데, 이 때문에 꿈꾸는 뇌는 주의집중이 약화되어 자유연상이 활발해진다. 각성 상태는 배외측전전두엽의 작업기억이 작동해 장거리 피질 연결이 활발해져 맥락적이고 논리적 사고가 가능해진다.

각성과 수면 상태에서 뇌파의 시간과 공간에 동조 현상이 나타난다는 것이 고양이 뇌 실험에서 밝혀졌다. 고양이 뇌의 실비안열위피질suprasylvian cortex에 1밀리미터 간격으로 네 군데 전극을 삽입해서 국소전장local field potential을 측정했다. 각성 상태에서는 1밀리미터 간격의 인접피질에서 국소전장의 상관관계가 높지만, 3밀리미터의 먼 간격에서 측정한 국소전장의 상관관계는 낮아졌다. 뇌 활동의 상관성이 인접 피질에서 멀어질수록 낮아지는 현상은 뇌의 국소적 신경연결이 강하다는 증거다. 각성 상태에서 시간적 뇌 활성의 상관성은 동일한 전극에서 20초 간격으로 측정한 국소전장 측정치와 상관관계가 아주 낮았다. 이는 뇌피질의 동일 지점에서 시간적으로 다른 뇌 활동이 진행된다는 증거다.

　서파수면 상태에서 측정한 근접피질 국소전장의 상관관계는 거의 1의 값으로 상관관계가 매우 높았고, 3밀리미터 간격의 전극에서도 상관관계가 1에 가까울 정도로 높았지만, 뇌 피질에서 동일 지점의 시간적 상관성은 각성시와 마찬가지로 서파수면에서도 상관성이 거의 없었다. 서파수면의 국소전장에서 진폭이 낮고 주파수가 높은 영역은 각성 상태의 측정파형과 거의 같은 양상이고, 공간과 시간상의 상관관계도 각성시와 거의 같았다. 따라서 국소전장 파형으로 뇌 활동을 유추하면, 각성 상태는 낮은 진폭의 빠른 활동이 주도적이고 서파수면은 높은 진폭의 느린 활동이 주도적이다. 하지만 서파수면의 일부 영역에서는 각성시의 파형이 출현한다.

## 꿈은 경험의 사실화가 아니고
## 의미의 추상화다

해마치상회의 과립세포는 피라미드세포와 연결되어 사물의 공간 패턴을 분리하고, 공간 패턴 정보를 부호화한다. 해마에 유입되는 감각 중 연합청각과 연합체감각은 후대상회로 입력되어 후대상회의 신경연결로인 대상다발을 통해 해마로 입력되며, 시각은 하측두엽에서 내후각뇌피질을 통해 해마로 입력된다.

수면은 해마에서 형성된 사건기억이 대뇌피질로 이동하여 기억의 공고화가

그림 9-21 해마 기억 형성 과정

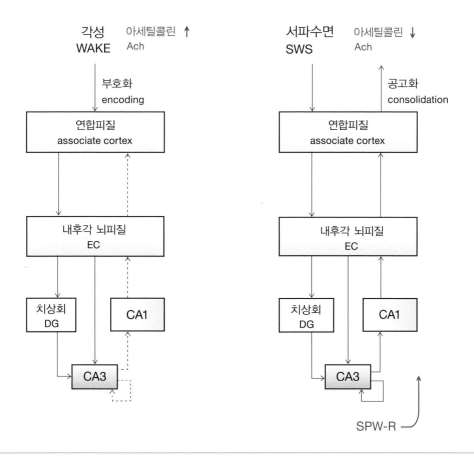

이루어지는 과정과 연계되어 있다. 깨어 있는 동안 경험한 사건기억은 대뇌피질에 존재하는 기존 기억 회로에 약하게 연결되며 해마에도 임시로 저장된다. 서파수면 때는 해마에 임시로 저장된 일화기억이 대뇌피질로 이동하여 저장되는데, 이때 기존 기억 회로와 연결이 분해되고 다시 새로운 연결이 형성된다. 따라서 기존 기억 회로에 연결되어 새로운 기억이 생성되는 과정은 기존 기억의 일부가 붕괴되고 다시 생성되는 불안정한 과정이다. 새로운 기억은 반드시 옛 기억을 통과하여 생성되며, 새로운 기억의 저장과 옛 기억의 회상 과정은 시냅스 후막의 이온 채널이 삽입되고 붕괴는 현상이다. 그래서 학습 내용과 관련된 기억이 떠오르지 않으면 새로운 학습이 어렵고 우리가 알고 있는 지식을 바탕으로 학습하게 된다.

각성 상태에서는 지각 정보가 감각연합피질에서 내후각뇌피질 통하여 치상회와 CA3로 입력되어 기억으로 잠시 저장된다. 서파수면에서 아세틸콜린 농도가 낮아지면 CA3와 CA1에서 생성되는 SPW-R파형을 통해 내후각뇌피질로 기억이 출력되고 대뇌연합피질로 이동한다.

해마에서 생성된 사건기억을 대뇌피질로 이동하는 과정은 다음과 같다. 해마 CA1 피라미드신경세포에서 생성되는 SPW-R파가 비렘수면 2단계에서 출현하

그림 9-22 기억의 공고화 과정

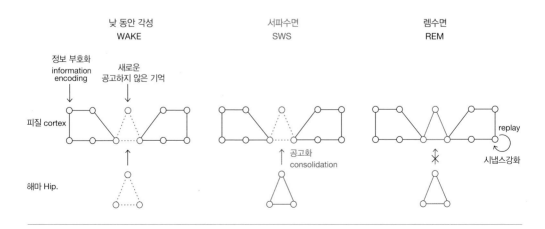

박문호 박사의 뇌과학 공부

는 수면방추에 실려서 대뇌피질로 이동한다. 기억을 회상하는 과정은 시냅스 연결이 붕괴되고 새롭게 시냅스가 생성되는 불안정한 과정이므로 이 과정에 착오가 생기면 그 기억을 다시 찾기 매우 힘들 수 있다. 비유하자면 책상에 항상 보관하던 볼펜을 사용하고 아무 곳에나 버려두면 다시 그 볼펜을 찾기 어려운 현상과 같다. 서파수면 동안 대뇌피질로 이동한 새로운 기억은 기존 기억에 결합하며, 서파수면에 이어서 진행되는 렘수면 때 해마와 대뇌피질의 연결이 단절된 상태에서 대뇌피질에서 기억의 공고화가 일어난다.

수면은 생존에 직접 관계없는 사소한 정보를 제거하는 과정으로 볼 수 있다. 수면 후에는 시냅스 개수가 줄어들며 신경 사이의 연결이 약화된다. 수면은 낮 동안의 경험에서 생성된 신경연결에서 중요하지 않은 가지를 제거하여 생존에 긴요한 연결만 유지함으로써 뇌가 핵심 정보에 신속하게 반응하게 만든다. 그래서 충분한 수면을 하면 뇌 작용이 민첩해진다.

그림 9-23 수면과 신경연결

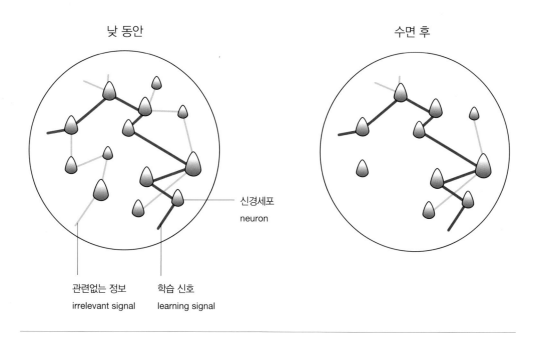

낮 동안

수면 후

신경세포
neuron

관련없는 정보
irrelevant signal

학습 신호
learning signal

기억의 공고화 과정은 신경세포 핵 속 DNA에 존재하는 유전자가 전사되어 단백질이 만들어지고, 이 단백질로 새로운 이온채널이 만들어지는 것이다. 기억 관련 이온 채널인 AMPA와 NMDA 글루탐산 수용체가 시냅스후막에 삽입되어 이온채널 개수가 많아지는 현상이 바로 새로운 기억이 만들어지는 과정이다. 서파수면 때는 해마에서 잠시 저장된 기억이 대뇌피질로 이동해 기존 기억과 결합한다. 이 과정에서 시냅스 막이 불안정해진다. 렘수면에서는 새로운 단백질이 만들어져 기억이 장기기억으로 저장된다. 렘수면 때는 해마와 대뇌피질의 연결이 단절되므로 꿈에서는 최근의 일화기억을 참고할 수 없다. 꿈 연구자들의 보고에 의하면, 최근 대략 2주 이내에 경험한 일화기억은 꿈 내용에 거의 등장하지 않는다. 꿈에서 친구나 직장 동료가 등장해서 함께 어떤 행동을 하지만, 그 행동들은 이전의 기억과 같은 내용이 아니라 새롭게 창조해낸 행동이다. 이전에 경험한 사건기억과 완전히 일치하는 꿈은 거의 없다. 꿈이 기억을 바탕으로 생성된다면, 옛 기억과 동일한 사건이 꿈에 등장해야 하지만, 꿈 내용은 완전히 새로운 내용이다. 등장인물과 주변 사물들은 내가 알고 있지만 꿈에서 일어나는 사건은 기억과 유사하되 새로운 내용이다. 이러한 현상은 렘수면 꿈에서는 일화기억은 차단되지만 의미기억은 작동하는 반면 사물과 사물의 의미는 경험기억과 무관하게 정상적으로 작동하기 때문에 일어난다. 꿈속에서 인출되는 기억은 일화기억이 아니라 대뇌피질에 저장된 의미기억이다. 만일 일화기억이 인출되었다면 꿈 내용이 자신의 경험기억과 일치해야 하는데, 꿈 내용은 일반화된 의미기억의 조각들을 맥락 없이 자유롭게 연결한다. 그래서 꿈은 경험의 사실화가 아니고 의미의 추상화다. 따라서 꿈은 전적으로 창의적이다.

기억이 대뇌피질에 저장되는 과정은 전전두엽과 해마 사이 연결 회로의 작용이다. 해마에는 기억이 저장된 곳을 가리킬 수 있는 지시 기능이 있다. 해마의 이러한 기억 장소 지시 기능은 전전두엽과의 상호작용으로 생겨나는데, 렘수면 때는 전전두엽의 활성이 약해지고 해마와 대뇌피질의 연결이 단절되어 해마는 일화기억이 저장된 장소를 지시할 수 없게 된다. 그 결과 꿈에서는 이전의 일화기억이 등장하기 어렵다. 해마가 관련된 기억 회로인 파페츠회로의 한 구성 핵인 유두체가 알코올 중독으로 손상되면 알코올성 기억상실증인 코르사코프 증후군이 생기는데, 이 증후군 환자는 흔히 작화증을 보인다. 작화증은 유두체 손상에 의해 기억 회로가 단절된 것으로, 대뇌피질과 해마의 연결 회로가 손상된 상태다. 꿈에서는 일시적으로 대뇌피질과 해마가 단절되어 일화기억을 그대로 반영하지 못하고, 그 내용도 예측 불가능하여 이야기를 매번 자유롭게 지어낸다. 이런 점에서 코르사코프 증후군의 작화증처럼 꿈도 끊임없이 사실이 아닌 이야기를 지어내는 작화 과정으로 볼 수 있다.

각성 상태에는 뇌간의 아세틸콜린 분비핵뿐 아니라, 솔기핵, 청반핵의 세로토닌과 노르에피네피린 분비 뉴런의 활동이 활발해져 주의집중이 가능하고 경험이 기억된다. 반면에 렘수면에서는 아세틸콜린 분비 뉴런의 활동은 활발하지만

그림 9-24 각성과 수면 상태 관련 신경핵

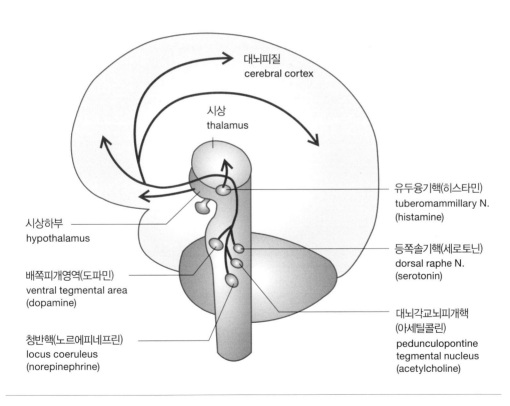

세로토닌과 노르에피네피린 분비 뉴런의 활성이 극히 약해지기 때문에 꿈에서는 주의집중이 어렵고 내용이 기억되지 않는다.

## 시상그물핵의 버스트모드파는
## 자율박동기 역할을 한다

신경세포는 전압펄스를 생성한다. 인체를 구성하는 어떤 세포도 일정한 크기의 전압펄스를 만들지 못한다. 오직 감각뉴런, 운동뉴런, 그리고 연합뉴런의 신경세포만이 전압펄스 서열을 지속적으로 생성한다. 대부분 동물 세포들은 단백질의 상호작용이 다단계로 작동하지만, 빠른 주파수의 일정한 전압파를 만들지는 못한다. 하지만 신경세포는 시냅스 전막에서 방출되는 신경전달물질이 시냅스후막의 이온채널에 부착되면 단백질로 만들어진 이온채널 통로가 열리고, 그 통로를 통해 시냅스갭synaptic gap에 존재하는 나트륨 양이온이 시냅스후막 세포질 내부로 유입되고, 나트륨 양이온의 양전기가 세포내부의 전압을 플러스 방향으로 상승시킨다. 시냅스갭에 존재하는 염소 음이온이 시냅스후막 세포 내부로 유입되면 반대로 세포 내부의 전압은 마이너스 방향으로 증가한다. 그러면 전압이 더 낮아져 세포의 전기적 활성이 낮아지는 과분극상태가 된다.

한 개의 뉴런에서는 약 1만 개 이상의 시냅스가 형성된다. 대뇌피질 신경세포의 시냅스에는 신경전달물질인 글루탐산에 의한 흥분성 시냅스가 대략 80퍼센트, GABA에 의한 억제성 시냅스가 20퍼센트의 비율로 존재한다. 구체적인 예로 해마의 CA1 피라미드 뉴런의 경우 흥분성 시냅스가 대략 1만 6,000개, 억제성 시냅스가 3만 4,000개 존재한다. 한 개의 신경세포에 작용하는 흥분성과 억제성 시냅스 작용의 총합이 일정 수준 이상의 전압이 되면, 신경세포체의 출력이 시작되는 축삭의 입구에서 일정한 크기의 전압펄스가 초당 수십에서 수백 개정도 되는 디지털화된 활동전위가 생겨 축삭으로 출력되어 다른 신경세포로 전기적 흥분이 전달된다.

신경세포가 생성하는 활동전위에는 감각신경세포인 경우 토닉모드tonic mode와 위상모드phasic mode가 있다. 토닉성 감각세포는 감각입력이 입력되는 동안 지속적으로 전압파를 생성하며, 위상성 감각세포는 감각 자극이 입력되는 순간과 감각입력이 종료되는 순간에만 전압파를 생성한다. 신체 표면의 압력수용기 감각세

그림 9-25 신경세포 시냅스

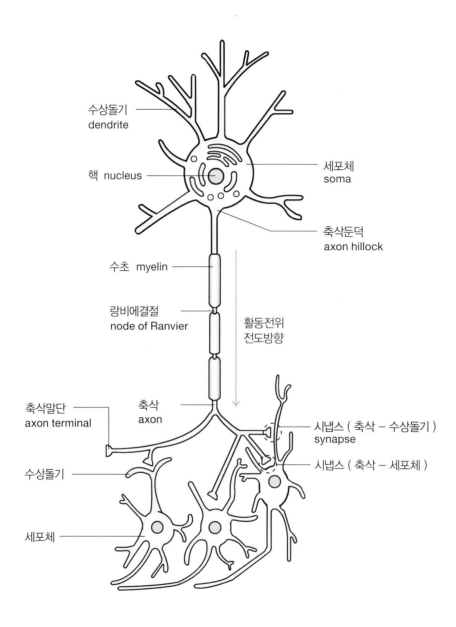

수상돌기
dendrite

핵 nucleus

세포체
soma

축삭둔덕
axon hillock

수초 myelin

랑비에결절
node of Ranvier

활동전위
전도방향

축삭말단
axon terminal

축삭
axon

시냅스 ( 축삭 – 수상돌기 )
synapse

수상돌기

시냅스 ( 축삭 – 세포체 )

세포체

포는 압력을 받는 동안 지속해서 자극을 대뇌 체감각피질로 전송하는 토닉성 감각세포다. 반면에 후각의 냄새와 청각의 소음은 자극이 지속되면 감각이 의식되지 않는 위상성 감각이다. 외부 자극 수용기는 대부분 위상성 감각뉴런이다.

감각뉴런은 토닉성과 위상성 전압펄스로 분류된다. 시상의 감각중계뉴런에는 토닉모드 전압펄스와 버스트모드burst mode 전압펄스의 두 가지 신경 흥분이 존재한다. 토닉모드에서는 주입 전류에 비례하여 초당 발생하는 전압펄스의 수가 증가하지만, 버스트모드에서는 주입 전류가 임계값 이하면 전압펄스가 생기지 않고 임계값을 초과하면 주입 전류와 무관하게 일정한 개수의 전압펄스가 생성된다. 버스트모드에서는 초당 300개 이상의 전압펄스가 생길 수 있으며, 단위 시간당 일정한 개수의 전압파가 생기므로, 시상그물핵의 버스트모드파는 자율박동기 역할을 한다.

시상의 감각중계뉴런이 토닉모드일 경우는 입력되는 감각신호에 비례하는 전

그림 9-26 토닉 모드와 위상성 모드

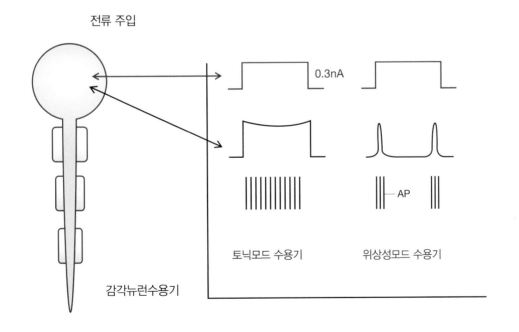

그림 9-27 신경전압펄스의 버스트모드와 토닉모드

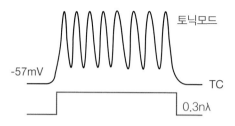

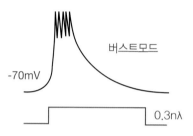

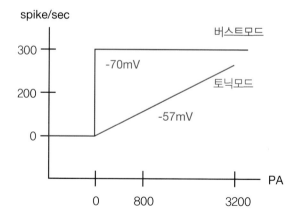

압펄스가 생성되므로 감각입력을 충실히 대뇌피질로 전달한다. 반면 버스트모드에서는 감각입력에 무관하게 시간당 일정한 개수의 전압펄스가 생성되는데, 뇌가 수면 상태일 때 주로 발생한다. 시상 감각중계뉴런이 토닉모드 혹은 버스트모드로 동작하는 선택은 시상 중계뉴런의 세포내 초기 전압값과 관련된다. 신경세포는 자극이 없을 때 대략 -70밀리볼트의 휴지 상태 전압을 유지하지만, 어떤 상황에서는 더 낮아져 -77밀리볼트가 될 수 있으며, 이 경우 시상감각세포는 버스트 모드로 작동하게 된다. 대뇌와 척수의 중추신경계 신경세포가 생성하는 전압펄스의 양상은 감각뉴런의 토닉모드와 위상모드, 시상중계뉴런의 토닉모드와 버스트모드가 있으며, 이외에 일정한 전압펄스를 주기적으로 생성하는 일종의 '페이스메이커pace maker' 역할을 하는 뉴런도 존재한다.

뇌간에 존재하는 그물형성체에는 페이스메이커 역할을 하는 노르에피네피린 분비 세포 모임인 청반핵, 세로토닌 분비 세포 모임인 솔기핵, 도파민 분비 세포 모임인 배쪽피개영역이 있다. 청반핵의 뉴런은 대뇌피질 전 영역으로 신경가지를 뻗어 대뇌피질 피라미드신경세포의 활성을 조절한다. 청반핵의 뉴런들은 3초에 한 개의 전압펄스를 생성하며, 이 전압파에 동반하여 대뇌피질로 노르에피네피린을 시냅스갭으로 분비하여 신경세포 집단의 활성도를 높인다. 노르에피네피린, 세로토닌, 아세틸콜린에 의한 대뇌피질 활성도 증가 현상을 피질각성cortical arousal이라 하며, 대뇌 피질각성으로 광범위하게 신경세포의 활성이 연결되어 각성 상태는 의식화한다. 이처럼 뇌간 그물형성체의 역할은 상행으로는 대뇌피질의 의식 상태를 조절하고, 하행으로는 척수운동뉴런의 활성을 조절한다.

## 방금 전에 무엇을 생각했는지
## 기억나지 않는다

생각에는 생각나기와 생각하기가 있다. 상상은 생각나기고 회상은 생각하기다. 생각은 언어로 표상된 지각의 한 형태다. 온종일 생각하지만 바로 전에 무엇을 생각했는지 기억나지 않는다. 마치 새벽에는 기억나던 꿈을 아침 출근할 때는 모두 잊어버리는 것과 같다. 꿈과 현실을 나란히 비교해보면 차이점보다 유사성이 더 많다. 10분 전에 무엇을 생각했는지는 거의 기억되지 않지만, 무슨 행동을 했는지는 대부분 기억난다.

서파수면은 꿈이 드물고 뇌의 활성이 낮아져 기억되는 현상이 거의 없다. 하지만 렘수면 중에 빈번한 꿈은 깬 후 잠시 동안 기억되며, 일부 내용은 낮 동안에도 기억 흔적으로 남아 있다. 꿈이 낮 동안에도 생생히 기억되어 낮의 사건기억들과 함께 장기기억이 된다면, 꿈과 현실 경험을 구별하기 힘들 수 있다. 그래서 꿈은 잊히도록 진화했다. 꿈이 기억되지 않는 낮 동안 뇌는 외부환경 자극에만 전념할 수 있어 생존 확률이 높아진다. 꿈이 잊히는 덕에 낮 동안 우리의 뇌는 감각입력 처리와 목적 지향적 행동을 하게 되어 현실의 세계상을 만들어낸다. 인간은 언어의 분별 작용으로 꿈과 현실을 구분하면서부터 꿈의 환각과 감각입력에 의한 현실을 구분할 수 있게 되었다. 그래서 각성 상태는 견고한 현실 세계를 출현시키지만, 어쩌면 전체상의 일부거나 감각에 의해 변조된 꿈일 수 있다.

쥐나 고양이 모두 다른 현실감이 존재할 수 있으며, 동물마다 생존 환경이 다른 만큼 동물종마다 현실이 다를 수 있다. 인간의 현실은 뇌의 상태에 따라 변할 수 있다. 현실감은 줄어들거나 커질 수 있다. 그래서 '증강 현실'은 중요한 연구 분야며, 우리의 현실감이 얼마나 가변적인지를 잘 보여주는 구체적 사례다. 현실이 개인의 뇌 상태에 따라 변화한다면 꿈의 실재감도 변화하여 '각성 상태 속의 꿈' 혹은 '현실화된 꿈'을 고려해볼 수 있다. 꿈과 현실을 대등한 수준에서 비교해서 뇌 작용이 만들어내는 세계상인 각성 상태의 현실과 꿈을 '인과를 벗어난 현실'로 바라볼 수 있다.

각성 상태에 있는 뇌가 외부 환경의 자극과 내부의 신체 상태에서 오는 정보를 동시에 처리한다면, 꿈은 감각입력이 배제되고 운동출력과 연결이 단절된 상태에서 뇌가 만드는 생각으로 볼 수 있다. 각성 상태의 현실 속에서 꿈의 속성을 찾아보고, 꿈의 생생한 장면을 뇌의 창조적 능력이라고 평가하면 꿈과 현실의 이원론은 완화될 수 있을 것이다. 낮 동안에 주의집중이 분산되면 상상이 나래를 펴거나 멍해지는데, 이때는 뇌에서 처리되는 어떤 것도 기억할 수 없다. 꿈이 기억되지 않는 현상과 방금 전의 상상이 기억나지 않는 이유는 모두 기억을 공고화하는 물질인 노르에피네피린 생성 세포의 활성이 낮아져서 생긴 현상일 수 있다. 깨어 있는 상태와 꿈을 꾸는 상태는 차이점보다 유사성이 더 많으며, 이 경우의 뇌 상태를 단절보다 연속 상태로 인식하여 꿈과 현실의 괴리감을 극복하면 뇌 작용을 더 넓은 관점에서 바라볼 수 있다. 현실이 원하는 대로 되지 않을 때 인간은 불안감과 스트레스를 느끼며, 현실에 적응이 어려울수록 우회로인 꿈의 현실적 가치는 높아진다. 꿈과 현실을 대등한 실체로 인정하면, 현실에서 어려울 때 꿈속으로 심리적 피난을 할 수 있으며, 이것은 단순한 현실도피가 아닌 또 다른 뇌의 상태인 꿈이라는 증강된 현실로 이동하는 전략이 될 수 있다. 꿈을 기록하고 기억하여 각성 상태에 대등한 현실감을 부여한다면, 우리 삶의 공간은 두 배로 늘어나고 견고한 현실이 장벽을 낮추고 심적 자유도가 높아져 스트레스를 줄일 수도 있겠다.

우리는 밤 사이 비렘수면에 이어서 렘수면 상태에 빠지고, 각각의 렘수면 상태에서는 대략 다섯 개의 개별적인 꿈을 꾼다. 새벽에 잠이 깰 때는 대부분 한 개의 꿈이 기억나며, 두 개의 꿈이 기억나는 경우도 흔하다. 꿈속의 내용은 몇 개의 장면으로 구성되어 있는데, 그 장면 중에는 깨어 있을 때는 상상하지 않았던 내용이 많다. 렘수면 꿈은 새롭고 창의적인 내용이 풍부하다. 그래서 생생한 꿈을 기억하고 현실감을 부여하여 또 하나의 현실을 만든다면 '증강된 현실'과 함께 '확장된 현실'이 되어 심리적 지평이 넓어진다.

태어나기 바로 전의 태아는 24시간 동안 렘수면 꿈 상태로 존재한다. 생후 몇 개월은 여덟 시간 정도 계속해서 유아는 렘수면 상태에 빠진다. 태아와 유아기의 꿈이 무엇인지 상상하기 어렵지만, 아마 감각 자극에 반응하는 운동을 동반하는 원초적 의식 상태로 짐작할 수 있다. 렘수면이 단공류 이후의 포유류인 유대류와 태반포유류에서만 나타난다는 사실에서 렘수면의 꿈을 원초적 의식 상태로 보는 관점은 중요해진다. 에델만의 일차의식은 포유류에서는 분명히 존재하기 때문이다.

시상 감각중계뉴런에 입력되는 감각 흥분은 대뇌피질로 전달되고, 대뇌피질

그림 9-28 시상 감각중계핵, 시상그물핵, 대뇌피질의 정보 처리 확산 과정

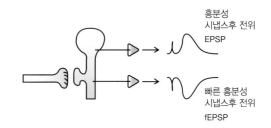

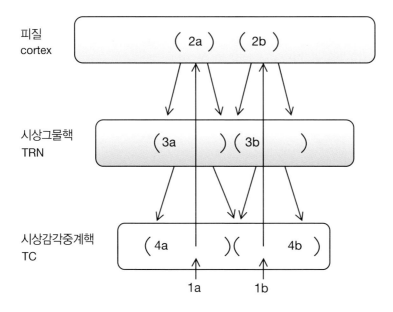

박문호 박사의 뇌과학 공부

은 다시 시상그물핵에 신경자극을 보낸다. 이 자극으로 시상그물핵의 억제 작용이 탈억제된다. 감각입력이 시상감각중계핵→대뇌피질→시상그물핵→시상감각중계핵의 순환을 반복하면서 점점 더 많은 신경세포들이 이 순환에 참가하여 감각신경 자극을 처리하는 대뇌피질 영역이 확장된다. 그래서 생존에 중요한 정보에 주의력을 집중하는 대뇌피질 각성이 생긴다.

## 렘수면 동안
## 전두엽과 해마의 상호연결이 약해진다

최근에 두 번 연이어 생생한 렘수면 꿈을 꾸었다. 새벽에 꿈에서 깨어난 즉시 꿈을 기억해내려고 노력했고, 꿈 내용을 해석해보았다. 첫 번째 꿈 장면은 울진군 지경 검문소 부근의 해변이었는데, 해변 비포장길이 모래가 많은 사질 토양으로 단단하지 않았다. 바닷가 풍경이 무척 외롭고 쓸쓸하다는 느낌이 들었으며, 조금 나아가니 집이 몇 채 있었고, 그곳 식당에서 놀랍게도 유로 아저씨와 내가 청국장을 먹고 있었다. 이 꿈 내용을 설명해보면, 처음 등장하는 울진군 지경 검문소는 울진군과 영덕군 경계의 검문소로 고등학교까지 그곳에서 살았고, 그 해변을 어느 정도 알고 있다. 그런데 꿈속에서 나는 그곳이 대략 어느 해변인지 짐작으로 알고 있었다. 해변 길에서 본 땅에 대한 생각은 지난해 포항 방사광가속기를 견학할 때, 그곳의 흙이 사질 토양이라는 설명을 들었고, 그때 포항 부근의 신생대 4기 지층은 모래가 압력을 받아 암석화되지 않은 지층이란 생각을 했다. 이러한 생각이 한 달 후 꿈에 울진 바닷가의 드러난 도로에 대한 지질학적 생각과 연결되어 꿈에 등장했고, 이는 렘수면 꿈이 일화기억에서 생성된 의미기억들을 서로 연결하는 과정일 수 있다.

식당에서 유로 아저씨와 청국장을 먹는 장면에서 추론할 수 있는 내용은 일단 함께 식사하는 사람이다. '유로 아저씨라고 나는 생각했다.' 유로 아저씨는 몽골 고비사막을 탐사할 때 네 번이나 가이드를 해준 몽골 사람인데, 꿈속 등장인물들은 대부분 얼굴 모습이 명확하지 않지만, 그 사람이 누구인지 '나는 알고 있다고 생각한다.' 꿈속에서는 등장인물의 모습은 흐릿하지만, 친숙한 느낌으로 상대를 대한다. 그리고 청국장을 몽골인 유로 아저씨와 먹으면서 또 꿈속에서 혼자 '청국장은 유목민 음식이니 유로 아저씨가 좋아하겠지'라고 생각했다. 이 장면도 꿈속에서 '유로 아저씨 기억 회로'와 의미기억인 '청국장은 유목민 음식'이 서로 연결되었다. 이처럼 꿈 내용의 핵심은 최근에 경험한 일화기억과 이전의 의미기억의 연결이다.

박문호 박사의 뇌과학 공부

꿈속에서 '바닷가 풍경이 외롭고 쓸쓸하다'라고 느꼈고, 이런 외로운 느낌이 오히려 평온하다고 생각했는데, 꿈이 정서적 풍경으로 가득한 이유는 렘수면에서 전대상회와 편도체가 활성화되어 정서적 표현이 강해지기 때문이다. 꿈의 배경 정서는 개인의 고유한 개성이기 때문에 꿈 해석을 자신이 더 잘할 수 있다. 꿈은 최근의 기억할 만한 일화기억들이 렘수면 꿈 과정에서 기존의 의미기억과 연결되어 일화기억이 공고해지는 과정으로 볼 수 있다. 각성 동안 경험하는 생생한 일화기억의 정서적 느낌은 영화감독이 되어 장기기억으로 저장된 이전의 경험 및 의미기억과 연결된다. 최근의 사건인 일화기억을 이전의 일화기억과 연결하지 못하고 이전의 의미기억과 연결하기 때문에 꿈은 일화기억을 의미기억으로 변환한다고 볼 수 있다.

꿈이 최근의 일화기억을 이전의 일화기억과 연결한다면, 꿈속에 등장하는 장소와 인물이 구체적이어야 하는데, 꿈에서 등장하는 장소와 인물은 구체적이지 않다. 그런데 그 장소와 인물을 이미 알고 있다고 생각한다. 즉 꿈은 의미기억과 최근 사건을 연결하는 과정이다. 구체적 일화기억이 꿈 내용에 등장하지 못하는 이유는 렘수면 동안 전두엽과 해마의 상호연결이 약해지기 때문이다. 각성시에는 전전두엽과 해마의 상호작용으로, 전전두엽의 작업기억이 동작하는 과정에 필요한 장기기억 저장 장소의 주소 정보를 해마가 전전두엽에 항상 제공해준다. 따라서 전전두엽은 필요한 장기기억을 해마와 협동으로 인출하여 적당한 운동 출력 계획을 만든다. 렘수면 꿈에서는 해마와 전전두엽의 협동 작업이 단절되고, 전전두엽 대신 전대상회와 편도체가 꿈의 정서를 표출해 이러한 정서에 부합하는 꿈 장면을 선택한다고 볼 수 있다.

꿈 내용에는 시간, 장소, 등장인물, 행동이 돌발적으로 변화하는 불연속적인 특성이 있는데, 자세히 기억해보면 꿈 내용 한 장면이 지속되는 동안 등장하는 세부 내용은 풍부하고 정서적으로 일관성을 유지한다. 꿈 내용에서 등장인물과 장소가 명확하지 않지만, 누구이며 어디인지를 '알고 있다고 느끼는' 현상은 바로 꿈이 의미기억을 불러오기 때문이다. 의미기억은 일화기억을 형성하는 일상 경험에서 공통 부분이 서서히 의미로 범주화되면서 장기기억으로 변환된다. 의미기억은 경험기억의 세부사항인 시간과 장소 정보를 탈락시키고 핵심 의미만 강화하여 일반화하는 과정이다. 따라서 핵심 의미만 유지하는 의미기억은 어떤 새로운 경험기억과도 결합 가능하다. 새로운 경험기억은 시간과 장소에 대한 정보가 확실하지만, 그 경험의 의미는 다양한 해석이 가능한 상태며, 그 의미는 기존 의미기억과의 연결을 통해 서서히 획득된다. 방사광가속기를 방문한 '일화기억 흔적'이 꿈속에서 '지질학적 의미'와 연결되고, '유로 아저씨의 일화기억'이 '청국장이라는 의미기억'과 연결된다. 꿈의 핵심은 일상 경험의 일화기억이 의미기억과 연결되어 장기기억으로 전환되는 것이다.

요약하면 다음과 같다.

**렘수면 꿈→최근의 일화기억이 의미기억과 결합하여 장기기억으로 저장되는 과정**

**구체적 일화기억이 꿈 내용에 등장하지 않음→렘수면 동안 전두엽과 해마의 상호연결이 약해지기 때문**

**꿈에서 등장하는 사람이 누구인지 알고 있다는 느낌이 의미기억을 불러온다**

# 뇌와
# 언어

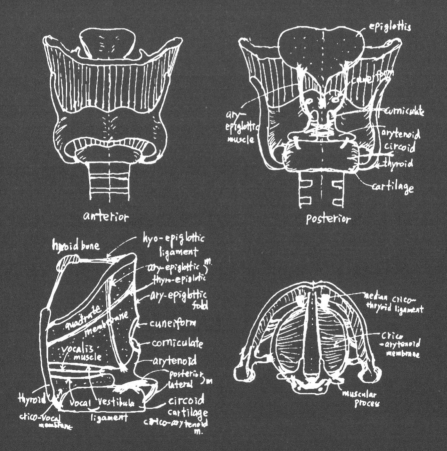

# 언어는
## 발성의 상징적 사용이다

언어는 개인, 문화, 생물의 영역에서 작용하는 진화적 적응 과정이다. 교통 문제는 자동차와 도로와 운전자의 상호작용에서 생겨나는 현상으로, 각각의 요소를 분리하면 존재하지 않는다. 마찬가지로 언어도 상호작용에서 생겨나는 현상이므로 개인과 문화를 분리하면 언어의 본질은 사라진다. 그리고 언어의 발음 과정은 발성기관의 진화와 관련되므로 개별 생물 종에 따라 다르다. 언어는 발성의 상징적 사용이다. 대부분의 동물은 의사소통을 위해 상징을 사용하지 못하는데, 인간만이 언어를 통한 대규모의 상징 사용이 가능하다. 동물은 발성으로 본능적 정서를 표출하며, 인간은 발음으로 상징을 표현한다. 인간 정신 작용의 핵심적인 기능은 상징의 사용이며, 상징의 기원은 사물과 사건을 지시하는 신체 작용에서 시작한다. 동물의 발성은 정서적 기능에 머문 반면 인간의 발성은 감정 표현에서 상징적 의미 전달로 발전했다.

찰스 샌더스 퍼스Charles Sanders Peirce의 기호 이론에 의하면 지시 작용은 세 단계로 구분된다. 첫째, 도상적 지시 단계다. 풍경과 풍경화의 관계가 이에 해당한다. 둘째, 지표적 지시 단계다. 교통 신호로 운전자에게 도로 상황을 지시해주는 것이 이에 해당한다. 동물의 울음 소리는 청각을 통한 지시 작용이다. 셋째, 의사소통을 위한 상징의 사용 단계다. 내면의 욕구를 표시하는 동물의 외마디 울음소리에서 발전하여, 인간은 발화의 상징적 사용을 통한 의사소통이 가능하다. 그리고 인간에서 활발한 상징의 사용은 상황에 따라 구분된다. 비맥락적 상황에서 몸이 피곤하거나 감정을 분출할 때 내는 소리가 있다. '어휴', '휴', '에잇', '아하'처럼 주로 짧은 외마디 소리는 몸의 상태나 정서를 표출하는 소리로, 어떤 대상을 향한 소리가 아닌 자신의 내면 상태를 표현하는 소리다.

전대상피질에는 고통이나 격한 정서를 소리로 발음하게 하는 영역이 있다. 이 영역 덕에 대상과 맥락이 존재하는 상황에서 단순한 구문에 의한 의사소통이 출현했다. "여기야, 그래, 아니야"처럼 주로 주의를 유도하거나 몸짓을 동반한 간

박문호 박사의 뇌과학 공부

단한 의사 표시 단계다. 동물의 경우는 꼬리를 흔들어 'yes'는 표현할 수 있지만 'no'에 해당하는 몸짓은 없다. 의사소통에 상징을 사용하는 단계에는 단어를 연결하여 구문을 만드는 능력이 필요하다. 구문 속의 단어는 일련의 상징 계열의 교차점에 해당한다. 즉 사물을 범주화하는 다양한 분류가 존재하고, 개별 단어는 여러 범주 분류를 함축하므로 대부분의 단어는 문맥에 따라 여러 의미로 해석될 수 있다.

의사소통을 위해 발음을 상징 수단으로 사용하려면, 발음에서부터 선별적 명료화와 어형 변화 그리고 어순 조작 능력이 필요하다. 발음의 선별적 명료화는 말의 강세에 따라 표현하고자 하는 바를 달리하는 능력이다. '아 다르고 어 다르다'라는 속담이 이를 잘 나타낸다. 하나의 표준말에 다양한 방언이 존재하는 이유는 지역별로 발음의 강세가 다르기 때문인데, 말의 의미 강조는 강세 변화에 실을 수 있다. 어형 변화는 구문을 형성하는 단어의 다양한 변화 양식이며, 문장 구성의 다양성을 만들어준다. 어형 변화에는 명사의 단수와 복수, 남성과 여성 변화, 동사의 시제 변화, 능동형과 수동형, 형용사형과 부사형 사이의 변화가 있다. 어순 조작의 경우, 영어는 주어와 동사의 위치 변화로 서술문에서 의문문을 만든다. 문장의 어순 변화는 명사, 동사, 형용사에 해당하는 단어의 문법적 범주화가 선행되어야 한다. 유인원에게 단어를 훈련시키는 실험은 일정 수준까지는 성공했지만 문장 생성에는 성과가 거의 없었다. 인간과 유인원의 발성의 차이는 기본 음소의 발음 능력 차이가 아니라 발음의 상징적 사용을 위한 어형 변화 능력에 있다. 어형 변화는 성대와 입술의 정확한 제어가 가능해야 한다. 단어의 발음을 넘어서 단어를 연결해 문장을 발음하는 능력은 인간에서 가능해진 새로운 기능이다.

동물이 발성을 단순 지표적 지시 작용을 넘어서 상징적 의사 전달 수단으로 사용하려면 먼저 상징적 지시 작용이 가능해야 한다. 동물이 상징을 사용할 수 없는 이유는 상징이 '그 자체로 존재'하지 않기 때문이다. 상징은 인간 사회에서 관습적으로 생겨나는 현상이기 때문에 상징과 상징으로 지시되는 대상 간에는 그 어떤 물리적, 심리적 관계가 존재하지 않는다. 단지 대상과 단어 사이에 관습적으로 형성된 지시 관계가 존재할 뿐이다. 따라서 상징은 다른 상징들의 '맥락 속에서만 존재'할 수 있으며 특히 상징들 간의 '관계 속에서 존재'한다. 상징을 표상하는 단어는 지각한 대상의 언어적 범주화이며, 다양한 범주화 계열들이 상호 교차하는 지점이다. 그래서 하나의 단어가 다양한 의미들을 연결하는 교차점에 위치하므로 언어의 다의성과 다층적 해석이 가능해진다. 단어 의미의 다양성은 단어 발음의 선별적 명료화와 결합하여 인간 언어의 무한대에 가까운 의미 확장을 가져왔다. 결국 유인원과 인간을 구분 짓는 능력은 개별 단어의 발음이 아니라 구문 능력이다. 문장을 구성하는 구문 능력의 본질은 단어의 연결 순서와 그에 상응하는 뇌신경 회로의 진화다.

인간의 언어 능력을 뇌와 발성기관의 진화라는 관점에서 연구해온 리버만은 인간의 순서화된 발음이 대뇌 기저핵의 운동 조절 능력에 의존한다고 주장한다. 구문 능력에서 어형과 어순의 변화는 입술과 혀 그리고 후두 근육들의 타이밍을 맞춘 운동 제어 능력에 의존한다. 이러한 순서화된 근육 운동은 대뇌 기저핵에서 담당하고, 기저핵의 운동 조절 기능 저하로 운동 실조증인 파킨슨병이 생긴다. 파킨슨병에 걸리면 운동을 시작하는 것뿐 아니라 일단 시작한 움직임을 멈추기도 어렵다. 운동을 시작하려면 여러 가지 골격근의 순서화된 작동이 필요하다. 입술을 열고 닫는 순간을 기준으로 발음의 차이가 생긴다. 예를 들어 'b'의 발음은 입술을 열고 25밀리초 이내에 성대 울림으로 생성되며, 'p' 발음은 입술을 열고 25밀리초 이후에 생성된다. 이처럼 소리가 구분되는 현상은 발음 시작 시점과 관련되며, 단어의 발음에는 순서화된 활성이 핵심이다. 즉 구문 능력은 순서화된 근육 운동 체계의 적응 과정이다. 리버만은 고산 등반가들이 겪는 일시적 발음 실조와 파킨슨병의 관계에 주목했다. 높은 산에서 산소가 부족한 상태에서는 일시적으로나마 파킨슨병처럼 발음 순서에 둔감해져 b와 P 발음을 구분해서 하기 어렵다. 산소가 부족한 상태에서는 안전벨트를 매는 순서에 착오가 생기기도 한다. 발음이 둔해지는 현상과 복잡한 손 운동에 실수가 생기는 현상은 모두 대뇌 기저핵의 절차 운동 생성과 관련된다. 결국 인간의 구문 능력은 대뇌기저핵의 순서화된 운동 능력의 진화에 의존한다. 대뇌기저핵에 손가락 운동

영역과 입술 운동 영역이 중첩되어 있고, 도구를 만드는 순서화된 손 운동과 발음의 순차적 운동이 진화적으로 관련이 있다.

자음과 모음의 음소로 구성된 인간의 말소리에는 각각의 의미가 결합되는데, 단어의 의미는 베르니케영역 주변의 후측언어피질에 저장되어 있다. 그래서 일차청각피질에서 단어의 소리를 처리하고 그 소리에 대한 의미와 결합한 후, 의미가 결합된 단어를 발음하기 위해 베르니케영역에서 브로카영역으로 신경 흥분이 전달된다. 감각 언어 영역인 베르니케영역과 운동 언어 영역인 브로카영역은 궁상다발이라는 대규모 신경섬유 다발로 연결되어 있는데, 초기 영장류에서도 궁상다발이 존재한다. 전두엽에 위치한 브로카영역에서 단어를 구성하는 각각의 음소를 순서대로 발음하게 된다. 발음을 순서대로 하려면 후두와 혀 그리고 입술의 근육 운동이 정확한 시간에 조절되어야 한다. 그리고 이러한 다양한 발성 구조에 대한 근육 운동의 순서 기억은 대뇌기저핵이 담당한다. 결국 별, 가을, 바다, 하늘, 사람, 진리, 마음 같은 아름다운 단어 하나하나의 발음 속에 혀와 구강, 연구개와 경구개, 인두와 후두, 식도와 기도, 폐와 비강, 가로사이막과 복근, 가로막과 흉곽막 진화의 기나긴 서사시가 새겨져 있는 것이다. 대뇌기저핵과 소뇌에 의해 적절히 조절된 근육 운동 출력이 개별 단어의 어형을 변화시켜 '그랬구나', '그렇군', '그럴 거야'로 과거와 현재와 미래의 내면 상태를 표현하게 되고, 결국 현재에 종속된 감각에서 과거의 기억을 바탕으로 미래를 예측하는 '시간 의식'이 인간이란 종에서 출현하게 된다. 또한 근육 운동 출력이 발음의 강도와 시간을 선택적으로 변화시켜 '잘 했다'와 '자알 했다'처럼 발음에 따른 의미 변화가 가능해졌다. 즉 인간은 단어의 발음 속에 다양한 감정을 실을 수 있게 된 것이다.

인간의 발성은 단순한 사실 전달에서 미묘한 어감과 함축된 의미를 감정에 싣는 정서 교환을 가능하게 했고, 감정에 의한 기억의 공고화로 기억 능력이 크게 증가하게 되었다. 경고음을 내거나 격한 정서적 감정을 표출하는 개별 단어의 발성은 유인원도 가능하다. 하지만 단어와 단어를 연결하여 구문을 형성하는 동물은 인간뿐이다. 단어와 문장의 차이는 원자와 분자의 차이보다 크다. 인간의 의사소통은 대부분 문장 형태이며, 문장은 단어의 변형과 단어의 문법적 범주화가 선행되어야 가능해진다. 문장을 구성하려면 단어를 명사, 동사, 형용사, 접속사로 범주화할 수 있어야 한다. 그래야 영어 구문처럼 주어+동사+목적어 형식의 문장을 구성할 수 있다. 명사의 범주화는 감각입력 자극이 '무엇'인지를 처리하는 지각 과정에 사물의 언어적 대응이 결합해 생성된다. 결국 인간의 발성은 의사소통을 위한 상징적 발성이 되어 말소리가 되었고, 말소리에 대응하는 사물의 시각 정보 처리와 연결되면서 단어와 단어가 지시하는 사물이 대응관계로 연결되었다. 단어의 발음은 인간 몸 전체의 진화와 관련되며, 발화의 상징적 사용에 의한 문장 생성 과정은 인간의 인지 작용에 관여하여, 드디어 인간이란 현상이 지상에 출현하게 된다.

## 발성기관은
## 빠르고 정확히 제어된 운동기관이다

포유동물의 목소리는 주로 발성기관인 후두larynx에서 생성된다. 동물의 목에는 공기 통로인 기도와 음식 통로인 식도의 두 개 관이 존재한다. 구강과 기도를 연결하는 영역이 후두이며, 구강과 식도를 연결하는 영역이 인두pharynx이다. 후두의 관은 기관으로 이어져 허파로 연결되어 호흡할 때 공기가 들어오고 나간다. 혀의 뒤뿌리 이후부터 식도와 후두가 분리되는 영역까지가 인두인데, 인두에는 공기와 음식이 함께 유입될 수 있다. 따라서 음식이 우연히 후두로 들어갈 수 있는 구조이므로 후두에 음식물 유입을 막는 성대덮개epiglottis가 존재한다. 음식을 삼키는 과정에서 자동적으로 성대덮개가 후두 구멍을 막아 폐로 음식물이 들어가는 현상을 방지해준다. 이물질이 폐로 들어가면 심각한 문제가 생기므로 포유

그림 10-1 발성기관

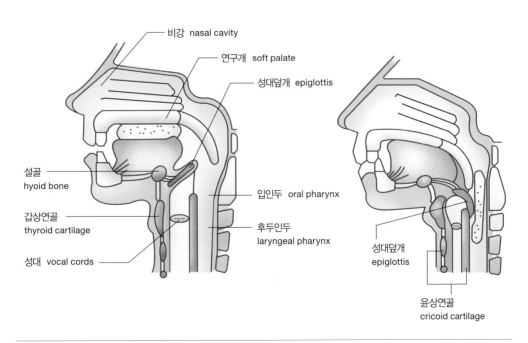

동물은 기도의 입구에 위치하는 후두에 막을 만들어 이중으로 안전장치를 마련
했다. 그런데 후두를 덮는 막이 공기 유입을 허용해야 하므로 이 막은 열고 닫힘
이 가능한 움직이는 막이며, 바로 성대의 막이 된다.

　결국 인간의 발성기관인 성대는 원래 성대덮개와 더불어 이물질이 폐로 유입

그림 10-2 갑상연골, 윤상연골, 피열연골의 구조

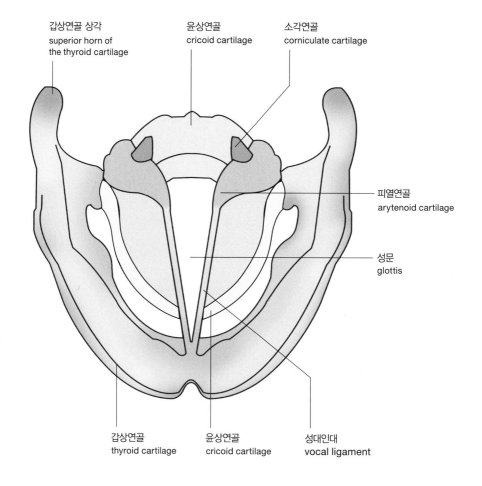

후두
Larynx

　　　　　　　　　　　　　　　　　　　　　　박문호 박사의 뇌과학 공부

되는 것을 막아내는 기능에서 출발했다. 소리를 만드는 역할은 나중에 새로 생겨난 것이다. 침팬지에서 현생 인류의 선조가 갈라지는 대략 600만 년 전부터 후두의 점진적인 변화가 생겨 인간 언어의 출현으로 이어진다. 이 과정에서 핵심은 인대, 연골, 근육의 정교하고 섬세한 변화다. 후두는 세 개의 연골, 네 개의 인대, 일곱 개의 근육으로 구성된, 인체에서 가장 정교한 기관 중 하나다. 동공의 운동보다 더 빠르고 정확히 제어된 운동기관이 바로 후두 연골에 부착된 근육이다. 후두의 연골로는 갑상연골thyroid cartilage, 윤상연골cricoid cartilage, 피열연골arytenoid cartilage이 있으며, 갑상연골은 윤상연골과 결합하여 후두의 외곽을 방패처럼 둘러싸고 있다. 윤상연골의 두꺼운 뒷부분에 피열연골이 부착되어 있다.

피열연골은 윤상연골과 두 곳에서 근육으로 연결되어 있고, 피열연골 사이에도 평행과 교차 방향으로 근육이 연결되어 있다. 그리고 윤상연골은 갑상연골과 근육과 인대로 연결되어 후두관 속에서 앞뒤로 이동할 수 있다. 피열연골과 갑상연골 사이에는 두 가닥의 성대 인대가 위치하는데, 성대 인대와 윤상연골 사이는 인대막으로 덮여 있다. 성대 인대의 열리고 닫히는 신속한 운동으로 폐에서 나오는 공기의 흐름이 초당 수백 번 이상 끊어져 분리된 공기 덩어리가 되어 소리를 만든다. 성대 인대는 편안한 호흡시 긴 이등변삼각형 형태로 고정되며, 발성시에는 인대가 평행 상태에서 진동을 하여 후두로 통하는 공기 흐름을 빠르게 절단하게 된다. 발성시 인대의 움직임은 피열연골에 부착된 근육들의 정교하게 제어된 작동으로 가능해진다. 갑상연골과 윤상연골 사이의 근육이 수축하면 성대 인대가 느슨해져 발성이 변하게 된다.

성대의 구조는 표층에 점막으로 덮인 상피세포와 그 아래로 상부피층superficial layer, 인대층, 근육층으로 이루어져 있다. 성대가 닫히는 정도에 따라 소리의 특성이 구분되는데, 성대주름의 상부만 가볍게 접촉하는 상태에서 울리는 소리를 두성head voice, 그리고 성대주름이 강하게 접촉하여 접촉 면적이 최대로 되는 발성이 흉성chest voice, 중간 정도의 접촉 강도에서는 중성middle voice이 된다.

발성기관을 제어하는 뇌의 영역으로는 척수, 뇌간, 대뇌운동피질이 있다. 브로카영역에서 발음 운동 순서가 출력되며, 전대상회에서 발음에 감정적 변화를 준

그림 10-3 발성기관의 단면 구조

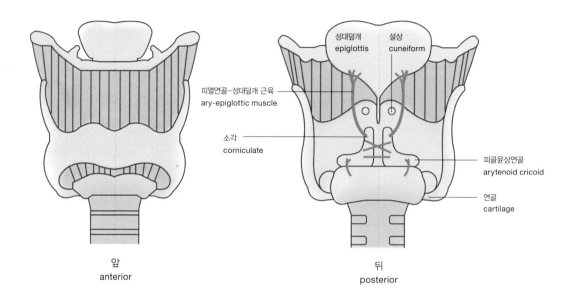

피열연골-성대덮개 근육
ary-epiglottic muscle

소각
corniculate

성대덮개
epiglottis

설상
cuneiform

피골윤상연골
arytenoid cricoid

연골
cartilage

앞
anterior

뒤
posterior

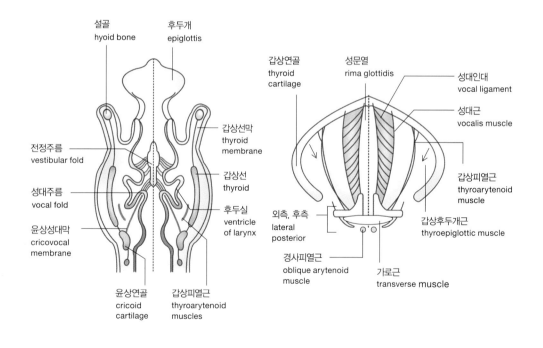

설골
hyoid bone

후두개
epiglottis

전정주름
vestibular fold

성대주름
vocal fold

윤상성대막
cricovocal
membrane

갑상선막
thyroid
membrane

갑상선
thyroid

후두실
ventricle
of larynx

윤상연골
cricoid
cartilage

갑상피열근
thyroarytenoid
muscles

갑상연골
thyroid
cartilage

성문열
rima glottidis

성대인대
vocal ligament

성대근
vocalis muscle

갑상피열근
thyroarytenoid
muscle

갑상후두개근
thyroepiglottic muscle

외측, 후측
lateral
posterior

경사피열근
oblique arytenoid
muscle

가로근
transverse muscle

그림 10-4 성대와 발성 종류

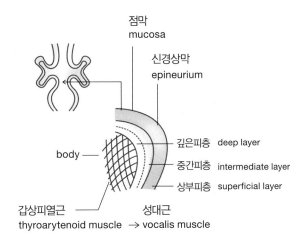

점막
mucosa

신경상막
epineurium

깊은피층  deep layer

중간피층  intermediate layer

상부피층  superficial layer

body

갑상피열근
thyroarytenoid muscle → vocalis muscle

성대근

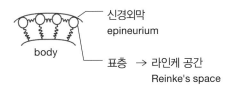

신경외막
epineurium

body

표층 → 라인케 공간
Reinke's space

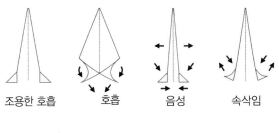

조용한 호흡        호흡        음성        속삭임

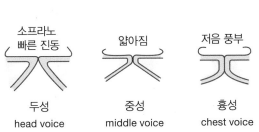

소프라노
빠른 진동        얇아짐        저음 풍부

두성            중성            흉성
head voice      middle voice    chest voice

다. 전대상회에는 놀라움과 위험을 표현하는 발성 관련 영역이 존재하는데, 이 영역은 편도체로 연결되고 편도체는 시상하부로 연결된다. 시상하부와 전대상에서 중뇌수도관주위 회색질을 통해 뇌간 그물형성체를 자극하고, 그물형성체는 뇌간의 발성 관련 신경핵에 신경 흥분을 전달한다. 뇌간의 발성 관련 신경핵은 얼굴, 턱, 입술, 혀, 인두, 후두, 가로막을 조절하여 인간의 상징적 발음을 생성한다. 그리고 척추사이근육과 복근이 허파와 복부의 움직임으로 소리의 신체 공

그림 10-5 발성의 신체 구조

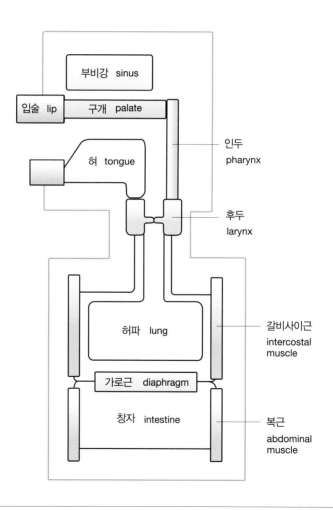

그림 10-6 발성의 신경 조절

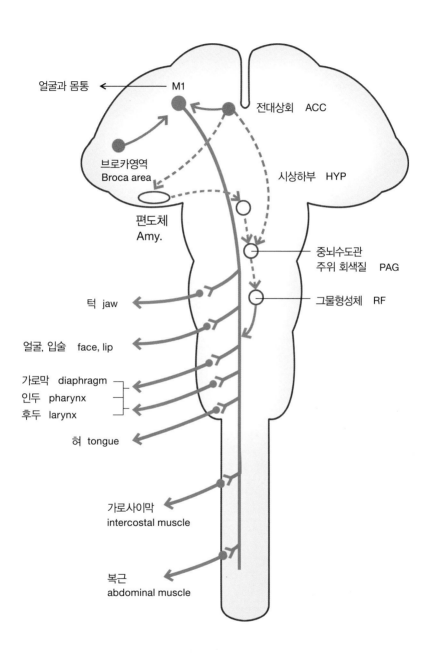

진기를 조절한다. 결국 발음은 몸과 뇌의 협연이다.

발성에는 인간의 몸통 전체가 관여한다. 폐와 복부에서는 발성을 위한 공기의 압력을 증강시킨다. 후두는 성대로 공기를 절단하여 진동하여 울리는 모음을 생성하고 구강, 비강, 인두는 소리의 공진기 역할을 한다. 성대에서 생성되는 모음이 구강의 공진기를 통과하면서 주파수에 따른 차등적 진동 과정이 생겨 사람마다 고유한 발음의 특징이 생기게 된다. 결국 발음이란 인간의 몸통 전체가 관여하는 것으로, 복근과 갈비사이근intercostal muscle 그리고 후두의 정교하게 제어된 일곱 개의 근육들이 타이밍을 맞춘 운동의 결과이다.

어느 책에서 읽은 영화 이야기가 기억난다. 황금 종을 찾는 사람들이 섬에서 황금 종 탐색을 시작했다. 오랫동안 황금 종을 찾아 많은 곳을 곡괭이로 파헤쳤지만 황금 종을 찾지 못했고, 결국 사람들은 탈진한 상태에서 발굴을 포기하면서 곡괭이를 던졌다. 그러자 섬 전체에서 황금 종소리가 울려퍼졌다. 바로 그 섬 자체가 황금 종이었던 것이다. 인간의 말소리의 근원을 찾아가면 후두와 구강과 입술에 주목하게 된다. 하지만 성대가 진동하려면 복부와 흉부의 근육 수축으로 공기 압력을 높여야 하므로, 인간 발음은 몸통 전체가 작용하는 과정이다. 인간의 소리를 만드는 종은 인간 몸 그 자체이고, 우리의 몸이 바로 황금 종일 수 있다.

가슴과 배의 근육 작용으로 압력이 높아진 날숨의 연속된 공기 흐름이 후두성대에서 절단되어 공기 덩어리로 분리되고, 이것이 인간이 발음하는 음소phoneme가 된다. 뭉쳐진 공기 덩어리가 구강과 비강 그리고 입술에 의해 형성된 공진기를 울려 개인 특유의 음성을 만든다. 타인의 음성을 듣는 경우에는 공기 덩어리의 시간적 변화인 공기 압력의 변화가 고막을 울려서 달팽이관의 림프액을 율동시키고, 유모세포가 그 진동을 전압펄스로 변환시켜 청신경을 통해 측두엽의 일차청각피질로 전달한다. 일차청각피질에서는 주파수별로 소리 처리 영역이 배열되며, 연합청각피질에서 인간의 말소리를 이해하게 된다. 황금 종 소리는 인간 현상 그 자체의 울림이다.

대뇌피질에서 언어를 처리하는 영역은 시각영역, 두정엽, 측두엽, 전두엽이다. 시각 영역은 문자를 시각적으로 식별하는 읽기 기능을 담당한다. 각이랑과 모서

그림 10-7 대뇌피질의 언어 생성 영역과 언어 관련 신경 단절에 의한 언어장애

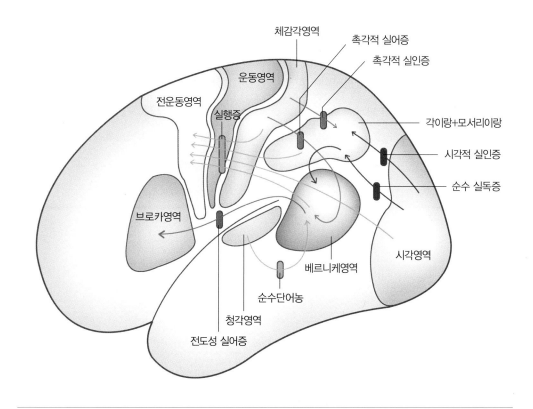

리이랑은 연합촉각 영역이며, 이 영역과 시각 영역이 단절되면 시각적 실인증과 순수실독증이 생기고, 체감각피질과 이 영역이 단절되면 촉각적 실어증과 촉각적 실인증이 생긴다. 감각 언어 영역인 베르니케영역과 운동 언어 영역인 브로카영역이 단절되면 전도성 실어증이 생긴다. 운동피질과 시각, 청각, 체감각피질 사이가 단절되면 감각자극에 대한 운동 반응이 불가능해지는 실행증이 생긴다. 청각피질과 베르니케영역이 절단되면 순수 단어농이 발생한다.

## 언어는 신피질에서 전압펄스의 시간적 배열이
## 음소, 단어, 문장으로 범주화되는 현상이다

우리는 누구나 현실 속에 산다. 현실이 아닌 경우를 찾아보면 무엇이 현실인지 분명해진다. 꿈과 상상은 비현실이다. 왜 꿈과 상상을 현실이 아니라고 할까? 예측 불가능하기 때문이다. 누구도 꿈의 내용을 만들어낼 수 없다. 자각몽이 아닌 렘수면 꿈 내용은 우발적 사건의 연속이기에 전개될 내용을 미리 알 수 없다. 상상이 어디로 전개될지 미리 안다면 그것은 상상이 아니다. 반면에 현실의 본질은 예측 가능성이다. 매일 하는 일이 달라지면 하루가 혼란스러워진다. 현실은 예측 가능한 상황의 연속이다. 예측할 수 있기 때문에 인간은 우발적 상황에 대한 두려움을 극복할 수 있지만 동물은 항상 돌발적 자극에 민감하다. 꿈은 기억 장면을 맥락 없이 연결하기 때문에 다음에 벌어질 상황이 무엇인지 미리 알 수 없다. 꿈에서 주된 정서가 두려움과 불안인 이유도 꿈속에서 전개될 내용을 예측할 수 없기 때문이다.

뇌 작용의 관점에서, 현실은 예측 가능한 전압 패턴의 서열이다. 신경세포는 무수히 많은 수상돌기에서 입력된 미약한 아날로그의 전압파를 모두 모아서 디지털 전압펄스인 활성전위를 만들어 축삭을 통해 전달한다. 신경세포는 본질적으로 전압펄스 발생기다. 전압펄스란 초당 수십 혹은 수백 개의 전기 충격이 순서대로 발생하는 전압 패턴의 서열이다. 수많은 전압펄스가 순차적으로 축삭을 통해 초당 100미터 속도로 전달되어 주변의 다른 신경세포를 흥분시킨다. 대뇌 신피질의 100억 개가 넘는 신경세포가 모두 전압펄스를 생성하여 서로 주고받으면서 인지작용을 만든다. 각각의 신경세포가 만드는 전압펄스를 모아서 뇌는 느낌과 생각을 만들며, 생각이 우리의 현실을 만들기 때문에, 현실이란 본질적으로 신경펄스의 서열이다.

개별 신경세포가 생성하는 일련의 전압펄스가 모여 감각연합피질에서는 보거나 듣거나 접촉한다는 지각이 생성된다. 시각, 청각, 체감각의 감각자극 전기펄스 파동이 대뇌신피질 감각연합영역에서 신경축삭다발을 타고 해마 영역으로 흘러들어간다. 해마에서 연합된 감각자극과 공간 장소 정보가 합쳐져서 동물은 생존 환경을 기억하게 된다. 해마의 기억 과정을 밝히는 논문에서 가장 자주 언급되는 자료가 해마 피라미드세포가 생성하는 전압펄스다. 다시 강조하면 우리의 현실의 실체는 뇌신경세포가 만드는 전압펄스의 서열이다. 뇌과학자 제프리 호킨스는 신경세포가 모인 대뇌신피질의 작용 세 가지를 강조한다. 첫째, 신피질은 패턴의 서열을 불변 표상으로 저장한다. 둘째, 신피질은 패턴의 서열을 계층 구조에 저장한다. 셋째, 신피질은 저장된 패턴의 서열을 자동 회상한다. 뇌에서 패턴의 서열은 바로 전압 패턴의 서열이다. 전압펄스 패턴 서열의 생성과 전달을 통해서 뇌는 감각, 지각, 생각을 생성한다. 감각은 개별 신경세포가 생성하는 전압펄스 자체이며, 기억의 회상은 이전에 기억된 감각자극 흔적이 다시 흥분하는 현상이다. 생각은 지각된 내용을 단어로 표상하여 문장을 만드는 과정이다.

결국 뇌 작용의 생물학적 실체는 신경세포가 만드는 전압펄스일 뿐이다. 이 전압펄스의 순차적 전개 과정이 우리의 현실을 구성한다. 그래서 현실이란 시간상으로 반복되는 전압 패턴의 서열이다. 반복되지 않는 패턴은 꿈이나 상상처럼 예측할 수 없다. 노래는 소리의 순서대로 반복되는 패턴이다. 그래서 악보의 음표는 시간의 기호이며, 음악은 소리 패턴의 서열이다. 애국가의 한 소절을 생각해보자. "동해물과 백두산이~"라고 노래할 때 우리가 기억하는 것은 '동'과 '해'라는 발음 세기의 상대적 관계다. 누가 애국가를 불러도 이 두 음 세기의 상대적 비례는 같아야 〈애국가〉로 지각된다. 단어는 음소의 순서화된 서열이다. 단어를 역순으로 발음해보라. '동해'를 '해동'으로, '태극기'를 '기극태'로, 글자가 다섯 개보다 많아지면 역순으로 발음하기가 무척 힘들어진다. 글자가 10개 이상이면 거의 불가능해진다. 그러나 순서대로 말한다면 한 시간 이상 발음할 수 있다. 음소 서열이 단어가 되고, 단어 서열이 문장이 되는 바탕에는 신경세포가 생성하는 전압펄스의 서열이 있다. 인간은 오랫동안 실수 없이 순서화된 음소의 서열을 발음할 수 있다.

노래 가사는 잘 기억하지만 역순으로는 몇 단어도 이야기할 수 없는 현상의 본질은 뇌가 만드는 전압펄스의 순서에 있다. 시간에 따른 자극 패턴의 반복이 현실을 만들고, 뇌는 패턴을 구성하는 개별 전압파의 세기가 바뀌는 정도를 기억한다. 소리 세기의 상대적 비율은 리듬을 만들며, 발음 세기와 발음 지속 시간의 변화가 노래를 만든다. 그래서 애국가를 한 옥타브 높게 부르거나 낮게 불러도 모두 애국가로 인식한다. 청각은 순차적이다. 한 번에 한 음소만 발음할 수 있다. 동시에 두 음을 발음하기는 불가능하다. 반면에 시각은 동시적이어서 한 장면의 여러 대상을 한꺼번에 본다. 상측두엽에서 음소의 서열이 모여 단어가 되고, 단어의 서열이 모여 문장이 된다. 침팬지도 수백 단어를 기억하고 발음할 수 있지만 단어의 서열인 문장은 만들기 어렵다. 음소의 서열을 단어로 표상하고 단어의 서열을 발음하면서 언어가 출현한다.

인간에게 언어는 존재의 집이다. 뇌신경세포가 만드는 전압펄스의 시간적 배열이 음소, 단어, 문장으로 더 큰 단위로 모듈화하여 범주화되는 과정이 바로 언어 생성 과정이다. 뇌가 전압펄스 패턴 서열을 전두엽으로 전파할 때는 언어라는 상징으로 전환하여 전달한다. 전두엽에서는 언어 상징으로 표상된 자극만 의식할 수 있다. 따라서 인간 의식에서는 언어가 핵심 요소다. 무의식적 감각입력이 뇌 작용의 최종 단계에서는 상징으로 바뀌고, 그런 상징에 의해 표상되는 뇌 작용을 우리는 생각이라 한다. 생각을 말로 표현하는 과정은 하향식으로, 생각 생성과 반대다. 먼저 생각을 나타내는 문장이 대뇌 전두엽에서 생성되고, 문장을 구성하는 개별 단어를 감각 언어 중추인 신피질의 베르니케영역에서 찾아내고, 그 개별 단어를 운동 언어 중추인 브로카영역에서 음소로 분해하여 발음한다.

## 동물은 외부 세계를
## 뇌 속에서 가치로 평가된 가치-기억으로 전환한다

노벨상을 수상한 뇌과학자인 에델만은 일차의식과 고차의식 모델에서 지각 범주화와 신체 내부 상태의 가치에 대한 현재 기록이 해마에서 맥락적 상관관계를 형성하는 과정을 보여주었다. 편도체와 중격핵은 가치 중립적인 감각입력에 본능적 욕구를 부여한다. 그래서 대뇌피질에서 가치에 기반한 개념적 가치-범주 기억이 생성된다. 가치-범주 기억이 다시 1차, 2차 감각피질과 상호연결되면서 감각입력에 의한 외부 환경 입력이 지각 범주화와 개념 범주화 과정을 통해 가치-범주 기억으로 저장되며, 이러한 과정이 계속되면서 동물은 외부 세계를

그림 10-8 에델만의 고차의식 생성 신경연결

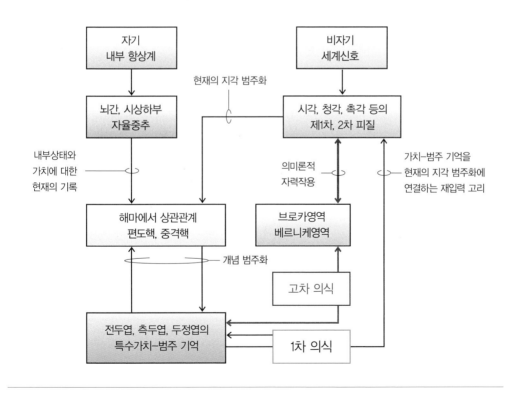

뇌 속에서 가치로 평가된 가치-기억으로 전환한다. 외부의 가치 중립적인 물리적 세계는 동물의 생존 본능 시스템인 가치 시스템에 의해 범주화된 지각적 장면으로 생성되며, 장면의 대상을 의식할 수 있는 동물에서 일차의식이 생겨난다. 현재 입력되는 감각입력이 맥락적 장면을 형성하고, 이러한 장면의 생성이 바로 동물의 일차의식이 된다.

진화 과정을 거치면서 더욱 발달한 브로카영역과 베르니케영역의 상호작용으로 언어가 출현한다. 베르니케영역은 소리에 의미를 부여하는 청각 처리 대뇌피질이며, 브로카영역은 발음을 담당하는 하측전두엽피질이다. 언어의 의미론적 자력 작용으로 자연환경에 의미를 부여하는 상징 사용이 가능해진다. 상징이란 뇌가 스스로 만들어내는 자극이다. 전전두엽이 발달하면서 언어를 통한 개념적 정신 활동이 확장되어 인간은 상징이란 놀라운 지시적 능력을 획득했다. 의식에 보고되는 내용은 대부분 언어로 표현된다. 언어는 상징 그 자체이며, 상징은 맥락적 의미를 지닌다. 그래서 인간은 가치 중립적인 환경이 아니라 가치와 의미를 부여한 세계상을 만든다. 감각입력에서 세계상을 생성해내는 인간 능력에서는 해마에 의한 맥락기억이 핵심 역할을 한다. 사건을 장소와 시간의 변화 순서에 따라 연결하면 사건의 맥락이 생기고, 사건의 순차적 배열로 어떤 장소를 기억해내면 전후 시간에 벌어진 사건의 전체 양상이 맥락을 통해 모두 기억에 떠오른다. 그래서 맥락적 연결은 원인과 결과의 연결로, 스스로 이야기를 구성하게 되어 일화기억이 된다. 사건기억, 맥락기억, 일화기억이라는 세 가지 기억 형태는 모두 비슷한 개념으로 서로 통용될 수 있다.

시간에 따라 변하는 감각입력 덕에 외부 환경의 내면화 과정은 계속 바뀌어간다. 외부 환경 입력은 감각자극이며, 신체 내부의 본능적 감정 정보가 외부 환경 정보에 영향을 주어 감각자극이 범주화되는 과정이 바로 지각의 범주화다. 지각의 범주화로 외부 세계는 가치중립적일 수 없고, 인간의 욕망이 투영된 지각 세계인 내면의 세계상이 된다. 해마와 변연계는 서로 연결되어 내면 세계상을 정서적 느낌이 부여된 기억으로 형성한다. 시간이 경과하면서 운동에 의해 변화된 환경 정보가 입력되며, 이전 내면의 세계상에 맥락적으로 연속되는 새로운 내면

그림 10-9 시간에 따라 변하는 감각입력으로 인한 외부 환경 내면화 과정

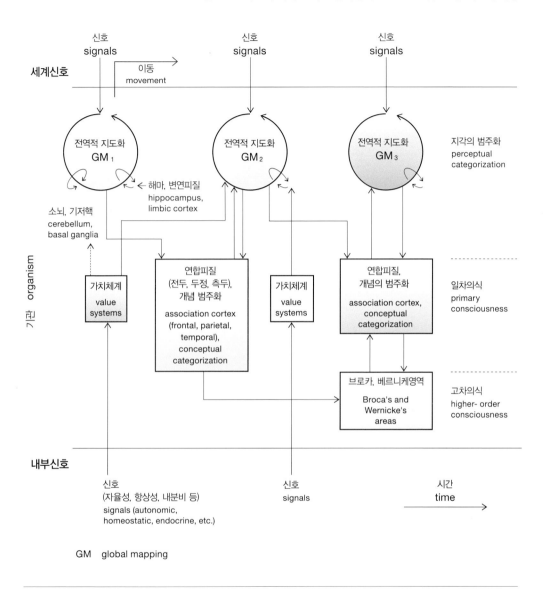

의 세계상이 생성된다. 시간 변화에 따라 각기 다른 입력 정보를 연결하여 맥락

을 형성하는 능력은 연합피질에서 생성되는 개념의 범주화를 언어로 표상하면

서 언어에 의한 불변 표상이 생성되어 행동에 일관성이 생기기 때문에 가능하

다. 개념의 범주화는 언어 이전에 생성될 수 있으며, 일차의식의 핵심 요소가 된다. 브로카영역과 베르니케영역이 개념 범주 피질과 상호연결되어 범주화된 개념이 언어적 표상이며, 개념적 언어가 바로 인간의 고차의식이다. 언어의 지시작용을 통해 개념 범주화의 개념 범주화 과정 그 자체를 범주화하는 재범주화 과정이 생길 수 있으며, 그 결과 인간은 자신의 사고 과정 그 자체를 의식할 수 있게 된다.

## 꿈은
## 감정의 뇌가 상영하는 영화와 같다

렘수면의 꿈은 뇌 작용을 볼 수 있는 창문과 같다. 누구나 해몽을 하려고 하지만 꿈꾸는 동안 이루어지는 뇌의 작용을 살펴보지는 않는다. 낮 동안은 감각입력의 홍수, 감정의 기복, 목적지향적 의도에 따라 느끼고 행동한다. 행동하는 우리 몸의 움직임은 명확히 드러나서 의도를 알 수 있지만, 운동과 의도를 생성하는 뇌 작용의 각 단계를 의식하기는 쉽지 않다. 서파수면 동안은 뇌의 활성이 낮아져서 몸과 생각은 거의 활동하지 않는다. 하지만 렘수면에서 뇌는 쉬지 않고 낮처럼 활발히 활동하고, 뇌파도 각성 상태의 뇌파와 비슷하다. 꿈꾸는 뇌는 감각입력과 근육 운동이 없지만, 뇌 자체의 활성은 전전두엽을 제외한 여러 피질 영역에서 활발히 작동한다. 꿈은 뇌 작용을 분석할 수 있는 뇌 자체의 상태다. 왜냐하면 낮 동안은 생생한 감각입력의 작용 탓에 현실감이 강해서 뇌 작용은 대부분 의식되기 어렵다. 그러나 꿈꾸는 상태의 뇌는 외부 자극에 의한 교란 없이 뇌가 스스로 작용하는 모습을 엿볼 수 있는 소중한 기회를 제공해준다.

최근 한 달 이상 매일 새벽에 깨어날 때 방금 꾼 꿈이 기억났다. 꿈이 기억에 남는 경우는 드물지만, 최근 수면 상태의 뇌를 공부하면서부터 놀랍게도 매일 깨어나는 즉시 꿈이 기억되었고, 어떤 날은 세 개의 꿈이 구별되었고, 보통은 하나 혹은 두 개의 꿈이 생각났다. 다음은 오늘 새벽에 꾼 꿈 내용이다. 어제 저녁에 일찍 잤기 때문에 2시쯤 깨어났다. 그때 방금 꾼 꿈 내용을 생각하고 있다가 다시 잠이 들었다가 깨보니 새벽 4시쯤이었는데 두 가지 꿈이 분명히 생각났다.

서파수면과 렘수면을 합친 수면의 한 주기가 90분 정도이고, 새벽에 두 시간 더 잠들었기에 꿈을 꾸었다. 첫 번째 꿈은 많은 사람들이 야외에서 모여 있는 장면이었고, 다른 세부 사항은 기억나지 않지만, 두 번째 꿈은 내용이 뚜렷하다. 두 번째 꿈은 내가 어떤 방송을 촬영하려고 누군가와 어떤 장소를 급히 가고 있는데, 그곳에 도착해서 화이트보드에 무엇인가 글을 쓰면서 설명하려고 하였다. 그런데 화이트보드의 앞면에는 쓸 수 없어서 뒷면을 돌려서 쓰려 하는데 뒷면에

낙서가 가득했다. 그런데 방송국 PD에게 꿈속의 내가 '이 낙서는 지난번에 내가 쓴 글들이다'라는 말을 하고 싶은 의도가 느껴졌다. 그다음 장면은 주변에 있던 누군가가 '전자가 있다고 믿을 수 있는가?'라고 물었다. 그래서 내가 그 사람에게 '전자의 실체를 보려면 번개를 보라'라고 말했다. 두 번째 꿈이 생각나는 이유는 꿈을 꾸고 아침에 출근할 때까지 그 꿈 내용을 잊지 않으려 의도적으로 생각했기 때문이다. 꿈에서 방송 장소로 함께 간 사람이 누구인지 확실히 '안다고 느끼지만' 꿈에서 그 사람의 얼굴은 자세히 보이지 않는다. 꿈에서 등장하는 인물이 수십 명이 될 때도 내가 아는 사람은 한두 명에 불과하다. 꿈과 현실에서 공통적으로 '안다고 느끼는' 느낌이 핵심이고, 구체적인 얼굴은 거의 기억나지 않는다. PD에게 직접 말하지 않고 혼자 속으로 '이 낙서는 지난번에 내가 한 것이다'라고 말하고 싶은 욕구를 꿈속에서 분명히 느꼈다. 꿈속에서도 혼자 속으로 말하기가 가능하다는 사실이 놀랍다.

이처럼 꿈속에서 나는 느끼고 생각한다. 꿈속에서 하는 생각은 등장인물에 대해서는 알고 있다고 느끼지만 등장인물이 활동하는 장소가 생소하고, 그 인물들의 행동도 예측 불가능하기 때문에 내용이 황당하다고 생각하게 된다. 즉 꿈의 주된 내용은 내가 아는 어떤 사람이 나와 함께 생소한 장소에서 예상할 수 없는 행동을 한 것이다. 꿈속 행동을 예상할 수 없다는 점에서 꿈은 즉흥적이고 창의적이다. 친한 사람인 경우 그 사람과 함께 겪었던 일화기억이 꿈에서는 나타나지 않고, 그 친구가 엉뚱한 행동을 해도 논리적 뇌인 전전두엽이 작동하지 않아서 놀라지도 않고 그 행동에 대한 이유도 묻지 않는다.

한 달 동안 새벽에 꿈을 기억했는데, 평소에 꿈이 없다고 느끼는 이유는 꿈을 기억하려고 노력하지 않았기 때문이다. 하버드 대학에서 수면을 연구한 앨런 홉슨에 의하면 우리는 하루에 25개 이상의 꿈을 꾼다고 한다. 꿈의 내용은 황당하기보다는 생소하며, 꿈속에서도 우리는 생각하고 느낀다. 그리고 무엇보다 자아도 분명히 동작한다. 전전두엽의 활성이 낮아져도 편도체와 전대상회의 작용이 활발하기 때문에 꿈속에서 우리는 논리적이지는 않지만 생각하고 느끼고 활발히 움직인다. 즉 꿈은 감각입력이 없는 상태에서 감정의 뇌가 상영하는 영화와

같다. 뇌가 상영하는 영화의 감독은 전대상회와 편도체이며, 등장인물은 연합시
각영역에 저장된 시각 기억들이다. 꿈은 주인공이 논리적 제약 없이 다양한 감
정을 느끼는 영화다.

## 낮 동안의 생각은
## 범주화된 지각의 언어적 표상 과정이다

수면 상태로 빠져드는 순간을 의식하고 관찰하기란 쉽지 않다. 막 잠이 들기 시작하면, 의식이 희미해지면서 몇 개의 시각 장면이 잠깐 스쳐 지나간다. 우리는 잠이라는 의식되지 않은 세계로 미끄러져 들어가고, 깨어보니 한 밤이 지나고 밝은 의식의 아침이 된다. 그런데 수면 시간의 전부가 무의식 상태는 아니다. 90분씩의 매 수면 주기마다 꿈꾸는 렘수면이 하루에 대략 다섯 번 진행된다. 한 번의 렘수면은 대략 25분 지속되고, 하루에 1시간 30분 정도의 시간 동안 뇌가 상영하는 자신이 주인공인 시각적 영화를 관람하게 된다. 꿈의 특징은 시각적 사고가 주도적이고, 장소와 행동이 매 순간 바뀐다는 것이다. 감정과 느낌이 풍부하여 낮의 각성 상태보다 시각적 의식 상태는 더 생생하다. 꿈의 핵심 요소는 장소와 행동과 감정이다.

꿈에서 시각적 장면에는 강한 정서적 반응을 동반하는 특정한 장소가 나타난다. 그 장소는 꿈속에서는 생소한 느낌이 들지만 자세히 생각해보면, 살아오면서 내가 경험했던 장소의 일부이거나 두려움을 느꼈던 곳이다. 동물은 장소에 대해 두려워하거나 친숙하게 느끼는 정서가 뚜렷하다. 인간도 어두워지면 생존 환경의 여러 장소에 두려움을 느낀다. 문명화된 사회에서 인간은 낮 동안은 환경에 대한 시각 정보 처리보다 청각 피질에 의한 언어 처리가 더 강해지며, 말과 행동이 뇌의 주된 정보 처리 과정이 된다. 눈을 감아도 생각에는 아무런 장애가 없을 뿐 아니라 더 생각에 몰입할 수 있지만, 귀를 오래 막고 있으면 생각이 잘 연결되지 않는다. 그리고 내면의 목소리를 멈추면, 생각은 즉시 중단된다. 그것은 내면의 목소리가 바로 우리의 생각 자체이기 때문이다. 그러나 꿈에서는 시각 자극이 없음에도 시각 정보 처리가 활발하다. 환경에서 시각 입력이 없는데도 인간의 뇌는 왜 굳이 꿈에서 시각 주도적 의식 상태가 될까? 이는 뇌의 의식 상태에 대한 근본적인 질문이다.

낮의 의식 상태에서 시각의 역할이 의외로 청각보다 크지 않다고 느끼는 이유는 낮 동안 시각은 지각 과정을 촉발하는 자극이며, 시각 자체의 상세한 처리보다 지각을 안내하는 중요한 자극원으로 기능하기 때문이다. 그래서 우리는 시각이 드러낸 대상을 곧장 언어로 치환하여 주로 언어적 처리 과정으로 생각을 만든다. 결국 낮 동안의 생각은 범주화된 지각의 언어적 표상 과정이며 시각은 이 과정을 촉발하는 역할을 한다. 주도적 정보 처리 과정은 청각적 상징인 언어 그 자체다. 반면에 꿈에서는 시각적 사고가 주도적으로 작용하여, 감정을 통해서 기억 속 시각 장면의 일부를 극적으로 부각시키고, 그 시각 장면에 부합하는 정서적 느낌을 놀람 행동으로 표출한다. 그래서 꿈 내용에서 가장 자주 등장하는 장면은 생소하게 느껴지는 어떤 장소에서 내가 안다고 느끼는 사람들과 함께 예측할 수 없는 행동을 하는 것이다. 시각 자극만으로도 생각이 지속될 수 있는지 여부는 좀 더 세밀하게 분석해야 할 질문이다. 왜냐하면 지속적으로 입력되는 시각 장면에 대해 자연스럽게 그 장면에 적합한 생각을 하게 되고, 그 생각은 주로 청각적 사고인 언어로 되어 있기 때문이다. 따라서 시각 정보의 의미를 부여하지 않은 시각 정보 처리 과정을 상상하기란 어렵다.

자폐 동물학자인 템플 그랜딘Temple Grandin이 《나는 그림으로 생각한다》라는 책에서 주장했듯이, 일부 자폐아는 언어에 의한 개념이 매우 어렵지만 그림을 연결하여 시각적 정보만으로 개념을 생성해낼 수 있다. 시각적 사고는 동물의 사고와 유사하고, 꿈은 오래전에 익숙했던 시각적 사고의 세계상을 다시 느끼는 현상이라고 진화적으로 유추해볼 수 있다. 인간의 의식 상태는 '낮의 청각 언어적 사고'와 '꿈의 시각 운동적 사고'의 순환적 과정처럼 보인다. 낮의 각성 상태든 꿈의 수면 상태든 모두 의식 과정이고 지속적 생각이 가능한 상태다. 생각 그 자체만 비교한다면, 낮의 깨어 있는 상태보다 꿈이 더 생생하고 더 빨리 진행되는 강한 생각 과정이다. 꿈은 유난히 생생한 의식이고, 현실은 지독한 꿈이다. 그래서 꿈을 '증강된 현실'이라 볼 수 있다. 꿈이 현실감을 강화시킬 수 있는 이유는 논리의 뇌인 전전두엽의 활성이 약화되고, 감정의 뇌가 더 활발해져 감정이 시각 장면을 불러오기 때문이다. 꿈속의 장면들은 정서적 느낌이 강하다.

거의 일 년 동안 매일 꿈을 꾸었고, 꿈을 기억하려 노력했더니 이제는 현실이

'변형된 꿈'일지도 모른다는 생각이 든다. 의식은 의식할수록 더욱 의식적이 되며, 우리의 현실이 된다. 낮의 현실이 전두엽이 주도하는 '언어적 의식'이라면, 꿈은 감정의 뇌가 주도하는 '시각적 의식'이다. 출생 직전 태아는 24시간 렘수면 상태이며, 신생아는 하루에 8시간이 렘수면 상태이고, 노인이 되어도 렘수면은 일정한 시간 유지된다. 낮은 혼자 말하기를 통한 청각 주도 의식 상태이며, 꿈은 시각 주도의 정서적 의식 상태. 낮의 언어는 논리적 사고를 낳지만 밤의 시각은 증강된 현실을 창조한다. 꿈은 인간의 원초적 의식 상태이고, 낮의 각성 상태는 감각의 안내를 받는 꿈의 변형 상태일 수 있다.

# 뇌와
# 목적 지향성

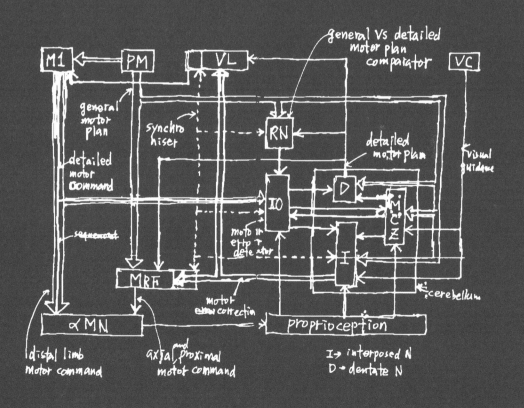

## 전전두엽의 주요 기능은
## 작업기억, 순서의식, 충동 억제다

전전두엽의 주요 기능은 작업기억, 순서의식, 충동 억제다. 작업기억은 매 순간 입력되는 자극에 적절한 반응을 하여 주변을 알아차리고 행동하게 한다. 작업기억의 작동 덕에 '지금 여기'라는 현실이 생겨나고, 현재의 정보를 처리하면서 환경에 적응하게 된다. 즉 작업기억은 우리의 현재 그 자체다. 전전두엽에서 배외측전전두엽은 기억이 저장되는 영역이 아니다. 기억을 대상으로 작업을 하는 영역은 전두엽의 앞쪽 대뇌피질로, 특히 브로드만 9번과 46번 영역이다. 전전두엽의 작업기억 기능 덕에 인간은 현실적 존재가 된다. 현실이 무엇인지는 비현실을 살펴보면 자명해진다. 꿈은 비현실이며 꿈을 비현실이라 하는 이유는 자각몽이 아닌 이상 꿈의 내용을 예측할 수 없기 때문이다. 즉 현실과 비현실을 구분하는 기준은 예측 가능성이며, 우리의 현재는 시간과 공간상에서 반복되는 패턴이다. 그 패턴이 반복되므로 예측 가능하고, 예측 가능하기에 현재는 현실이 된다.

집과 직장 사이를 오가며 일과표에 맞춰 거의 비슷한 나날을 반복하기 때문에 우리는 예측 가능한 현실적 존재가 된다. 전전두엽은 기억을 바탕으로 세상을 인식하고 회상하여 현재를 생성하므로 기억에 따라 사람마다 다른 현실이 출현하게 된다. 다양한 과학 지식을 기억하는 사람은 합리적 사고를 할 확률이 높고, 과학 지식의 기억이 부족하면 느낌과 추론으로 현상을 설명하게 되며 틀릴 확률이 높다. 그래서 무엇보다 양질의 다양한 기억이 중요하다. 왜냐하면 인간은 자신이 알고 있는 지식을 바탕으로 새로운 사실을 학습하기 때문이다. 사전 기억이 없으면 새로운 지식을 얻기가 무척 힘들어진다. 창의성의 본질도 기억에 있다. 창의성은 새로운 물건과 새로운 문제 해결 방법을 만드는 과정인데, 그 물건과 방법이 새롭다는 사실을 인식하려면 이전의 기억이 있어야 가능하다. 창의성은 기억의 새롭고 독특한 조합 방식이며, 기억이 많을수록 생각의 결합 방식은 급격히 늘어난다.

대뇌피질에서 창의성에 가장 관련이 높은 영역은 전전두엽이다. 전전두엽은 기억을 불러와서 결합하고 예측하는 영역이다. 이전의 방식으로 기억을 결합하면 과거에 머물지만 새롭게 결합하면 창의성이 된다. 전전두엽의 두 번째 기능은 순서 의식으로, 경험한 사건을 시간 순서로 배열하여 사건의 인과관계를 지각하는 것이다. 동물은 전전두엽의 크기가 상대적으로 작아서 사건의 순서 기억이 약하며, 저장된 일화기억도 제한적이어서 본능적 반응에 따라 행동한다. 동물에게 내일이라는 개념이 어려운 이유는 동물은 기억력이 약해서 기억이 아닌 본능적 반응에서 행동이 나오기 때문이다. 즉 동물은 감각에 구속된 존재다.

해마에서 장소와 사물이 결합된 시각적 장면 기억이 생성되며 낮 동안 생성된 해마의 일화기억은 잠자는 동안 대뇌피질로 이동하여 공고화 과정을 거쳐 측두엽, 두정엽의 감각연합피질의 옛 기억 흔적과 결합하여 장기기억으로 저장된다. 그래서 새로운 기억의 저장 과정은 반드시 이전 기억과 결합하게 되므로 이전 기억이 없는 경우는 무수한 반복을 통해서 겨우 장기기억이 된다. 인간의 기억과 반도체의 기억이 다른 이유는 반도체 메모리의 기억은 '주소 지정 방식'인 반면 인간의 기억은 내용이 바로 주소가 되는 '내용 주소 방식'이기 때문이다. 이전에 기억한 내용과 유사한 기억이 존재하지 않으면 학습한 내용은 결합할 연결이 없어서 금방 잊힌다. 장소에 결합된 사건이 바로 해마에서 생성하는 일화기억이며, 에델만이 주장하는 일차의식인 장면의 생성이다. 전전두엽에서 스냅사진 같은 장면이 맥락에 맞게 순서대로 연결되면서 시간 의식이 출현하게 된다. 과거의 경험기억을 바탕으로 현재의 감각입력을 처리하면서 감각에 대한 '지연된 반응'이 가능해져, 인간은 감각의 구속에서 벗어날 수 있게 되었다. 사물 배치의 공간적 순서와 사건 전개의 시간적 순서에 대한 시간 의식이 전전두엽에서 발달하면서 인간은 기억을 반영한 행동을 하게 되고, 반복되는 사건의 시간적 패턴에서 다음에 일어날 사건을 예측하면서 미래라는 가상이 생겨난다.

경험기억들이 반복되면서 인간의 '예측 가능한 현재'를 만들어내며, 그 예측 가능성이 미래를 낳는다. 그래서 인간은 과거를 바탕으로 현재를 해석하고 미래를 예상할 수 있게 되어, 감각적 현재의 구속에서 자유롭게 되었다. 현재라는 시간의 압제에서 벗어나게 된 대가로 인간은 자연에 대한 직접적인 결합을 잃었고, 자연적 진화에서 문화적 진화로 새로운 길을 열어가고 있다. 문화의 진화는 물리적 시간과 공간이라는 제약에서 벗어난, 자유로운 상징을 통한 제한 없는 가상세계를 출현시켰다. 반복되는 기억 흔적을 언어적 상징을 통해 지시하면서 전전두엽이 가상세계를 만들었다. 전전두엽은 언어의 지시 작용을 통해 기억을 불러와서 조합하는 '뇌 속의 뇌'에 해당한다. 유전적으로 결정되는 1차 감각피질이 자연에서 오는 감각입력을 처리하며, 일차피질에서 입력을 받는 연합피질인 전전두엽은 감각입력을 직접 받는 대신 일차피질에서 처리한 입력을 언어의 상징으로 받기 때문에 제2의 뇌라고 할 수 있다. 상징은 뇌가 스스로 만든 자극이다. 감각입력이 촉발한 지각 과정이 기억과 상징을 만들었고, 전전두엽이 장면 기억을 인출하여 이미지의 연결 과정인 생각의 흐름이 생겨났다.

전전두엽의 세 번째 핵심 기능인 충동 억제는 거친 감정을 억제하고 본능적 행동을 사회적으로 허용되는 행동으로 조절한다. 뇌의 정보 처리 속도는 신경축삭이 절연체로 감기는 수초화 현상의 진행 정도에 관련되며, 전전두엽의 수초화가 가장 느리게 진행된다. 그래서 사춘기 이전에는 감정 충동을 억제하기가 상대적으로 어렵다. 중독 현상도 결국 전전두엽의 기능이 약해지는 바람에 충동적 행동을 억제하지 못해 생기며, 술을 많이 마시면 전전두엽의 억제가 약해져 같은 말을 반복하게 된다. 목적을 달성하려는 의지력의 핵심은 충동을 억제하는 능력이다. 전전두엽이 발달 중인 청소년은 보상을 지연하는 힘이 약해 즉각적 보상을 선택할 가능성이 높다. 즉각적 보상은 대부분 보상이 크지 않지만 즉시에 보상이 주어지기에 선호도가 높다. 반면에 오랜 훈련의 결과로 생기는 지연된 보상을 선택하는 경우는 드물다. 그래서 목표 달성의 성패는 전전두엽의 인지적 강화 훈련으로 어려움을 참아내어 더 큰 보상을 선택하는 훈련에 달려 있다.

전두엽 기능 장애로 생기는 전두엽 증후군의 특징은 사고의 유연성이 결여되어 반복 행동을 하고 의지력이 약해지는 것이다. 반면에 전전두엽의 활발한 작용 덕에 작업기억으로 예측 가능한 현실이 생기고, 순서 의식으로 사건의 인과관계를 의식하게 되고, 충동억제로 순화된 감정의 교류가 확산되어 인간의 사회화가 공고해졌다. 인간은 안전하고 예측 가능한 현실이 굳건한 바탕이 되었기에

미지의 세계를 탐험할 수 있었다. 영장류도 작업기억은 존재하지만 시간 의식과 충동 억제력이 약하고, 이들 사이의 상호작용도 인간에 비해 상당히 낮다. 고고학자 스티븐 미슨Steven Mithen에 의하면 호모사피엔스는 자연 지능, 언어지능, 사회 지능, 도구 기술 지능이 격리된 상태에서 개별적으로 발달하다가 각각의 지능이 상호연결되는 '인지의 유동성' 단계를 맞게 되었다. 언어 지능이 사회 지능, 기술 도구 지능, 자연 지능을 서로 연결하면서 인간의 의식에 상징이 출현하게 되어, 대략 3만 년 전 후기 구석기 문화의 폭발적 발전이 일어나 문화의 시대가 열리게 된다. 인간 지능의 유동성은 바로 전전두엽이 기억을 불러와서 새롭게 조합하는 창의성의 핵심 요소다. 인간의 의지력과 유연한 사고는 집중력과 창의성을 발달 시켜, 물리적 세계의 구속에서 벗어나 문화적 진화를 통한 가상 세계까지 출현 시켰다. 결국 작업기억, 순서 의식, 충동 억제라는 세 가지 전전두엽의 기능은 행 성 지구에서 인간이란 현상을 출현시켰다.

## 인간의 움직임은
## 의도와 의욕을 동반한 목적 지향성 운동이다

인간에겐 자연 환경이 거의 사라지고 없다. 탐험할 새로운 대륙이 거의 사라졌고 도시는 인간으로 가득하다. 인간이 경험하지 못한 숨겨진 원시 자연은 거의 존재하지 않지만 자연 환경을 떠나서는 인간 뇌의 진화를 이해하기 힘들어진다. 왜냐하면 야생의 자연 환경이 뇌 진화의 주된 원인이었기 때문이다. 농경생활을 하기 전 인류는 모두 수렵-채집인이었으며 생존 환경의 대부분은 거친 자연이었다. 자연에서 생소한 큰 야생동물을 우연히 발견했다고 가정해보자. 두려움이 온몸을 덮쳐오고 시각의 감각입력이 시상감각신경핵의 중계로 즉각 편도체로 전달된다.

　주변의 공기에서 특이한 냄새가 나면 후각 정보가 후각망울의 신경로를 타고 편도체로 전달된다. 편도체는 공포 학습 중추다. 야생동물에 대한 두려움은 뇌간의 그물형성체 신경핵을 흥분시킨다. 그물형성체에는 대뇌피질을 각성시키는 세로토닌, 노르에피네피린, 아세틸콜린, 도파민을 분비하는 신경핵들이 존재한다. 그리고 그물형성체는 하행으로 척수신경을 흥분시켜 척수 운동뉴런을 조절한다. 뇌간과 척수신경 회로의 반사적이고 신속한 활성으로 오싹한 느낌이 등줄기를 타고 내려온다. 편도체에서 공포 신호는 시상하부를 자극하고 시상하부는 뇌하수체 전엽을 활성화시켜 내분비 호르몬 반응을 촉발한다. 편도체는 이러한 위협적인 상황을 전전두피질로 전파하고 전전두엽은 내후각뇌피질을 통해 위험 정보를 해마로 전파한다. 해마는 현재 전개되는 생존에 중요한 새로운 경험을 기억으로 만드는 중추다. 인간의 뇌는 익숙하고 중요하지 않은 정보는 기억하지 않는다. 대부분의 감각입력은 의식되지 않고 망각되지만, 새롭거나 중요한 감각입력은 기억 회로로 전달된다. 감각중계소인 시상은 익숙한 자극은 대뇌피질로 전달하지 않는 편이다.

　야생동물을 만나는 경우는 새롭고 놀라운 경험이다. 따라서 해마는 시상의 등쪽내측핵의 중계로 이 정보를 정보 분석 피질인 전전두엽으로 보낸다. 전전두엽

그림 11-1 감각 정보가 정서적 반응을 생성하고 기억되는 과정의 신경연결

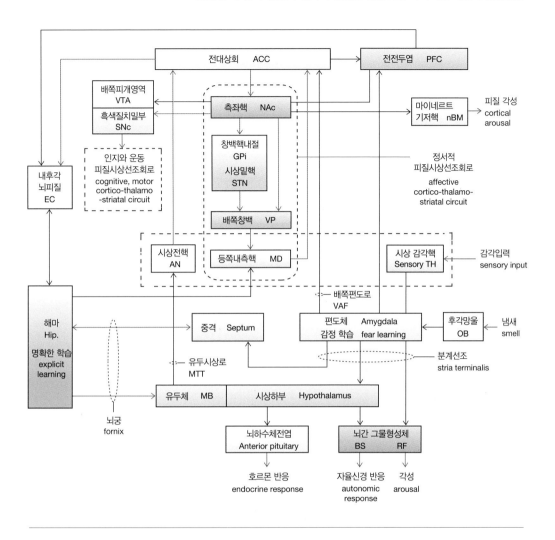

은 대상회, 특히 전대상회와 상호연결되어 있어 중요한 정보를 서로 주고받는

다. 전대상회는 이 정보를 측좌핵으로 전달하는데, 측좌핵은 정보의 중요도를 생

성하는 중추다. '놀랍다'는 현상은 '새롭다'와 '중요하다'라는 두 가지 특성을 동

반한다. 새롭고 중요한 정보는 놀랍고 현저한데, '현저성salience'은 동물과 인간의

행동을 촉발하는 구체적 특성이다. 현저한 현상은 돌출된 상황이며, 돌출된 장애

물에 넘어진다면 몸은 즉각적이고 반사적인 동작을 만든다. 이런 돌발적 상황으로 정서 영역에서 놀람 반응이 발생한다면, 그 현상은 강한 느낌을 동반하여 우리 뇌를 전체적으로 각성시키고 기억 회로에서 경험기억으로 전환된다. 이러한 감정을 동반한 경험기억 형성은 측좌핵에서 생성된 현저성 정보에서 시작한다. 측좌핵의 정보가 배쪽선조시스템의 출력부인 배쪽창백핵으로 직접 전달되거나 창백핵내절과 시상밑핵을 통해 배쪽창백핵에 입력된다. 배쪽창백핵은 시상등쪽내측핵의 중계 작용으로 해마에서 전전두엽으로 신경 흥분을 지속적으로 전달해준다.

기억 형성은 시간이 소요되는 반복 과정이다. 신경 흥분이 파페츠회로를 구성하는 신경핵들 사이로 지속적으로 전파되는 강한 흥분 상태가 일정 시간 유지되어야 기억이 공고해진다. 생존에 중요한 감각 경험이 전전두엽의 인지 과정을 통하여 운동 선택을 하며, 이 과정에 측좌핵에서 생성하는 현저성 정보가 관련된다. 인간 행동은 피질-시상-선조체 회로의 연결을 통해 실행된다. 시합에 나선 테니스 선수의 운동은 승부욕과 상대의 의도를 간파하는 인지 능력과 훈련된 운동 능력이 함께 결합됨으로써 이루어진다. 정서 회로, 인지 회로, 운동 회로가 상호작용을 하면서 목적 지향적 행동을 강하게 추구하는 현상이 인간 행동의 특징이다.

피질-시상-선조체 회로에서 피질이 그림 11-1처럼 전대상회면 정서 회로, 피질이 배외측전전두엽이면 인지 회로, 피질이 운동피질이면 운동 회로가 된다. 인지 회로와 운동 회로는 그림에서 흑색질치밀부과 연결된 점선으로 표시하였다. 흑색질은 흑색질치밀부와 흑색질그물부로 구분되는데 흑색질치밀부는 도파민 분비 세포가 밀집한 A9 영역이며, 흑색질그물부는 창백핵과 연결된 선조체의 출력부이다. 두 영역은 붙어 있지만 다른 세포로 구성되어 있다. 배쪽피개영역은 도파민 분비신경핵으로 A10 영역으로 표시한다.

측좌핵은 흑색질치밀부의 신경세포로 자극을 보내며 흑색질치밀부는 피질-시상-선조체 회로를 활성화하여 인지적 행동의 의도가 생성된다. '인지적 행동의 의도'가 바로 '운동 계획' 과정이다. 운동 계획은 전전두엽이 장기기억과 현재

감각입력을 비교하여 예측과 추론을 통해 운동을 선택하는 과정이다. 선택된 운동의 구체적 순서는 보완운동영역과 전운동영역을 통해 구체화되고, 이러한 운동의 구체적 순서는 일차운동을 통해서 실행된다. 동물의 운동은 목적성 없는 물리적인 자연의 움직임과 본질적으로 다르며, 인간의 움직임은 의도와 의욕을 동반한 목적지향성 운동이다. 의욕은 느낌을 바탕으로 한다. 느낌에는 대뇌신피질의 전반적인 활성화가 필요하며, 측좌핵의 자극 신호를 받은 전뇌기저핵이 아세틸콜린 분비를 통하여 대뇌피질 전체에 각성 상태를 촉발한다. 결국 생존하기 위한 몸부림에서 인간 뇌의 최종적 적응 산물은 의도성의 출현이다. 즉 목적과 의도를 가진 인간 행동의 출현은 행성 지구가 만들어낸 놀라운 진화의 산물이다. 요약하면 다음과 같다.

**정서 회로: 전대상회→선조체→시상**

**인지 회로: 배외측전전두엽→선조체→시상**

**운동 회로: 운동피질→선조체→시상**

**전뇌기저핵→아세틸콜린 분비를 통하여 대뇌피질 전체에 각성 상태를 촉발**

## 시상그물핵은 시상감각핵의
## 중계작용을 억제한다

그림 11-2는 감각입력이 전전두엽까지 전달되는 과정을 뇌 영역 사이 연결망으로 표시한 것이다. 경험의 감각입력이 일차감각피질로 전송되기 위해서는 시상감각중계핵의 중계 작용을 거쳐야 한다. 그런데 시각, 청각, 체감각을 전달하는 시상감각핵은 자극이 없을 때는 시상그물핵의 억제 작용으로 중계소의 문이 잠겨 있다. 생존에 중요한 감각자극이 중뇌그물핵mesencephalic reticular formation을 자극

그림 11-2 시상그물핵에 의한 감각입력 전달의 제어 과정과 대뇌피질에서 감각입력의 처리 과정

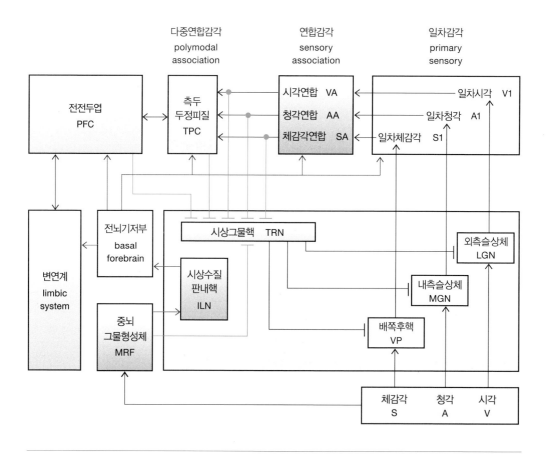

하면 두 가지 중요한 영역으로 신경 흥분이 전달된다. 첫째로 중뇌그물핵은 시상그물핵으로 신경발화하여 시상그물핵의 감각중계핵에 대한 억제 기능을 탈억제시킨다. 그래서 시상 감각중계핵의 문이 열려 시각, 청각, 체감각의 자극이 일차감각피질로 전파된다.

둘째로 중뇌그물핵은 시상수질판내핵을 흥분시킨다. 시상수질판내핵은 뇌간 그물형성체 구조가 시상 영역까지 확장되어 형성된 신경핵으로, 피질 전체와 연결되어 피질의 각성 상태를 조절하는 역할을 한다. 그래서 각성 상태인 대뇌피질로 감각입력 정보의 흐름이 강하게 유지될 수 있다. 일차감각피질에서 감각정보는 연합감각피질로 전파되어 시각, 청각, 체감각의 개별 감각들이 처리된다. 시각의 경우 후두엽에는 30여 개의 시각 개별 영역들이 모양, 색깔, 움직임을 처리하고, 시각연합피질에서 모양, 색깔, 움직임을 통합하여 하나의 사물에 대한 시각의 연합감각을 형성한다. 연합감각피질에서 처리된 개별 감각들은 다중감각 연합피질인 측두-두정피질, 전전두엽, 그리고 변연계 시스템으로 입력된다. 시상그물핵은 탈억제 신호가 계속되지 않으면 기본적으로 시상감각핵의 중계 작용을 억제한다. 그래서 중요한 개별 감각 정보에 계속 집중하기 위해서는 연합피질에서 시상그물핵으로 탈억제 신호를 지속적으로 보내야 한다. 전전두엽과 측두-두정 피질에서도 시상그물핵으로 탈억제 신호가 출력되어 중요한 자극에 주의집중하여 정보 처리 과정을 더 상세하게 할 수 있게 된다.

뇌과학자 러셀 포스터Russell Foster는 지각-행동 상호연결이 뇌 계층마다 점층적으로 반복된다고 주장한다. 가장 아래 단계에서 일차감각과 일차운동이 상호연결되며, 일차감각에서 시각, 청각, 체감각 각각이 여러 하위 감각 정보처리를 통합한다. 즉 시각은 형태, 색깔, 움직임의 일차감각을 결합하여 단일 모드 연합시각을 생성한다. 단일 모드 연합감각은 대상 사물의 지각을 만들어 사물에 대한 일관된 행동의 명령을 전운동피질에서 생성한다. 단일 모드 연합감각이 다중연합감각으로 통합되어 전전두엽과 서로 연결된다. 이러한 감각 정보는 일차감각에서 대상에 대한 지각으로 통합되며, 지각된 정보는 전전두엽, 두정엽, 측두엽의 연합피질에서 해마방해와 비주위피질을 통해서 내후각뇌피질로 입력되어 해

그림 11-3 포스터 감각-운동 단계별 연결과 해마와 신피질의 상호연결

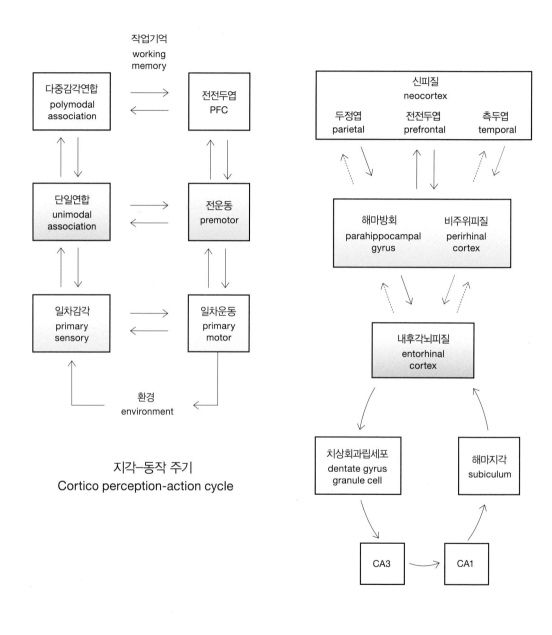

지각-동작 주기
Cortico perception-action cycle

마의 치상회→CA3→CA1→해마지각의 기억 형성 회로에서 일시적 사건기억으로 기록되었다가 내후각뇌피질로 출력되어 다시 연합피질로 이동해 장기기억으로 저장된다.

'인간은 어떻게 행동하게 되는가'라는 질문은 심리학과 뇌과학에서 핵심적인 질문이다. 행동이 계획되는 뇌 속의 과정은 여러 뇌 영역이 관련된 복합적인 상호작용의 결과다. 의도적인 행동은 시간과 에너지가 소모되므로 사전에 잘 계획되어야 한다. 동물의 행동은 생존에 중요한 자극에 의해 촉발된다. 동물과 달리 인간은 환경 자극이 중요하다고 해서 모두 행동을 유발하지 않는다. 중요하고 성공 가능한 목표가 인간을 행동하게 한다. 새로운 자극인데 좋은 느낌이 들면 일단 관심이 생긴다. 새롭고 가치 있는 자극이 바로 중요한 자극이며, 뇌과학에서는 이를 'salience'라 한다. 이 용어는 '돌출성' 혹은 '현저성'으로 번역되는데 '눈에 확 들어오는 자극'이라는 의미다. 동물과 어린아이는 돌출한 자극에 우선적으로 반응한다. 청소년기를 지난 인간은 실현 가능성을 전전두엽에서 평가하여 행동한다. 해마는 새로운 현상을 자동적으로 즉시 기억하고, 편도체는 감정을 증폭하여 좋은 자극에는 접근 반응, 위협적인 자극에는 즉각 회피 반응을 하며, 전전두엽에서는 목적을 달성하기 위한 행동을 선택한다.

해마와 편도체 그리고 전전두엽이 모두 측좌핵과 상호연결되어 측좌핵에서 '중요함'이란 특질이 추출된다. 그리고 보상에 의한 동기 유발이 행동에 추진력을 준다. 동기는 배쪽피개영역의 신경세포가 측좌핵과 전전두엽에 도파민성 신경회로를 만들어 중요한 자극에 대한 동기를 유발한다. 전두엽에서 환경 자극의 중요도가 상호 비교되며, 전전두엽-측좌핵 신경회로에서 행동을 선택하게 된다. 이러한 가장 중요한 자극을 선택하는 과정이 바로 '행동 선택'이며 선택된 자극이 바로 '행동의 목적'이 된다. 행동의 목적은 운동출력 회로인 선조체-전운동피질-일차운동피질의 하행 신경회로를 활성시킨다. 이 과정이 행동의 출력이다. 자극에서 행동으로 이어지는 과정이 반복되고 학습되면서 인간의 목적 지향적 행동이 출현한다. 보상을 추구하는 인간 행동은 편도체에서 정서 학습이 진행되며, 반복되는 보상 추구 과정에서 선조체에서 절차기억이 생성되고, 해마에서는 맥락기억을 형성한다. 전전두피질은 목표를 선택하고 충동 반응을 억제하여 운동출력을 계획한다. 인간 행동의 선택과 출력 과정을 요약하면 다음과 같다.

**해마: 맥락기억 형성, 새로운 자극 집중**

**편도체: 좋은 자극과 싫은 자극의 가치 범주화, 정서 학습**

**측좌핵: 새롭고 가치 있는 자극의 돌출성 생성**

**배쪽피개영역: 측좌핵과 전전두엽에 도파민성 신경회로 형성, 동기 유발**

**전전두엽: 측좌핵-전전두엽 회로가 가장 중요한 자극 선택, 즉 행동의 선택, 선택된 행동 계획**

**선조체-전운동피질-일차운동피질: 선택된 운동의 출력 회로**

**측좌핵→쾌감→보상 추구 행동**

**안와전두엽→가치→가치 기반 선택**

**배외측전전두엽→목표→목적 지향 행동**


대뇌피질은 뒤는 감각, 앞은 운동으로 구별된다. 감각이든 운동이든 피질 계층구조의 위쪽인 전전두엽으로 올라가면 언어로 표상되는 개념이 된다. 감각입력이 사건기억과 의미기억이 되고 최종적으로 개념이 된다. 행동도 운동 계획에서 개념으로 바뀐다. 숫자와 언어는 개념적 상징 세계다. 그리고 감각은 지각 기억이 되고, 운동은 실행 기억이 되어 모두가 개념의 수준에서 주로 언어로 처리되는 뇌 작용이 된다. 그래서 인지 활동은 개념에 의해 총체적으로 조정될 수 있다. 그림 11-4에서 지각기억은 청색으로, 실행기억은 붉은색으로 구별되고, 색깔이 진한 영역이 일차감각과 일차운동영역이다. 앞쪽의 흰색 영역이 운동연합피질인 전전두엽이며 후반부 흰색 영역은 시각, 청각, 그리고 체감각연합피질이다. 감각피질과 운동피질의 일차영역들은 태어나는 즉시 작동하는 피질로 신경세포의 축삭이 절연체로 감싸이는 수초화 과정이 신속히 진행된다. 그 후 연합피질이 수초화되고, 전전두엽의 수초화는 가장 늦게 시작하여 사춘기 이후에도 계속 진행된다. 기억 저장 피질을 조절하는 전전두엽의 수초화가 진행되면 충동적 행동을 억제하고, 의지력이 생기고 사고가 유연해진다.

그림 11-4 대뇌피질의 수초화 순서

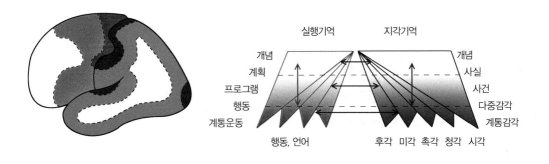

실행기억　　지각기억

개념　　　　　　　　　　　　　　　　개념
계획　　　　　　　　　　　　　　　　사실
프로그램　　　　　　　　　　　　　　사건
행동　　　　　　　　　　　　　　　　다중감각
계통운동　　　　　　　　　　　　　　계통감각

행동, 언어　　　　후각 미각 촉각 청각 시각

그림 11-5 동기와 행동 관련 뇌 영역

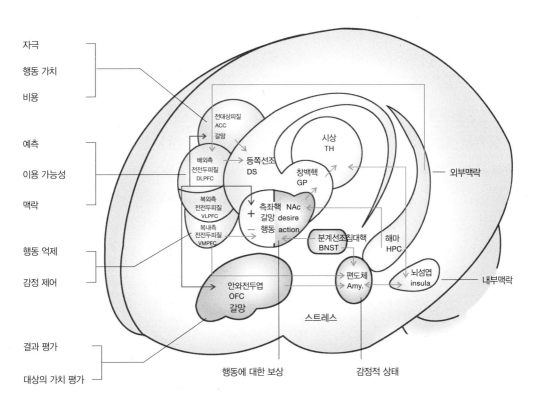

자극
행동 가치
비용

예측
이용 가능성
맥락

행동 억제
감정 제어

결과 평가
대상의 가치 평가

전대상피질
ACC
갈망

시상
TH

배외측
전전두피질
DLPFC

등쪽선조
DS

창백핵
GP

외부맥락

복외측
전전두피질
VLPFC

복내측
전전두피질
VMPFC

측좌핵　NAc
＋
갈망　desire
－
행동　action

분계선조침대핵
BNST

해마
HPC

안와전두엽
OFC
갈망

편도체
Amy.

뇌섬엽
insula

내부맥락

스트레스

행동에 대한 보상　　　　감정적 상태

전전두엽의 작용을 세분하면 다음과 같다. 배외측전전두엽은 예측과 맥락을 파악하고, 복내측전전두엽은 행동과 감정을 억제한다. 안와전두엽은 행동 결과를 평가하고 대상의 가치를 평가한다. 전대상회는 행동의 가치와 행동에 따른 비용을 판단한다. 측좌핵은 보상에 의해 자극되며, 해마는 외부 자극에 대한 맥락을 생성하고 배외측전전두엽에서 이 맥락 정보를 이용하여 상황이 전개되는 양상을 예측한다. 뇌섬엽은 내부 장기에 대한 감각 지도가 존재하여 좋거나 싫은 상황에 대한 내부 장기의 신체 반응인 내부 맥락을 생성한다.

## 고유감각이 사라지면
## 몸이 사라지는 느낌이 든다

개별 감각의 역할은 그 감각이 없어진 상태를 상상해보면 분명해진다. 눈을 감고도 식사를 할 수 있고, 귀를 막고도 거리를 활보할 수는 있다. 그러나 고유감각이 사라지면, 자세와 몸 균형에 문제가 생긴다. 올리버 색스Oliver Sacks의 책에 등장하는 '몸이 사라진' 환자 이야기는 고유감각의 역할을 잘 나타내고 있다. 그 환자는 거울을 보지 않고 식사를 하면 스푼이 코에 부딪힐 수 있고, 스푼을 떨어뜨리지 않으려고 얼마나 손에 힘을 주었던지 손바닥에 손톱자국이 날 정도였다. 고유감각이 사라진 그 여자는 남자 친구를 만나기 위해 자연스러운 몸의 자세를 훈련하는데, 몸의 근육 하나하나를 거울을 보면서 조절하여 겨우 부드러운 자세를 만들었다. 팔, 다리, 몸통에서 올라오는 근육 길이 변화와 근육 긴장도 정보가 바로 고유감각이다. 고유감각이 사라지면 몸통이 사라지는 느낌이 든다고 한다. 냉장고 문을 열어 우유병을 꺼내는 과정을 생각해보자. 먼저 이 정도 힘이면 문이 열리겠지 예측하며 일반적인 운동신호가 대뇌운동피질에서 뇌간 그물형성체를 거쳐 척수전각 알파운동뉴런을 흥분시키고, 알파운동뉴런의 신경발화로 골격근이 수축하여 팔다리가 움직인다.

대략적인 운동 명령은 신체 축과 몸통 인접 부위인 근위부 근육을 제어하는 신경전압펄스이며, 그물척수로가 이를 담당한다. 냉장고 문이 예측한 힘으로 열리지 않을 때는 더 힘껏 당겨야 하는데, 손가락과 팔이 어느 정도 힘으로 당겨야 하는지 알려면 많은 계산이 필요하다. 문을 열 때 얼마의 힘으로 당겨야 하는지 알려면 근육방추에서 소뇌로 피드백되는 신호에 의해 소뇌피질이 처리한 세부적 운동계획 관련 활동이 대뇌운동피질로 전달되어야 한다. 이 과정에 인간의 섬세한 운동 학습의 핵심 부위인 소뇌피질, 소뇌심부핵, 적핵, 하올리브핵이 관련되며, 에러값 산출, 동기화, 에러를 보정하는 상세한 운동 명령 전달 과정이 필요하다. 일반적인 운동 명령으로 냉장고 문을 여는 첫 시도가 실패하면, 다시 문을 열려 할 때 세부적인 운동 명령인 (첫 시도에서 획득한 근육 상태에 대한 정보인) 고유

그림 11-6 대뇌운동피질과 소뇌의 운동 계획과 운동출력 신경연결

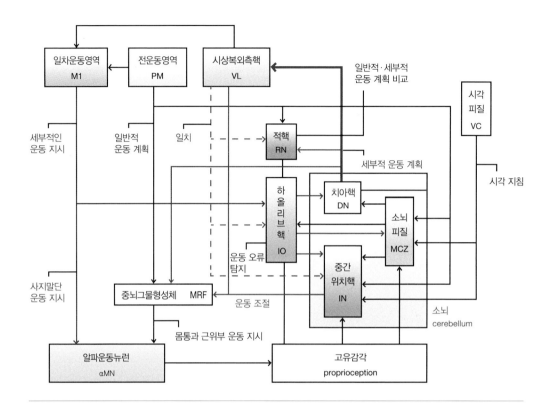

감각이 하소뇌각을 통해 소뇌피질로 전달된다. 소뇌피질은 일반적인 운동 명령과 고유감각에서 제공된 현재의 근육 상태를 비교하여 문을 여는 데 어느 정도의 힘이 필요한지에 대한 정보, 즉 세부 운동 계획을 치상핵을 통해 시상복외측핵, 중뇌그물핵, 적핵으로 전달한다.

적핵에는 대뇌운동피질의 일반적인 운동 명령과 소뇌의 세부적인 운동 명령이 함께 입력되어 두 신호를 비교할 수 있는 비교기comparator 역할을 한다. 적핵에서 두 운동 명령 차이에 대한 값이 비교를 통해 산출되면, 차이 값에 해당하는 운동 오차값이 하올리브핵에 전달되는데, 이때 하올리브핵은 오차검출기error detector 역할을 한다. 하올리브핵은 운동 오차값을 다시 소뇌피질로 전달하여 소뇌가 이

운동 오차값을 보정한 새로운 상세운동계획detailed motor plan을 만들고, 이 값을 다시 치아핵을 통해 적핵으로 전파하는 과정을 반복하여 오차값을 계속 줄이게 된다. 이러한 일련의 반복 과정은 시상복외측핵, 적핵, 중뇌그물핵, 소뇌 중간위치핵이 상호 동기화 회로에 의해 동기적으로 작동하므로, 세부 운동은 오차 검출 회로가 작동하면서 계속해서 오차값이 줄어들게 된다. 중간위치핵의 발화율은 운동 도중에 변화되는데, 이는 중간위치핵이 운동 자체의 변화보다도 운동에 추가적인 변화를 줄 때 활발해진다.

소뇌 치아핵의 발화율은 대뇌피질의 일반적인 운동 명령 이후에, 세부 운동 실행 전에 변화하는 현상이 발견되었다. 치아핵은 소뇌피질에서 입력을 받으며, 치아핵 발화율의 변화는 소뇌피질의 세부 운동 명령과 관련된다. 대뇌운동피질은 상세한 운동 명령을 피질척수로를 통해 척수전각 알파운동뉴런으로 내려 보내고, 세부 운동 명령 덕에 신체 원위부인 손이 더 강한 힘으로 냉장고 문을 여는 데 성공한다. 이러한 일련의 과정은 소뇌로 입력되는 시각의 안내를 받게 되는데, 인간의 서 있는 자세는 균형감각, 시각, 고유감각의 상호작용으로 유지된다. 이 세 가지 감각 중 두 가지 감각이 작동하지 않으면 서 있기도 힘들다. 요약하면 다음과 같다.

**하올리브핵→오차 검출기**

**소뇌→운동 오차값을 보정한 새로운 상세 운동 계획**

**고유감각→팔, 다리, 몸통에서 올라오는 근육 길이 변화와 근육 긴장도 정보**

**소뇌 중간위치핵→발화율은 운동 도중에 변화 운동에 추가적인 변화를 줄 때 활발해진다.**

**소뇌 치아핵→발화율은 대뇌피질의 일반적인 운동 명령 이후에, 세부 운동 실행 전에 변화**

## 포유동물의 특징은
## 먹이를 찾아서 이동하는 능력이다

신생대는 포유동물, 경골어류, 조류의 시대다. 공룡 멸종 이후 신생대는 다양한 포유동물이 출현한 포유류 시대이며, 인간이란 동물의 형질도 포유류의 특징에서 찾아야 한다. 포유동물의 감각과 운동의 진화 과정을 살펴보면 인간 중추신경계의 핵심 기능을 쉽게 이해할 수 있다. 어류나 파충류에 비해서 구별되는 포유류의 특징은 출생 후 일정 기간 어미의 젖을 먹는다는 것이다. 단백질과 지질이 풍부한 젖을 섭취하면서 신체의 높은 대사율로 항온성이 가능해져 일정한 체온을 유지한 채 지속적인 근육 활동을 할 수 있다. 변온동물인 파충류는 체온이 높아져야만 먹이를 사냥할 수 있어서, 주로 한 장소에 머물면서 먹이를 기다린다. 반면에 항온성을 바탕으로 지속적인 근육 활동이 가능한 포유동물은 먹이를 기다리지 않고 먹이를 찾아나선다. 포유동물의 특징은 먹이를 찾아서 이동하는 능력이다.

포유동물은 지속적인 근육 활동으로 운동 능력이 향상되어 먹이 섭취량이 증가했으며, 이는 다시 체온 유지에 유리하게 작용하게 된다. 이러한 일련의 상호작용은 지속적으로 운동 능력을 향상시켰고, 결국 복잡한 중추신경계의 진화가 가속되었다. 동물 신경계의 특징은 감각은 정확하고 세밀하지만 운동은 자유도가 낮아 새로운 운동 학습이 어렵다는 것이다. 인간은 감각의 정확도는 동물보다 낮지만 손과 발의 운동 학습 효율이 높다. 동물은 개별 감각 중 하나의 감각이 특별히 발달하지만 인간의 감각은 시각, 청각, 촉각이 모두 일정한 수준으로 발달하였으며, 감각 사이의 상호작용이 활발하다. 포유동물은 눈과 코, 귀의 변화로 감각자극 감지 능력이 향상되었고, 운동 능력 발달과 연결되어 중추신경계 기능이 더 향상되었다. 포유동물이 출생 후 젖을 섭취하면서 가능해진 지속적인 근육 활동과 항온성으로 운동 능력이 발달했고, 이와 함께 감각 기능도 향상되면서 중추신경계 진화가 가속되었다.

중생대 2억 년 동안 공룡의 뇌는 거의 변하지 않았지만, 포유류 선조들은 몸

그림 11-7 포유류 운동 능력 진화, 톰 켐프

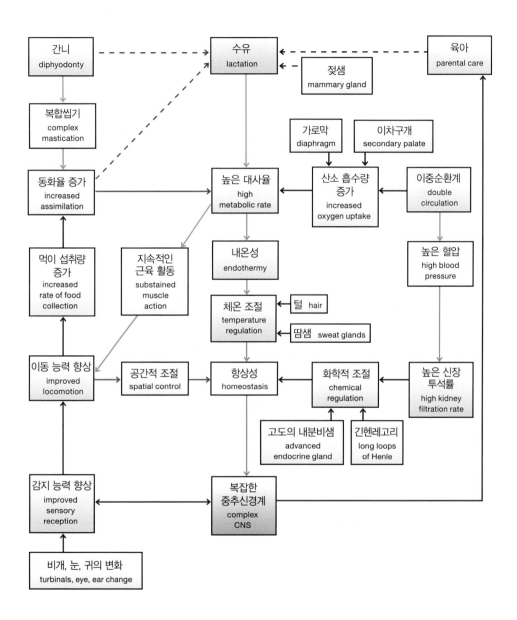

크기는 쥐만 한 크기로 거의 고정된 채 뇌만 두 배로 커졌다. 동물 진화에서 항온성의 출현으로 언제든 먹이 섭취를 위한 이동이 가능한 상태가 되었고, 먹이 탐색 과정은 감각 기관 진화와 직결되어 신경계 진화를 가속시켰다. 영장류에서 인간으로 진화하면서 대략 200만 년 전에 출현한 호모 에르가스테르<sub>Homo ergaster</sub>는 육식을 하게 되고, 이후 불을 사용한 덕에 음식을 익혀 먹으면서 소화 과정에서 소비되는 에너지를 줄이게 되었다. 단백질 섭취는 뇌 발달을 초래하였고, 이에 대뇌피질이 두 배로 늘어나게 되었다. 이렇게 확장된 대뇌피질 영역은 주로 연합피질이었고, 감각연합피질이 늘어나면서 시각과 청각의 정보 처리가 상호 연결됨으로써 시각적 대상에 대한 말소리 대응 과정에서 언어가 출현하게 된다. 운동연합피질의 증가로 운동 계획과 운동 선택 과정이 발달하게 되어, 운동 계획 과정인 속으로 중얼거리는 내부적 말소리는 인간의 생각으로 발전하게 되었다. 동물은 운동 계획 단계가 거의 없는 상태에서 운동 실행 과정이 즉각적 동작으로 출력된다. 동물의 운동 실행은 감각입력에 대한 반사적 반응에 가까운데, 이는 감각 처리 과정에서 기억을 참고하는 지각 과정이 약해 감각에 대한 운동 선택의 다양성이 크지 않기 때문에 일어나는 현상이다. 신생대 포유동물의 신경계 진화를 요약하면 다음과 같다.

**포유동물:** 젖의 섭취→높은 에너지 상태→항온성→지속적 근육 운동 가능→이동하면서 먹이 탐색 가능→눈, 코, 귀의 변화로 먹이 감지 능력 향상→운동과 감각의 상호 진화 가속→중생대 포유류의 야간 활동→청각의 예민화, 균형감각, 주의집중으로 신경계 진화 가속→뇌 용량이 2배 증가

**호모사피엔스로 이르는 뇌의 진화:** 200만 년 전 육식과 불의 사용→소화 에너지 절약, 단백질 섭취로 대뇌연합피질이 두 배 확장→감각연합피질은 시각과 청각의 정보 처리 과정이 상호연결→도구의 사용과 언어의 진화로 이어짐→언어의 사용으로 기억 용량 크게 증가→기억을 바탕으로 운동 선택의 다양성 증가→운동 학습의 가속으로 유연한 행동의 출현

박문호 박사의 뇌과학 공부

## 목적 지향적
## 인간의 출현

모든 성취는 명확한 목표 설정에서 시작한다. '인간 뇌 구조와 작용을 학습한다.' 이렇게 목표를 정하면 구체적 행동으로 추진되기에는 세부적이지 않다. 학습이 달성해야 할 구체적 목표가 없기 때문이다. 목적지 없는 탐험은 불가능하며, 우리를 어디로도 안내하지 않는다. 뇌 공부의 목표는 '뇌 구조 그림 10장을 기억한다'처럼 구체적이어야 한다. 대략적 목표는 목표 부근에 머뭇거리게만 할 뿐이다. 목표는 반드시 숫자로 제시되어야 한다. 목표는 우리가 언젠가는 도달하게 될 높은 산 정상과 같아서 눈에 보여야 앞으로 나아갈 수 있다. 목표에 도달하기 어려운 이유는 더 잘 보이는 옆길에 관심을 주거나, 목표의 샛별이 흐려지거나, 보상이 너무 지연되기 때문이다. 그래서 목표를 잃지 않으려면, '뇌 구조 그림 10장을 기억한다'처럼 목표가 명확해야 한다. 매일 반복하면 습관이 되고, 습관이 되면 쉬워지고, 쉬워지면 즐길 수 있다. 일이 즐거우면 지치지 않고 목표에 도달한다. 목적 지향적 행동은 의도를 행동으로 출력하는 피질척수로의 기능이다. 피질척수로와 피질핵로의 발달로 인간은 의도를 얼굴 표정으로 표현하고, 자신의 목적 달성을 위해서 의도된 행동을 지속적으로 수행할 수 있다.

명확한 목표가 정해지면 그 목표를 달성하기 위한 자신의 행동을 정확히 규칙화해야 한다. 목표에 도달하기 위한 행동을 정확한 규칙으로 만들면 그 행동은 곧장 습관이 된다. 자동화된 습관 행동은 항상 작동해서 목표에 벗어나는 행동을 줄여준다. 목표에 도달하지 못하는 이유는 한 가지 목표를 향한 일관된 노력보다 즉각적 보상을 위한 분산된 행동을 했기 때문이다. 인간이 달성한 모든 성과의 바탕에는 목적 지향적 행동이 있다. 목적 지향적 행동은 결코 간단히 획득된 능력이 아니며, 인간에서 급격히 발달하게 된 전전두엽에 의한 작업기억, 충동 억제, 시간 의식 능력 덕분에 가능해졌다.

명확한 목표를 향한 지속적 행동은 어른이 된 후에야 힘을 얻게 되는 능력으로, 여기에는 세 개 이상의 뇌 영역이 관련된다. 목적 지향적 행동은 행동을 선택

그림 11-8 피질척수로와 피질핵로

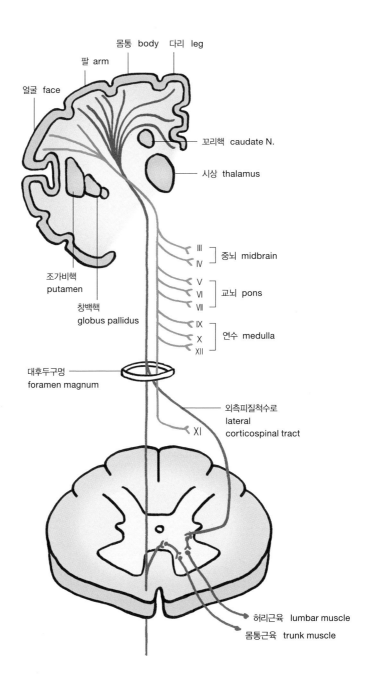

하여 실행하는 세 단계의 뇌 발달 과정에서 나온다. 첫째 단계는 보상에 의한 접근 행동으로, 대뇌 변연계의 측좌핵이 관련되며, 쾌감이 행동을 촉발한다. 세 살 이하의 아이는 회피 반응보다 자극에 접근하는 행동을 주로 하며, 자극원을 향한 접근 반응으로 뜨거운 물건을 함부로 잡거나 돌출된 문고리를 여닫곤 한다.

둘째 단계는 안와전두엽의 가치에 의한 행동 선택이 가능해지는 단계다. 본능적 행동의 뇌 작동 순서는 다음과 같다. 내측전전두엽과 안와전두엽은 편도체와 연결되며, 편도체는 시상하부의 자율중추를 조절한다. 시상하부의 자율중추는 뇌간의 신경핵과 연결되어 척수를 통해 구체적 행동을 생성한다. 이 과정에서 편도체가 감정 관련 핵심 기능을 하는데, 사춘기의 청소년은 편도체가 생성하는 자극에 대해 좋거나 싫은 반응으로 주로 행동한다. 편도체는 해마와 연결되어 정서적 기억을 저장하며, 어떤 사건의 구체적 내용은 해마에서 일화기억으로 잠시 저장되었다가 대뇌피질로 이동해서 장기기억이 되고, 사건의 감정적 정보는 편도체에서 분리되어 저장된다. 그래서 사건의 구체적 내용은 잊어버리더

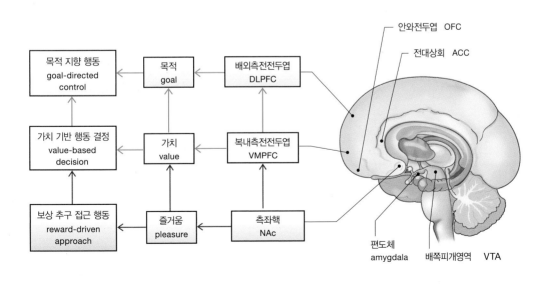

그림 11-9 목적 지향성의 발달 과정

라도 그 사건의 감정적 느낌은 오래 지속된다.

셋째 단계는 목표를 향한 전전두엽의 행동 조절 단계다. 사춘기 이후부터 서서히 시작해서 일생 동안 발달하는 전전두엽에 의해 충동 억제력이 강해져야 목표 지향적 행동이 오래 지속된다. 편도체와 측좌핵의 충동적 쾌감이 안와전두엽과 내측전전두엽의 가치 판단에 의한 선택 과정으로 발전하게 되며, 배외측전전두엽의 활성이 강해야 충동을 억제하게 되고 기억을 조합해서 융합적 사고가 생겨난다. 그 결과 작은 즉각적 보상보다 큰 지연된 보상을 선택하게 된다. 학습 심리학의 전문가인 김성일 교수도 논문에서 전전두엽의 행동 조절 작용을 강조했다.

명확한 목표와 정확한 규칙이 확립되었다면, 습관을 들이는 데 필요한 과정은 행동 결과의 신속한 피드백이다. 행동을 반복하면 습관이 되고 습관이 강해져서 강박적인 수준에 이르면 중독이 된다. 중독은 반복되는 행동을 멈출 수 없는 행동의 자발적 출력이며, 중독의 강도는 그 행동의 결과가 피드백되는 시간에 관계된다. 즉 피드백되는 시간에 반비례하여 중독의 속도와 강도가 증가한다. 가장 빨리 중독되는 컴퓨터 게임과 도박은 행동의 결과가 초 단위로 피드백되어 누구나 중독될 가능성이 있지만, 공부의 결과는 며칠에서 몇 년이 걸릴 수 있어 공부 중독은 매우 드물다. 무엇이든 목표를 달성하려면 집중도가 중독 수준에 도달해야 한다.

행동의 동기와 중독 현상은 해마와 측좌핵 그리고 전전두엽의 상호작용과 관련된다. 인간 행동에는 정서와 맥락기억 그리고 배쪽피개영역-측좌핵전전두엽의 도파민성 신경회로가 깊이 관여한다. 목적 지향 행동은 측좌핵의 쾌감에 의한 보상 추구 접근 행동과 안와전두엽의 가치 판단에 의한 행동 선택, 그리고 배외측전전두엽의 목표 추구에 의한 목적 지향 행동으로 나이에 따라 발달한다.

'미처야 미친다'라는 말은 인간 전전두엽의 의지력을 잘 표현해준다. 심리학자 미하이 칙센트미하이는 몰입의 조건으로 명확한 목표, 정확한 규칙, 신속한 피드백을 강조한다. 목표를 향한 이 세 단계의 구체적 발달 정도는 사람마다 차이가 나며, 큰 목표를 달성하는 사람은 많지 않다. 결국 전전두엽이 활발해지면

의지력이 강해져서 오랜 기간 일관된 행동을 할 수 있고, 사고가 유연한 창의적 인간이 된다. 전전두엽은 기억 피질의 활성도를 조절하는 역할이 핵심이다. 결국 전전두엽은 학습된 장기기억에 전적으로 의존한다. 전전두엽에 의한 사고력에는 대뇌피질의 장기기억이 필요하며, 많은 정보를 기억하고 그 정보를 새롭고 독특하게 조합하는 과정에서 문제 해결 능력과 새로운 관점이 생겨나 창의적 인간이 된다. 그리고 기억이 감수성이 풍부한 인간을 만든다. 기억이 없으면 우리는 울 수도 웃을 수도 없다. 결국 정보를 획득하는 지속적인 노력에서 대규모 기억이 형성된다. 정보를 얻는 방법은 개념, 절차, 반복의 힘을 키우는 것이다. 개념은 정보를 담는 그릇이며, 절차는 정보를 난이도에 따라 구분해서 처리하는 과정이며, 반복은 정보 획득 과정을 지속하는 것이다.

## 감독학습, 강화학습, 비감독학습의
## 세 가지 방식의 학습이 있다

인간 중추신경계에는 감독학습, 강화학습, 비감독학습의 세 가지 방식의 학습이 있다. 소뇌에 의한 감독학습supervised learning은 운동선수가 감독이 제시한 목표에 도달하기 위해 끊임없이 부족한 부분을 개선해가는 학습이다. 현재의 능력과 도달해야 하는 목표 사이에 차이가 생겼을 때 하올리브핵이 소뇌로 신경 자극을 입력하여 점차 자세와 정확도를 향상해가는 학습 방식이다. 감독학습은 자세와 운동 기술의 수준이 여러 단계로 구성된 운동 종목에서 흔하며, 반복 훈련을 통해 숙련도가 높아진다.

대뇌기저핵에 의한 강화학습reinforcement learning은 동물 훈련에서 잘 볼 수 있다. 훈련을 수행한 결과에 따라 보상을 주면, 동물은 그 행동을 더 잘하게 되는 것이 강화학습이다. 인간의 행동도 보상을 해주면, 그 행동에 대한 기억이 강화되고 더 많은 보상을 기대하는 행동을 한다. 보상 강화학습은 흑색질치밀부의 도파민 생성 뉴런의 활동에 의해 촉발되며, 대뇌기저핵에 운동 순서 기억으로 습관화된다.

대뇌연합피질에 의한 비감독학습unsupervised learning은 뇌신경 회로가 변화하는 학습이며, 외부의 감독이나 보상 없이 자신의 경험에 의해 행동이 익숙해지는 과정이다. 비감독학습은 외부 자극의 통계적 특성과 뇌간의 각성 신경핵들의 신경 조절 작용으로 대뇌피질의 활성도가 변화되면서 학습하는 방식이다. 뇌간의 그물형성체를 구성하는 대뇌각교뇌핵의 아세틸콜린, 등쪽솔기핵의 세로토닌, 청반핵의 노르에피네피린을 분비하는 신경핵의 신경 가지들이 대뇌피질의 각 층으로 시냅스하여 대뇌피질 활성도를 조절하여 주의력과 기억력을 향상시킨다.

감독학습, 보상학습, 비감독학습은 활성화된 신경회로들의 연결을 통해 서로 영향을 주고받으면서 감정과 기억, 지각과 행동이 엮이게 한다. 소뇌의 감독학습은 수행의 결과가 곧장 확인되어 달성하고자 하는 목표까지 얼마나 부족한지를 알 수 있어서 피드백이 신속하다. 그래서 감독학습의 핵심은 반복 훈련을 통해 목표치와 현재 수준의 차이를 점차 줄여가는 피드백 작용이다. 감독 운동 훈련의 경우 대략 2개월 이내로 자전거 타기, 수영하기, 악기의 초보적 연주가 가능하지만, 정교하고 능숙한 운동은 오랜 반복 훈련이 필요하다. 강화학습은 목표값이 미리 설정되어 있지 않고, 행동의 결과에 대한 보상으로 도파민 분비가 활발해지는 학습으로, 예상되는 보상보다 더 많은 보상은 학습을 강화하지만 보상

그림 11-10 감독학습, 보상강화학습, 비감독학습

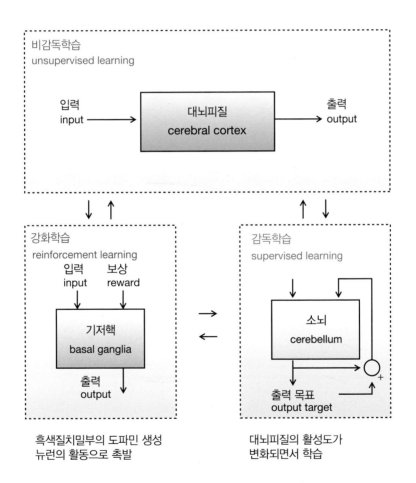

이 낮거나 없어지면 의욕을 잃게 된다.

비감독학습은 학습의 결과를 직접 확인하기 어렵고, 보상이 지연되는 경우가 많아서 학습 동기를 유발하기 어렵다. 그래서 비감독학습은 오랜 기억의 축적이 필요하고, 지연된 보상을 선택할 강한 의지력이 있어야 한다. 교과서를 통한 의미기억 학습은 비감독학습이다. 여기서 교과목에 대한 이해도는 이전 학습량에 비례한다. 이때 중요한 것은 이전 기억의 상호연결에서 공통 패턴을 발견하고 특성들을 범주화는 능력이다. 결국 인간의 융통성 있고 창의적인 능력은 비감독학습의 자발적 훈련에서 생긴다.

비감독학습은 학습 대상물의 통계적 특성과 신경조절물질에 의한 대뇌피질의 각성 상태 조절 작용에 의해 안내된다. 강화학습은 입력과 출력의 관계가 보상에 의해 조절되는 학습으로, 대뇌기저핵의 선조체에 입력되는 도파민이 보상신호로 작용하여 동기를 유발하는 학습 형태다. 감독학습은 미리 정해진 수준의 실력을 현재 수행 중인 운동 동작의 능력과 비교하여 원하는 수준에 도달하지 못하면 비교 신호가 소뇌에 계속 피드백되어 목표치에 도달하게 만드는 학습 방식이다. 이 경우 새로운 동작 학습과 관련되는 복합펄스가 하올리브핵에서 등상섬유를 통하여 소뇌로 입력된다.

대뇌기저핵의 도파민 시스템에 의한 강화학습은 시상하부, 배쪽피개영역, 편도체, 중격핵, 해마, 내측전전두엽, 측좌핵, 시상, 선조체, 배쪽창백핵이 관련되는 복합적이고 다중적인 학습 회로다. 강화학습 시스템에는 편도체의 감정 학습, 선조체의 습관 학습, 해마의 맥락기억, 측좌핵의 보상과 운동 결합, 배쪽피개영역의 동기가 상호연결되며, 이 전체 과정이 내측 전전두엽에 의한 억제성 조절 작용을 바탕으로 보상을 획득하기 위한 행동을 선택한다. 이 과정을 보상강화학습 연결 회로를 따라서 살펴보면, 동기를 유발하는 배쪽피개영역의 도파민성 신경세포가 중뇌수도관 회색질과 시상하부, 확장된 편도체 신경핵의 신경세포를 흥분시킨다. 확장된 편도체 시스템은 편도체, 분계선조 침대핵, 측좌핵으로 구성되는데, 이것은 감정 학습과 동기 및 중독에 주요한 신경 시스템이다. 특히 측좌핵은 동기를 유발하는 배쪽피개영역과 상호연결되며, 해마와 내측 전전두엽의 입력을 받는다. 확장된 편도체의 일부인 측좌핵은 편도체에 의한 감정 학습 정보와 해마의 맥락기억을 바탕으로 새로운 정보에 대한 선호, 그리고 내측전전두엽에 의한 행동 결과가 초래할 상황에 대한 정보를 통합하는 신경핵이다. 따라서 새롭고 유익한 정보를 바탕으로 행동을 선택하여 동기와 운동을 결합할 수 있게 된다. 적절한 보상을 얻는 행동이 반복되면 이 과정이 선조체에서 습관으로 학습된다. 더 많은 보상에는 습관적 행동 이상의 운동 선택 과정이 필요하다. 어려

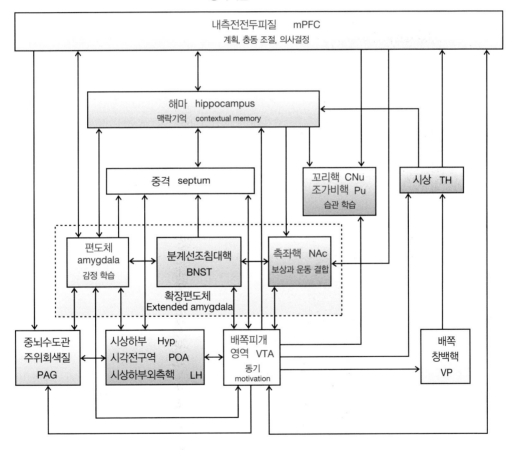

그림 11–11 강화학습 뇌 연결 회로

강화학습　reinforcement

운 동작을 성공하기 위해 훈련견을 더 큰 보상으로 유도하듯이, 큰 보상은 맥락기억에서 새로움을 추가한다. 그리하면 편도체에서 좋아하는 반응의 감정학습이 생기고, 그 결과 더 큰 동기가 배쪽피개영역에서 더 많은 도파민 분비를 일으킨다. 바로 이런 도파민 분비를 촉발하는 예상 신호 덕에 동물은 새로운 행동을 시도하게 된다. 이처럼 보상에 의해 유도된 학습이 바로 강화학습이다.

동물의 운동은 네 단계를 거쳐 점차 목적지향적 동작으로 통합된다. 감각 정보가 해마 내후각뇌피질과 외측편도체로 입력되어 신피질에서 처리된다. 신피질은 보완운동영역, 안와전두엽이 관여하며 선조체로 출력을 보낸다. 선조체는 세분하여 표층배쪽선조체, 중심선조체, 등쪽내측선조체, 등쪽외측선조체로 구분된다. 배쪽피개영역의 신경세포는 배쪽선조체에 도파민을 분비한다. 표층배쪽선조체의 운동출력으로 자극 정보를 무시하거나 관심을 나타내며, 중심선조체의 출력으로 목표를 향해 머리를 돌리거나 접근 행동을 한다. 등쪽내측선초체의 운동출력은 목표 지향적 행동으로 표출되며, 등쪽외측선초체는 반복된 운동 실행으로 자극에 대한 습관적 행동을 형성한다. 4단계로 분류된 운동출력은 흑색질그물부와 시상밑핵을 통하여 시상과 연결되며, 시상은 신피질과 연결되어 대뇌신피질의 운동 명령 회로가 완성된다. 신피질의 운동 명령 실행이 반복되면서 각 단계의 운동 학습이 지속적으로 일어난다. 감각 정보에 정서적 반응에서 목적지향적 행동과 습관 행동을 발전하는 단계가 그림 11-12에 나타나 있다.

신피질에서 편도중심핵으로 출력을 보내면 편도중심핵은 시상하부, 뇌간을 자극하여 자율 행동을 조절한다. 선조체의 운동출력은 배쪽피개영역과 흑색질치밀부의 도파민 신경핵의 조절 작용을 받는다. 선조체에서 흑색질그물부를 통해 시상으로 연결되는 신경로에는 직접 경로와 간접 경로의 두 가지 경로가 존재한다. 직접 경로는 목표에 부합되는 운동을 촉진하고, 간접 경로는 목표를 제외한 운동을 억제하는 신경로다. 동물의 행동은 감각에 종속된 습관적 동작이 대부분이다. 인간은 전전두엽의 비교, 예측, 추론 기능이 작동하여 문제 해결 능력에 유연성이 확대된다. 장기간 지속적인 목적 추구 행동은 인간 고유의 능력으로 전전두엽의 충동 억제력과 시간 의식의 진화로 생겨났다. 언어 능력이 진

그림 11–12 대뇌피질–선조체–시상 연결과 단계적 운동출력 생성

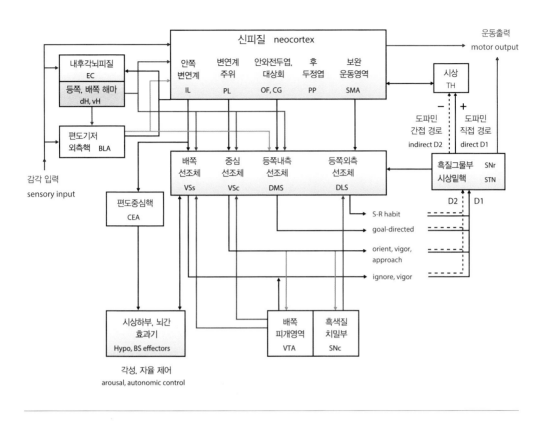

화한 덕에 인간은 개념적 사고를 할 수 있게 되었고, 여기에 반복과 절차를 통한 습관 행동에 개념적 힘이 추가되면서 논리와 가상세계까지 출현하게 되었다.

## 반복의 힘

반복하면 중독된다. 반복적 행동은 습관이 되어 의식하지 않아도 저절로 된다. 단순 반복은 습관화 초기 단계에 필수 과정이다. 그러나 익숙해진 반복 행위만 계속하면 새로운 상황에 적응하기 어렵다. 특히 직장에서 한 분야에만 적응된 경우는 경력자의 함정에 빠질 수 있다. 익숙해진 작업에는 능숙하지만 새로운 지식 습득 능력이 오히려 약해지는 현상이 바로 경력자의 함정이다. 그래서 일정 수준의 습관이 달성되면 훈련의 강도를 높이거나 새로운 방식으로 시도해야 한다. 10년 이상 직장에서 근무하면 누구나 경력자가 되지만, 전문가는 드물다. 경력자의 함정을 피하기 위해서는 습관화된 자동 반응을 멈출 수 있어야 하는데, 새로운 학습을 하려면 이전에 형성된 습관 반응을 중단해야만 한다. 습관 반응의 일시 중단은 자신의 행동을 매 순간 관찰할 수 있는 순발력과 유연성이 요구되는 어려운 과정이다. 습관화된 관점을 중단해야 시선을 다른 방향으로 전환할 수 있다. 오랫동안 익숙했던 사물과 현상이 낯설게 보일 때 새로운 통찰이 찾아온다. 무의식적 습관 반응을 중단할 수 없기 때문에 담배와 마약에 중독된다. 반복은 힘이 세다. 그 강한 습관의 힘을 이용하여 새로운 습관을 지속적으로 만드는 과정이 바로 창의적 인간이 되는 길이다. 새로운 습관을 만드는 과정 그 자체를 습관화하면, 언제든 새로운 환경에 적응하는 인간이 될 수 있다.

박문호 박사의 뇌과학 공부

## 절차의 힘

절차는 습관이 된다. 행동은 움직임의 연속적 단계로 구성된다. 새로운 습관을 형성하는 과정은 일련의 절차를 순서대로 반복하는 과정이다. 어려운 일들에는 긴 훈련 과정이 필요하다. 힘든 일은 서너 단계로 나누어서 각 단계를 숙달하면 효율적으로 습관을 만들 수 있다. 전체 일정에서 숙달되기 힘든 부분을 집중적으로 연습해야 한다. 일을 단계로 나누었기 때문에 각 부분의 특성이 분명해져 집중할 수 있게 된다. 종교의식은 절차의 힘을 잘 보여준다. 경건한 종교의식은 의도적으로 계획된 절차의 집합이다. 산만한 행동을 조절하여 종교적 심성을 개념화한 절차가 종교 행위를 몸에 배게 한다. 다양한 사회에서 익숙해진 생활 절차의 집합이 바로 그 사회의 문화가 된다. 그리고 역사는 공유된 문화의 기억이다. 습관의 핵심은 일의 절차를 만들고 그 절차를 무의식적 반복으로 근육이 기억하게 만드는 데 있다.

## 개념의 힘

개념은 사물을 바라보는 관점을 만든다. 사물과 사건을 해석하는 일정한 틀이 바로 개념이다. 개념의 틀이 없으면 많은 정보를 퍼담기 어렵다. 개별 사건들의 공통점이 확실해지면 하나의 범주화된 개념이 생긴다. 추상적 개념은 많은 의미를 함축할 수 있는 큰 그릇이다. 추상적 개념화를 잘하면 다양한 정보를 대규모로 처리할 수 있다. 구체성과 추상성은 상반된 특질이다. 구체성은 세밀하며 명확하지만 포괄적이지 않다. 반면에 추상성은 포착하는 힘이 약해질 수 있다. 그래서 추상적 정보를 구체적 표현에 담아야 한다. 속담이 생생하게 기억되는 것은 바로 추상적 개념을 구체적 언어로 표현했기 때문이다. 다양한 의견 속에 담긴 느낌을 하나의 단어로 표현해내는 순간부터 그 느낌은 확실해지고, 표현하고 싶은 힘을 갖게 된다. 많은 사람에게 통용될 수 있는 개념어는 사회적 상황을 그려내고 개인 행동의 지침이 된다. 개념은 추상적 대상을 언어로 포착하여 의식화되게 해준다. 개념적 사고를 강화하는 방법은 책을 보거나 영화를 본 후에 그 내용을 하나의 단어로 요약하는 것이다. 현대 과학은 추상적 개념을 담은 용어로 가득하다. 사회와 문화 현상을 포착하는 개념어가 그 사회의 배경 정서가 된다.

박문호 박사의 뇌과학 공부

**1-1** http://instruct.uwo.ca/anatomy/530/cnsgnrl.gif

**1-6** Todd W. Vanderah, Douglas J. Gould, *Nolte's the human brain: an introduction to its Functional anatomy*, 7th edition, Elsevier, 2016, 28

**1-8** Larry W. Swanson, *Brain architecture*, Oxford University Press, 2003, 70

**1-10** https://lksom.temple.edu/neuroanatomy/lab/index.htm

**1-11** J. L. Wilkinson, *Neuroanatomy for medical students*, 2nd edition, Butterworth-Heinemann, 1992, 11

**1-16** http://www.pixelatedbrain.com/images/krieg/limbic/krlimb_2_1a%20.jpg


**2-1** Dee Unglaub Silverthorn, *Human physiology: an integrated approach*, Pearson Education, 2013, 330

**2-2** Dale Purves ... et al., *Neuroscience*, 5th edition, Sinauer Associates, 2012, 202

**2-3** Eric R. Kandel et al., *Principles of neural science*, 5th Edition, McGraw-Hill, 2013, 515

**2-4** Estomih Mtui, Gregory Gruener, Peter Dockery, *Fitzgerald's clinical neuroanatomy and neuroscience*, 7th edition, Elsevier, 2016, 121

**2-6-1** http://www.pc.rhul.ac.uk/staff/j.zanker/teach/ps2080/l5/PS2080_5_files/Image232.gif

**2-6-2** https://grey.colorado.edu/mediawiki/sites/CompCogNeuro/images/thumb/e/e1/fig_invar_trans.png/300px-fig_invar_trans.png

**2-7** D. C. Van Essen, and H. A. Drury, *J. Neurosci*, 1997;17:7079-7102

**2-9** Eric R. Kandel, *Principles of neural science*, 5th Editon.

**2-12** S. S. Stevens ed., *Handbook of experimental psychology*, John Wiley & Sons, 1951

**2-13** David L. Felten, *Netter's atlas of neuroscience*, 2nd edition, Saunders, 2010, 208

**2-15** National institutes of Health, Office of Science Education home2.nsf/ Educational+Resources/Resource+Formats/Online+Resources/+High+School/41B8971F1 A21A38F8526CCD00631593

**2-16** Stephen G. Waxman, *Clinical neuroanatomy*, 27th edition, McGraw-Hill Education, 2010, 47

**2-17**  John A. Kierna, *Barr's the human nervous system: an anatomical viewpoint*, Lippincott Williams & Wilkins, 2014, 72

**2-18**  John A. Kierna, *Barr's the human nervous system*, 36

**2-20**  Estomih Mtui, Gregory Gruener, Peter Dockery, *Fitzgerald's clinical neuroanatomy and neuroscience*, 143

**3-4**  http://brainmind.com/images/CaudatePutamen65.jpg

**3-7**  Walter Hendelman, *Atlas of functional neuroanatomy*, CRC Press, 2005, 71

**3-8**  Gerardin E. et al, *Cereb cortex*, 13:162, 2003

**3-10**  https://visionhelp.files.wordpress.com/2012/08/ventral-dorsal-stream.png

**3-13**  이원택, 박경아, 《의학신경해부학》, 2판, 고려의학, 2015, 146쪽

**3-14**  AS. Lamantia, P. Rakic, "Cytological and quantitative characteristics of four cerebral commissures in the rhesus monkey," *Journal of comparative neurology*, 1990.

**3-15**  Elliott L. Mancall ed., *GRAY'S clinical neuroanatomy*, Saunders, 2011, 310

**3-16**  Estomih Mtui, Gregory Gruener, Peter Dockery, *Fitzgerald's clinical neuroanatomy and neuroscience*, 264

**3-17**  Elliott L. Mancall ed., *GRAY'S clinical neuroanatomy*, 310

**3-18, 19**  Stefan Geyer, Robert Turner ed., *Microstructural parcellation of the human cerebral cortex*, Springer-Verlag, 2013, 118

**3-20**  Aleksandr Romanovich Luria, *Higher cortical functions in man*, 2nd Edition, Basic Books, 1980, 12

**3-26**  Sid Gilman, Sarah Winans Newman, *Manter and Gatz's essentials of clinical neuroanatomy and neurophysiology*, 10th edition, Davis Publishers, 2003

**4-4**  *Guyton and Hall textbook of medical physiology*, 13th edition, Elsevier, 2016, 697

**4-5**  Mathias Baehr et al., *Duus's topical diagnosis in neurology*, 5th editon, Thieme, 2012, 31

**4-7**  Frederic Martini, *Human anatomy*, 7th edition, Pearson Education, 2012

**4-8**  http://www.9thneuro.com/content/images/cranialnerves.gif

**4-9**  https://classconnection.s3.amazonaws.com/951/flashcards/1131951/jpg/hindbrain1363729817343.jpg

**4-10**  이원택, 박경아, 《의학신경해부학》 2판

**4-11**  松沢大樹, 目で見る脳とこころ, 日本放送出版協会, 2003

**4-13**  Frederic H. Martini, *Fundamentals of anatomy & physiology*, 9th edition, Pearson Education, 2012. Figure 14-5a The Diencephalon and Brain Stem

**4-15**  (왼쪽) Timmons Martini, Tallitsch, *Human anatomy*, 6th edition, Pearson, 2009; (오른쪽) Francisco Alvarez-Leefmans, Martha León-Olea, J. Mendoza-Sotelo, F. J. Alvarez,

B. Antón, Rene Garduño, "Immunolocalization of the Na+–K+–2Cl– cotransporter in peripheral nervous tissue of vertebrates," *Neuroscience*. 104. 2001, 569-582. 10.1016/S0306-4522(01)00091-4.

**4-16**  Frank H. Netter, *Netter's atlas of neuroscience*, 3rd edition, Elsevier, 2016, 249

**4-17**  Frank H. Netter, *Netter's atlas of neuroscience*, 252

**4-18**  Frank H. Netter, *Netter's atlas of neuroscience*

**4-19**  Richard S. Snell, *Clinical neuroanatomy*, 2010, Lippincott Williams & Wilkins, 341

**4-20**  Richard S. Snell, *Clinical Neuroanatomy*, 342

**4-26**  Estomih Mtui, Gregory Gruener, Peter Dockery, *Fitzgerald's clinical neuroanatomy and neuroscience*, 200

**4-27**  삼차신경핵 http://ahuman.org/svn/ahwiki/images/ext/0067559dd1ae73cdff6ef2fb72f86d8c.png

**4-28**  Mathias Baehr, Michael Frotscher, *Duus' Topical diagnosis in neurology*, 33

**4-29**  http://4.bp.blogspot.com/-s1wDfS4jpTY/TxbZ5sMIMNI/AAAAAAAAIy4/vmcEU4okhGQ/s320/Pathway_of_the_protopathic_sensibility.jpg

**4-31**  Mathias Baehr, Michael Frotscher, *Duus' Topical diagnosis in neurology*, 38

**4-33**  Duane E. Haines, *Fundamental neuroscience for basic and clinical applications*, Churchill Livingstone, 2005

**4-34**  http://thebrain.mcgill.ca/flash/d/d_06/d_06_cl/d_06_cl_mou/d_06_cl_mou_2a.jpg

**5-1**  Neil R. Carlson, *Foundations of behavioral neuroscience*, 8th edition, 2011, 66

**5-3**  https://upload.wikimedia.org/wikipedia/commons/d/db/Constudproc.png

**5-4**  https://upload.wikimedia.org/wikipedia/commons/thumb/c/ce/Gehirn%2C_basal_-_beschriftet_lat.svg/1000px-Gehirn%2C_basal_-_beschriftet_lat.svg.png

**5-6**  http://www.pixelatedbrain.com/images/draw/mening_cisterns/drmen_1_1i.jpg

**5-7**  *Nolte's the human brain*, 146

**5-8**  *THIEME Atlas of anatomy, Head and neuroanatomy*, Thieme, 2007, Illustration by Markus Voll

**5-9**  이원택, 박경아, 《의학신경해부학》 2판

**5-10**  J. L Wilkinson, *Neuroanatomy for medical students*, 10

**5-15**  Barbara Ferry, *The amygdala: A discrete multitasking manager*, InTech, 2012, 321

**5-16**  John A. Kierna, *Barr's the human nervous system*, 275

**5-18**  http://epomedicine.com/wp-content/uploads/2016/07/hypothalamic-nuclei.jpg

**5-20**  Ayumu Inutsuka, Akihiro Yamanaka, "The physiological role of orexin/hypocretin neurons in the regulation of sleep/wakefulness and neuroendocrine functions," *Frontiers in Endocrinolgy*, 6 March 2013

**5-21**  John A. Kiernan, *Barr's The Human Nervous System*, Epublic, 2006, 266.

**5-22**  *Rang & Dale's Pharmacology*, 8th edition, Churchill Livingstone, 2015, 469

**5-23**  Aarts Esther et al., "Striatal dopamine and the interface between motivation and cognition," *Frontiers in Psychology*, 14 July 2011

**5-24**  Hans J. ten Donkelaar et al., *Clinical neuroembryology*, Springer, 2015, 531

**5-26**  https://encrypted-tbn0.gstatic.com/images?q=tbn:ANd9GcSEryWfB2QFdpFa-jB6iJ2XhD oglJPWbX7ggQ92XdZA0Y4ZiMRE


**6-1**  Katharina Henke, "A model for memory systems based on processing modes rather than consciousness," *Nature Reviews Neuroscience*, July 1, 2010

**6-4**  Urbán Noelia, Guillemot François, "Neurogenesis in the embryonic and adult brain: same regulators, different roles," *Frontiers in Cellular Neuroscience*, 27 November 2014, https://doi.org/10.3389/fncel.2014.00396

**6-5**  Chunmei Zhao, Wei Deng, Fred H. Gage, "Mechanisms and functional implications of adult neurogenesis," *Cell*, vol 132, issue 4, 645-660 (February 2008)

**6-7**  Rüdiger Klein, "Topography in hippocampal mossy fiber plasticity," *Neuron*, vol 65, issue 5, 11 March 2010, 580-582

**6-8**  Ronald S. Duman, "Neural plasticity," *Dialogues in clinical Neuroscience*, 2004;6(2):157-169.

**6-9**  Song J., Christian K., Ming G., Song. H. "Modification of hippocampal circuitry by adult neurogenesis," Developmental Neurobiology 2012, doi:10.1002/dneu.22014

**6-10**  Evstratova A, Tóth K., "Information processing and synaptic plasticity at hippocampal mossy fiber terminals" *Frontiers in cellular neuroscience*. 2014;8:28. doi:10.3389/ fncel.2014.00028.

**6-11**  Emilio J. Galván et al., "Multiple forms of long-term synaptic plasticity at hippocampal mossy fiber synapses on interneurons," *Neuropharmacology* 60, 2011, 740-747

**6-12**  Wei Deng, James B. Aimone & Fred H. Gage, "New neurons and new memories: how does adult hippocampal neurogenesis affect learning and memory?" *Nature Reviews Neuroscience* 11, May 2010, 339-350

**6-13**  Jerry W. Rudy, *The Neurobiology of learning and memory*, 2009, 573-585

**6-14**  http://239f21.medialib.edu.glogster.com/YHzKkwae5Bsau2hPaYx0/media/d6/d623dc93 c90c625b1153fe7cdd054023dc7043ae/spatial-memory.jpg

**6-15**  John E. Lisman, "Relating hippocampal circuitry to function," *Neuron*, vol 22, issue 2, February 1999, 233-242

**6-16**  Ahmed OJ, Mehta MR. "The hippocampal rate code: Anatomy, physiology and theory," *Trends in neurosciences*, 2009;32(6):329-338

**6-17**  Wei Deng, James B. Aimone & Fred H. Gage, "New neurons and new memories: how does adult hippocampal neurogenesis affect learning and memory?" *Nature Reviews Neuroscience* 11, May 2010, 339-350

**6-18** https://clinicalgate.com/wp-content/uploads/2015/03/B9780702037382000346_f034-006ab-9780702037382.jpg

**6-20** L. R. Squire, S. Zola-Morgan, "The medial temporal lobe memory system," *Science*, 20 Sep 1991, 1380-1386

**6-21** McLeod, Plunkett, and Rolls, *Introduction to connectionist modelling of cognitive processes*, Oxford University Press, 1998, 284

**7-1** Christopher D. Wickens et al., *Engineering psychology & human performance*, Psychology Press, 2015, 4

**7-3** García-Lázaro HG, Ramirez-Carmona R, Lara-Romero R, Roldan-Valadez E. "Neuroanatomy of episodic and semantic memory in humans: a brief review of neuroimaging studies," *Neurol India*, 2012;60:613-7

**7-4** https://i1.wp.com/quantum-mind.co.uk/wp-content/uploads/2014/07/550px-Fig11.jpg?w=550

**7-7** https://i0.wp.com/softwarecreation.org/images/2008/memory.jpg

**7-8** http://neuropolitics.org/connect-amygdala.jpg

**7-11** 이원택, 박경아, 《의학신경해부학》 2판, 620쪽

**7-12** 이원택, 박경아, 《의학신경해부학》 2판, 583쪽

**7-13** Bernard J. Baars, Nicole M. Gage, *Cognition, brain, and consciousness: Introduction to cognitive neuroscience*, Academic Press, Jun 5, 2007, 272

**7-14** Yassa Michael, Reagh Zachariah, "Competitive trace theory: A role for the hippocampus in contextual interference during retrieval," *Frontiers in Behavioral Neuroscience*, vol 7, 2013, 107

**8-2** C. Petrantonakis, Panagiotis & Poirazi, Panayiota, "A compressed sensing perspective of hippocampal function," *Frontiers in systems neuroscience* 8, 2014, 141. 10.3389/fnsys.2014.00141.

**8-3** http://239f21.medialib.edu.glogster.com/YHzKkwae5Bsau2hPaYx0/media/d6/d623dc93c90c625b1153fe7cdd054023dc7043ae/spatial-memory.jpg

**8-7** Michael J. Berridge, *Cell signalling biology*, module 10, neuronal signaling 10-9, http://www.cellsignallingbiology.org/csb/010/Fig10_hippocampusf.jpg

**8-9** Ole Jensen, John E. Lisman, *J. Neurosci.* 1998;18:10688-10699

**8-10** Small SA, et al., "A pathophysiological framework of hippocampal dysfunction in ageing and disease," *Nature Reviews Neuroscience*, 2011;12(10):585-601, doi:10.1038/nrn3085

**8-11** Small SA, et al., "A pathophysiological framework of hippocampal dysfunction in ageing and disease,"

**8-12** http://teaching.thehumanbrain.info/neuroanatomie/img/kap14_abb_14-5.jpg

**8-13**   *Nolte's the human brain*, 552

**8-14**   John A. Kierna, *Barr's the human nervous system*, 274

**8-16**   James L. Butler, Ole Paulsen, "The hippocampal cacophony: Multiple layers of communication," *Neuron*, vol 84, issue 2, 2014, 251-253, doi:1016/j.neuron.2014.10.017

**8-17**   http://fujisawalab.brain.riken.jp/images/4HzSummary.jpg

**8-18**   John Lisman, A. D. Redish Phil. Trans. R. Soc. B 2009;364:1193-1201

**8-19**   D. Yoganarasimha et al., *J. Neurosci*, 2006;26:622-631

**8-21**   http://faculty.sites.uci.edu/myassa/files/2014/05/hippo_network-940x535.png


**9-1**   J. Allan Hobson, *Nature Reviews Neuroscience*, 10, November 2009, 806

**9-7**   http://humanphysiology.academy/Neurosciences%202015/Images/6/Thalamo-cortical%20circuits%20humanphysiology.tuars.com%20.jpeg

**9-11**   Penelope A. Lewis et al., "Overlapping memory replay during sleep builds cognitive schemata," *Trends in cognitive sciences*, vol 15, issue 8, 343-351

**9-13**   C. Nicholson, J. A. Freeman, "Theory of current source-density analysis and determination of conductivity tensor for anuran cerebellum," *Journal of Neurophysiology*, Mar 1975, 38(2), 356-368

**9-14**   Athanassios G. Siapas and Matthew A. Wilson, Coordinated Interactions between Hippocampal Ripples and Cortical Spindles during Slow-Wave Sleep, Neuron, vol 21, 1123-1128, November, 1998

**9-15**   Jahnsen and Llinas, 1984; Sherman, 2001; Sherman and Guillery, 2006

**9-16**   Penelope A. Lewis et al., "Overlapping memory replay during sleep builds cognitive schemata" 343-351

**9-19**   Allan Hobson, "REM sleep and dreaming: towards a theory of protoconsciousness," *Nature reviews neuroscience*, 10, November 2009, 803-813

**9-20**   Allan Hobson, "REM sleep and dreaming: towards a theory of protoconsciousness," 803-813

**9-21**   Michael E. Hasselmo, "Neuromodulation: acetylcholine and memory consolidation," *Trends in cognitive sciences*, vol 3, issue 9, 351-359

**9-22**   Frankland, P. W., & Bontempi, B., "The organization of recent and remote memories," *Nature reviews neuroscience*, 6(2), 2005, 119-130

**9-23**   Giulio Tononi, Chiara Cirelli, "Perchance to Prune," *Scientifc American*, August 2013, 36

**9-24**   Clifford B. Saper et al., "The sleep switch: hypothalamic control of sleep and wakefulness," *Trends in neurosciences*, vol 24, issue 12, 726-731

**9-26**   http://faculty.pasadena.edu/dkwon/chap10_A/chap%2010_A%20accessible_files/images/image7.png

**9-27**   S. Murray Sherman, "Tonic and burst firing: dual modes of thalamocortical relay," *Trends*

*in neurosciences*, vol 24, no.2, February 2001

**9-28**   Alain Destexhe et al. *J. Neurophysiol*, 1998;79:999-1016


**10-7**   R. Nieuwenhuys, J. Voogd, C. van Huijzen, *The Human Central Nervous System*, 4th edition, Springer, 2008, 526

**10-8**   제럴드 에델만, 《신경과학과 마음의 세계》, 범양사, 2006


**11-1**   http://www.expertsmind.com/CMSImages/250_Affective%20basal%20ganglia%20circuit. png

**11-3**   Joaquín M. Fuster, The prefrontal cortex, An update: Time is of the essence, *Neuron*, vol 30, issue 2, May 2001, 319-333

**11-4**   (왼쪽) Joaquín M. Fuster, The Prefrontal Cortex, An update: Time is of the essence, *Neuron*, vol 30, issue 2, May 2001, 319-333; (오른쪽) Bernard J. Baars et al., "Global workspace dynamics: cortical 'binding and propagation' enables conscious contents," *Frontiers in psychology*, 4(200), May 2013, 200

**11-5**   Olivier George, George F. Koob, "Neuroanatomy of drug craving," *PNAS*, 2013;110:4165-4166

**11-6**   P. Plaha, S. Khan, S S. Gill, "Bilateral stimulation of the caudal zona incerta nucleus for tremor control," *Journal of neurology, neurosurgery & psychiatry*, 2008;79:504-513

**11-7**   T. S. Kemp, *Mammal-like reptiles and the origin of mammals*, Academic Press, 1982

**11-9**   Kim Sung-Il, "Neuroscientific model of motivational process," *Frontiers in psychology*, 4 March 2013, https://doi.org/10.3389/fpsyg.2013.00098

**11-10**  Kenji Doya, "What are the computations of the cerebellum, the basal ganglia and the cerebral cortex?" *Neural Networks* 12, 1999, 961-974

**11-11**  Julie Le Merrer et al., *Physiological Reviews*, 2009;89:1379-1412

**11-12**  Aron J. Gruber, Robert J. McDonald, "Context, emotion, and the strategic pursuit of goals: interactions among multiple brain systems controlling motivated behavior," *Frontiers in Behavioral Neuroscience*, 3 August 2012

미주신경vagus nerve 109, 143, 178, 208, 257       308, 268, 369, 385, 398, 399, 406, 510

**ㅊ**

## ㅋ

## ㅌ

박문호 박사의

# 뇌

과학 공부